线性代数

（第二版）

刘文丽　冯建强　李　杰　编

科学出版社
北　京

内 容 简 介

本书是根据高等学校理工类专业线性代数课程的教学大纲，并结合编者多年的教学经验编写而成的. 全书分为7章,内容包括:线性方程组、行列式、向量与线性方程组、矩阵、线性空间与线性变换、矩阵的对角化、二次型. 本书系统地介绍了线性代数的基本概念、基本理论和基本方法，注重基本概念的合理引入，并对一些概念引入了几何解释，力求让学生对线性代数的一些概念有更自然、更直观和更深刻的理解，同时配有随堂练习和不同层次的课后习题. 本书结构体系合理、层次分明、逻辑严谨、通俗易懂、习题丰富，既便于学生自学，又易于教师教学. 本书引入数字技术，章末设有自测题，读者扫码可以详测所学知识.

本书可作为高等学校理工类专业线性代数课程的教材或参考用书，也可供自学者参考.

图书在版编目（CIP）数据

线性代数 / 刘文丽，冯建强，李杰编. —2版. —北京：科学出版社，2020.7

ISBN 978-7-03-065581-3

Ⅰ. ①线… Ⅱ. ①刘… ②冯… ③ 李… Ⅲ. ①线性代数-高等学校-教材 Ⅳ. ①O151.2

中国版本图书馆CIP数据核字（2020）第106495号

责任编辑：王胡权 胡海霞 范培培 / 责任校对：杨聪敏
责任印制：赵 博 / 封面设计：迷底书装

科学出版社 出版
北京东黄城根北街16号
邮政编码：100717
http://www.sciencep.com
北京凌奇印刷有限责任公司印刷
科学出版社发行 各地新华书店经销

*

2010年1月第 一 版 开本：720×1000 B5
2020年7月第 二 版 印张：15
2025年1月第十七次印刷 字数：300 000

定价：43.00元

（如有印装质量问题，我社负责调换）

资源使用说明

亲爱的读者：

您好，很高兴您打开这本教材，和我们一起开启学习线性代数的旅程，《线性代数》是一本新形态教材，如何使用本教材的拓展资源提升学习效果呢，请看下面的小提示吧.

您可以对本书资源进行激活，流程如下：

(1) 刮开封底激活码的涂层，微信扫描二维码，根据提示，注册登录到中科助学通平台，激活本书的配套资源.

(1) 激活配套资源以后，有两种方式可以查看资源，一是微信直接扫描资源码，二是关注“中科助学通”微信公众号，点击页面底端“开始学习”，选择相应科目，查看科目下面的图书资源.

下面，您可以进入具体学习环节，使用本书的数字资源，在每章知识学习完毕后，扫描章末二维码进行测试，自查相关知识掌握情况.

让我们一起来开始线性代数学习旅程吧.

编　者

2025 年 1 月

前 言

本书对第一版的知识结构做了适当的调整，重点突出了线性代数理论是由线性方程组理论发展而来的这一思想. 因此，第 1 章由线性方程组开始，并自然地引出 n 维向量和矩阵的概念以及它们的运算. 线性方程组是读者熟悉的对象，一般的线性方程组中变量的个数可以是任意自然数 $n\ (n>1)$，因此就需要讨论有 n 个坐标的向量——n 维向量. 利用方程组是否有多余方程的观念，引出了 n 维向量的线性组合及线性相关、线性无关的概念. 从线性方程组出发，可以把矩阵看作一个线性映射，由此自然地给出两个矩阵乘积的概念. 同时指出矩阵的乘积可以解释为一个图形变换成另一个图形，这样，讨论变换前后两个图形的面积变化，从而引出对行列式的讨论. 这样编排，读者对这些概念的出现就不会感觉突兀.

本书的另一个变化表现为更多地强调几何意义在线性代数中的作用. 比如第 1 章给出矩阵乘积的解释，第 2 章给出行列式的几何意义，并用几何意义解释行列式的性质. 当然本书并没有过多地注重几何细节，而是点到为止，使得线性代数的内容多了一些乐趣，又不至于占用读者太多的精力，抽象的理论和直观的解释得到合理地结合.

本书对线性代数的一些细节进行了优化，如引入线性相关和线性无关，并增加适量的例子；尽早地引出方程组的矩阵形式，方便师生使用；强调初等变换在线性代数中的作用，使读者可时刻运用初等变换解决问题，给出特征值和特征向量的几何解释，对二次型的各种可逆线性替换增加了图解，便于读者理解. 另外，除了保留每节的随堂练习，本书对习题形式进行了优化，从选择、填空、判断多角度让学生吃透教学内容，解答题尽量做到全范围内容覆盖. 学生应该全部掌握习题 A，可酌情掌握习题 B.

为了更好地适应不同专业学生学习的需求，跟第一版不同的是，本次修订把线性代数按理工类和经管类分开编写，其中本书为适合理工类专业的线性代数.

在本书编写过程中，田大增教授和白瑞蒲教授提出了许多宝贵的意见，同时河北大学数学与信息科学学院领导以及教务处领导在本书的修订和使用等方面给予了大力支持和帮助；科学出版社王胡权编辑为本书出版付出许多心血，对此，作者表示衷心的感谢.

虽然编者尽了最大努力，但由于水平有限，书中难免存在不足之处，恳请广大读者不吝赐教，批评指正，在此表示感谢.

编　者

2019 年 6 月

第一版前言

本书根据高等学校理工类和经管类专业线性代数课程教学大纲的基本要求，以及编者多年来讲授线性代数课程的切实体会编写而成，适用于理工类和经管类的本科生使用.

线性代数起源于处理线性关系问题. 由于线性问题广泛存在于自然科学和技术科学的各个领域,且大量的非线性问题在一定条件下可转化为线性问题来处理，因此线性代数知识应用广泛，是现代科学的一个基础工具.

线性代数理论是由线性方程组理论发展而来的，行列式和矩阵为线性方程组理论提供了强有力的工具. 但是矩阵理论本身比较复杂，没有线性方程组理论直观. 本书借助于学生在中学阶段接触过的二阶和三阶行列式，首先在第 1 章引入行列式这个工具. 第 2 章给出线性方程组理论，主要涉及线性代数的几个主要研究对象，如线性方程组、向量、矩阵以及它们之间的关系. 由于线性方程组理论是线性代数理论的基石，而且大量的计算都涉及线性方程组的求解，因此学好这一章是学好线性代数的关键. 第 3 章引入矩阵的相关理论. 矩阵不仅可以作为线性方程组理论的工具，而且是整个线性代数的重要工具. 特别是应熟练掌握矩阵的基本运算、矩阵的初等变换和矩阵分块等方法和技巧. 第 4 章讲述线性空间与线性变换的相关理论. 线性空间是解析几何中几何空间的推广，其理论也是对解析几何中理论的推广，因此，加强两者的比较可以增加本章概念的直观性，使学生更易掌握本章内容. 第 5 章讲述矩阵的特征值和特征向量，内容丰富、应用性强，且以前面 4 章所学的知识为工具. 矩阵的对角化问题，尤其是对称矩阵的对角化，与二次型理论的学习有密切关系. 本书的最后一章是二次型理论，重点掌握标准形(规范形)等相关理论，强调二次型和矩阵的对应关系.

线性代数以矩阵、n 维向量和线性方程组为三条知识主线，虽然源自不同的对象，但对同一事物经常可以用这三种语言从不同角度进行诠释，三条知识主线关系密切、交错前行. 这一点在本书中有着较好的体现.

因为线性代数是一门工具学科，因此必然要强调其直观性和应用性. 但对其内容的叙述又不应该过于形式化而忽略理论的推导，而且加强学生的逻辑推理能力本身也是掌握数学学科的一个很重要的方面. 因此抽象的理论和直观的理解应该找一个较好的结合点，对此我们在本书中做了较大的努力. 一般的结果都给出了严密的证明，同时对很多概念尽可能地从直观的角度进行阐述.

由于线性代数理论的抽象性，本书针对一些抽象的概念和结论给出了相应的举例，这样可以帮助学生更好地理解相应的概念和定理. 同时在每一节的结尾安排了随堂练习，可以让学生及时验证是否掌握了相应节次的基本内容.

本书的编写工作用了近三年时间，并经过了教学实践. 其内容的深度基本上适应理工类和经管类学生的需求. 对于经管类学生，学习难度较大的内容标上了“*”号，可以用来作为选学内容或是介绍内容. 我们还充分考虑了考研学生的需求，在介绍基本理论的基础上，更从代数学的高度引入一些理念. 例如：矩阵与对角形矩阵的关系(合同关系直接解决二次型标准化问题，相似问题直接解决线性变换的矩阵表示，等价关系直接诠释矩阵的实质性等)来帮助学生更好地理解和掌握不同章节的相关内容. 且编写了一定数量和一定难度的习题.

线性代数的内容虽然抽象，但是具有广泛的应用性. 为了给学生以感性的认识，我们在每章的最后一节介绍本章内容的应用，且不过分拘泥于细节，而是重在阐述其基本思想.

每章后面的小结说明本章的重点、难点以及与其他章节内容的关系，可以帮助学生对所学的知识进行整体把握.

虽然我们尽了很大的努力，但由于编者的水平有限，书中一定还会存在这样或那样的缺点，恳请广大读者不吝赐教，多多指正，在此深表谢意.

编　者

2009 年 9 月

目　　录

第 1 章　线性方程组

自然科学、工程技术和社会科学中的某些问题的数学模型，往往归结为求解一个线性方程组. 本章给出线性方程组的三种形式，讨论线性方程组的解并引出线性代数中一些重要的概念.

1.1　消　元　法

在中学的学习中，我们已经求解过简单的线性方程组. 比如下面的线性方程组

$$\begin{cases}-x+y=1,\\ 2x+y=4.\end{cases}$$

利用加减消元法，容易求得上述方程组的解 $x=1,y=2$. 在平面直角坐标系中，上述方程组中的每个方程都代表平面上的一条直线，于是方程组的解也就是这两条直线的交点 $(1,2)$. 几何上容易知道，平面上两条直线不一定相交，还有可能平行或者重合 (这里我们区分平行和重合，即不把重合看作平行的特殊情形). 相应的线性方程组可能无解也可能有无穷多解. 比如方程组

$$\begin{cases}x-y=1,\\ 2x-2y=3\end{cases}$$

无解，因为两个方程表示的直线是平行的；而方程组

$$\begin{cases}x-y=1,\\ 2x-2y=2\end{cases}$$

有无穷多解，因为两个方程表示的直线重合. 称一个方程组为**相容**的，如果该方程组有解；否则，称之为**不相容**的.

1.1.1　两个方程三个未知量的线性方程组

在空间直角坐标系中，三元一次方程(三个未知量的系数不全为零)表示空间中的一个平面，比如 $x+2y+2z=3$ 是以未知量的系数所成向量 $\boldsymbol{n}(1,2,2)$ 为**法向量**的平面方程. 这里的法向量是指垂直于平面的一个非零向量.

任取平面上的两个点 A,B ，则它们所成向量 $\overrightarrow{AB}$ 与法向量 $\boldsymbol{n}$ 垂直. 比如，取平面上的点 $A(1,0,1)$ 和点 $B(1,1,0)$ ，它们所成的向量为 $\overrightarrow{AB}=(0,1,-1)$ ，显然向量

$(0,1,-1)$ 与向量 $(1,2,2)$ 垂直(即两向量的内积为零). 于是两个方程三个未知量的线性方程组的解就取决于两个平面的位置关系. 从几何上不难知道，空间中的两个平面的位置关系只有三种：平行、相交或者重合. 平行的两个平面没有公共点，从而相应的方程组无解；相交的两个平面交于一条直线，从而相应方程组的解是一条直线上所有点的坐标；两个重合平面的公共点是这个重合平面本身，从而相应方程组的解是这个平面上所有点的坐标. 比如，方程组

$$\begin{cases} x+2y+2z=3, \\ 2x+4y+4z=4 \end{cases}$$

无解，也就是不相容的，因为两个方程所表示的平面是平行的；方程组

$$\begin{cases} x+2y+2z=3, \\ 2x+4y+4z=6 \end{cases} \tag{1.1.1}$$

的解的图形是一个平面，因为两个方程表示的平面重合，方程组的解恰好由该平面上所有点的坐标给出. 前面取的点 $(1,1,0)$ 和点 $(1,0,1)$ 就是方程组(1.1.1)的两个解. 方程组

$$\begin{cases} x+2y+2z=3, \\ 2x+5y+6z=8 \end{cases} \tag{1.1.2}$$

的解的图形是一条直线，因为两个方程表示的平面相交.

我们可以这样理解方程组(1.1.1)的解. 首先，我们知道实数与数轴上的点一一对应，取定数轴上的原点 O 后，数轴上的每个点就有唯一的坐标 x，这个变量 x 可以取遍所有实数，称这样的变量 x 为**自由变量**，也就是说要描述一条直线上的所有点，需要一个自由变量 x (从而我们说直线是一维的)；平面解析几何告诉我们，平面上建立直角坐标系后，平面上的点的坐标是有序实数对 (x,y)，这里的变量 x,y 可以独立地取遍所有实数，独立的意思是变量 x 的取值不受变量 y 的取值的影响，而且变量 y 的取值也不受变量 x 的取值的影响，称这样的变量 x,y 为自由变量，也就是说要描述一个平面上的所有点，需要两个自由变量 x,y (从而我们说平面是二维的)；空间中建立直角坐标系后，空间中的点的坐标是有序实数组 (x,y,z)，这里的变量 x,y,z 可以独立地取遍所有的实数，独立的意思是三个变量 x,y,z 中任何一个变量的取值都不受其他两个变量取值的影响，称这样的变量 x,y,z 为自由变量，也就是说要描述空间中的所有点，需要三个自由变量 x,y,z (从而我们说空间是三维的).

【注】 这里的空间可以理解为我们生存的空间，以后称之为**几何空间**.

线性方程组(1.1.1)中出现了三个变量 x,y,z，如果把这三个变量看作几何空间里点的坐标，那么方程组(1.1.1)的解 x,y,z 就不是前面所说的自由变量，由于方程的限制，某个变量的取值要受其他变量取值的影响. 那么为了描述方程组(1.1.1)

的所有解，我们需要几个自由的变量呢？因为(1.1.1)中两个方程是同一个平面上的方程，从而(1.1.1)的图形就是这个平面. 所以描述(1.1.1)的所有解就等价于描述这个平面上的所有点，从而我们需要两个自由变量. 比如，把变量 y,z 看作自由变量，让它们自由取值，令 $y=k_1,z=k_2$，由(1.1.1)解得 $x=-2k_1-2k_2+3$，从而得到方程组(1.1.1)的所有解

$$\begin{cases} x=-2k_1-2k_2+3, \\ y=k_1, \\ z=k_2, \end{cases} \tag{1.1.3}$$

其中 k_1,k_2 为参数，这两个参数就是描述方程组(1.1.1)的两个自由变量，称这种带有参数的解为方程组(1.1.1)的**通解**. 和具体的某个解不一样的是，只有当通解中的参数取定具体值时，(1.1.3)中相应 x,y,z 的取值才给出方程组(1.1.1)的一个具体的解. 比如，当 $k_1=1,k_2=0$ 时给出解 $x=1,y=1,z=0$. 当参数取不同的值时给出不同的解. 这里 x,y,z 都是参数 k_1,k_2 的一次函数，因此 (1.1.3) 的所有解对应的几何图形是一个平面.

那么方程组(1.1.2)呢？(1.1.2)中的两个方程对变量 x,y,z 的限制作用不同.从几何上来看，(1.1.2)中两个方程所表示平面的法向量不平行，从而两个平面相交. 所以描述(1.1.2)的所有解就等价于描述两个平面交线上的所有点，于是需要一个自由变量. 如何得到这个自由变量？应用加减消元法，第二个方程减去第一个方程的 2 倍，得到方程

$$y+2z=2. \tag{1.1.4}$$

这样可以把 z 看作自由未知量，令 $z=k$，把 z 代入(1.1.4)解得 $y=-2k+2$，再把 $y=-2k+2,z=k$ 代入(1.1.2)的第一个方程解得 $x=2k-1$，于是得到方程组(1.1.2)的通解

$$\begin{cases} x=2k-1, \\ y=-2k+2, \\ z=k. \end{cases} \tag{1.1.5}$$

该通解中只有一个参数 k，该参数 k 就是描述(1.1.2)的所有解的自由变量，这里 x,y,z 都是参数 k 的一次函数，因此通解(1.1.5)对应的几何图形是一条直线.

【注】 一般来说自由未知量的选取具有一定的主观性. 比如，在该例中也可以选取未知量 y 为自由未知量.

前面两个例子传递了一个重要信息，两个具有无穷多解的线性方程组，自由未知量的个数可能不同. 一个线性方程组有没有自由未知量？如果有，应该有多少个？这是线性代数中的基本并且重要的问题，第 3 章将给出此问题的一个完美的回答.

1.1.2 线性方程组

一般来说，线性方程组所含的未知量的个数以及方程的个数可以是任意的，m 个方程 n 个未知量的线性方程组具有下列形式

$$\begin{cases} a_{11}x_1 + a_{12}x_2 + \cdots + a_{1n}x_n = b_1, \\ a_{21}x_1 + a_{22}x_2 + \cdots + a_{2n}x_n = b_2, \\ \qquad\qquad \cdots\cdots \\ a_{m1}x_1 + a_{m2}x_2 + \cdots + a_{mn}x_n = b_m, \end{cases} \tag{1.1.6}$$

式中 $x_1, x_2, \cdots, x_n$ 代表 n 个未知量，系数 a_{ij} 带有两个下标，第一个下标 i 表示它出现在第 i 个方程中,第二个下标 j 表示它是 x_j 的系数. 常数项 b_j 是第 j 个方程的常数项. 如果方程组 (1.1.6) 中的常数项全为零，则称其为**齐次线性方程组**；否则称其为**非齐次线性方程组**.

显然，一个线性方程组由未知量的系数和常数项确定. 如果把未知量的系数按它们出现的位置组成数表

$$\boldsymbol{A} = \begin{pmatrix} a_{11} & a_{12} & \cdots & a_{1n} \\ a_{21} & a_{22} & \cdots & a_{2n} \\ \vdots & \vdots & & \vdots \\ a_{m1} & a_{m2} & \cdots & a_{mn} \end{pmatrix},$$

则称 $\boldsymbol{A}$ 为方程组(1.1.6)的**系数矩阵**. a_{ij} 的两个下标分别代表其在矩阵 $\boldsymbol{A}$ 中的行数和列数，因此可以分别称这两个角标为**行标**和**列标**. 如果把常数项添加到系数矩阵中，使得它们位于最后一列，即

$$\overline{\boldsymbol{A}} = \begin{pmatrix} a_{11} & a_{12} & \cdots & a_{1n} & b_1 \\ a_{21} & a_{22} & \cdots & a_{2n} & b_2 \\ \vdots & \vdots & & \vdots & \vdots \\ a_{m1} & a_{m2} & \cdots & a_{mn} & b_m \end{pmatrix},$$

则称 $\overline{\boldsymbol{A}}$ 为线性方程组(1.1.6)的**增广矩阵**. 这样线性方程组的增广矩阵可以认为是线性方程组的一种简记形式. 显然方程组的增广矩阵与线性方程组是一一对应的.

为了有效地处理方程个数和未知量个数都是任意多个的线性方程组，我们要改进消元法的使用. 首先我们看一个例子

例 1 解方程组

$$\begin{cases} 3x_1 + 2x_2 - 2x_3 = 3, \\ x_1 - x_2 + 2x_3 = 3, \\ 2x_1 + 3x_2 + x_3 = 10. \end{cases} \tag{1.1.7}$$

把第一、二个方程互换，得

$$\begin{cases} x_1 - x_2 + 2x_3 = 3, \\ 3x_1 + 2x_2 - 2x_3 = 3, \\ 2x_1 + 3x_2 + x_3 = 10. \end{cases}$$

第一个方程的–3 倍加到第二个方程，第一个方程的–2 倍加到第三个方程，得

$$\begin{cases} x_1 - x_2 + 2x_3 = 3, \\ \quad 5x_2 - 8x_3 = -6, \\ \quad 5x_2 - 3x_3 = 4. \end{cases}$$

第三个方程减去第二个方程，得

$$\begin{cases} x_1 - x_2 + 2x_3 = 3, \\ \quad 5x_2 - 8x_3 = -6, \\ \qquad 5x_3 = 10. \end{cases} \tag{1.1.8}$$

上述方程组呈现阶梯形式，称这种形式的方程组为**阶梯形方程组**. 由该阶梯形方程组能够看出方程组有唯一解，这是因为由(1.1.8)最后一个方程可解得 x_3 的值，把 x_3 的值代入第二个方程可得 x_2 的值，再把 x_2, x_3 的值代入第一个方程可得 x_1 的值，具体过程如下.

第三个方程乘以 $\frac{1}{5}$，进而第二个方程加上第三个方程的 8 倍，第一个方程减去第三个方程的 2 倍，得

$$\begin{cases} x_1 - x_2 = -1, \\ \quad 5x_2 = 10, \\ \qquad x_3 = 2. \end{cases}$$

第二个方程乘以 $\frac{1}{5}$，进而第一个方程加上第二个方程得

$$\begin{cases} x_1 = 1, \\ \quad x_2 = 2, \\ \qquad x_3 = 2. \end{cases} \tag{1.1.9}$$

这样，便得到方程组的解为 $x_1 = 1, x_2 = 2, x_3 = 2$.

从上述过程中不难看出，消元法实际上是反复化简方程组，先得到阶梯形方程组(1.1.8)，进一步得到**行简化形**方程组(1.1.9). 求解过程中使用了以下三种变换：

(1) 互换两个方程的位置；

(2) 用一非零数乘以某一方程；

(3) 把一个方程的倍数加到另一个方程.

定义 1.1.1　上述三种变换称为线性方程组的**初等变换**，分别称为**对换**、**倍乘**、**倍加变换**.

【注】 (1) 倍乘和倍加变换是解线性方程组所必需的，而对换变换不是解方程组所必需的，但是这种变换的引入会带来方便.

(2) 关于线性方程组的初等变换的一个重要事实是初等变换都是可逆的. 也就是说，若线性方程组(I)经过初等变换得到线性方程组(II)，则线性方程组(II)也可经初等变换得到线性方程组(I). 具体来说，若交换(I)的两个方程得到(II)，则再次交换(II)的这两个方程得到(I)；若(I)的某个方程乘非零数得到(II)，则将(II)的相应方程乘这个数的倒数得到(I)；若(I)的第 i 个方程的 k 倍加到第 j 个方程得到(II)，则将(II)的第 i 个方程的 $-k$ 倍加到第 j 个方程得到(I). 这种可逆性保证了变换前后的线性方程组是同解的.

(3) 在本例中“改进加减消元法的使用”一方面表现为我们关注的是整个方程组的变化情况，用一个与原方程组同解但相对较简单的方程组替代原来的方程组；另一方面是我们对化简了的方程组的形式做了特殊的约定——阶梯形和行简化形(参见后文阶梯形矩阵和行简化形矩阵的描述).

利用增广矩阵，例 1 中的过程可以写得更为简单，例 1 中方程组的增广矩阵为

$$\overline{\boldsymbol{A}}=\left(\begin{array}{ccc|c}3 & 2 & -2 & 3\\ 1 & -1 & 2 & 3\\ 2 & 3 & 1 & 10\end{array}\right),$$

线性方程组的初等变换表现为对矩阵的行进行相应变换，称之为**矩阵的初等行变换**，仍然包括对换、倍乘和倍加三种初等行变换，分别是交换矩阵的两行、用非零数乘矩阵的某行以及把矩阵某行的倍数加到另一行上去.

【注】 如果变换矩阵的列而不是行，则称之为**矩阵的初等列变换**，初等行变换和初等列变换合称为**矩阵的初等变换**.

利用增广矩阵，上述消元过程可简单写为

$$\left(\begin{array}{ccc|c}3 & 2 & -2 & 3\\ 1 & -1 & 2 & 3\\ 2 & 3 & 1 & 10\end{array}\right)\to\left(\begin{array}{ccc|c}1 & -1 & 2 & 3\\ 3 & 2 & -2 & 3\\ 2 & 3 & 1 & 10\end{array}\right)\to\left(\begin{array}{ccc|c}1 & -1 & 2 & 3\\ 0 & 5 & -8 & -6\\ 0 & 5 & -3 & 4\end{array}\right)$$

$$\to\left(\begin{array}{ccc|c}1 & -1 & 2 & 3\\ 0 & 5 & -8 & -6\\ 0 & 0 & 5 & 10\end{array}\right) \tag{1.1.10}$$

$$\to\left(\begin{array}{ccc|c}1 & -1 & 0 & -1\\ 0 & 5 & 0 & 10\\ 0 & 0 & 1 & 2\end{array}\right)\to\left(\begin{array}{ccc|c}1 & 0 & 0 & 1\\ 0 & 1 & 0 & 2\\ 0 & 0 & 1 & 2\end{array}\right). \tag{1.1.11}$$

称形如(1.1.10)的矩阵为**阶梯形矩阵**. 阶梯形矩阵的特点：每行的第一个非零元所在列的下方的元素均为零，且每行第一个非零元的列数依次变大；全为零的行在最下面. 称形如(1.1.11)的矩阵为**行简化形矩阵**. 行简化形矩阵的特点：每行的第一个非零元为 1，它所在列的其余元素均为零，且每行第一个非零元的列数依次变大；全为零的行在最下面. 由行简化形(1.1.11)可得原方程组的解 $x_1=1$, $x_2=2, x_3=2$.

例 2　用消元法解线性方程组

$$\begin{cases} x_1-2x_2-\ x_3=0, \\ -2x_1+4x_2+2x_3=6, \\ 2x_1-\ x_2 \qquad =2. \end{cases}$$

解　对方程组的增广矩阵 $\overline{\boldsymbol{A}}$ 进行初等行变换化为阶梯形矩阵 $\boldsymbol{B}$：

$$\overline{\boldsymbol{A}}=\begin{pmatrix} 1 & -2 & -1 & 0 \\ -2 & 4 & 2 & 6 \\ 2 & -1 & 0 & 2 \end{pmatrix} \xrightarrow[r_3-2r_1]{r_2+2r_1} \begin{pmatrix} 1 & -2 & -1 & 0 \\ 0 & 0 & 0 & 6 \\ 0 & 3 & 2 & 2 \end{pmatrix} \xrightarrow{r_2 \leftrightarrow r_3} \begin{pmatrix} 1 & -2 & -1 & 0 \\ 0 & 3 & 2 & 2 \\ 0 & 0 & 0 & 6 \end{pmatrix}=\boldsymbol{B}.$$

由阶梯形矩阵 $\boldsymbol{B}$, 可得到与原方程组同解的阶梯形方程组

$$\begin{cases} x_1-2x_2-\ x_3=0, \\ \qquad 3x_2+2x_3=2, \\ \qquad\qquad\quad 0=6. \end{cases}$$

这是一个矛盾方程组. 故原方程组无解.

例 3　用消元法解线性方程组

$$\begin{cases} x_1+x_2 \qquad +x_4=2, \\ x_1+x_2-x_3 \qquad =3, \\ \qquad\quad x_3+x_4=-1. \end{cases}$$

解　将方程组的增广矩阵 $\overline{\boldsymbol{A}}$ 用初等行变换化为行简化形矩阵

$$\overline{\boldsymbol{A}}=\left(\begin{array}{cccc:c} 1 & 1 & 0 & 1 & 2 \\ 1 & 1 & -1 & 0 & 3 \\ 0 & 0 & 1 & 1 & -1 \end{array}\right) \xrightarrow{r_2-r_1} \left(\begin{array}{cccc:c} 1 & 1 & 0 & 1 & 2 \\ 0 & 0 & -1 & -1 & 1 \\ 0 & 0 & 1 & 1 & -1 \end{array}\right)$$

$$\xrightarrow{r_3+r_2} \left(\begin{array}{cccc:c} 1 & 1 & 0 & 1 & 2 \\ 0 & 0 & -1 & -1 & 1 \\ 0 & 0 & 0 & 0 & 0 \end{array}\right) \xrightarrow{r_2\times(-1)} \left(\begin{array}{cccc:c} 1 & 1 & 0 & 1 & 2 \\ 0 & 0 & 1 & 1 & -1 \\ 0 & 0 & 0 & 0 & 0 \end{array}\right).$$

由最后的阶梯形矩阵，可得到与原方程组同解的阶梯形方程组

$$\begin{cases} x_1 + x_2 \quad + x_4 = 2, \\ \qquad\quad x_3 + x_4 = -1. \end{cases}$$

其中阶梯形矩阵最后一行为零，说明最后一个方程化为“$0=0$”，为“多余”方程，不需再写出. 把阶梯形方程组改为

$$\begin{cases} x_1 = 2 - x_2 - x_4, \\ x_3 = -1 - x_4. \end{cases}$$

可知，x_2, x_4 可自由取值，其每一组取定的值都可得到 x_1, x_3 的对应值(x_1, x_3 的取值受限制，即不自由)，从而得到方程组的一组解，所以原方程组有无穷多解. 称可自由取值的未知量为**自由未知量**，这里的 x_2, x_4 即自由未知量. 取 $x_2 = k_1, x_4 = k_2$，k_1, k_2 为任意常数，就得到原方程组的一般解

$$\begin{cases} x_1 = 2 - k_1 - k_2, \\ x_2 = k_1, \\ x_3 = -1 - k_2, \\ x_4 = k_2 \end{cases} \quad (k_1, k_2 \text{为任意常数}).$$

本题也可以把 x_1, x_4 取为自由未知量，把阶梯形方程组改写为

$$\begin{cases} x_2 = 2 - x_1 - x_4, \\ x_3 = -1 - x_4. \end{cases}$$

取 $x_1 = c_1, x_4 = c_2$ (c_1, c_2 为任意常数)，就得到原方程组的一般解

$$\begin{cases} x_1 = c_1, \\ x_2 = 2 - c_1 - c_2, \\ x_3 = -1 - c_2, \\ x_4 = c_2 \end{cases} \quad (c_1, c_2 \text{为任意常数}).$$

虽然这两种结果形式上有所不同，但是它们表达的解集是相同的.

【思考】 例 3 中，x_1, x_3 或 x_2, x_3 可否取为自由未知量?

关于这三个例子的几何解释. 例 1 中的线性方程组有唯一解，对应的几何事实是三个方程表示的平面交于一点；例 2 中的线性方程组无解，对应的几何事实是三个方程表示的平面不存在公共点(事实上，该例中前两个平面平行，而第三个平面与前两个平面各自交于一条直线，但是这两条直线是平行的，从而三个平面没有公共点)；例 3 中由于有 4 个未知量，所以问题变得复杂起来，这时称每个四元一次方程(4 个未知量的系数不全为零)表示的图形为四维空间中的一个**超平面**(因为若三元一次方程的 3 个未知量的系数不全为零，则其表示的图形为三维空间中的一个平面，超平面推广了这个叫法，增加的“超”字表明这个超平面不是三维空间中的平面)，这样可以说例 3 中的三个超平面有公共点，且其公共点需要用

两个参数来表达，从而它们的公共点构成一个二维的图形，该图形是一个二维**线性流形**. 从例 3 的几何解释中可以看出，当线性方程组中未知量的个数超过 3 个时，其几何意义并不直观，因为我们很难想象超过三维的空间以及该空间中图形的样子.

在本节中，线性方程组中的系数和常数项都是实数. 但是我们知道，数可以指不同范围的数，比如整数、有理数、实数、复数等. 为了线性代数应用的广泛性，我们在线性代数里所说的数，可以是任意一个数域中的数. 数域的定义如下.

定义 1.1.2　设 F 是复数集的一个子集并且 $1\in F$. 如果 F 中任意两个数(这两个数可以相同，也可以不同)的和、差、积、商(分母不为零)仍是 F 中的数，则称 F 为一个**数域**.

【注】　若 F 为数域，则由 $1\in F$ 可得 $0=1-1\in F, n=1+1+\cdots+1\in F$，进一步有 $-n=0-n\in F$. 这说明所有整数都在 F 中. 又对任意整数 m 及正整数 n，有 $\dfrac{m}{n}\in F$，这说明所有的有理数也都在 F 中. 容易证明全体有理数构成的集合 $\mathbb{Q}$ 是一个数域，从而其是最小的数域.

由定义可知，全体实数构成的集合 $\mathbb{R}$、全体复数构成的集合 $\mathbb{C}$ 都是数域. 而全体整数构成的集合 $\mathbb{Z}$ 不是数域，因为任意两个整数的商(分母不为零)不一定是整数.

今后讨论问题时，如果不加以特殊说明的话，我们的数可以是任意一个数域中的数. 当然必须指出应用中最常见的两个数域是实数域和复数域.

随堂练习

1. 试判断下列矩阵的初等变换是如何进行的.

(1) $\begin{pmatrix}1&2&1\\1&3&5\\2&1&2\end{pmatrix}\to\begin{pmatrix}1&2&1\\0&1&4\\0&-3&0\end{pmatrix}\to\begin{pmatrix}1&2&1\\0&1&4\\0&0&12\end{pmatrix}\to\begin{pmatrix}1&2&1\\0&1&4\\0&0&1\end{pmatrix}$;

(2) $\begin{pmatrix}2&4&7\\1&2&3\end{pmatrix}\to\begin{pmatrix}1&2&3\\0&0&1\end{pmatrix}$.

2. 试讨论如何用倍加变换和倍乘变换实现交换矩阵的两行：$\begin{pmatrix}1&2&3\\4&5&6\end{pmatrix}\to\begin{pmatrix}4&5&6\\1&2&3\end{pmatrix}$.

1.2　n 维 向 量

向量又称为矢量，最初被应用于物理学. 很多物理量，如力、速度、位移以及电场强度、磁感应强度等都是向量. 那里的向量定义为既有大小又有方向的量，通常用一条有向线段来表示. 有向线段的长度表示向量的大小，箭头所指的方向表示向量的方向. 符号上可以用向量的起点 A 和终点 B 带上表示方向的箭头 $\overrightarrow{AB}$ 来表示，也可以用黑体字母 $\boldsymbol{a}$ 来表示. 当建立了坐标系后，空间(或者平面)上所有向量与三元(或者二元)有序实数组一一对应，从而任意向量在给定坐标系下有唯一的坐标，通常也用该向量的坐标来表示相应的向量，例如，$\boldsymbol{i}(1,0,0)$ 是 x 轴上的一个单位向量，$\boldsymbol{a}(2,3,0)$ 是 xOy 坐标面上的一个向量.

可以用向量来讨论线性方程组，比如 1.1 节例 3 中的方程组

$$\begin{cases} x_1 + x_2 \qquad + x_4 = 2, \\ x_1 + x_2 - x_3 \qquad = 3, \\ \qquad\quad x_3 + x_4 = -1. \end{cases}$$

该方程组由三个方程组成. 每个方程中未知量的系数和常数项自然地给出一个行向量，比如上述线性方程组中第一个方程的系数和常数项给出行向量 $(1,1,0,1,2)$. 显然这里的行向量是几何向量坐标表示的推广，几何向量的坐标是三元或者二元有序实数组，而这里的向量却含有 5 个有序实数. 把每个方程给出的行向量写出来，由上述方程组就得到了行向量组 $\boldsymbol{\alpha}_1=(1,1,0,1,2),\boldsymbol{\alpha}_2=(1,1,-1,0,3),\ \boldsymbol{\alpha}_3=(0,0,1,1,-1)$. 反过来，给定一个向量组，把每个向量的最后一个数作为常数项，其余的数作为未知量的系数，就得到一个线性方程组，于是由给定的向量组就写出相应的线性方程组. 这样线性方程组和向量组就可以相互确定，从而对线性方程组的研究可以转化为对向量组的研究，反过来也一样.

由于一个线性方程组中未知量的个数可以是任意有限个，因此有下面的定义.

定义 1.2.1　数域 F 上的 n 个数 $a_1,a_2,\cdots,a_n$ 构成的有序数组称为数域 F 上的 n **维向量**.

$$\boldsymbol{\alpha}=(a_1,a_2,\cdots,a_n)$$

称为 n **维行向量**，其中 $a_i\ (1\leqslant i\leqslant n)$ 称为**向量** $\boldsymbol{\alpha}$ 的第 i 个**分量**或者**坐标**;

$$\boldsymbol{\beta}=\begin{pmatrix} b_1 \\ b_2 \\ \vdots \\ b_n \end{pmatrix}$$

称为 n **维列向量**，其中 $b_i(1\leqslant i\leqslant n)$ 称为**向量** $\boldsymbol{\beta}$ 的第 i 个**分量**或者**坐标**.

数域 F 上全体 n 维向量构成的集合，记作 F^n，即

$$F^n=\{(a_1,a_2,\cdots,a_n)\mid a_i\in F,i=1,2,\cdots,n\}.$$

定义 1.2.2　称两个向量 $\boldsymbol{\alpha}=(a_1,a_2,\cdots,a_n)$，$\boldsymbol{\beta}=(b_1,b_2,\cdots,b_n)\in F^n$ **相等**，如果

它们的分量对应相等，记为$\boldsymbol{\alpha}=\boldsymbol{\beta}$，即$\boldsymbol{\alpha}=\boldsymbol{\beta} \Leftrightarrow a_i=b_i(i=1,2,\cdots,n)$.

1.2.1　*n* 维向量的线性运算

考察 1.1 节中求方程组解的初等变换，不难理解对向量定义的如下的运算.

设$\boldsymbol{\alpha}=(a_1,a_2,\cdots,a_n)$，$\boldsymbol{\beta}=(b_1,b_2,\cdots,b_n)\in F^n$，$k\in F$.

定义 1.2.3　(1) 向量的**加法**：$\boldsymbol{\alpha}+\boldsymbol{\beta}=(a_1+b_1,a_2+b_2,\cdots,a_n+b_n)$，即向量的和的分量为各向量的对应分量的和.

(2) 向量的**数量乘法**：$k\boldsymbol{\alpha}=(ka_1,ka_2,\cdots,ka_n)$，即$k$与向量$\boldsymbol{\alpha}$的乘积的分量为$\boldsymbol{\alpha}$的对应分量的$k$倍.

零向量: 分量全为零的n维向量$(0,0,\cdots,0)$称为n维**零向量**，记作$\mathbf{0}_n$，或简记为$\mathbf{0}$.

负向量: 向量$\boldsymbol{\alpha}=(a_1,a_2,\cdots,a_n)$的分量的相反数组成的向量$-\boldsymbol{\alpha}=(-a_1,-a_2,\cdots,-a_n)$称为$\boldsymbol{\alpha}$的**负向量**.

利用负向量，可以给出向量减法的定义：

$$\boldsymbol{\alpha}-\boldsymbol{\beta}=\boldsymbol{\alpha}+(-\boldsymbol{\beta})=(a_1-b_1,a_2-b_2,\cdots,a_n-b_n).$$

设$\boldsymbol{\alpha},\boldsymbol{\beta},\boldsymbol{\gamma}\in F^n,k,l\in F$,则向量运算具有以下运算性质：

$$\begin{aligned}
&\boldsymbol{\alpha}+\boldsymbol{\beta}=\boldsymbol{\beta}+\boldsymbol{\alpha}; && (\boldsymbol{\alpha}+\boldsymbol{\beta})+\boldsymbol{\gamma}=\boldsymbol{\alpha}+(\boldsymbol{\beta}+\boldsymbol{\gamma});\\
&\boldsymbol{\alpha}+\mathbf{0}=\boldsymbol{\alpha}; && \boldsymbol{\alpha}+(-\boldsymbol{\alpha})=\mathbf{0};\\
&1\boldsymbol{\alpha}=\boldsymbol{\alpha}; && (kl)\boldsymbol{\alpha}=k(l\boldsymbol{\alpha});\\
&k(\boldsymbol{\alpha}+\boldsymbol{\beta})=k\boldsymbol{\alpha}+k\boldsymbol{\beta}; && (k+l)\boldsymbol{\alpha}=k\boldsymbol{\alpha}+l\boldsymbol{\alpha}.
\end{aligned}$$

其中前 4 条是向量加法的基本运算性质，后 4 条是向量数乘的基本运算性质.

除此以外，向量运算还具有以下性质：

$$0\boldsymbol{\alpha}=\mathbf{0},\quad k\mathbf{0}=\mathbf{0};$$

$$k\boldsymbol{\alpha}=\mathbf{0}\Rightarrow k=0\text{ 或 }\boldsymbol{\alpha}=\mathbf{0};$$

$$\boldsymbol{\alpha}+\boldsymbol{\beta}=\boldsymbol{\gamma}\Rightarrow\boldsymbol{\beta}=\boldsymbol{\gamma}-\boldsymbol{\alpha}.$$

定义 1.2.4　数域F上的全体n维向量，在其中定义了上述向量的加法和数量乘法运算，就称之为数域F上的n**维向量空间**，仍记作F^n. 当F为实数域$\mathbb{R}$时，叫做n**维实向量空间**，记作$\mathbb{R}^n$.

1.2.2　向量的线性组合

考察 1.1 节例 3 中线性方程组的求解，利用加减消元法，得到与原方程组

$$\begin{cases} x_1 + x_2 \qquad + x_4 = 2, & (1) \\ x_1 + x_2 - x_3 \qquad = 3, & (2) \\ \qquad x_3 + x_4 = -1 & (3) \end{cases} \tag{1.2.1}$$

同解的线性方程组

$$\begin{cases} x_1 + x_2 \quad + x_4 = 2, & (4) \\ \qquad x_3 + x_4 = -1. & (5) \end{cases} \tag{1.2.2}$$

之所以原方程组有三个方程，而同解的线性方程组只含有两个方程，是因为利用初等行变换化方程组的增广矩阵为阶梯形矩阵时出现了一个零行，仔细分析初等行变换的过程，我们会发现零行出现的原因是第三个方程可由第一个方程减去第二个方程而得到，即有

$$(3) = (1) - (2).$$

这一事实表明方程(3)并没有增加对4个未知量的限制. 其对4个未知量的限制已经由方程(1)和(2)给出，在这个意义上，第三个方程可看作**多余方程**.

一般来说，对于 m 个方程 $(1),(2),\cdots,(m)$ 和 m 个数 $k_1,k_2,\cdots,k_m$，称表达式 $k_1(1)+k_2(2)+\cdots+k_m(m)$ 为方程 $(1),(2),\cdots,(m)$ 的一个**线性组合**. 若有方程 $(m+1)$ 满足 $(m+1)=k_1(1)+k_2(2)+\cdots+k_m(m)$，则称方程 $(m+1)$ 可以由方程 $(1),(2),\cdots,(m)$ 线性表示，或称方程 $(m+1)$ 可表示为方程 $(1),(2),\cdots,(m)$ 的线性组合. 类似地，对于向量组 $\boldsymbol{\alpha}_1,\boldsymbol{\alpha}_2,\cdots,\boldsymbol{\alpha}_m$ 和数 $k_1,k_2,\cdots,k_m$，称表达式 $k_1\boldsymbol{\alpha}_1+k_2\boldsymbol{\alpha}_2+\cdots+k_m\boldsymbol{\alpha}_m$ 为向量组 $\boldsymbol{\alpha}_1,\boldsymbol{\alpha}_2,\cdots,\boldsymbol{\alpha}_m$ 的一个**线性组合**. 若 $\boldsymbol{\beta}=k_1\boldsymbol{\alpha}_1+k_2\boldsymbol{\alpha}_2+\cdots+k_m\boldsymbol{\alpha}_m$，则称向量 $\boldsymbol{\beta}$ 可以由 $\boldsymbol{\alpha}_1,\boldsymbol{\alpha}_2,\cdots,\boldsymbol{\alpha}_m$ 线性表示，或称向量 $\boldsymbol{\beta}$ 可表示为 $\boldsymbol{\alpha}_1,\boldsymbol{\alpha}_2,\cdots,\boldsymbol{\alpha}_m$ 的线性组合.

【注】 由前面的讨论可以知道，若方程 $(m+1)$ 可表示为方程 $(1),(2),\cdots,(m)$ 的线性组合，则方程 $(m+1)$ 对未知量的限制已经由方程 $(1),(2),\cdots,(m)$ 给出，从而其可视为多余方程；反之，若方程 $(m+1)$ 不能表示为方程 $(1),(2),\cdots,(m)$ 的线性组合，则其对未知量的限制不能由方程 $(1),(2),\cdots,(m)$ 给出，从而其不会是多余方程，或者说方程 $(m+1)$ 对未知量的限制“独立于”方程 $(1),(2),\cdots,(m)$. 据此，对于至少含两个方程的线性方程组可以将其分成两类：一类线性方程组中存在某个方程可由其余方程线性表示；另一类线性方程组中的任何一个方程都不能由其余方程线性表示.

对于至少含两个向量的向量组，可按下列定义分为两类.

定义 1.2.5 设向量组 $\boldsymbol{\alpha}_1,\boldsymbol{\alpha}_2,\cdots,\boldsymbol{\alpha}_m(m\geqslant 2)$，若其中存在某个向量可由其余向量线性表示，则称向量组 $\boldsymbol{\alpha}_1,\boldsymbol{\alpha}_2,\cdots,\boldsymbol{\alpha}_m$ **线性相关**；若其中任何一个向量都不能由其余向量线性表示，则称向量组 $\boldsymbol{\alpha}_1,\boldsymbol{\alpha}_2,\cdots,\boldsymbol{\alpha}_m$ **线性无关**.

【注】 向量组的线性相关和线性无关统称为向量组的**线性相关性**.

例 1　1.1 节例 3 中方程组对应的向量组 $\boldsymbol{\alpha}_1=(1,1,0,1,2)$, $\boldsymbol{\alpha}_2=(1,1,-1,0,3)$, $\boldsymbol{\alpha}_3=(0,0,1,1,-1)$，因为 $\boldsymbol{\alpha}_3=\boldsymbol{\alpha}_1-\boldsymbol{\alpha}_2$，$\boldsymbol{\alpha}_3$ 可由 $\boldsymbol{\alpha}_1,\boldsymbol{\alpha}_2$ 线性表示，从而向量组 $\boldsymbol{\alpha}_1,\boldsymbol{\alpha}_2,\boldsymbol{\alpha}_3$ 线性相关.

例 2　设 n 维向量 $\boldsymbol{\varepsilon}_i=(0,0,\cdots,1,\cdots,0)$ (第 i 个分量为 1，其余分量为 0)，$i=1,2,\cdots,n$. 称该向量组为**基本单位向量组**. 向量组 $\boldsymbol{\varepsilon}_1,\boldsymbol{\varepsilon}_2,\cdots,\boldsymbol{\varepsilon}_n$ 线性无关且任意 n 维向量 $\boldsymbol{\alpha}=(x_1,x_2,\cdots,x_n)$ 可由向量组 $\boldsymbol{\varepsilon}_1,\boldsymbol{\varepsilon}_2,\cdots,\boldsymbol{\varepsilon}_n$ 线性表示. 事实上易知关系式 $\boldsymbol{\alpha}=x_1\boldsymbol{\varepsilon}_1+x_2\boldsymbol{\varepsilon}_2+\cdots+x_n\boldsymbol{\varepsilon}_n$ 成立. 显然这里的表示方式是唯一的.

【注】　(1) 基本单位向量组 $\boldsymbol{\varepsilon}_1,\boldsymbol{\varepsilon}_2,\cdots,\boldsymbol{\varepsilon}_n$ 线性无关，其中任意一个向量都不能由其余向量线性表示，即任意向量都不是“多余的”. 换句话说，去掉该向量组的任意一个向量，比如 $\boldsymbol{\varepsilon}_n$，则“任意 n 维向量 $\boldsymbol{\alpha}=(x_1,x_2,\cdots,x_n)$ 可由向量组 $\boldsymbol{\varepsilon}_1,\boldsymbol{\varepsilon}_2,\cdots,\boldsymbol{\varepsilon}_{n-1}$ 线性表示”是不成立的. 读者自己可以举出不成立的例子.

(2) 线性相关的向量组 $\boldsymbol{\alpha}_1,\boldsymbol{\alpha}_2,\cdots,\boldsymbol{\alpha}_m$ 中有“多余向量”，即存在某向量可由其余向量线性表示，但并不意味着任何一个向量都可以由其余向量线性表示，例如，向量组 $\boldsymbol{\alpha}_1=(1,0)$, $\boldsymbol{\alpha}_2=(3,0)$, $\boldsymbol{\alpha}_3=(4,1)$ 线性相关，但是 $\boldsymbol{\alpha}_3$ 不能由 $\boldsymbol{\alpha}_1,\boldsymbol{\alpha}_2$ 线性表示.

1.2.3　线性方程组的向量形式

前面联系线性方程组写出了一组行向量，每个行向量对应一个方程. 还可以由线性方程组自然地写出另一向量组——线性方程组的列向量组. 把方程组

$$\begin{cases} a_{11}x_1+a_{12}x_2+\cdots+a_{1n}x_n=b_1, \\ a_{21}x_1+a_{22}x_2+\cdots+a_{2n}x_n=b_2, \\ \qquad\cdots\cdots \\ a_{m1}x_1+a_{m2}x_2+\cdots+a_{mn}x_n=b_m \end{cases}$$

每个未知量的系数写成一个 m 维列向量 $\boldsymbol{\alpha}_i=\begin{pmatrix} a_{1i} \\ a_{2i} \\ \vdots \\ a_{mi} \end{pmatrix}, i=1,2,\cdots,n$，$m$ 个常数也写成一个 m 维列向量 $\boldsymbol{\beta}=\begin{pmatrix} b_1 \\ b_2 \\ \vdots \\ b_m \end{pmatrix}$，从而有列向量组 $\boldsymbol{\alpha}_1,\boldsymbol{\alpha}_2,\cdots,\boldsymbol{\alpha}_n$，$\boldsymbol{\beta}$, 称该向量组为方程组(1.1.6)的**列向量组**. 利用向量的线性运算，上述方程组表示为下面的形式：

$$x_1\boldsymbol{\alpha}_1+x_2\boldsymbol{\alpha}_2+\cdots+x_n\boldsymbol{\alpha}_n=\boldsymbol{\beta}. \tag{1.2.3}$$

称式(1.2.3)为线性方程组(1.1.6)的**向量形式**. 式(1.2.3)只是线性方程组(1.1.6)的另外一种写法，今后根据需要把一个线性方程组写成(1.1.6)或者(1.2.3)的形式.

式(1.2.1)给出了线性方程组的解的另一解释：线性方程组(1.2.1)有解当且仅当向量$\boldsymbol{\beta}$可由向量组$\boldsymbol{\alpha}_1,\boldsymbol{\alpha}_2,\cdots,\boldsymbol{\alpha}_n$线性表示. 线性方程组(1.2.1)的解就是向量$\boldsymbol{\beta}$由向量组$\boldsymbol{\alpha}_1,\boldsymbol{\alpha}_2,\cdots,\boldsymbol{\alpha}_n$线性表示时的表示系数.

当线性方程组(1.1.6)为齐次线性方程组时，其向量形式为

$$x_1\boldsymbol{\alpha}_1+x_2\boldsymbol{\alpha}_2+\cdots+x_n\boldsymbol{\alpha}_n=\mathbf{0}. \tag{1.2.4}$$

容易看出，虽然非齐次线性方程组会有无解的情形，但齐次线性方程组一定是有解的，因为$x_1=x_2=\cdots=x_n=0$满足方程组(1.2.4)，从而是方程组(1.2.4)的一个解，称该解为**零解**. 所以对于齐次线性方程组(1.2.4)来说，它一定有零解，我们感兴趣的是除了零解之外，方程组(1.2.4)是否还有**非零解**.

【注】 前面几小节由线性方程组写出行向量组，从而自然地给出向量组的线性相关、线性无关的定义，这些定义对列向量也是同样适用的. 本小节把线性方程组写成向量的方程(即线性方程组的向量形式(1.2.3))更加突出了向量和线性方程组的联系，对向量组的理论研究更加有用. 因此约定如果一个向量没有声明是行向量还是列向量，默认是列向量. 但是列向量的书写要占用较多的书写空间，因此也常用$\boldsymbol{\alpha}=(a_1,a_2,\cdots,a_n)^{\mathrm{T}}$来表示$\boldsymbol{\alpha}$为列向量.

 **随堂练习**

1. 试判断下列向量组的线性组合能表示哪些向量?

(1) $\boldsymbol{\alpha}_1=(1,2,0),\boldsymbol{\alpha}_2=(2,1,0)$；

(2) $\boldsymbol{\beta}_1=(1,2,0),\boldsymbol{\beta}_2=(2,1,0),\boldsymbol{\beta}_3=(8,7,0)$；

(3) $\boldsymbol{\gamma}_1=(1,2,1),\boldsymbol{\gamma}_2=(2,1,3)$.

2. 判断第1题中两个向量组$\boldsymbol{\alpha}_1,\boldsymbol{\alpha}_2$和$\boldsymbol{\beta}_1,\boldsymbol{\beta}_2,\boldsymbol{\beta}_3$的线性相关性. 结合第1题的结论，你对线性相关和线性无关有怎样的认识?

3. 把下列向量组的结论用方程组来叙述.

(1) 零向量可由任意向量组线性表示；

(2) 一个向量组如果含有零向量，该向量组必线性相关.

1.3 矩阵与线性变换

在1.2节中，利用列向量来研究线性方程组时，线性方程组可看作三部分组成：被表示的向量$\boldsymbol{\beta}$；用来线性表示向量$\boldsymbol{\beta}$的向量组$\boldsymbol{\alpha}_1,\boldsymbol{\alpha}_2,\cdots,\boldsymbol{\alpha}_n$；线性表示的系数$x_1,x_2,\cdots,x_n$. 可以把式(1.2.3)等号左端的两部分表达得更为紧凑一些，向量组$\boldsymbol{\alpha}_1,\boldsymbol{\alpha}_2,\cdots,\boldsymbol{\alpha}_n$自然地组成矩阵

$$\boldsymbol{A}=(\boldsymbol{\alpha}_1,\boldsymbol{\alpha}_2,\cdots,\boldsymbol{\alpha}_n)=\begin{pmatrix} a_{11} & a_{12} & \cdots & a_{1n} \\ a_{21} & a_{22} & \cdots & a_{2n} \\ \vdots & \vdots & & \vdots \\ a_{m1} & a_{m2} & \cdots & a_{mn} \end{pmatrix},$$

也就是原线性方程组(1.1.6)的系数矩阵. n 个未知量写为一个列向量 $\boldsymbol{X}=\begin{pmatrix} x_1 \\ x_2 \\ \vdots \\ x_n \end{pmatrix}$.

如果利用 $\boldsymbol{A}$ 和 $\boldsymbol{X}$ 把方程组(1.2.3)中等式的左端简记为 $\boldsymbol{AX}$，即定义

$$\boldsymbol{AX}=x_1\boldsymbol{\alpha}_1+x_2\boldsymbol{\alpha}_2+\cdots+x_n\boldsymbol{\alpha}_n,$$

也就是说表达式 $\boldsymbol{AX}$ 表示一个列向量，该列向量是 $\boldsymbol{A}$ 的列向量组的线性组合，组合的系数由 $\boldsymbol{X}$ 的分量给出. 称 $\boldsymbol{AX}$ 为 $m\times n$ **矩阵 $\boldsymbol{A}$ 和 n 维列向量 $\boldsymbol{X}$ 的乘积**.

【注】 (1) 矩阵 $\boldsymbol{A}$ 乘列向量 $\boldsymbol{X}$ 时，矩阵要放在左侧而列向量放在右侧，顺序不能颠倒(为了强调矩阵 $\boldsymbol{A}$ 出现在左侧，我们说用矩阵 **$\boldsymbol{A}$ 左乘 $\boldsymbol{X}$**)；矩阵的列数要和列向量的维数相等，否则不能相乘；乘积的结果是一个维数等于矩阵的行数的列向量.

(2) 给定 $m\times n$ 矩阵 $\boldsymbol{A}$ 和 n 维列向量 $\boldsymbol{X}$，把 $\boldsymbol{A}$ 的列向量的线性组合写出来，则有

$$\boldsymbol{AX}=x_1\boldsymbol{\alpha}_1+x_2\boldsymbol{\alpha}_2+\cdots+x_n\boldsymbol{\alpha}_n=\begin{pmatrix} a_{11}x_1+a_{12}x_2+\cdots+a_{1n}x_n \\ a_{21}x_1+a_{22}x_2+\cdots+a_{2n}x_n \\ \cdots\cdots \\ a_{m1}x_1+a_{m2}x_2+\cdots+a_{mn}x_n \end{pmatrix}.$$

也就是说，从元素来看矩阵 $\boldsymbol{A}$ 与列向量 $\boldsymbol{X}$ 的乘积是一个列向量，其第 $i\,(i=1,2,\cdots,m)$ 个分量是 $\boldsymbol{A}$ 的第 i 行元素与 $\boldsymbol{X}$ 的对应分量乘积的和.

有了 $\boldsymbol{AX}$ 的定义，线性方程组就有了更为紧凑的表达形式

$$\boldsymbol{AX}=\boldsymbol{\beta}, \tag{1.3.1}$$

称式(1.3.1)为线性方程组的**矩阵形式**. 特别地，齐次线性方程组的矩阵形式为

$$\boldsymbol{AX}=\boldsymbol{0}.$$

1.3.1　线性映射与线性变换

现在我们把注意力放在式(1.3.1)的左边，即表达式 $\boldsymbol{AX}$ 上. 不把 $\boldsymbol{X}$ 看成未知向量，而把它看作变化的向量. 试想对于任意一个 n 维列向量 $\boldsymbol{X}$，用 $m\times n$ 矩阵 $\boldsymbol{A}$ 左乘后都会得到一个相应的 m 维向量 $\boldsymbol{\beta}$，这样矩阵 $\boldsymbol{A}$ 的左乘给出了从 n 维向量空间到 m 维向量空间的一个映射，称该映射为**由矩阵 $\boldsymbol{A}$ 实现的线性映射**. 特别地，

如果矩阵 $\boldsymbol{A}$ 是个 n 阶方阵，则其给出 n 维向量空间 F^n 到 F^n 自身的线性映射，此时称之为**由矩阵 $\boldsymbol{A}$ 实现的线性变换**.

【注】 (1) 矩阵 $\boldsymbol{A}$ 和由矩阵 $\boldsymbol{A}$ 实现的线性映射是两个不同的概念，但是两个概念之间有紧密的联系. 我们不从符号上区分这两个概念并且把由矩阵 $\boldsymbol{A}$ 实现的线性映射简称为**线性映射 $\boldsymbol{A}$**，所以如果 $\boldsymbol{A}$ 是线性映射，则 $\boldsymbol{A}$ 也是矩阵；如果 $\boldsymbol{A}$ 是矩阵，则 $\boldsymbol{A}$ 也是线性映射.

(2) 线性映射的概念类似于函数的概念，大家熟知一元实函数 $y=f(x)$，其中 f 是一个法则，在该法则下，对于某范围 D 中的每个实数 x，都有唯一确定的实数 y 与之对应. 类似地，$m\times n$ 矩阵 $\boldsymbol{A}$ 的左乘也给出一个法则，在这个法则下，对 F^n 中每个向量都有唯一 F^m 中向量与之对应. 也就是说，这里把实函数的自变量和因变量换成了“自变向量”和“因变向量”. 或者用向量的分量来说，$m\times n$ 矩阵 $\boldsymbol{A}$ 的左乘决定的线性映射有 n 个自变量和 m 个因变量. 由于自变量和因变量个数增多，所以我们不研究一般的多自变量、多因变量的“函数”，而只讨论这种简单的函数——线性映射.

下面看几个线性变换的例子.

例 1 令 $\boldsymbol{E}$ 为由 n 维基本单位向量组 $\boldsymbol{\varepsilon}_1,\boldsymbol{\varepsilon}_2,\cdots,\boldsymbol{\varepsilon}_n$ 给出的矩阵，即

$$\boldsymbol{E}=(\boldsymbol{\varepsilon}_1,\boldsymbol{\varepsilon}_2,\cdots,\boldsymbol{\varepsilon}_n)=\begin{pmatrix}1&0&\cdots&0\\0&1&\cdots&0\\\vdots&\vdots&&\vdots\\0&0&\cdots&1\end{pmatrix},$$

称矩阵 $\boldsymbol{E}$ 为**单位矩阵**(单位矩阵 $\boldsymbol{E}$ 中的 1 只出现在一条对角线上. 一般来说，对于任意一个方阵，都称相应的这个对角线为方阵的**主对角线**). 下面来看矩阵 $\boldsymbol{E}$ 决定的线性变换. 令 $\boldsymbol{X}=\begin{pmatrix}x_1\\x_2\\\vdots\\x_n\end{pmatrix}$，则由定义有

$$\boldsymbol{EX}=x_1\boldsymbol{\varepsilon}_1+x_2\boldsymbol{\varepsilon}_2+\cdots+x_n\boldsymbol{\varepsilon}_n=\begin{pmatrix}x_1\\x_2\\\vdots\\x_n\end{pmatrix}=\boldsymbol{X}.$$

从而单位矩阵 $\boldsymbol{E}$ 决定的线性变换把每个向量变成该向量本身，称这样的线性变换为**恒等变换**.

例 2 设 $\boldsymbol{A}=\begin{pmatrix}\cos\theta&-\sin\theta\\\sin\theta&\cos\theta\end{pmatrix}$，其中 θ 是一个角度. 令 $\boldsymbol{X}=\begin{pmatrix}x\\y\end{pmatrix}$，则由定义有

$$AX=\begin{pmatrix}\cos\theta & -\sin\theta\\ \sin\theta & \cos\theta\end{pmatrix}\begin{pmatrix}x\\ y\end{pmatrix}=\begin{pmatrix}x\cos\theta-y\sin\theta\\ x\sin\theta+y\cos\theta\end{pmatrix}.$$

称该线性变换 A 为平面上逆时针旋转 θ 角度的**旋转变换**.

例 3　设 $A=\begin{pmatrix}1 & 0\\ 0 & 0\end{pmatrix}$. 令 $X=\begin{pmatrix}x\\ y\end{pmatrix}$，则由定义有

$$AX=\begin{pmatrix}1 & 0\\ 0 & 0\end{pmatrix}\begin{pmatrix}x\\ y\end{pmatrix}=\begin{pmatrix}x\\ 0\end{pmatrix}.$$

称该线性变换 A 为平面上向 x 轴的**投影变换**.

例 4　设 $A=\begin{pmatrix}\cos 2\theta & \sin 2\theta\\ \sin 2\theta & -\cos 2\theta\end{pmatrix}$，其中 θ 是一个角度. 令 $X=\begin{pmatrix}x\\ y\end{pmatrix}$，则由定义有

$$AX=\begin{pmatrix}\cos 2\theta & \sin 2\theta\\ \sin 2\theta & -\cos 2\theta\end{pmatrix}\begin{pmatrix}x\\ y\end{pmatrix}=\begin{pmatrix}x\cos 2\theta+y\sin 2\theta\\ x\sin 2\theta-y\cos 2\theta\end{pmatrix}.$$

称该线性变换 A 为平面上关于直线 l_θ 的**反射变换**，其中 l_θ 是 x 轴逆时针旋转 θ 角度所得直线.事实上，平面上向量 X 和向量 AX 的终点所成线段的中点坐标为 $(x\cos^2\theta+y\sin\theta\cos\theta,\ x\sin\theta\cos\theta+y\sin^2\theta)$，该点显然在 l_θ 上. 而且容易知道向量 X 和向量 AX 的终点线段与直线 l_θ 垂直. 所以关于直线 l_θ 的反射变换其实就是把平面上的点变成关于 l_θ 的对称点的变换.

1.3.2　线性映射的乘积(矩阵的乘积)

如果 A 是 $l\times m$ 矩阵，B 是 $m\times n$ 矩阵，X 是一个 n 维列向量. 则线性映射 B 把 X 变成一个 m 维列向量 BX，从而线性映射 A 把 BX 变成 l 维列向量 $A(BX)$，即

$$X\xrightarrow{B}BX\xrightarrow{A}A(BX).$$

也就是说，连续进行两次线性映射 B 和 A，则 n 维列向量 X 被变成 l 维列向量 $A(BX)$. 把实现 X 映射为 $A(BX)$ 的矩阵记为 AB，即

$$X\xrightarrow{AB}A(BX).$$

也就是 $(AB)X=A(BX)$. 称 AB 为**线性映射 A, B 的乘积**或者是**矩阵 A, B** 的乘积.

【注】　(1) 注意可以定义乘积的矩阵的列数和行数是有要求的，AB 有定义当且仅当 A 的列数等于 B 的行数.

(2) 设 A 为 $l\times m$ 矩阵，B 为 $m\times n$ 矩阵，C 为 $n\times k$ 矩阵，X 是一个 k 维列向量. 则由定义得 $((AB)C)(X)=(AB)CX=A(B(CX))$，$(A(BC))(X)=A((BC)X)=A(B(CX))$.

从而自然有 $((AB)C)=(A(BC))$，即矩阵的乘积满足结合律.

例 5 设 $\boldsymbol{A}=\begin{pmatrix} a_{11} & a_{12} \\ a_{21} & a_{22} \end{pmatrix}, \boldsymbol{B}=\begin{pmatrix} b_{11} & b_{12} & b_{13} \\ b_{21} & b_{22} & b_{23} \end{pmatrix}$, 则

$$\boldsymbol{BX}=\begin{pmatrix} b_{11} & b_{12} & b_{13} \\ b_{21} & b_{22} & b_{23} \end{pmatrix}\begin{pmatrix} x_1 \\ x_2 \\ x_3 \end{pmatrix}=\begin{pmatrix} b_{11}x_1+b_{12}x_2+b_{13}x_3 \\ b_{21}x_1+b_{22}x_2+b_{23}x_3 \end{pmatrix}.$$

从而

$$(\boldsymbol{AB})\boldsymbol{X}=\boldsymbol{A}(\boldsymbol{BX})=\begin{pmatrix} (a_{11}b_{11}+a_{12}b_{21})x_1+(a_{11}b_{12}+a_{12}b_{22})x_2+(a_{11}b_{13}+a_{12}b_{23})x_3 \\ (a_{21}b_{11}+a_{22}b_{21})x_1+(a_{21}b_{12}+a_{22}b_{22})x_2+(a_{21}b_{13}+a_{22}b_{23})x_3 \end{pmatrix}.$$

于是得到

$$\boldsymbol{AB}=\begin{pmatrix} a_{11}b_{11}+a_{12}b_{21} & a_{11}b_{12}+a_{12}b_{22} & a_{11}b_{13}+a_{12}b_{23} \\ a_{21}b_{11}+a_{22}b_{21} & a_{21}b_{12}+a_{22}b_{22} & a_{21}b_{13}+a_{22}b_{23} \end{pmatrix}.$$

也就是说，2×2 矩阵 $\boldsymbol{A}$ 与 2×3 矩阵 $\boldsymbol{B}$ 的乘积 $\boldsymbol{AB}$ 是一个 2×3 矩阵，$\boldsymbol{AB}$ 的 (i,j) 元素是由 $\boldsymbol{A}$ 的第 i 行元素与 $\boldsymbol{B}$ 的第 j 列对应元素的乘积和给出.

【注】 (1) 该例的结论具有一般性，即对任意 $l\times m$ 矩阵 $\boldsymbol{A}$ 和 $m\times n$ 矩阵 $\boldsymbol{B}$, 矩阵乘积 $\boldsymbol{AB}$ 是一个 $l\times n$ 矩阵， $\boldsymbol{AB}$ 的 (i,j) 元素是由 $\boldsymbol{A}$ 的第 i 行元素与 $\boldsymbol{B}$ 的第 j 列对应元素的乘积和给出.

(2) 两个矩阵 $\boldsymbol{A},\boldsymbol{B}$ 的乘积 $\boldsymbol{AB}$ 可以看作矩阵乘列向量的推广. 事实上，如果矩阵 $\boldsymbol{A}$ 是 $l\times m$ 的, 矩阵 $\boldsymbol{B}$ 是 $m\times n$ 的, 设 $\boldsymbol{\beta}_j(1\leqslant j\leqslant n)$ 是矩阵 $\boldsymbol{B}$ 的第 j 列所给的 m 维列向量，即 $\boldsymbol{B}=(\boldsymbol{\beta}_1,\boldsymbol{\beta}_2,\cdots,\boldsymbol{\beta}_n)$，则按矩阵乘列向量的定义，对每个 $\boldsymbol{\beta}_j$， $\boldsymbol{A\beta}_j$ 是 l 维的列向量. 把这 n 个列向量按顺序组成一个矩阵，该矩阵正好是 $\boldsymbol{AB}$ ，即有 $\boldsymbol{AB}=(\boldsymbol{A\beta}_1,\boldsymbol{A\beta}_2,\cdots,\boldsymbol{A\beta}_n)$.

由上面的注(2)，可以给出两个实矩阵乘积的另一种解释. 对于 $m\times n$ 的矩阵 $\boldsymbol{B}=(\boldsymbol{\beta}_1,\boldsymbol{\beta}_2,\cdots,\boldsymbol{\beta}_n)$，把矩阵 $\boldsymbol{B}$ 看作空间 $\mathbb{R}^m$ 中的一个平行多面体，该平行多面体以向量组 $\boldsymbol{\beta}_1,\boldsymbol{\beta}_2,\cdots,\boldsymbol{\beta}_n$ 为棱. 如果 $\boldsymbol{A}$ 是 $l\times m$ 的矩阵，则乘积 $\boldsymbol{AB}=(\boldsymbol{A\beta}_1,\boldsymbol{A\beta}_2,\cdots,\boldsymbol{A\beta}_n)$ 表示 $\mathbb{R}^l$ 中的一个以向量组 $\boldsymbol{A\beta}_1,\boldsymbol{A\beta}_2,\cdots,\boldsymbol{A\beta}_n$ 为棱的平行多面体. 这样两个矩阵的乘积 $\boldsymbol{AB}$ 可以看作矩阵 $\boldsymbol{A}$ 把平行多面体 $\boldsymbol{B}$ 变成平行多面体 $\boldsymbol{AB}$.

例 6 $\boldsymbol{A}_1=\begin{pmatrix} 1 & 2 \\ 2 & 4 \end{pmatrix}, \boldsymbol{B}=\begin{pmatrix} 2 & 1 \\ 1 & 3 \end{pmatrix}$，则 $\boldsymbol{A}_1\boldsymbol{B}=\begin{pmatrix} 4 & 7 \\ 8 & 14 \end{pmatrix}$，从而矩阵 $\boldsymbol{A}_1$ 把平面上以向量 $\begin{pmatrix} 2 \\ 1 \end{pmatrix},\begin{pmatrix} 1 \\ 3 \end{pmatrix}$ 为棱的平行四边形变换成以向量 $\begin{pmatrix} 4 \\ 8 \end{pmatrix},\begin{pmatrix} 7 \\ 14 \end{pmatrix}$ 为棱的“平行四边形” $\left(\text{由于向量}\begin{pmatrix} 4 \\ 8 \end{pmatrix},\begin{pmatrix} 7 \\ 14 \end{pmatrix}\text{共线，所以该平行四边形实际为线段}\right)$. 于是矩阵 $\boldsymbol{A}_1$ 把一个二维的

平行四边形变成了一个一维的线段.

例 7　$A_2=\begin{pmatrix}2&1\\4&3\end{pmatrix}, B=\begin{pmatrix}2&1\\1&3\end{pmatrix}$，则 $A_2B=\begin{pmatrix}5&5\\11&13\end{pmatrix}$. 从而矩阵 A_2 把平面上以向量 $\begin{pmatrix}2\\1\end{pmatrix},\begin{pmatrix}1\\3\end{pmatrix}$ 为棱的平行四边形变换成以向量 $\begin{pmatrix}5\\11\end{pmatrix},\begin{pmatrix}5\\13\end{pmatrix}$ 为棱的平行四边形.

例 8　$A_3=\begin{pmatrix}0&1\\1&0\end{pmatrix}, B=\begin{pmatrix}2&1\\1&3\end{pmatrix}$，则 $A_3B=\begin{pmatrix}1&3\\2&1\end{pmatrix}$，从而矩阵 A_3 把平面上以向量 $\begin{pmatrix}2\\1\end{pmatrix},\begin{pmatrix}1\\3\end{pmatrix}$ 为棱的平行四边形变换成以向量 $\begin{pmatrix}1\\2\end{pmatrix},\begin{pmatrix}3\\1\end{pmatrix}$ 为棱的平行四边形.

【注】　表面上看来，A_3 变换前后两个平行四边形关于直线 $y=x$ 对称，从而是全等的平行四边形，它们的面积相等. 但是我们应该这样理解，如果把以向量 $\begin{pmatrix}2\\1\end{pmatrix},\begin{pmatrix}1\\3\end{pmatrix}$ 为棱的平行四边形看作一个平行四边形纸片的上面，变换 A_3 的效果是把棱 $\begin{pmatrix}2\\1\end{pmatrix}$ 变换成棱 $\begin{pmatrix}1\\2\end{pmatrix}$，把棱 $\begin{pmatrix}1\\3\end{pmatrix}$ 变换成棱 $\begin{pmatrix}3\\1\end{pmatrix}$，从而其效果相当于把该纸片翻转过来，所以以向量 $\begin{pmatrix}1\\2\end{pmatrix},\begin{pmatrix}3\\1\end{pmatrix}$ 为棱的平行四边形看作纸片的下面. 就像数轴上通过点在原点的左右来确定坐标(也就是点到原点的**有向距离**)的正负，我们也根据平行四边形代表的是纸片的上面还是下面来确定平行四边形面积的正负——称之为平行四边形的**有向面积**. 于是如果说 A_3 变换前后的两个平行四边形面积的绝对值相等而符号相反，就是很自然的事情了.

如果我们关心线性变换把 $\mathbb{R}^n$ 中平行多面体变换成平行多面体时，变换前后多面体体积($n=1$ 时是长度，$n=2$ 时是面积)的变化问题，则例 8 提示我们应该考虑有向体积(长度、面积). 设变换后的多面体的体积(长度、面积)是变换前的多面体的体积(长度、面积)的 λ 倍，则 λ 有可能是正的，也有可能是负的(比如例 8)，还有可能为零(比如例 6). 要想计算 λ 以及 $\mathbb{R}^n$ 中平行多面体有向体积本身，都需要行列式的概念，这是第 2 章要讨论的内容.

随堂练习

1. 设有两个旋转变换 $A=\begin{pmatrix}\cos\alpha&-\sin\alpha\\\sin\alpha&\cos\alpha\end{pmatrix}, B=\begin{pmatrix}\cos\beta&-\sin\beta\\\sin\beta&\cos\beta\end{pmatrix}$，试计算它们的乘积 AB 并解释其几何意义.

2. 设有反射变换 $\boldsymbol{A}=\begin{pmatrix}\cos 2\theta & \sin 2\theta \\ \sin 2\theta & -\cos 2\theta\end{pmatrix}$，试计算 $\boldsymbol{A}^2\ (=\boldsymbol{AA})$并解释其几何意义. 若有旋转变换 $\boldsymbol{B}=\begin{pmatrix}\cos 2\theta & -\sin 2\theta \\ \sin 2\theta & \cos 2\theta\end{pmatrix}$，由第 1 题的结论写出 $\boldsymbol{B}^2$ 并与 $\boldsymbol{A}^2$ 比较.

习　题　A

1. 判断下列方程组解的情形，并解释其几何意义.

(1) $\begin{cases}3x_1+6x_2+9x_3=15, \\ 2x_1+4x_2+6x_3=10;\end{cases}$　　(2) $\begin{cases}x_1+4x_2+2x_3=4, \\ 2x_1+8x_2+4x_3=10;\end{cases}$

(3) $\begin{cases}x_1+2x_2+3x_3=4, \\ \quad\ \ 5x_2+6x_3=7, \\ \qquad\quad\ \ 8x_3=9.\end{cases}$

2. 用消元法解线性方程组.

(1) $\begin{cases}3x_1+9x_2+4x_3=1, \\ x_1+3x_2+2x_3=1;\end{cases}$　　(2) $\begin{cases}x_1+2x_2+2x_3+x_4=0, \\ 2x_1+3x_2+4x_3+4x_4=0.\end{cases}$

3. 试判断线性方程组 $\begin{cases}x_1+2x_2=3, \\ 2x_1+x_2=5\end{cases}$ 的列向量组 $\boldsymbol{\alpha}_1=\begin{pmatrix}1\\2\end{pmatrix},\boldsymbol{\alpha}_2=\begin{pmatrix}2\\1\end{pmatrix},\boldsymbol{\beta}=\begin{pmatrix}3\\5\end{pmatrix}$ 及行向量组 $\boldsymbol{\gamma}_1=(1,2,3),\boldsymbol{\gamma}_2=(2,1,5)$ 的线性相关性.

4. 写出线性方程组 $\begin{cases}x_1+2x_2+3x_3=0, \\ 4x_1+5x_2+6x_3=0, \\ 7x_1+8x_2+9x_3=0\end{cases}$ 的向量形式和矩阵形式，并

(1) 求解该线性方程组；

(2) 用向量组解释该线性方程组的解.

5. 已知矩阵 $\boldsymbol{A}=\begin{pmatrix}\cos\alpha & -\sin\alpha \\ \sin\alpha & \cos\alpha\end{pmatrix},\boldsymbol{B}=\begin{pmatrix}\cos\theta & -\sin\theta \\ \sin\theta & \cos\theta\end{pmatrix},\boldsymbol{C}=\begin{pmatrix}\cos\alpha & \sin\alpha \\ -\sin\alpha & \cos\alpha\end{pmatrix}$. 根据 $\boldsymbol{A},\boldsymbol{B},\boldsymbol{C}$ 的几何意义计算 $\boldsymbol{ABC}$.

6. 设有线性变换 $\boldsymbol{A}=\begin{pmatrix}a_{11} & a_{12} \\ a_{21} & a_{22}\end{pmatrix}$. 证明若 $\boldsymbol{A}$ 把线性无关的向量组 $\boldsymbol{\alpha}_1=\begin{pmatrix}1\\0\end{pmatrix}$, $\boldsymbol{\alpha}_2=\begin{pmatrix}0\\1\end{pmatrix}$ 变为线性相关的向量组 $\boldsymbol{\beta}_1,\boldsymbol{\beta}_2$，则 $\boldsymbol{A}$ 的第一行元素与第二行元素成比例.

习　题　B

1. 已知线性方程组 $x_1\boldsymbol{\alpha}_1+\cdots+x_m\boldsymbol{\alpha}_m=\boldsymbol{\beta}$ 有解. 试证明 $x_1\boldsymbol{\alpha}_1+\cdots+x_m\boldsymbol{\alpha}_m=\boldsymbol{\beta}$ 有唯一解当且仅当 $x_1\boldsymbol{\alpha}_1+\cdots+x_m\boldsymbol{\alpha}_m=\boldsymbol{0}$ 有唯一解.

2. 已知线性方程组 $\begin{cases} a_{11}x_1 + a_{12}x_2 + \cdots + a_{1n}x_n = b_1, \\ a_{21}x_1 + a_{22}x_2 + \cdots + a_{2n}x_n = b_2, \\ \cdots\cdots \\ a_{m1}x_1 + a_{m2}x_2 + \cdots + a_{mn}x_n = b_m \end{cases}$ 的列向量组为 $\boldsymbol{\alpha}_1,\cdots,\boldsymbol{\alpha}_n,\boldsymbol{\beta}$，

(1) 若 $\boldsymbol{\alpha}_1,\cdots,\boldsymbol{\alpha}_n,\boldsymbol{\beta}$ 线性相关，则该方程组是否一定有解？为什么？

(2) 若 $\boldsymbol{\alpha}_1,\cdots,\boldsymbol{\alpha}_n,\boldsymbol{\beta}$ 线性无关，则该方程组是否一定无解？为什么？

3. 若旋转变换 $\boldsymbol{A} = \begin{pmatrix} \cos\theta & -\sin\theta \\ \sin\theta & \cos\theta \end{pmatrix}$ 中 $\theta = \dfrac{\pi}{4}$. 则

(1) $\boldsymbol{A}$ 把平面上的点 $\begin{pmatrix} x \\ y \end{pmatrix}$ 变成平面上的点 $\begin{pmatrix} x' \\ y' \end{pmatrix}$，试用 x, y 表示 x', y'；

(2) 试把(1)中的 x, y 用 x', y' 表示；

(3) 方程 $xy = 1$ 变成了 x', y' 的什么方程？其结果说明了什么？

第1章测试题

第2章 行 列 式

行列式来源于线性方程组，它是研究线性代数的一个重要工具，在后面的章节中，研究线性方程组、矩阵及向量组都要用到行列式的理论.

本章先引入二、三阶行列式的概念，在此基础上引出 n 阶行列式的概念，分析 n 阶行列式的性质和计算方法，进而把 n 阶行列式应用于求解包含 n 个方程的 n 元线性方程组.

2.1 n 阶行列式

在初等数学中，用加减消元法求解二元和三元一次线性方程组. 本节从求解简单的二元一次方程组入手，引出二、三阶行列式，然后分析并给出一般的 n 阶行列式的定义.

2.1.1 二、三阶行列式的定义

对于二元一次线性方程组

$$\begin{cases} a_{11}x_1 + a_{12}x_2 = b_1, \\ a_{21}x_1 + a_{22}x_2 = b_2, \end{cases} \tag{2.1.1}$$

利用消元法可得，在 $a_{11}a_{22} - a_{12}a_{21} \neq 0$ 的条件下，方程组有唯一解

$$x_1 = \frac{b_1a_{22} - b_2a_{12}}{a_{11}a_{22} - a_{12}a_{21}}, \quad x_2 = \frac{b_2a_{11} - b_1a_{21}}{a_{11}a_{22} - a_{12}a_{21}}.$$

为了方便，引入记号

$$\begin{vmatrix} a_{11} & a_{12} \\ a_{21} & a_{22} \end{vmatrix}$$

表示代数和 $a_{11}a_{22} - a_{21}a_{12}$，并称其为**二阶行列式**，即

$$\begin{vmatrix} a_{11} & a_{12} \\ a_{21} & a_{22} \end{vmatrix} = a_{11}a_{22} - a_{12}a_{21}, \tag{2.1.2}$$

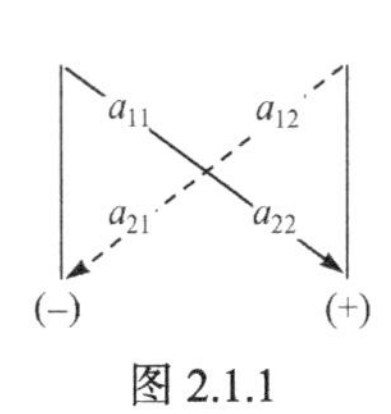

图 2.1.1

其中 $a_{11},a_{12},a_{21},a_{22}$ 称为二阶行列式的**元素**，如图 2.1.1 所示. 行列式中从左上角到右下角的对角线(实线)称为**主对角线**，主对角线上的每个元素称为**主对角元素**；从右上角到左下角的对角

线(虚线)称为**副对角线**. 二阶行列式的值可以用对角线法则来记忆,它等于主对角元素之积减去副对角元素之积所得的差.

对于方程组(2.1.1),行列式$D=\begin{vmatrix} a_{11} & a_{12} \\ a_{21} & a_{22} \end{vmatrix}$称为方程组的**系数行列式**,将系数行列式$D$的第$j\ (j=1,2)$列元素换成方程组(2.1.1)右端的常数项得

$$D_1=\begin{vmatrix} b_1 & a_{12} \\ b_2 & a_{22} \end{vmatrix}=b_1a_{22}-a_{12}b_2,\quad D_2=\begin{vmatrix} a_{11} & b_1 \\ a_{21} & b_2 \end{vmatrix}=a_{11}b_2-b_1a_{21}.$$

于是利用行列式,前面的结论可以简单地叙述为:当线性方程组(2.1.1)的系数行列式$D\neq 0$时,方程组(2.1.1)有唯一解,且它的解可表示为

$$x_1=\frac{D_1}{D},\quad x_2=\frac{D_2}{D}.$$

类似地,对于三元一次方程组

$$\begin{cases} a_{11}x_1+a_{12}x_2+a_{13}x_3=b_1, \\ a_{21}x_1+a_{22}x_2+a_{23}x_3=b_2, \\ a_{31}x_1+a_{32}x_2+a_{33}x_3=b_3, \end{cases} \tag{2.1.3}$$

也可以引入记号

$$D=\begin{vmatrix} a_{11} & a_{12} & a_{13} \\ a_{21} & a_{22} & a_{23} \\ a_{31} & a_{32} & a_{33} \end{vmatrix}$$

来表示代数和$a_{11}a_{22}a_{33}+a_{12}a_{23}a_{31}+a_{13}a_{21}a_{32}-a_{11}a_{23}a_{32}-a_{12}a_{21}a_{33}-a_{13}a_{22}a_{31}$,并称其为**三阶行列式**,即

$$\begin{aligned} D&=\begin{vmatrix} a_{11} & a_{12} & a_{13} \\ a_{21} & a_{22} & a_{23} \\ a_{31} & a_{32} & a_{33} \end{vmatrix} \\ &=a_{11}a_{22}a_{33}+a_{12}a_{23}a_{31}+a_{13}a_{21}a_{32}-a_{11}a_{23}a_{32}-a_{12}a_{21}a_{33}-a_{13}a_{22}a_{31}. \end{aligned} \tag{2.1.4}$$

它由排成3行3列的9个元素$a_{ij}(i,j=1,2,3)$构成,它的值可以由图2.1.2所示的对角线法则来确定:展开式中包含6项,每项均为来自不同行不同列的三个元素之积,每项前边的符号如图2.1.2所示,沿各实线相连的三个元素的积前边带正号,沿各虚线相连的三个元素的积前边带负号.

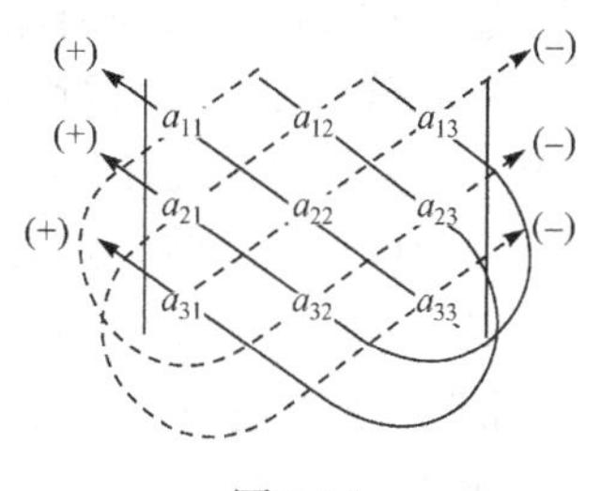

图2.1.2

同样,对三元线性方程组(2.1.3),可以得到类似于方程组(2.1.1)的结论:若方程组(2.1.3)的系数行列式

$$D=\begin{vmatrix} a_{11} & a_{12} & a_{13} \\ a_{21} & a_{22} & a_{23} \\ a_{31} & a_{32} & a_{33} \end{vmatrix}\neq 0,$$

则方程组有唯一解

$$x_1=\frac{D_1}{D},\quad x_2=\frac{D_2}{D},\quad x_3=\frac{D_3}{D},$$

其中 $D_j\ (j=1,2,3)$ 是用方程组(2.1.3)的常数项替换 D 的第 $j\ (j=1,2,3)$ 列元素所得的三阶行列式.

例 1　解线性方程组 $\begin{cases} 2x_1+\ x_2-5x_3=-1, \\ x_1-3x_2\qquad\ =-5, \\ \qquad 2x_2-3x_3=\ 1. \end{cases}$

解　因为方程组的系数行列式

$$D=\begin{vmatrix} 2 & 1 & -5 \\ 1 & -3 & 0 \\ 0 & 2 & -3 \end{vmatrix}=11\neq 0,$$

方程组有唯一解，又

$$D_1=\begin{vmatrix} -1 & 1 & -5 \\ -5 & -3 & 0 \\ 1 & 2 & -3 \end{vmatrix}=11,\quad D_2=\begin{vmatrix} 2 & -1 & -5 \\ 1 & -5 & 0 \\ 0 & 1 & -3 \end{vmatrix}=22,\quad D_3=\begin{vmatrix} 2 & 1 & -1 \\ 1 & -3 & -5 \\ 0 & 2 & 1 \end{vmatrix}=11,$$

所以方程组的解为

$$x_1=\frac{D_1}{D}=1,\quad x_2=\frac{D_2}{D}=2,\quad x_3=\frac{D_3}{D}=1.$$

2.1.2　排列与逆序

观察式(2.1.2)和(2.1.4),为什么二阶行列式的展开式中只有 $a_{11}a_{22}, a_{21}a_{12}$ 两项，而且前者符号为正，后者符号为负？而三阶行列式的展开式中为什么有 6 项？每项是怎么构成的？每项前边的符号又怎么确定呢？

首先分析二、三阶行列式展开式的规律，然后进行推广，给出 n 阶行列式的定义. 其实行列式展开式中每项前边带有的符号是和排列的逆序有关的，因此在引入 n 阶行列式之前，先给出排列与逆序的定义.

定义 2.1.1　由 $1,2,\cdots,n$ 组成的一个有序数组,称为一个 n **级排列**,记为 $i_1i_2\cdots i_n$.

例 2　231 是一个 3 级排列，12345，21534 是两个 5 级排列.

例 3　n 级排列共有 $n!$ 个.

我们注意到，12345 是按从小到大的顺序排列的 5 级排列，但排列 21534 就不是这样，其中 2 排在 1 的前面，5 排在 3 和 4 的前面，实际上这构成了逆序，下面给出逆序的具体定义.

定义 2.1.2　在一个排列中，如果一个较大的数排在一个较小的数的前面，则称这一对数为一个**逆序**. 一个排列中包含逆序的总数称为该排列的**逆序数**. 排列 $i_1i_2\cdots i_n$ 的逆序数记作 $N(i_1i_2\cdots i_n)$.

一个排列的逆序数如果为奇数，称该排列为**奇排列**；如果为偶数，称该排列为**偶排列**.

例 4　53214 为一个 5 级排列，其中 53, 52, 51, 54, 32, 31, 21 均为逆序，逆序数 $N(53214)=7$ ，因此 53214 为奇排列.

例 5　n 级排列 $12\cdots n$ 称为 n **级标准排列**，也称为 n **级自然序排列**，显然有 $N(12\cdots n)=0$ ，它是一个偶排列.

【思考】　在所有的 n 级排列中，哪个排列的逆序数最大？其逆序数是多少？

定义 2.1.3　在一个排列 $i_1i_2\cdots i_n$ 中，如果交换其中某两个数的位置，而其他数的位置不变，就会得到一个新的排列，这样的变换称为一个**对换**. 如果排列 $\cdots i\cdots j\cdots$ 经过一次对换变成 $\cdots j\cdots i\cdots$ ，这个变换记为 (i, j) . 记作

$$\cdots i\cdots j\cdots \xrightarrow{(i,j)} \cdots j\cdots i\cdots .$$

定理 2.1.1　任意排列经过一次对换得到的新排列与原排列奇偶性相反.

证明　对换的两个数只有两种情况：相邻和不相邻.

当对换的两个数相邻时，设一 n 级排列为

$$\cdots jk\cdots ,$$

下面分析

$$\cdots jk\cdots \xrightarrow{(j,k)} \cdots kj\cdots$$

过程中两排列的奇偶性. 这两个排列中，除了 j,k 交换位置外，其余未动，也就是说 j,k 与其他的数构成的逆序在两个排列中是一样的，只有 jk 变成了 kj ，增加了一个逆序(当 $j<k$ 时)或减少了一个逆序(当 $j>k$ 时)，因此新排列与原排列奇偶性相反.

当对换的两个数不相邻时，设一 n 级排列为

$$\cdots ji_1i_2\cdots i_tk\cdots ,$$

下面分析对换

$$\cdots ji_1i_2\cdots i_tk\cdots \xrightarrow{(j,k)} \cdots ki_1i_2\cdots i_tj\cdots .$$

先将

$$\cdots ji_1i_2\cdots i_tk\cdots$$

依次经过 $(j,i_1),(j,i_2),\cdots,(j,i_t),(j,k)$ 共 $t+1$ 次相邻对换变为

$$\cdots i_1 i_2 \cdots i_t k j \cdots .$$

再将

$$\cdots i_1 i_2 \cdots i_t k j \cdots$$

依次经过 $(k, i_t), (k, i_{t-1}), \cdots, (k, i_2), (k, i_1)$，共 t 次对换变为

$$\cdots k i_1 i_2 \cdots i_t j \cdots .$$

在得到新排列的过程中共进行了 $2t+1$ 次相邻对换，因此新排列与原排列奇偶性相反.

推论 在所有的 $n(n \geqslant 2)$ 级排列中，奇排列与偶排列的个数相同，即各为 $\dfrac{n!}{2}$ 个.

2.1.3 *n* 阶行列式

分析前面的二、三阶行列式

$$D = \begin{vmatrix} a_{11} & a_{12} \\ a_{21} & a_{22} \end{vmatrix} = a_{11}a_{22} - a_{21}a_{12} ,$$

$$D = \begin{vmatrix} a_{11} & a_{12} & a_{13} \\ a_{21} & a_{22} & a_{23} \\ a_{31} & a_{32} & a_{33} \end{vmatrix} = a_{11}a_{22}a_{33} + a_{12}a_{23}a_{31} + a_{13}a_{21}a_{32} - a_{11}a_{23}a_{32} - a_{12}a_{21}a_{33} - a_{13}a_{22}a_{31},$$

可看出如下规律:

(1) 二阶行列式有 2项(2!)，每项是来自不同行不同列的两个元素的乘积的代数和;

(2) 三阶行列式有 6项(3!)，每项是来自不同行不同列的三个元素的乘积的代数和.

(3) 在二阶行列式的展开式中，当各项的行标构成的排列为标准排列时，列标构成的排列 12 是偶排列，该项前边带正号；列标构成的排列 21 是奇排列，该项前边带负号.

(4) 在三阶行列式的展开式中，当各项的行标构成的排列为标准排列时，列标构成的排列 123, 231, 312 都是偶排列，对应项前边带正号；列标构成的排列 132, 213, 321 都是奇排列，对应项前边带负号.

我们推广这些规律，给出 n 阶行列式的概念.

定义 2.1.4 n 阶行列式

$$\begin{vmatrix} a_{11} & a_{12} & \cdots & a_{1n} \\ a_{21} & a_{22} & \cdots & a_{2n} \\ \vdots & \vdots & & \vdots \\ a_{n1} & a_{n2} & \cdots & a_{nn} \end{vmatrix}$$

是$n!$项来自不同行不同列的n个元素的乘积

$$a_{1j_1}a_{2j_2}\cdots a_{nj_n} \tag{2.1.5}$$

的代数和. 各项的行标构成的排列为标准排列，当各项的列标构成的n级排列$j_1j_2\cdots j_n$为偶排列时，该项(2.1.5)前边带正号，反之，前边带负号. 即n阶行列式

$$\begin{vmatrix} a_{11} & a_{12} & \cdots & a_{1n} \\ a_{21} & a_{22} & \cdots & a_{2n} \\ \vdots & \vdots & & \vdots \\ a_{n1} & a_{n2} & \cdots & a_{nn} \end{vmatrix} = \sum_{j_1j_2\cdots j_n} (-1)^{N(j_1j_2\cdots j_n)} a_{1j_1}a_{2j_2}\cdots a_{nj_n}, \tag{2.1.6}$$

其中“$\sum\limits_{j_1j_2\cdots j_n}$”表示对所有$n$级排列求和($j_1j_2\cdots j_n$是$1,2,\cdots,n$的一个排列). n阶行列式有时简记为$\left|a_{ij}\right|_n$.

【注】 (1) n级排列共有$n!$个，故n阶行列式的展开式中共有$n!$项. 其中每一项都来自不同行不同列的n个元素的乘积，带正号的项和带负号的项各占一半.

(2) 由式(2.1.6)知一阶行列式$\left|a_{11}\right|=a_{11}$，注意与绝对值的区别.

例 6 对于六阶行列式，$a_{51}a_{32}a_{15}a_{43}a_{64}a_{26}$与$a_{11}a_{26}a_{32}a_{46}a_{53}a_{64}$是不是其中的某一项？若是，它前边带的符号是正号还是负号？

解 $a_{51}a_{32}a_{15}a_{43}a_{64}a_{26}=a_{15}a_{26}a_{32}a_{43}a_{51}a_{64}$，六个元素来自不同行不同列，故为六阶行列式中的一项. 当行指标构成标准排列时，列指标构成的排列为 562314，其逆序数$N(562314)=10$，故该项前边带正号.

对于$a_{11}a_{26}a_{32}a_{46}a_{53}a_{64}$，$a_{26}$和$a_{46}$均来自第 6 列，故不是六阶行列式中的一项.

使用定义计算行列式的方法称为**定义法**. 若行列式的元素中 0 很多，可以考虑用定义法. 下面是利用此法计算行列式的几个例子.

例 7 计算行列式$\begin{vmatrix} 0 & 0 & 0 & 2 \\ 0 & 0 & 0 & 1 \\ 11 & 3 & 5 & -1 \\ 6 & 8 & 7 & 4 \end{vmatrix}$.

解 四阶行列式是 4! 项不同行不同列 4 个元素的乘积的代数和. 第一行中只有一个非零元素 2，位于第四列，所以第一行只有取 2 的项才可能不为零，其他项都为零. 当第一行取 2 后，第二行中只能取位于前三列的元素，而这些元素全为 0，这样在第三行和第四行无论取哪个元素，该项均为零，因此该行列式展开式中 4! 项都为零，从而该行列式为零.

例 8 计算如下n阶行列式

$$D=\begin{vmatrix} a_{11} & 0 & 0 & \cdots & 0 \\ a_{21} & a_{22} & 0 & \cdots & 0 \\ a_{31} & a_{32} & a_{33} & \cdots & 0 \\ \vdots & \vdots & \vdots & & \vdots \\ a_{n1} & a_{n2} & a_{n3} & \cdots & a_{nn} \end{vmatrix}. \tag{2.1.7}$$

解 由 n 阶行列式的定义知：D 为 $n!$ 项来自不同行不同列的 n 个元素的乘积的代数和. 如果其中有一个元素为0，则该项为0，因此只需找到可能不为 0 的项.

显然第一行中只能选取 a_{11}(因为其他元素全为零)，这样第二行就不能选第一列的元素了,那么第二行只能选 a_{22}，同理第三行只能选 a_{33}，…，第 n 行只能选 a_{nn}，即 D 中只有项 $a_{11}a_{22}\cdots a_{nn}$ 可能不为零，而它的行标与列标均构成标准排列，故该项前边带正号，因此 $D=a_{11}a_{22}\cdots a_{nn}$.

称形如式(2.1.7)的行列式为**下三角行列式**.

同样可以得到

$$D=\begin{vmatrix} a_{11} & a_{12} & a_{13} & \cdots & a_{1n} \\ 0 & a_{22} & a_{23} & \cdots & a_{2n} \\ 0 & 0 & a_{33} & \cdots & a_{3n} \\ \vdots & \vdots & \vdots & & \vdots \\ 0 & 0 & 0 & \cdots & a_{nn} \end{vmatrix}=a_{11}a_{22}\cdots a_{nn},$$

称此种形式的行列式为**上三角行列式**.

上三角行列式、下三角行列式统称为**三角行列式**. 可见三角行列式易于计算. 对于复杂的行列式，如果可以先将其转化为三角行列式，那么就很容易计算了.

例 9 计算下面 n 阶行列式

$$D=\begin{vmatrix} 0 & 0 & \cdots & 0 & a_{1n} \\ 0 & 0 & \cdots & a_{2,n-1} & a_{2n} \\ \vdots & \vdots & & \vdots & \vdots \\ 0 & a_{n-1,2} & \cdots & a_{n-1,n-1} & a_{n-1,n} \\ a_{n1} & a_{n2} & \cdots & a_{n,n-1} & a_{nn} \end{vmatrix}.$$

解 第一行只有取 a_{1n} 的项可能不为 0，选取后，就不能再取第一行第 n 列的元素了,那么第二行元素只有取 $a_{2,n-1}$ 的项可能不为 0,这样依次取下去,到第 $n-1$ 行只能取 $a_{n-1,2}$，第 n 行只能取 a_{n1}，即 D 中只有项 $a_{1n}a_{2,n-1}\cdots a_{n1}$ 可能不为零，此时行标构成标准排列，列标构成排列的逆序数为 $N(n(n-1)\cdots 21)=\dfrac{n(n-1)}{2}$. 故

$$D=(-1)^{\frac{n(n-1)}{2}}a_{1n}a_{2,n-1}\cdots a_{n1}.$$

【注】 一定要将此行列式与下三角行列式区别开，它并不等于副对角线上元素的乘积 $a_{1n}a_{2,n-1}\cdots a_{n1}$. 该项前边带的正负号与 n 有关，例如，当 $n=4,5$ 时，$(-1)^{\frac{n(n-1)}{2}}$ 为正；当 $n=6,7$ 时，$(-1)^{\frac{n(n-1)}{2}}$ 为负.

类似地有

$$D=\begin{vmatrix} a_{11} & a_{12} & \cdots & a_{1,n-1} & a_{1n} \\ a_{21} & a_{22} & \cdots & a_{2,n-1} & 0 \\ \vdots & \vdots & & \vdots & \vdots \\ a_{n-1,1} & a_{n-1,2} & \cdots & 0 & 0 \\ a_{n1} & 0 & \cdots & 0 & 0 \end{vmatrix}=(-1)^{\frac{n(n-1)}{2}}a_{1n}a_{2,n-1}\cdots a_{n1}.$$

可以证明，n 阶行列式 $\left|a_{ij}\right|_n$ 的定义也可以写为

$$\begin{vmatrix} a_{11} & a_{12} & \cdots & a_{1n} \\ a_{21} & a_{22} & \cdots & a_{2n} \\ \vdots & \vdots & & \vdots \\ a_{n1} & a_{n2} & \cdots & a_{nn} \end{vmatrix}=\sum_{j_1j_2\cdots j_n}(-1)^{N(j_1j_2\cdots j_n)}a_{j_11}a_{j_22}\cdots a_{j_nn},$$

其中每项的列标构成的排列为标准排列.

一般地，数的乘法是可交换的，n 阶行列式 $\left|a_{ij}\right|_n$ 的一般项也可以写成

$$a_{i_1j_1}a_{i_2j_2}\cdots a_{i_nj_n},$$

利用排列的知识，可证它前边带的符号为

$$(-1)^{N(i_1i_2\cdots i_n)+N(j_1j_2\cdots j_n)}.$$

例 10 在四阶行列式中，项 $a_{21}a_{32}a_{14}a_{43}$ 带的符号是正号还是负号?

解 为了确定 $a_{21}a_{32}a_{14}a_{43}$ 的符号，可以先将此项中的元素交换位置，使得行标(列标)构成标准排列，再由列标(行标)构成排列的逆序数确定，也可以直接由 $(-1)^{N(2314)+N(1243)}$ 确定出此项前边带负号.

2.1.4 二、三阶行列式的几何意义

我们知道二阶行列式 $D=\begin{vmatrix} a_{11} & a_{12} \\ a_{21} & a_{22} \end{vmatrix}=a_{11}a_{22}-a_{12}a_{21}$，下面计算一下由 D 的两个行向量 $\boldsymbol{\alpha}_1=(a_{11},a_{12})$ 和 $\boldsymbol{\alpha}_2=(a_{21},a_{22})$ 为邻边构成的平行四边形的面积 $S(\boldsymbol{\alpha}_1,\boldsymbol{\alpha}_2)$. 这里向量 $\boldsymbol{\alpha}_1$ 和 $\boldsymbol{\alpha}_2$ 的长度分别记为 l 和 m，由 x 轴正向按逆时针方向到 $\boldsymbol{\alpha}_1$ 的夹角

记为$\theta_1(0\leqslant\theta_1<2\pi)$，由$x$轴正向按逆时针方向到$\boldsymbol{\alpha}_2$的夹角为记为$\theta_2(0\leqslant\theta_2<2\pi)$.

当$0<|\theta_2-\theta_1|<\pi$且$\theta_2>\theta_1$(即在平行四边形内部，由$\boldsymbol{\alpha}_1$到$\boldsymbol{\alpha}_2$是按逆时针方向旋转的)时，见图 2.1.3，有

$$\begin{aligned}S(\boldsymbol{\alpha}_1,\boldsymbol{\alpha}_2)=lm\sin(\theta_2-\theta_1)&=lm(\sin\theta_2\cos\theta_1-\cos\theta_2\sin\theta_1)\\&=(l\cos\theta_1)(m\sin\theta_2)-(l\sin\theta_1)(m\cos\theta_2)\\&=a_{11}a_{22}-a_{12}a_{21}=D.\end{aligned}$$

当$0<|\theta_2-\theta_1|<\pi$且$\theta_2<\theta_1$(即在平行四边形内部，由$\boldsymbol{\alpha}_1$到$\boldsymbol{\alpha}_2$是按顺时针方向旋转的)时，见图 2.1.4，有

$$\begin{aligned}S(\boldsymbol{\alpha}_1,\boldsymbol{\alpha}_2)=lm\sin(\theta_1-\theta_2)&=lm(\sin\theta_1\cos\theta_2-\cos\theta_1\sin\theta_2)\\&=(l\sin\theta_1)(m\cos\theta_2)-(l\cos\theta_1)(m\sin\theta_2)\\&=a_{12}a_{21}-a_{11}a_{22}=-D.\end{aligned}$$

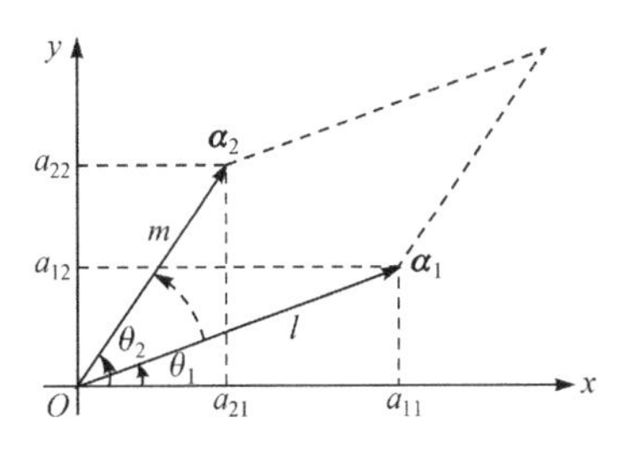

图 2.1.3

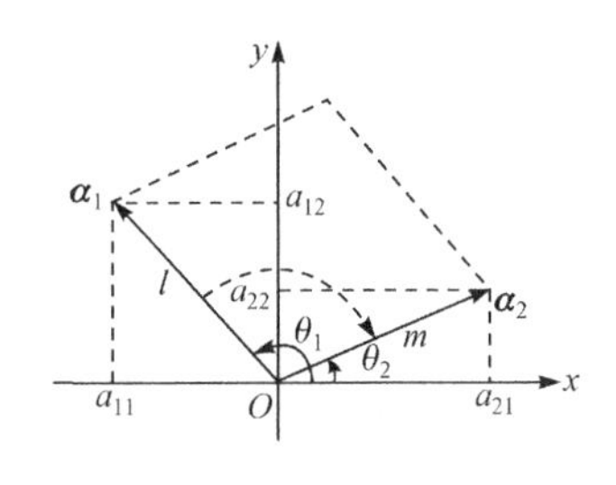

图 2.1.4

当$\pi<|\theta_2-\theta_1|<2\pi$且$\theta_2>\theta_1$(即在平行四边形内部，由$\boldsymbol{\alpha}_1$到$\boldsymbol{\alpha}_2$是按顺时针方向旋转的)时，见图 2.1.5，有

$$S(\boldsymbol{\alpha}_1,\boldsymbol{\alpha}_2)=lm\sin(2\pi-\theta_2+\theta_1)=lm\sin(\theta_1-\theta_2)=a_{12}a_{21}-a_{11}a_{22}=-D.$$

当$\pi<|\theta_2-\theta_1|<2\pi$且$\theta_2<\theta_1$(即在平行四边形内部，由$\boldsymbol{\alpha}_1$到$\boldsymbol{\alpha}_2$是按逆时针方向旋转的)时，见图 2.1.6，有

$$S(\boldsymbol{\alpha}_1,\boldsymbol{\alpha}_2)=lm\sin(2\pi-\theta_1+\theta_2)=lm\sin(\theta_2-\theta_1)=a_{11}a_{22}-a_{12}a_{21}=D.$$

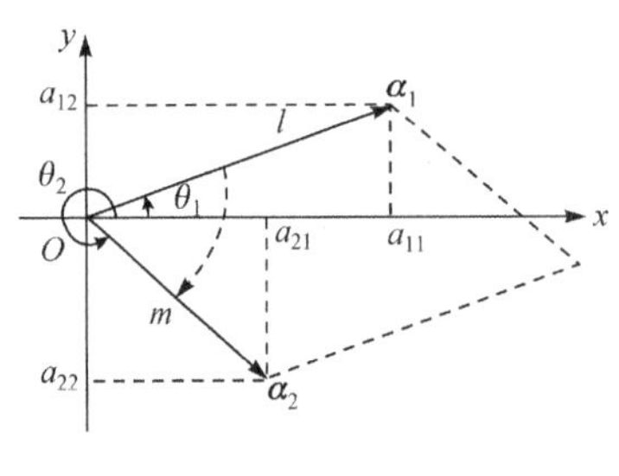

图 2.1.5

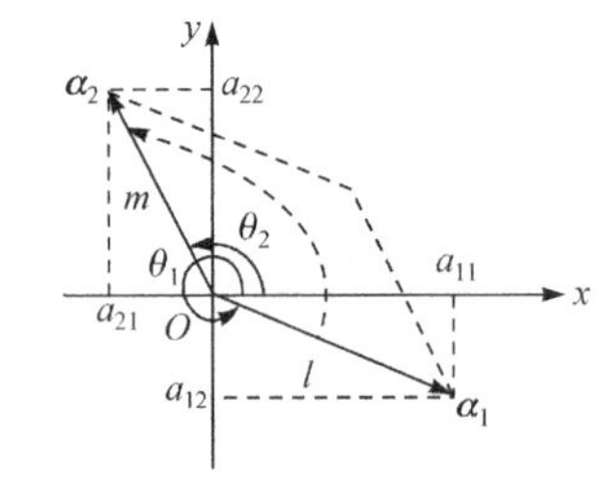

图 2.1.6

当$\theta_1=\theta_2$或$|\theta_2-\theta_1|=\pi$时，$\boldsymbol{\alpha}_1$和$\boldsymbol{\alpha}_2$在同一条直线上，显然以它们为邻边构成

的平行四边形退化成一条线段，面积为零，即 $S(\boldsymbol{\alpha}_1,\boldsymbol{\alpha}_2)=0$．而此时有 $D=0$，所以有 $S(\boldsymbol{\alpha}_1,\boldsymbol{\alpha}_2)=D=0$.

由上述讨论知，在平行四边形内部，若由 $\boldsymbol{\alpha}_1$ 到 $\boldsymbol{\alpha}_2$ 是按逆时针方向旋转的，有 $S(\boldsymbol{\alpha}_1,\boldsymbol{\alpha}_2)=D$；若由 $\boldsymbol{\alpha}_1$ 到 $\boldsymbol{\alpha}_2$ 是按顺时针方向旋转的，有 $S(\boldsymbol{\alpha}_1,\boldsymbol{\alpha}_2)=-D$；若 $\boldsymbol{\alpha}_1$ 和 $\boldsymbol{\alpha}_2$ 的夹角为 0 或 π 时，则 $S(\boldsymbol{\alpha}_1,\boldsymbol{\alpha}_2)=D=0$.

至此可以得到，二阶行列式 $D=\begin{vmatrix} a_{11} & a_{12} \\ a_{21} & a_{22} \end{vmatrix}$ 在几何上表示 xOy 平面上以 D 的两个行向量 $\boldsymbol{\alpha}_1=(a_{11},a_{12})$ 和 $\boldsymbol{\alpha}_2=(a_{21},a_{22})$ 为邻边构成的平行四边形的有向面积：若在平行四边形内部，由 $\boldsymbol{\alpha}_1$ 到 $\boldsymbol{\alpha}_2$ 是按逆时针方向旋转的，则面积取正值；若由 $\boldsymbol{\alpha}_1$ 到 $\boldsymbol{\alpha}_2$ 是按顺时针方向旋转的，则面积取负值；若 $\boldsymbol{\alpha}_1$ 和 $\boldsymbol{\alpha}_2$ 的夹角为 0 或 π 时，则面积为零.

这里需要强调的是，二阶行列式也表示由它的两个列向量为邻边构成的平行四边形的有向面积.

例 11　容易计算行列式 $D_1=\begin{vmatrix} 2 & 1 \\ 3 & 4 \end{vmatrix}=5$，$D_2=\begin{vmatrix} 2 & 1 \\ 3 & -1 \end{vmatrix}=-5$，$D_1=5$ 表明由 D_1 的第一个行向量 $\boldsymbol{\alpha}_1=(2,1)$ 和第二个行向量 $\boldsymbol{\alpha}_2=(3,4)$ 为邻边构成的平行四边形的面积为 5，在平行四边形内部，由 $\boldsymbol{\alpha}_1$ 到 $\boldsymbol{\alpha}_2$ 的夹角是按逆时针方向旋转得到的(图 2.1.7)；$D_2=-5$ 表明由 D_2 的第一个行向量 $\boldsymbol{\alpha}_1=(2,1)$ 和第二个行向量 $\boldsymbol{\alpha}_2=(3,-1)$ 为邻边构成的平行四边形的面积也为 5，而在平行四边形内部由 $\boldsymbol{\alpha}_1$ 到 $\boldsymbol{\alpha}_2$ 的夹角是按顺时针方向旋转得到的(图 2.1.8).

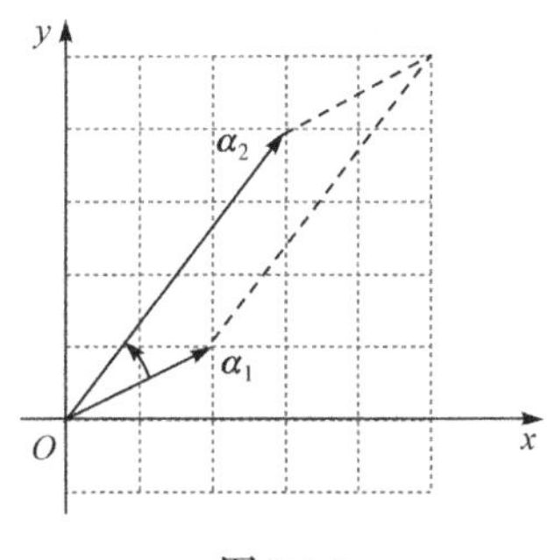

图 2.1.7

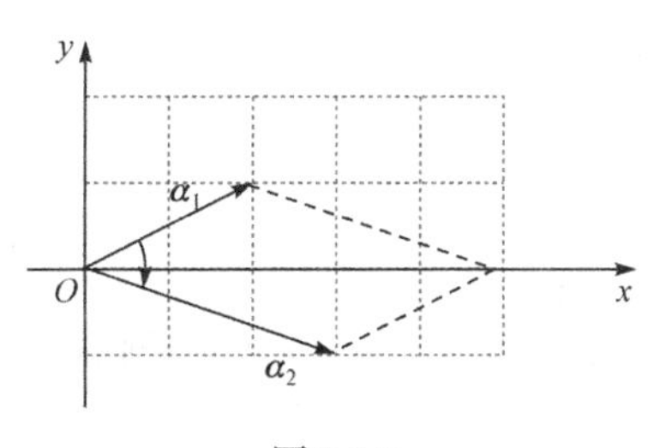

图 2.1.8

类似地，三阶行列式 $D=\begin{vmatrix} a_{11} & a_{12} & a_{13} \\ a_{21} & a_{22} & a_{23} \\ a_{31} & a_{32} & a_{33} \end{vmatrix}$ 的几何意义是由行列式的三个行向量 $\boldsymbol{\alpha}_1=(a_{11},a_{12},a_{13})$，$\boldsymbol{\alpha}_2=(a_{21},a_{22},a_{23})$ 和 $\boldsymbol{\alpha}_3=(a_{31},a_{32},a_{33})$ (或三个列向量)构成的平行六面体的有向体积：当 $\boldsymbol{\alpha}_1,\boldsymbol{\alpha}_2,\boldsymbol{\alpha}_3$ 构成右手系(图 2.1.9)时，体积取正值；当 $\boldsymbol{\alpha}_1,\boldsymbol{\alpha}_2,\boldsymbol{\alpha}_3$

构成左手系(图 2.1.10)时，体积取负值.

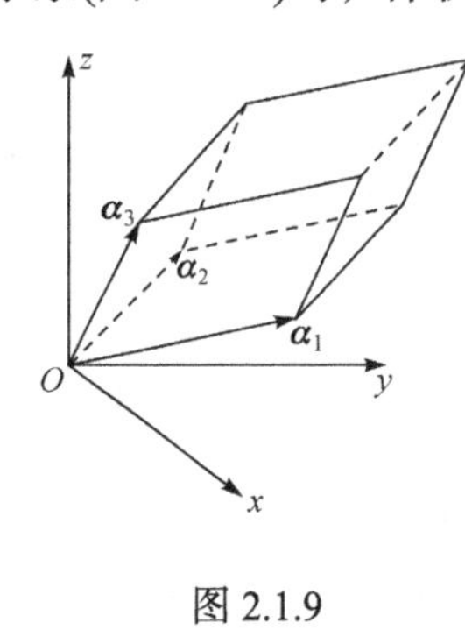

图 2.1.9

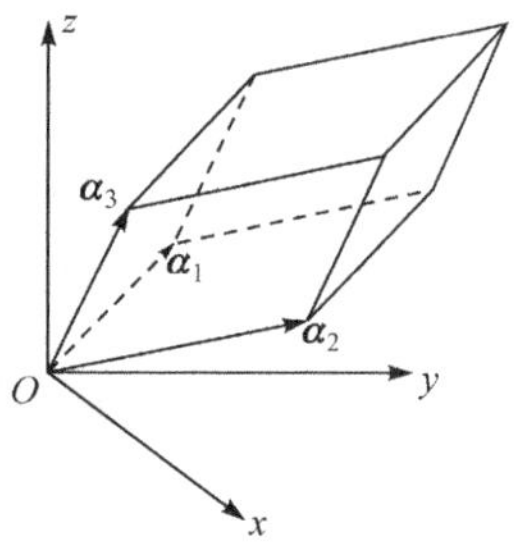

图 2.1.10

例 12　求由向量$\boldsymbol{\alpha}_1=(1,-1,1)$，$\boldsymbol{\alpha}_2=(8,2,-3)$和$\boldsymbol{\alpha}_3=(2,-3,2)$为邻边构成的平行六面体的体积$V$.

解　以$\boldsymbol{\alpha}_1,\boldsymbol{\alpha}_2,\boldsymbol{\alpha}_3$作为行列式$D$的三行构造一个三阶行列式并计算得

$$D=\begin{vmatrix}1 & -1 & 1\\8 & 2 & -3\\2 & -3 & 2\end{vmatrix}=-11,$$

由行列式的几何意义得$V=|D|=11$，并且知道$\boldsymbol{\alpha}_1,\boldsymbol{\alpha}_2,\boldsymbol{\alpha}_3$构成左手系.

 **随堂练习**

1. 利用行列式求解方程组$\begin{cases}4x_1-5x_2=1,\\2x_1+3x_2=39.\end{cases}$

2. 计算下列行列式的值.

(1) $\begin{vmatrix}3 & -1\\2 & 5\end{vmatrix}$;　　(2) $\begin{vmatrix}\cos\alpha & \sin\alpha\\\sin\alpha & \cos\alpha\end{vmatrix}$;

(3) $\begin{vmatrix}-1 & 3 & 2\\3 & 5 & -1\\2 & -1 & 6\end{vmatrix}$;　　(4) $\begin{vmatrix}a & 1 & d\\1 & b & 1\\f & 1 & c\end{vmatrix}$.

3. 确定i和j的值，使得 5 级排列

(1) 3 i 4 j 2 成奇排列;

(2) 2 i 5 j 1 成偶排列.

4. 在$\left|a_{ij}\right|_5$的完全展开式中，乘积$a_{32}a_{43}a_{14}a_{51}a_{25}$带何符号？写出五阶行列式$\left|a_{ij}\right|_5$展开式中含有因子$a_{13}a_{42}a_{25}$且带正号的所有项.

5. 求以向量$\boldsymbol{\alpha}_1=(1,4)$和$\boldsymbol{\alpha}_2=(2,-3)$为邻边构成的平行四边形的面积.

6. 用行列式的定义计算下列行列式的值.

(1) $D_4=\begin{vmatrix}5&0&0&1\\0&6&2&0\\0&3&7&0\\4&0&0&8\end{vmatrix}$；(2) $D_4=\begin{vmatrix}0&0&0&d\\a&0&0&0\\0&b&0&0\\0&0&c&0\end{vmatrix}$；(3) $D_4=\begin{vmatrix}1&2&0&0\\7&8&0&0\\0&0&5&6\\0&0&3&4\end{vmatrix}$.

2.2 行列式的性质

行列式的计算是一个重要的问题，也是一个烦琐的问题. 用定义计算一个 n 阶行列式，需要计算 $n!(n-1)$ 次乘法，如果 n 比较大，计算量会非常大. 因此，下面有必要给出行列式的性质，以帮助我们简化行列式的计算.

若行列式 $D=\left|a_{ij}\right|_n$，则称

$$\begin{vmatrix}a_{11}&a_{21}&\cdots&a_{n1}\\a_{12}&a_{22}&\cdots&a_{n2}\\\vdots&\vdots&&\vdots\\a_{1n}&a_{2n}&\cdots&a_{nn}\end{vmatrix}$$

为 $D=\left|a_{ij}\right|_n$ 的**转置行列式**，记为 D^{T}，即

$$D^{\mathrm{T}}=\begin{vmatrix}a_{11}&a_{21}&\cdots&a_{n1}\\a_{12}&a_{22}&\cdots&a_{n2}\\\vdots&\vdots&&\vdots\\a_{1n}&a_{2n}&\cdots&a_{nn}\end{vmatrix}.$$

性质 1 行列式与它的转置行列式相等，即 $D=D^{\mathrm{T}}$.

证明 设 $D=\left|a_{ij}\right|_n$，令 $b_{ij}=a_{ji}\ (i,j=1,2,\cdots,n)$，有

$$\begin{vmatrix}b_{11}&b_{12}&\cdots&b_{1n}\\b_{21}&b_{22}&\cdots&b_{2n}\\\vdots&\vdots&&\vdots\\b_{n1}&b_{n2}&\cdots&b_{nn}\end{vmatrix}=\begin{vmatrix}a_{11}&a_{21}&\cdots&a_{n1}\\a_{12}&a_{22}&\cdots&a_{n2}\\\vdots&\vdots&&\vdots\\a_{1n}&a_{2n}&\cdots&a_{nn}\end{vmatrix}=D^{\mathrm{T}},$$

则 $D^{\mathrm{T}}=\sum\limits_{j_1j_2\cdots j_n}(-1)^{N(j_1j_2\cdots j_n)}b_{1j_1}b_{2j_2}\cdots b_{nj_n}=\sum\limits_{j_1j_2\cdots j_n}(-1)^{N(j_1j_2\cdots j_n)}a_{j_11}a_{j_22}\cdots a_{j_nn}=D$.

【注】 由性质 1 知道，行列式中的行与列具有相同的地位，因此行列式对行成立的性质，对列也同样成立.

性质 2 交换行列式的两行(列)，行列式的值变号.

证明 设行列式

$$D=\begin{vmatrix} \vdots & \vdots & & \vdots \\ a_{s1} & a_{s2} & \cdots & a_{sn} \\ \vdots & \vdots & & \vdots \\ a_{t1} & a_{t2} & \cdots & a_{tn} \\ \vdots & \vdots & & \vdots \end{vmatrix}\begin{matrix} \\ 第 s 行 \\ \\ 第 t 行 \\ \\ \end{matrix}.$$

交换行列式 D 的第 s 行和第 t 行，其他行不变，得到如下行列式

$$D_1=\begin{vmatrix} \vdots & \vdots & & \vdots \\ b_{s1} & b_{s2} & \cdots & b_{sn} \\ \vdots & \vdots & & \vdots \\ b_{t1} & a_{t2} & \cdots & b_{tn} \\ \vdots & \vdots & & \vdots \end{vmatrix}\begin{matrix} \\ 第 s 行 \\ \\ 第 t 行 \\ \\ \end{matrix}.$$

则当 $i \neq s,t$ 时，$b_{ij}=a_{ij}\ (j=1,2,\cdots,n)$；当 $i=s,t$ 时，$b_{sj}=a_{tj}$，$b_{tj}=a_{sj}\ (j=1,2,\cdots,n)$，于是

$$\begin{aligned} D_1 &= \sum_{j_1 j_2 \cdots j_n} (-1)^{N(j_1 \cdots j_s \cdots j_t \cdots j_n)} b_{1j_1} \cdots b_{sj_s} \cdots b_{tj_t} \cdots b_{nj_n} \\ &= \sum_{j_1 j_2 \cdots j_n} (-1)^{N(j_1 \cdots j_s \cdots j_t \cdots j_n)} a_{1j_1} \cdots a_{tj_s} \cdots a_{sj_t} \cdots a_{nj_n} \\ &= \sum_{j_1 j_2 \cdots j_n} (-1)^{N(j_1 \cdots j_s \cdots j_t \cdots j_n)} a_{1j_1} \cdots a_{sj_t} \cdots a_{tj_s} \cdots a_{nj_n} \\ &= -\sum_{j_1 j_2 \cdots j_n} (-1)^{N(j_1 \cdots j_t \cdots j_s \cdots j_n)} a_{1j_1} \cdots a_{sj_t} \cdots a_{tj_s} \cdots a_{nj_n} \\ &= -D. \end{aligned}$$

推论　如果行列式有两行(列)完全相同，则此行列式的值为零.

性质 3　行列式的某一行(列)中所有元素的公因子可以提到行列式符号的前面，即

$$D_1=\begin{vmatrix} a_{11} & a_{12} & \cdots & a_{1n} \\ \vdots & \vdots & & \vdots \\ ka_{i1} & ka_{i2} & \cdots & ka_{in} \\ \vdots & \vdots & & \vdots \\ a_{n1} & a_{n2} & \cdots & a_{nn} \end{vmatrix}=k\begin{vmatrix} a_{11} & a_{12} & \cdots & a_{1n} \\ \vdots & \vdots & & \vdots \\ a_{i1} & a_{i2} & \cdots & a_{in} \\ \vdots & \vdots & & \vdots \\ a_{n1} & a_{n2} & \cdots & a_{nn} \end{vmatrix}=kD.$$

证明

$$\begin{aligned} D_1 &= \sum_{j_1 j_2 \cdots j_n} (-1)^{N(j_1 j_2 \cdots j_i \cdots j_n)} a_{1j_1} a_{2j_2} \cdots (ka_{ij_i}) \cdots a_{nj_n} \\ &= k \sum_{j_1 j_2 \cdots j_n} (-1)^{N(j_1 j_2 \cdots j_i \cdots j_n)} a_{1j_1} a_{2j_2} \cdots a_{ij_i} \cdots a_{nj_n} = kD. \end{aligned}$$

推论 1　用数 k 乘行列式的某一行(列)，等于用数 k 乘此行列式.

推论 2 行列式中若某一行(列)元素全为零，则此行列式为零.

推论 3 行列式中若有两行(列)元素对应成比例，则此行列式为零.

【注】 若 n 阶行列式同时有多行(列)的元素有公因子，需依次提出，即

$$D_1=\begin{vmatrix} k_1a_{11} & k_1a_{12} & \cdots & k_1a_{1n} \\ \vdots & \vdots & & \vdots \\ k_ia_{i1} & k_ia_{i2} & \cdots & k_ia_{in} \\ \vdots & \vdots & & \vdots \\ k_na_{n1} & k_na_{n2} & \cdots & k_na_{nn} \end{vmatrix}=k_1k_2\cdots k_n\begin{vmatrix} a_{11} & a_{12} & \cdots & a_{1n} \\ \vdots & \vdots & & \vdots \\ a_{i1} & a_{i2} & \cdots & a_{in} \\ \vdots & \vdots & & \vdots \\ a_{n1} & a_{n2} & \cdots & a_{nn} \end{vmatrix}=k_1k_2\cdots k_nD.$$

2.1 节例 7 中的行列式 $\begin{vmatrix} 0 & 0 & 0 & 2 \\ 0 & 0 & 0 & 1 \\ 11 & 3 & 5 & -1 \\ 6 & 8 & 7 & 4 \end{vmatrix}$，显然前两行成比例，由推论 3 可知行列式的值为零.

性质 4 若行列式的某一行(列)的元素都是两数之和，不妨设

$$D=\begin{vmatrix} a_{11} & a_{12} & \cdots & a_{1n} \\ \vdots & \vdots & & \vdots \\ b_{i1}+c_{i1} & b_{i2}+c_{i2} & \cdots & b_{in}+c_{in} \\ \vdots & \vdots & & \vdots \\ a_{n1} & a_{n2} & \cdots & a_{nn} \end{vmatrix},$$

则

$$D=\begin{vmatrix} a_{11} & a_{12} & \cdots & a_{1n} \\ \vdots & \vdots & & \vdots \\ b_{i1} & b_{i2} & \cdots & b_{in} \\ \vdots & \vdots & & \vdots \\ a_{n1} & a_{n2} & \cdots & a_{nn} \end{vmatrix}+\begin{vmatrix} a_{11} & a_{12} & \cdots & a_{1n} \\ \vdots & \vdots & & \vdots \\ c_{i1} & c_{i2} & \cdots & c_{in} \\ \vdots & \vdots & & \vdots \\ a_{n1} & a_{n2} & \cdots & a_{nn} \end{vmatrix}.$$

证明

$$\begin{aligned} D &= \sum_{j_1j_2\cdots j_n}(-1)^{N(j_1j_2\cdots j_i\cdots j_n)}a_{1j_1}a_{2j_2}\cdots(b_{ij_i}+c_{ij_i})\cdots a_{nj_n} \\ &= \sum_{j_1j_2\cdots j_n}(-1)^{N(j_1j_2\cdots j_i\cdots j_n)}a_{1j_1}a_{2j_2}\cdots b_{ij_i}\cdots a_{nj_n} \\ &\quad+\sum_{j_1j_2\cdots j_n}(-1)^{N(j_1j_2\cdots j_i\cdots j_n)}a_{1j_1}a_{2j_2}\cdots c_{ij_i}\cdots a_{nj_n} \end{aligned}$$

$$
=\begin{vmatrix} a_{11} & a_{12} & \cdots & a_{1n} \\ \vdots & \vdots & & \vdots \\ b_{i1} & b_{i2} & \cdots & b_{in} \\ \vdots & \vdots & & \vdots \\ a_{n1} & a_{n2} & \cdots & a_{nn} \end{vmatrix}+\begin{vmatrix} a_{11} & a_{12} & \cdots & a_{1n} \\ \vdots & \vdots & & \vdots \\ c_{i1} & c_{i2} & \cdots & c_{in} \\ \vdots & \vdots & & \vdots \\ a_{n1} & a_{n2} & \cdots & a_{nn} \end{vmatrix}.
$$

推论　若行列式某行(列)的每一个元素都是 m 个元素的和，则行列式可以表示为 m 个行列式之和.

【思考】　$\begin{vmatrix} a_{11}+b_{11} & a_{12}+b_{12} \\ a_{21}+b_{21} & a_{22}+b_{22} \end{vmatrix}=\begin{vmatrix} a_{11} & a_{12} \\ a_{21} & a_{22} \end{vmatrix}+\begin{vmatrix} b_{11} & b_{12} \\ b_{21} & b_{22} \end{vmatrix}$ 正确吗?

性质 5　将行列式某一行(列)的所有元素的 k 倍加到另外一行(列)对应的元素上，行列式的值不变.

证明　此性质用列的情况给出证明. 将行列式

$$
D=\begin{vmatrix} a_{11} & \cdots & a_{1i} & \cdots & a_{1j} & \cdots & a_{1n} \\ a_{21} & \cdots & a_{2i} & \cdots & a_{2j} & \cdots & a_{2n} \\ \vdots & & \vdots & & \vdots & & \vdots \\ a_{n1} & \cdots & a_{ni} & \cdots & a_{nj} & \cdots & a_{nn} \end{vmatrix}
$$

的第 j 列的所有元素的 k 倍加到第 i 列对应元素上，得

$$
D_1=\begin{vmatrix} a_{11} & \cdots & a_{1i}+ka_{1j} & \cdots & a_{1j} & \cdots & a_{1n} \\ a_{21} & \cdots & a_{2i}+ka_{2j} & \cdots & a_{2j} & \cdots & a_{2n} \\ \vdots & & \vdots & & \vdots & & \vdots \\ a_{n1} & \cdots & a_{ni}+ka_{nj} & \cdots & a_{nj} & \cdots & a_{nn} \end{vmatrix}
$$

$$
=\begin{vmatrix} a_{11} & \cdots & a_{1i} & \cdots & a_{1j} & \cdots & a_{1n} \\ a_{21} & \cdots & a_{2i} & \cdots & a_{2j} & \cdots & a_{2n} \\ \vdots & & \vdots & & \vdots & & \vdots \\ a_{n1} & \cdots & a_{ni} & \cdots & a_{nj} & \cdots & a_{nn} \end{vmatrix}+\begin{vmatrix} a_{11} & \cdots & ka_{1j} & \cdots & a_{1j} & \cdots & a_{1n} \\ a_{21} & \cdots & ka_{2j} & \cdots & a_{2j} & \cdots & a_{2n} \\ \vdots & & \vdots & & \vdots & & \vdots \\ a_{n1} & \cdots & ka_{nj} & \cdots & a_{nj} & \cdots & a_{nn} \end{vmatrix}
$$

$$
=D+0=D.
$$

【注】　(1) 行在英文中用 row 表示，列在英文中用 column 表示. 今后第 i 行(列)乘以 k，记作 $r_i\times k$ ($c_i\times k$)；以数 k 乘第 j 行(列)加到第 i 行(列)上，记作 r_i+kr_j (c_i+kc_j)；交换 i,j 两行(列)，记作 $r_i\leftrightarrow r_j$ ($c_i\leftrightarrow c_j$)；

(2) 有些性质用行列式的几何意义很容易被解释，这样有利于对性质的掌握. 比如用二阶行列式几何意义解释一下性质 4，其他性质请读者试着解释.

一个二阶行列式的第一、二行分别记为 $\boldsymbol{\alpha}_1$ 和 $\boldsymbol{\alpha}_2$，不妨设 $\boldsymbol{\alpha}_1$ 可以表示为两个向量的和 $\boldsymbol{\alpha}_1=\boldsymbol{\beta}+\boldsymbol{\gamma}$，见图 2.2.1，以 $\boldsymbol{\alpha}_1,\boldsymbol{\alpha}_2$ 为邻边构成的平行四边形的有向面积记为 S，以 $\boldsymbol{\alpha}_2,\boldsymbol{\beta}$ 为邻边构成的平行四边形的有向面积记为 S_1，以 $\boldsymbol{\alpha}_2,\boldsymbol{\gamma}$ 为邻边构成的平行四边形的有向面积记为 S_2，显然有 $S=S_1+S_2$.

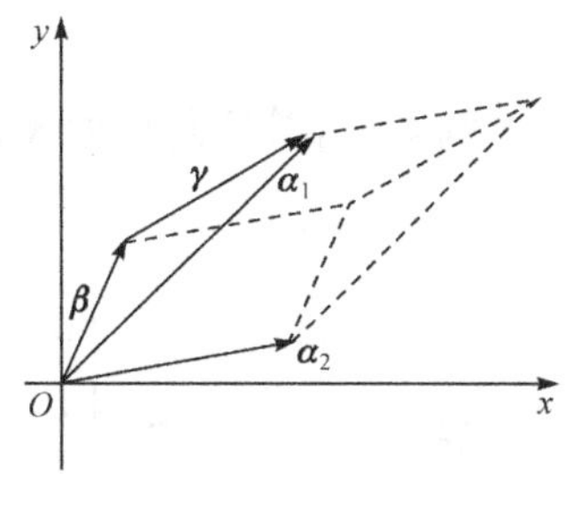

图 2.2.1

例 1 计算三阶行列式 $D=\begin{vmatrix}2&199&1\\3&302&-3\\2&197&2\end{vmatrix}$.

解 $D=\begin{vmatrix}2&200-1&1\\3&300+2&-3\\2&200-3&2\end{vmatrix}=\begin{vmatrix}2&200&1\\3&300&-3\\2&200&2\end{vmatrix}+\begin{vmatrix}2&-1&1\\3&2&-3\\2&-3&2\end{vmatrix}=0-11=-11$.

例 2 计算四阶行列式 $D=\begin{vmatrix}1&1&1&1\\1&-1&1&1\\1&1&-1&1\\1&1&1&-1\end{vmatrix}$.

解 $D=\begin{vmatrix}1&1&1&1\\1&-1&1&1\\1&1&-1&1\\1&1&1&-1\end{vmatrix}\xlongequal[i=2,3,4]{r_i-r_1}\begin{vmatrix}1&1&1&1\\0&-2&0&0\\0&0&-2&0\\0&0&0&-2\end{vmatrix}=-8$.

在例 2 中，利用行列式的性质，把行列式化为上三角行列式，就容易求出行列式的值，这种方法是行列式计算的常用方法. 下面通过例子说明如何使用此方法计算一般的行列式.

例 3 计算三阶行列式 $D=\begin{vmatrix}0&5&3\\1&2&-1\\2&3&6\end{vmatrix}$.

解 $D=\begin{vmatrix}0&5&3\\1&2&-1\\2&3&6\end{vmatrix}\xlongequal{r_1\leftrightarrow r_2}-\begin{vmatrix}1&2&-1\\0&5&3\\2&3&6\end{vmatrix}\xlongequal{r_3-2r_1}-\begin{vmatrix}1&2&-1\\0&5&3\\0&-1&8\end{vmatrix}$

$$\xlongequal{r_3\leftrightarrow r_2}\begin{vmatrix}1&2&-1\\0&-1&8\\0&5&3\end{vmatrix}\xlongequal{r_3+5r_2}\begin{vmatrix}1&2&-1\\0&-1&8\\0&0&43\end{vmatrix}=-43.$$

例 4　计算四阶行列式$D=\begin{vmatrix} 0 & 1 & -2 & 4 \\ 1 & 2 & -5 & -3 \\ 7 & -3 & 2 & 1 \\ -4 & 0 & 11 & 12 \end{vmatrix}$.

解
$$D=\begin{vmatrix} 0 & 1 & -2 & 4 \\ 1 & 2 & -5 & -3 \\ 7 & -3 & 2 & 1 \\ -4 & 0 & 11 & 12 \end{vmatrix} \xlongequal{c_1 \leftrightarrow c_2} -\begin{vmatrix} 1 & 0 & -2 & 4 \\ 2 & 1 & -5 & -3 \\ -3 & 7 & 2 & 1 \\ 0 & -4 & 11 & 12 \end{vmatrix}$$

$$\xlongequal[r_3+3r_1]{r_2-2r_1} -\begin{vmatrix} 1 & 0 & -2 & 4 \\ 0 & 1 & -1 & -11 \\ 0 & 7 & -4 & 13 \\ 0 & -4 & 11 & 12 \end{vmatrix} \xlongequal[r_4+4r_2]{r_3-7r_2} -\begin{vmatrix} 1 & 0 & -2 & 4 \\ 0 & 1 & -1 & -11 \\ 0 & 0 & 3 & 90 \\ 0 & 0 & 7 & -32 \end{vmatrix}$$

$$=-3\begin{vmatrix} 1 & 0 & -2 & 4 \\ 0 & 1 & -1 & -11 \\ 0 & 0 & 1 & 30 \\ 0 & 0 & 7 & -32 \end{vmatrix} \xlongequal{r_4-7r_3} -3\begin{vmatrix} 1 & 0 & -2 & 4 \\ 0 & 1 & -1 & -11 \\ 0 & 0 & 1 & 30 \\ 0 & 0 & 0 & -242 \end{vmatrix}=726.$$

下面的例子更特殊一点，可先化为“爪”形行列式，再化为上三角行列式.

例 5　计算下面行列式的值.

$$D_n=\begin{vmatrix} 1+a_1 & 1 & 1 & \cdots & 1 \\ 1 & 1+a_2 & 1 & \cdots & 1 \\ 1 & 1 & 1+a_3 & \cdots & 1 \\ \vdots & \vdots & \vdots & & \vdots \\ 1 & 1 & 1 & \cdots & 1+a_n \end{vmatrix} \quad (a_i \neq 0, i=1,2,\cdots,n).$$

解
$$D_n \xlongequal[i=2,\cdots,n]{r_i-r_1} \begin{vmatrix} 1+a_1 & 1 & 1 & \cdots & 1 \\ -a_1 & a_2 & 0 & \cdots & 0 \\ -a_1 & 0 & a_3 & \cdots & 0 \\ \vdots & \vdots & \vdots & & \vdots \\ -a_1 & 0 & 0 & \cdots & a_n \end{vmatrix} \xlongequal{c_1+\frac{a_1}{a_2}c_2} \begin{vmatrix} 1+a_1+\dfrac{a_1}{a_2} & 1 & 1 & \cdots & 1 \\ 0 & a_2 & 0 & \cdots & 0 \\ -a_1 & 0 & a_3 & \cdots & 0 \\ \vdots & \vdots & \vdots & & \vdots \\ -a_1 & 0 & 0 & \cdots & a_n \end{vmatrix}$$

$$\xlongequal[i=3,\cdots,n]{c_1+\frac{a_1}{a_i}c_i}\begin{vmatrix} 1+a_1+\frac{a_1}{a_2}+\cdots+\frac{a_1}{a_n} & 1 & 1 & \cdots & 1 \\ 0 & a_2 & 0 & \cdots & 0 \\ 0 & 0 & a_3 & \cdots & 0 \\ \vdots & \vdots & \vdots & & \vdots \\ 0 & 0 & 0 & \cdots & a_n \end{vmatrix}$$

$$=\left(1+a_1+\frac{a_1}{a_2}+\cdots+\frac{a_1}{a_n}\right)a_2a_3\cdots a_n$$

$$=\left(1+\sum_{i=1}^{n}\frac{1}{a_i}\right)a_1a_2\cdots a_n.$$

例 6 设 n 阶行列式 $D_1=\left|a_{ij}\right|_n$，$m$ 阶行列式 $D_2=\left|b_{ij}\right|_m$，证明 $m+n$ 阶行列式

$$D=\left|\begin{array}{cccc:cccc} a_{11} & a_{12} & \cdots & a_{1n} & k_{11} & k_{12} & \cdots & k_{1m} \\ a_{21} & a_{22} & \cdots & a_{2n} & k_{21} & k_{22} & \cdots & k_{2m} \\ \vdots & \vdots & & \vdots & \vdots & \vdots & & \vdots \\ a_{n1} & a_{n2} & \cdots & a_{nn} & k_{n1} & k_{n2} & \cdots & k_{nm} \\ \hdashline 0 & 0 & \cdots & 0 & b_{11} & b_{12} & \cdots & b_{1m} \\ 0 & 0 & \cdots & 0 & b_{21} & b_{22} & \cdots & b_{2m} \\ \vdots & \vdots & & \vdots & \vdots & \vdots & & \vdots \\ 0 & 0 & \cdots & 0 & b_{m1} & b_{m2} & \cdots & b_{mm} \end{array}\right|=D_1D_2.$$

证明 利用行列式列的性质可以先将行列式 D 的左上角的块化为上三角行列式，这样 D 的其他三块没有变化，也就是行列式 D 化为如下形式：

$$D=\left|\begin{array}{cccc:cccc} d_{11} & d_{12} & \cdots & d_{1n} & k_{11} & k_{12} & \cdots & k_{1m} \\ 0 & d_{22} & \cdots & d_{2n} & k_{21} & k_{22} & \cdots & k_{2m} \\ \vdots & \vdots & & \vdots & \vdots & \vdots & & \vdots \\ 0 & 0 & \cdots & d_{nn} & k_{n1} & k_{n2} & \cdots & k_{nm} \\ \hdashline 0 & 0 & \cdots & 0 & b_{11} & b_{12} & \cdots & b_{1m} \\ 0 & 0 & \cdots & 0 & b_{21} & b_{22} & \cdots & b_{2m} \\ \vdots & \vdots & & \vdots & \vdots & \vdots & & \vdots \\ 0 & 0 & \cdots & 0 & b_{m1} & b_{m2} & \cdots & b_{mm} \end{array}\right|,$$

此时 $d_{11}d_{22}\cdots d_{nn}=D_1$. 然后再利用行列式行的性质将上面等式右侧行列式中右下角的块化为上三角行列式，此时行列式 D 化为如下形式：

$$D=\left|\begin{array}{cccc|cccc} d_{11} & d_{12} & \cdots & d_{1n} & k_{11} & k_{12} & \cdots & k_{1m} \\ 0 & d_{22} & \cdots & d_{2n} & k_{21} & k_{22} & \cdots & k_{2m} \\ \vdots & \vdots & & \vdots & \vdots & \vdots & & \vdots \\ 0 & 0 & \cdots & d_{nn} & k_{n1} & k_{n2} & \cdots & k_{nm} \\ \hline 0 & 0 & \cdots & 0 & l_{11} & l_{12} & \cdots & l_{1m} \\ 0 & 0 & \cdots & 0 & 0 & l_{22} & \cdots & l_{2m} \\ \vdots & \vdots & & \vdots & \vdots & \vdots & & \vdots \\ 0 & 0 & \cdots & 0 & 0 & 0 & \cdots & l_{mm} \end{array}\right|,$$

此时$l_{11}l_{22}\cdots l_{mm}=D_2$，且$D$化为一个$m+n$阶的上三角行列式，于是有

$$D=(d_{11}d_{22}\cdots d_{nn})(l_{11}l_{22}\cdots l_{mm})=D_1D_2.$$

用同样的方法可以证明

$$\left|\begin{array}{cccc|cccc} a_{11} & a_{12} & \cdots & a_{1n} & 0 & 0 & \cdots & 0 \\ a_{21} & a_{22} & \cdots & a_{2n} & 0 & 0 & \cdots & 0 \\ \vdots & \vdots & & \vdots & \vdots & \vdots & & \vdots \\ a_{n1} & a_{n2} & \cdots & a_{nn} & 0 & 0 & \cdots & 0 \\ \hline c_{11} & c_{12} & \cdots & c_{1n} & b_{11} & b_{12} & \cdots & b_{1m} \\ c_{21} & c_{22} & \cdots & c_{2n} & b_{21} & b_{22} & \cdots & b_{2m} \\ \vdots & \vdots & & \vdots & \vdots & \vdots & & \vdots \\ c_{m1} & c_{m2} & \cdots & c_{mn} & b_{m1} & b_{m2} & \cdots & b_{mm} \end{array}\right|=D_1D_2.$$

例 7　计算行列式$D=\begin{vmatrix} 2 & 1 & 0 & 0 \\ 1 & -1 & 0 & 0 \\ a & b & 3 & 2 \\ c & d & 5 & 3 \end{vmatrix}$.

解　由例 6 的结论可得$D=\begin{vmatrix} 2 & 1 \\ 1 & -1 \end{vmatrix}\cdot\begin{vmatrix} 3 & 2 \\ 5 & 3 \end{vmatrix}=(-3)\times(-1)=3$.

例 8　计算行列式$D=\begin{vmatrix} 0 & a & b & 0 \\ a & 0 & 0 & b \\ 0 & c & d & 0 \\ c & 0 & 0 & d \end{vmatrix}$.

解

$$D=\begin{vmatrix} 0 & a & b & 0 \\ a & 0 & 0 & b \\ 0 & c & d & 0 \\ c & 0 & 0 & d \end{vmatrix}\xlongequal{r_2\leftrightarrow r_3}-\begin{vmatrix} 0 & a & b & 0 \\ 0 & c & d & 0 \\ a & 0 & 0 & b \\ c & 0 & 0 & d \end{vmatrix}\xlongequal{c_1\leftrightarrow c_3}\begin{vmatrix} b & a & 0 & 0 \\ d & c & 0 & 0 \\ 0 & 0 & a & b \\ 0 & 0 & c & d \end{vmatrix}$$

$$=\begin{vmatrix} b & a \\ d & c \end{vmatrix}\begin{vmatrix} a & b \\ c & d \end{vmatrix}=(bc-ad)(ad-bc)=-(ad-bc)^2 .$$

随堂练习

1. 用行列式的性质计算下列行列式.

(1) $\begin{vmatrix} 1 & 3 & 302 \\ -4 & 3 & 297 \\ 2 & 2 & 203 \end{vmatrix}$；　(2) $\begin{vmatrix} -ab & ac & ae \\ bd & -cd & de \\ bf & cf & -ef \end{vmatrix}$；　(3) $\begin{vmatrix} 2 & 0 & 1 \\ 1 & -4 & -10 \\ -1 & 8 & 3 \end{vmatrix}$；

(4) $\begin{vmatrix} 1 & 2 & 3 & 4 \\ 2 & 2 & 3 & 4 \\ 2 & 3 & 3 & 4 \\ 2 & 2 & 4 & 4 \end{vmatrix}$；　(5) $\begin{vmatrix} 5 & 3 & 0 & 1 \\ 0 & -2 & -1 & 0 \\ 1 & 0 & 4 & 7 \\ 0 & 3 & 0 & 2 \end{vmatrix}$；　(6) $\begin{vmatrix} 2 & 1 & 1 & 1 \\ 1 & 3 & 1 & 1 \\ 1 & 1 & 4 & 1 \\ 1 & 1 & 1 & 5 \end{vmatrix}$.

2. 计算行列式

$$D=\begin{vmatrix} 2 & 3 & 150 & 97 & 508 \\ -1 & 4 & 43 & 78 & 968 \\ 0 & 0 & 2 & 1 & 0 \\ 0 & 0 & 0 & 3 & 4 \\ 0 & 0 & 1 & 0 & 2 \end{vmatrix}.$$

2.3　行列式按任一行(列)展开

一个行列式可以按照任意一行或列展开，这样一个 n 阶行列式就可以用一些 $n-1$ 阶行列式表示出来，行列式的计算可能会简便些. 为此先引入余子式和代数余子式的概念，然后给出行列式的展开公式.

定义 2.3.1　在 n 阶行列式 $\left|a_{ij}\right|_n$ 中，把元素 a_{ij} 所处的第 i 行、第 j 列划去，余下的元素按原顺序形成 $n-1$ 阶行列式，称为 a_{ij} 的**余子式**，记为 M_{ij} ，即

$$M_{ij}=\begin{vmatrix} a_{11} & \cdots & a_{1,j-1} & a_{1,j+1} & \cdots & a_{1n} \\ \vdots & & \vdots & \vdots & & \vdots \\ a_{i-1,1} & \cdots & a_{i-1,j-1} & a_{i-1,j+1} & \cdots & a_{i-1,n} \\ a_{i+1,1} & \cdots & a_{i+1,j-1} & a_{i+1,j+1} & \cdots & a_{i+1,n} \\ \vdots & & \vdots & \vdots & & \vdots \\ a_{n1} & \cdots & a_{n,j-1} & a_{n,j+1} & \cdots & a_{nn} \end{vmatrix}.$$

称

$$A_{ij}=(-1)^{i+j}M_{ij}$$

为元素 a_{ij} 的**代数余子式**.

【注】 A_{ij} 与 M_{ij} 只与元素 a_{ij} 所在的行数、列数有关，而与 a_{ij} 的取值无关.

有了余子式和代数余子式的概念，就可以将三阶行列式整理成如下形式

$$
\begin{aligned}
D &= \begin{vmatrix} a_{11} & a_{12} & a_{13} \\ a_{21} & a_{22} & a_{23} \\ a_{31} & a_{32} & a_{33} \end{vmatrix} \\
&= a_{11}\left(a_{22}a_{33} - a_{23}a_{32}\right) - a_{12}\left(a_{21}a_{33} - a_{23}a_{31}\right) + a_{13}\left(a_{21}a_{32} - a_{22}a_{31}\right) \\
&= a_{11}\begin{vmatrix} a_{22} & a_{23} \\ a_{32} & a_{33} \end{vmatrix} - a_{12}\begin{vmatrix} a_{21} & a_{23} \\ a_{31} & a_{33} \end{vmatrix} + a_{13}\begin{vmatrix} a_{21} & a_{22} \\ a_{31} & a_{32} \end{vmatrix}. \\
&= a_{11}M_{11} - a_{12}M_{12} + a_{13}M_{13} \\
&= a_{11}A_{11} + a_{12}A_{12} + a_{13}A_{13}.
\end{aligned}
$$

容易看出，上式将三阶行列式表示为第一行元素与其对应的代数余子式乘积之和，下面将说明这些结果对于 n 阶行列式也成立.

引理 2.3.1 n 阶行列式

$$
D = \begin{vmatrix}
a_{11} & \cdots & a_{1,j-1} & a_{1j} & a_{1,j+1} & \cdots & a_{1n} \\
\vdots & & \vdots & \vdots & \vdots & & \vdots \\
a_{i-1,1} & \cdots & a_{i-1,j-1} & a_{i-1,j} & a_{i-1,j+1} & \cdots & a_{i-1,n} \\
0 & \cdots & 0 & a_{ij} & 0 & \cdots & 0 \\
a_{i+1,1} & \cdots & a_{i+1,j-1} & a_{i+1,j} & a_{i+1,j+1} & \cdots & a_{i+1,n} \\
\vdots & & \vdots & \vdots & \vdots & & \vdots \\
a_{n1} & \cdots & a_{n,j-1} & a_{nj} & a_{n,j+1} & \cdots & a_{nn}
\end{vmatrix} = a_{ij}A_{ij},
$$

其中 A_{ij} 是 D 中元素 a_{ij} 的代数余子式.

证明 将行列式 D 的第 i 行与它上面的 $i-1$ 行依次交换，直到换到第一行，再将第 j 列与它左边的 $j-1$ 列依次交换，直到换到第一列，这样元素 a_{ij} 经过这 $i+j-2$ 次交换就换成第一行第一列的元素了，所得到的行列式记为 D_1，则

$$
D_1 = \begin{vmatrix}
a_{ij} & 0 & \cdots & 0 & 0 & \cdots & 0 \\
a_{1j} & a_{11} & \cdots & a_{1,j-1} & a_{1,j+1} & \cdots & a_{1n} \\
\vdots & \vdots & & \vdots & \vdots & & \vdots \\
a_{i-1,j} & a_{i-1,1} & \cdots & a_{i-1,j-1} & a_{i-1,j+1} & \cdots & a_{i-1,n} \\
a_{i+1,j} & a_{i+1,1} & \cdots & a_{i+1,j-1} & a_{i+1,j+1} & \cdots & a_{i+1,n} \\
\vdots & \vdots & & \vdots & \vdots & & \vdots \\
a_{nj} & a_{n1} & \cdots & a_{n,j-1} & a_{n,j+1} & \cdots & a_{nn}
\end{vmatrix},
$$

于是就有 $D=(-1)^{i+j-2}D_1=(-1)^{i+j}D_1$. 而 D_1 中左上角元素 a_{ij} 的余子式就是 D 中元素 a_{ij} 的余子式 M_{ij}. 又由 2.2 节例 6 结论得

$$D_1=\left|\begin{array}{c|cccccc} a_{ij} & 0 & \cdots & 0 & 0 & \cdots & 0 \\ \hline a_{1j} & a_{11} & \cdots & a_{1,j-1} & a_{1,j+1} & \cdots & a_{1n} \\ \vdots & \vdots & & \vdots & \vdots & & \vdots \\ a_{i-1,j} & a_{i-1,1} & \cdots & a_{i-1,j-1} & a_{i-1,j+1} & \cdots & a_{i-1,n} \\ a_{i+1,j} & a_{i+1,1} & \cdots & a_{i+1,j-1} & a_{i+1,j+1} & \cdots & a_{i+1,n} \\ \vdots & \vdots & & \vdots & \vdots & & \vdots \\ a_{nj} & a_{n1} & \cdots & a_{n,j-1} & a_{n,j+1} & \cdots & a_{nn} \end{array}\right|$$

$$=a_{ij}\begin{vmatrix} a_{11} & \cdots & a_{1,j-1} & a_{1,j+1} & \cdots & a_{1n} \\ \vdots & & \vdots & \vdots & & \vdots \\ a_{i-1,1} & \cdots & a_{i-1,j-1} & a_{i-1,j+1} & \cdots & a_{i-1,n} \\ a_{i+1,1} & \cdots & a_{i+1,j-1} & a_{i+1,j+1} & \cdots & a_{i+1,n} \\ \vdots & & \vdots & \vdots & & \vdots \\ a_{n1} & \cdots & a_{n,j-1} & a_{n,j+1} & \cdots & a_{nn} \end{vmatrix}=a_{ij}M_{ij}.$$

于是 $D=(-1)^{i+j}D_1=(-1)^{i+j}a_{ij}M_{ij}=a_{ij}A_{ij}$.

定理 2.3.1 (行列式展开定理) 行列式 $D=\left|a_{ij}\right|_n$ 等于它的任意一行(列)的每个元素与其对应的代数余子式乘积之和，即

$$D=a_{i1}A_{i1}+a_{i2}A_{i2}+\cdots+a_{in}A_{in}=\sum_{k=1}^{n}a_{ik}A_{ik} \qquad (i=1,2,\cdots,n),$$

$$D=a_{1j}A_{1j}+a_{2j}A_{2j}+\cdots+a_{nj}A_{nj}=\sum_{k=1}^{n}a_{kj}A_{kj} \qquad (j=1,2,\cdots,n).$$

证明 $$\begin{vmatrix} a_{11} & a_{12} & \cdots & a_{1n} \\ \vdots & \vdots & & \vdots \\ a_{i1} & a_{i2} & \cdots & a_{in} \\ \vdots & \vdots & & \vdots \\ a_{n1} & a_{n2} & \cdots & a_{nn} \end{vmatrix}=\begin{vmatrix} a_{11} & a_{12} & \cdots & a_{1n} \\ \vdots & \vdots & & \vdots \\ a_{i1}+0+\cdots+0 & 0+a_{i2}+0+\cdots+0 & \cdots & 0+\cdots+0+a_{in} \\ \vdots & \vdots & & \vdots \\ a_{n1} & a_{n2} & \cdots & a_{nn} \end{vmatrix}$$

$$=\begin{vmatrix} a_{11} & a_{12} & \cdots & a_{1n} \\ \vdots & \vdots & & \vdots \\ a_{i1} & 0 & \cdots & 0 \\ \vdots & \vdots & & \vdots \\ a_{n1} & a_{n2} & \cdots & a_{nn} \end{vmatrix}+\begin{vmatrix} a_{11} & a_{12} & \cdots & a_{1n} \\ \vdots & \vdots & & \vdots \\ 0 & a_{i2} & \cdots & 0 \\ \vdots & \vdots & & \vdots \\ a_{n1} & a_{n2} & \cdots & a_{nn} \end{vmatrix}+\cdots$$

$$+\begin{vmatrix} a_{11} & a_{12} & \cdots & a_{1n} \\ \vdots & \vdots & & \vdots \\ 0 & 0 & \cdots & a_{in} \\ \vdots & \vdots & & \vdots \\ a_{n1} & a_{n2} & \cdots & a_{nn} \end{vmatrix}$$

$$= a_{i1}A_{i1} + a_{i2}A_{i2} + \cdots + a_{in}A_{in} \quad (i = 1, 2, \cdots, n).$$

类似可以证明 $D = a_{1j}A_{1j} + a_{2j}A_{2j} + \cdots + a_{nj}A_{nj} (j = 1, 2, \cdots, n)$.

推论 行列式 $D=\left|a_{ij}\right|_n$ 某一行(列)的元素与另一行(列)对应元素的代数余子式乘积之和为零，即

$$a_{i1}A_{j1} + a_{i2}A_{j2} + \cdots + a_{in}A_{jn} = 0 \quad (i \neq j),$$

$$a_{1i}A_{1j} + a_{2i}A_{2j} + \cdots + a_{ni}A_{nj} = 0 \quad (i \neq j).$$

证明 将行列式 $D=\left|a_{ij}\right|_n$ 的第 j 行元素换为 $k_1, k_2, \cdots, k_n$ 得到新的行列式 D_1，并将其按第 j 行展开

$$D_1 = \begin{vmatrix} a_{11} & a_{12} & \cdots & a_{1n} \\ \vdots & \vdots & & \vdots \\ a_{i1} & a_{i2} & \cdots & a_{in} \\ \vdots & \vdots & & \vdots \\ k_1 & k_2 & \cdots & k_n \\ \vdots & \vdots & & \vdots \\ a_{n1} & a_{n2} & \cdots & a_{nn} \end{vmatrix} \begin{matrix} \\ \\ \text{第}i\text{行} \\ \\ \text{第}j\text{行} \\ \\ \\ \end{matrix} \xlongequal{\text{按第 } j \text{ 行展开}} k_1A_{j1} + k_2A_{j2} + \cdots + k_nA_{jn}.$$

再取 D_1 的第 j 行元素 $k_1, k_2, \cdots, k_n$ 分别为 $D=\left|a_{ij}\right|_n$ 的第 $i\,(i \neq j)$ 行元素 a_{i1}, $a_{i2}, \cdots, a_{in}$，即取 $k_1 = a_{i1}, k_2 = a_{i2}, \cdots, k_n = a_{in}$，得

$$D_1 = a_{i1}A_{j1} + a_{i2}A_{j2} + \cdots + a_{in}A_{jn} \quad (i \neq j).$$

而此时 D_1 的第 i 行和第 j 行元素相同所以有

$$D_1 = a_{i1}A_{j1} + a_{i2}A_{j2} + \cdots + a_{in}A_{jn} = 0 \quad (i \neq j),$$

同理有

$$a_{1i}A_{1j} + a_{2i}A_{2j} + \cdots + a_{ni}A_{nj} = 0 \quad (i \neq j).$$

综上，对于一般的 n 阶行列式 $D=\left|a_{ij}\right|_n$，有

$$\sum_{k=1}^{n} a_{ik}A_{jk} = \begin{cases} D, & i = j, \\ 0, & i \neq j, \end{cases} \quad \sum_{k=1}^{n} a_{ki}A_{kj} = \begin{cases} D, & i = j, \\ 0, & i \neq j. \end{cases}$$

引入克罗内克(Kroneker)符号

$$\delta_{ij} = \begin{cases} 1, & i = j, \\ 0, & i \neq j, \end{cases}$$

则上式可简记为

$$\sum_{k=1}^{n} a_{ik} A_{jk} = \delta_{ij} D, \quad \sum_{k=1}^{n} a_{ki} A_{kj} = \delta_{ij} D.$$

例 1 计算行列式 $D = \begin{vmatrix} -2 & 3 & 1 \\ 0 & 2 & 0 \\ 1 & 3 & -9 \end{vmatrix}$.

解 观察到第二行只有一个非零元素，所以按第二行展开，

$$D = \begin{vmatrix} -2 & 3 & 1 \\ 0 & 2 & 0 \\ 1 & 3 & -9 \end{vmatrix} = 2 \times (-1)^{2+2} \begin{vmatrix} -2 & 1 \\ 1 & -9 \end{vmatrix} = 2 \times (18-1) = 34.$$

【注】 此题如果按第一行展开，计算量明显要大很多，因此，利用展开式求行列式的值，尽量找零多的行或列，这样计算量小.

例 2 已知行列式 $D = \begin{vmatrix} 1 & 3 & -1 & 2 \\ 3 & 2 & 1 & -2 \\ 0 & 2 & 1 & -1 \\ -5 & 1 & 3 & -3 \end{vmatrix}$，$A_{21}, A_{22}, A_{23}, A_{24}$ 是第二行元素的代数余子式，$M_{21}, M_{22}, M_{23}, M_{24}$ 是第二行元素的余子式，求下列各式的值.

(1) $A_{21} + 3A_{22} - A_{23} + 2A_{24}$；

(2) $A_{21} - 5A_{22} + 3A_{23} - 4A_{24}$；

(3) $M_{21} - 2M_{22} - M_{23} - 3M_{24}$.

解 如果先把 $A_{21}, A_{22}, A_{23}, A_{24}$ 求出来，计算量会很大. 现在反过来运用行列式的展开定理来求它们的值.

(1) $A_{21} + 3A_{22} - A_{23} + 2A_{24}$ 为 D 的第一行元素与第二行对应元素的代数余子式乘积之和，由定理 2.3.1 的推论可知 $A_{21} + 3A_{22} - A_{23} + 2A_{24} = 0$.

(2) $A_{21} - 5A_{22} + 3A_{23} - 4A_{24}$ 为 $1, -5, 3, -4$ 与行列式 D 的第二行元素的代数余子式乘积之和，所以如果将 D 的第二行元素分别换成 $1, -5, 3, -4$ 所得新的行列式的值就等于 $A_{21} - 5A_{22} + 3A_{23} - 4A_{24}$ 的值，经计算得

$$A_{21} - 5A_{22} + 3A_{23} - 4A_{24} = \begin{vmatrix} 1 & 3 & -1 & 2 \\ 1 & -5 & 3 & -4 \\ 0 & 2 & 1 & -1 \\ -5 & 1 & 3 & -3 \end{vmatrix} = -40.$$

(3) 利用余子式和代数余子式的关系可得

$$M_{21} - 2M_{22} - M_{23} - 3M_{24} = -A_{21} - 2A_{22} + A_{23} - 3A_{24},$$

由(2)的分析知将 D 的第二行元素分别换成 $-1, -2, 1, -3$，所得新的行列式的值等

于 $M_{21}-2M_{22}-M_{23}-3M_{24}$ 的值，经计算得

$$M_{21}-2M_{22}-M_{23}-3M_{24}=\begin{vmatrix}1 & 3 & -1 & 2\\ -1 & -2 & 1 & -3\\ 0 & 2 & 1 & -1\\ -5 & 1 & 3 & -3\end{vmatrix}=25.$$

计算行列式时，可以先利用行列式展开定理，将行列式表示为一些较低阶行列式的和，然后再进行计算，这种计算行列式的方法称为**降阶法**. 为了使计算量较小，找到行列式中含零较多的行或列进行展开. 如果没有含零的行或列，可利用行列式的性质，将某行或某列化为只有一个非零元素的形式，再按该行或列展开.

例如 2.1 节例 7，还可以用降阶法求解. 按第一行展开，

$$\begin{vmatrix}0 & 0 & 0 & 2\\ 0 & 0 & 0 & 1\\ 11 & 3 & 5 & -1\\ 6 & 8 & 7 & 4\end{vmatrix}=2\cdot(-1)^{1+4}\begin{vmatrix}0 & 0 & 0\\ 11 & 3 & 5\\ 6 & 8 & 7\end{vmatrix}=0.$$

例 3　计算四阶行列式 $D=\begin{vmatrix}4 & 1 & -2 & -3\\ -2 & -3 & 6 & 4\\ 3 & -4 & 5 & 2\\ 5 & 2 & 3 & 7\end{vmatrix}$.

解

$$D=\begin{vmatrix}4 & 1 & -2 & -3\\ -2 & -3 & 6 & 4\\ 3 & -4 & 5 & 2\\ 5 & 2 & 3 & 7\end{vmatrix}\xlongequal[r_4-2r_1]{r_2+3r_1,\,r_3+4r_1}\begin{vmatrix}4 & 1 & -2 & -3\\ 10 & 0 & 0 & -5\\ 19 & 0 & -3 & -10\\ -3 & 0 & 7 & 13\end{vmatrix}$$

$$\xlongequal{\text{按第2列展开}}(-1)^{1+2}\begin{vmatrix}10 & 0 & -5\\ 19 & -3 & -10\\ -3 & 7 & 13\end{vmatrix}\xlongequal{c_1+2c_3}-\begin{vmatrix}0 & 0 & -5\\ -1 & -3 & -10\\ 23 & 7 & 13\end{vmatrix}$$

$$\xlongequal{\text{按第1行展开}}5(-1)^{1+3}\begin{vmatrix}-1 & -3\\ 23 & 7\end{vmatrix}=5(-7+69)=310.$$

随堂练习

1. 写出三阶行列式 $D=\begin{vmatrix}-1 & 3 & 2\\ 7 & 0 & 6\\ 11 & 9 & -4\end{vmatrix}$ 中元素 $a_{21}=7$ 和 $a_{31}=11$ 的代数余子式 A_{21} 和 A_{31}，并求出其值.

2. 按行或列展开公式计算行列式 $\begin{vmatrix} -1 & 3 & 2 \\ 3 & 5 & -1 \\ 2 & -1 & 6 \end{vmatrix}$.

3. 已知一个四阶行列式 D 的第二行元素分别为 $1, 2, 4, -3$，第二行元素的余子式分别为 $-2, -3, 1, -4$，第三行元素的余子式分别为 $2, -3, 1, t$，求 D 和 t 的值.

4. 已知 A_{ij} 是行列式 $\begin{vmatrix} -1 & 3 & 2 \\ 3 & 5 & -1 \\ 2 & -1 & 6 \end{vmatrix}$ 中元素 $a_{ij}(i, j = 1, 2, 3)$ 的代数余子式，求 $4A_{31} + 3A_{32}$ 的值.

2.4　行列式的计算

行列式的计算有多种方法，前面已介绍过定义法、化为三角行列式的方法和降阶法. 在具体进行行列式的计算时，没有固定的方法，应根据行列式的特点选择合适的计算方法，计算过程中可能交替使用多种计算方法. 本节就分析一下如何根据行列式的特点用相应的方法计算.

先分析行列式的特点，利用合适的性质简化运算.

1. 行列式的每行(列)的和是一个定值

例 1　计算 $D = \begin{vmatrix} 3 & 1 & 1 & 1 \\ 1 & 3 & 1 & 1 \\ 1 & 1 & 3 & 1 \\ 1 & 1 & 1 & 3 \end{vmatrix}$.

解　该行列式的每行(列)的和是一个定值 6，第二、三和四列加到第一列，则第一列的元素均为 6，可将此公因子取到行列式外. 再将行列式化为上三角行列式.

$$D \xlongequal{c_1+c_2+c_3+c_4} \begin{vmatrix} 6 & 1 & 1 & 1 \\ 6 & 3 & 1 & 1 \\ 6 & 1 & 3 & 1 \\ 6 & 1 & 1 & 3 \end{vmatrix} = 6\begin{vmatrix} 1 & 1 & 1 & 1 \\ 1 & 3 & 1 & 1 \\ 1 & 1 & 3 & 1 \\ 1 & 1 & 1 & 3 \end{vmatrix} \xlongequal[i=2,3,4]{r_i-r_1} 6\begin{vmatrix} 1 & 1 & 1 & 1 \\ 0 & 2 & 0 & 0 \\ 0 & 0 & 2 & 0 \\ 0 & 0 & 0 & 2 \end{vmatrix} = 6\times 8 = 48 .$$

类似于上述方法可以得到如下 n 阶行列式的计算公式：

$$\begin{vmatrix} a & b & b & \cdots & b \\ b & a & b & \cdots & b \\ \vdots & \vdots & \vdots & & \vdots \\ b & b & b & \cdots & a \end{vmatrix} = [a+(n-1)b](a-b)^{n-1}.$$

2. 根据相邻行或相邻列的特点采取相加的办法简化运算

例 2　计算 $D=\begin{vmatrix}1 & b_1 & 0 & 0\\ -1 & 1-b_1 & b_2 & 0\\ 0 & -1 & 1-b_2 & b_3\\ 0 & 0 & -1 & 1-b_3\end{vmatrix}$.

解　从第一行开始，依次把每行加到下一行，得

$$D=\begin{vmatrix}1 & b_1 & 0 & 0\\ -1 & 1-b_1 & b_2 & 0\\ 0 & -1 & 1-b_2 & b_3\\ 0 & 0 & -1 & 1-b_3\end{vmatrix}=\begin{vmatrix}1 & b_1 & 0 & 0\\ 0 & 1 & b_2 & 0\\ 0 & -1 & 1-b_2 & b_3\\ 0 & 0 & -1 & 1-b_3\end{vmatrix}$$

$$=\begin{vmatrix}1 & b_1 & 0 & 0\\ 0 & 1 & b_2 & 0\\ 0 & 0 & 1 & b_3\\ 0 & 0 & -1 & 1-b_3\end{vmatrix}=\begin{vmatrix}1 & b_1 & 0 & 0\\ 0 & 1 & b_2 & 0\\ 0 & 0 & 1 & b_3\\ 0 & 0 & 0 & 1\end{vmatrix}=1.$$

3. 行列式的性质 5 和行列式按行(列)展开定理经常交替使用，可简化运算

例 3　计算 $D=\begin{vmatrix}a & b & c & d\\ a & a+b & a+b+c & a+b+c+d\\ a & 2a+b & 3a+2b+c & 4a+3b+2c+d\\ a & 3a+b & 6a+3b+c & 10a+6b+3c+d\end{vmatrix}$.

解　当 $a\neq 0$ 时，

$$D\xlongequal[r_4-r_1]{r_2-r_1,\ r_3-r_1}\begin{vmatrix}a & b & c & d\\ 0 & a & a+b & a+b+c\\ 0 & 2a & 3a+2b & 4a+3b+2c\\ 0 & 3a & 6a+3b & 10a+6b+3c\end{vmatrix}=a\begin{vmatrix}a & a+b & a+b+c\\ 2a & 3a+2b & 4a+3b+2c\\ 3a & 6a+3b & 10a+6b+3c\end{vmatrix}$$

$$=a^2\begin{vmatrix}1 & a+b & a+b+c\\ 2 & 3a+2b & 4a+3b+2c\\ 3 & 6a+3b & 10a+6b+3c\end{vmatrix}\xlongequal[c_3-(a+b+c)c_1]{c_2-(a+b)c_1}a^2\begin{vmatrix}1 & 0 & 0\\ 2 & a & 2a+b\\ 3 & 3a & 7a+3b\end{vmatrix}$$

$$=a^2\begin{vmatrix}a & 2a+b\\ 3a & 7a+3b\end{vmatrix}=a^3\begin{vmatrix}1 & 2a+b\\ 3 & 7a+3b\end{vmatrix}$$

$$\xlongequal{r_2-3r_1}a^3\begin{vmatrix}1 & 2a+b\\ 0 & a\end{vmatrix}=a^4.$$

当 $a=0$ 时，原式为 0，上式结论仍成立，故 $D=a^4$.

4. 拆项

利用所给行列式的特点巧妙拆项. 行列式的性质 4 中的拆项容易出错，如下面的例子直接拆项，可拆为8项的和，很烦琐. 为了提高效率，可结合其他的性质进行拆项.

例 4 证明 $D=\begin{vmatrix} p+q & q+r & r+p \\ p_1+q_1 & q_1+r_1 & r_1+p_1 \\ p_2+q_2 & q_2+r_2 & r_2+p_2 \end{vmatrix}=2\begin{vmatrix} p & q & r \\ p_1 & q_1 & r_1 \\ p_2 & q_2 & r_2 \end{vmatrix}$.

证明 左端把第一列拆项，其他列不变，

$$D=\begin{vmatrix} p & q+r & r+p \\ p_1 & q_1+r_1 & r_1+p_1 \\ p_2 & q_2+r_2 & r_2+p_2 \end{vmatrix}+\begin{vmatrix} q & q+r & r+p \\ q_1 & q_1+r_1 & r_1+p_1 \\ q_2 & q_2+r_2 & r_2+p_2 \end{vmatrix}$$

(观察后发现，第一个行列式拆第三列，第二个行列式拆第二列，可减少一半的行列式)，

$$\begin{aligned} D&=\begin{vmatrix} p & q+r & r \\ p_1 & q_1+r_1 & r_1 \\ p_2 & q_2+r_2 & r_2 \end{vmatrix}+\begin{vmatrix} q & r & r+p \\ q_1 & r_1 & r_1+p_1 \\ q_2 & r_2 & r_2+p_2 \end{vmatrix} \\ &=\begin{vmatrix} p & q & r \\ p_1 & q_1 & r_1 \\ p_2 & q_2 & r_2 \end{vmatrix}+\begin{vmatrix} q & r & p \\ q_1 & r_1 & p_1 \\ q_2 & r_2 & p_2 \end{vmatrix} \\ &=2\begin{vmatrix} p & q & r \\ p_1 & q_1 & r_1 \\ p_2 & q_2 & r_2 \end{vmatrix}. \end{aligned}$$

5. 数学归纳法

这种方法适合于行列式的值已知且与自然数 n 有关的行列式.

例 5 证明范德蒙德(Vandermonde)行列式

$$D_n=\begin{vmatrix} 1 & 1 & \cdots & 1 \\ x_1 & x_2 & \cdots & x_n \\ x_1^2 & x_2^2 & \cdots & x_n^2 \\ \vdots & \vdots & & \vdots \\ x_1^{n-1} & x_2^{n-1} & \cdots & x_n^{n-1} \end{vmatrix}=\prod_{1\leqslant i<j\leqslant n}(x_j-x_i) \quad (n\geqslant 2),$$

其中记号“$\prod$”表示全体同类因子的乘积.

证明 因为$D_2=\begin{vmatrix}1 & 1\\ x_1 & x_2\end{vmatrix}=x_2-x_1=\prod\limits_{1\leqslant i<j\leqslant 2}(x_j-x_i)$，故当$n=2$时，结论成立.

现假设结论对$n-1$阶范德蒙德行列式成立，下证结论对n阶范德蒙德行列式也成立.

为了利用归纳假设，需设法把D_n降阶，把行列式的第一列除了1以外的元素全变为零. 首先，将第$n-1$行的$-x_1$倍加到第n行，有

$$D_n=\begin{vmatrix}1 & 1 & 1 & \cdots & 1\\ x_1 & x_2 & x_3 & \cdots & x_n\\ x_1^2 & x_2^2 & x_3^2 & \cdots & x_n^2\\ \vdots & \vdots & \vdots & & \vdots\\ x_1^{n-2} & x_2^{n-2} & x_3^{n-2} & \cdots & x_n^{n-2}\\ 0 & x_2^{n-2}(x_2-x_1) & x_3^{n-2}(x_3-x_1) & \cdots & x_n^{n-2}(x_n-x_1)\end{vmatrix},$$

接下来把第$n-2$行的$-x_1$倍加到第$n-1$行，依次下去，直到第一行的$-x_1$倍加到第二行，此时

$$D_n=\begin{vmatrix}1 & 1 & 1 & \cdots & 1\\ 0 & x_2-x_1 & x_3-x_1 & \cdots & x_n-x_1\\ 0 & x_2(x_2-x_1) & x_3(x_3-x_1) & \cdots & x_n(x_n-x_1)\\ \vdots & \vdots & \vdots & & \vdots\\ 0 & x_2^{n-2}(x_2-x_1) & x_3^{n-2}(x_3-x_1) & \cdots & x_n^{n-2}(x_n-x_1)\end{vmatrix}.$$

按第一列展开后，第$i\ (i=2,3,\cdots,n)$列提出公因子x_i-x_1，得

$$D_n=(x_2-x_1)(x_3-x_1)\cdots(x_n-x_1)\begin{vmatrix}1 & 1 & \cdots & 1\\ x_2 & x_3 & \cdots & x_n\\ \vdots & \vdots & & \vdots\\ x_2^{n-2} & x_3^{n-2} & \cdots & x_n^{n-2}\end{vmatrix}.$$

这正好是$n-1$阶范德蒙德行列式. 由归纳假设可知

$$D_n=(x_2-x_1)(x_3-x_1)\cdots(x_n-x_1)\prod_{2\leqslant i<j\leqslant n}(x_j-x_i)=\prod_{1\leqslant i<j\leqslant n}(x_j-x_i).$$

6. 递推法

把行列式D_n按某一行(列)展开，如果由展开式可以得到D_n与同类型的低阶

行列式的递推公式，这样可以根据递推公式得到 D_n 的值. 一般对于规律性强且零元素多的行列式，可以考虑按行或列展开，然后建立递推关系式来计算行列式.

例 6 计算 n 阶行列式 $D_n=\begin{vmatrix} a_1 & -1 & 0 & \cdots & 0 & 0 \\ a_2 & x & -1 & \cdots & 0 & 0 \\ a_3 & 0 & x & \cdots & 0 & 0 \\ \vdots & \vdots & \vdots & & \vdots & \vdots \\ a_{n-1} & 0 & 0 & \cdots & x & -1 \\ a_n & 0 & 0 & \cdots & 0 & x \end{vmatrix}$.

解 把 D_n 按第 n 行展开

$$D_n = a_n(-1)^{n+1}\begin{vmatrix} -1 & 0 & \cdots & 0 & 0 \\ x & -1 & \cdots & 0 & 0 \\ 0 & x & \cdots & 0 & 0 \\ \vdots & \vdots & & \vdots & \vdots \\ 0 & 0 & \cdots & x & -1 \end{vmatrix} + xD_{n-1}$$

$$= a_n(-1)^{n+1}(-1)^{n-1} + xD_{n-1} = xD_{n-1} + a_n,$$

从而递推得到

$$\begin{aligned} D_n &= xD_{n-1} + a_n = x(xD_{n-2} + a_{n-1}) + a_n = x^2D_{n-2} + xa_{n-1} + a_n \\ &= x^2(xD_{n-3} + a_{n-2}) + xa_{n-1} + a_n = x^3D_{n-3} + x^2a_{n-2} + xa_{n-1} + a_n \\ &= \cdots \\ &= a_1x^{n-1} + a_2x^{n-2} + a_3x^{n-3} + \cdots + a_{n-1}x + a_n. \end{aligned}$$

【注】 此题还可以用逐行相加的方法来解. 提示：将第 i 行的 x 倍加到 $i+1$ 行，i 从1开始.

需要说明的是，这几种行列式的计算方法并不是孤立的，它们是互相交叉的. 如利用行列式的性质计算的目的就是降阶、化为三角行列式. 而用递推法计算的行列式，如果已猜测出结果，也可以用数学归纳法去证明. 实际计算时，不同的方法经常结合起来使用，会得到更好的效果.

1. 证明：

$$\begin{vmatrix} b+c & a+b & c+a \\ a+b & c+a & b+c \\ c+a & b+c & a+b \end{vmatrix} = -2\begin{vmatrix} a & b & c \\ c & a & b \\ b & c & a \end{vmatrix}.$$

2. 计算下面的行列式.

(1) $\begin{vmatrix}1&2&3&4\\2&3&4&1\\3&4&1&2\\4&1&2&3\end{vmatrix}$；　　(2) $\begin{vmatrix}a_1&a_2&a_3&a_4\\x&-1&0&0\\0&x&-1&0\\0&0&x&-1\end{vmatrix}$；

(3) $\begin{vmatrix}1&2&-1&2\\3&0&1&5\\1&-2&0&3\\-2&-4&1&6\end{vmatrix}$；　　(4) $\begin{vmatrix}b+c&a+c&a+b\\a&b&c\\a^2&b^2&c^2\end{vmatrix}$.

2.5　克拉默法则

设含 n 个变量的 n 个方程构成的线性方程组

$$\begin{cases}a_{11}x_1+a_{12}x_2+\cdots+a_{1n}x_n=b_1,\\a_{21}x_1+a_{22}x_2+\cdots+a_{2n}x_n=b_2,\\\qquad\cdots\cdots\\a_{n1}x_1+a_{n2}x_2+\cdots+a_{nn}x_n=b_n\end{cases}\tag{2.5.1}$$

的系数行列式为

$$D=\begin{vmatrix}a_{11}&a_{12}&\cdots&a_{1n}\\a_{21}&a_{22}&\cdots&a_{2n}\\\vdots&\vdots&&\vdots\\a_{n1}&a_{n2}&\cdots&a_{nn}\end{vmatrix}.$$

本节讨论当系数行列式 $D\neq 0$ 时方程组(2.5.1)解的问题.

定理 2.5.1 (克拉默法则)　如果线性方程组(2.5.1)的系数行列式不等于零，则方程组(2.5.1)有唯一解：

$$x_1=\frac{D_1}{D},\quad x_2=\frac{D_2}{D},\quad\cdots,\quad x_n=\frac{D_n}{D},\tag{2.5.2}$$

其中 $D_j(j=1,2,\cdots,n)$ 是把系数行列式 D 中的第 j 列的元素分别用常数项 $b_1,b_2,\cdots,b_n$ 代替后所得到的 n 阶行列式，即

$$D_j=\begin{vmatrix}a_{11}&\cdots&a_{1,j-1}&b_1&a_{1,j+1}&\cdots&a_{1n}\\a_{21}&\cdots&a_{2,j-1}&b_2&a_{2,j+1}&\cdots&a_{2n}\\\vdots&&\vdots&\vdots&\vdots&&\vdots\\a_{n1}&\cdots&a_{n,j-1}&b_n&a_{n,j+1}&\cdots&a_{nn}\end{vmatrix}.$$

证明　先验证式(2.5.2)为方程组(2.5.1)的解. 再证方程组(2.5.1)如果有其他解，

其解必与式(2.5.2)相同.

把式(2.5.2)代入式(2.5.1)中的第 $i(i=1,2,\cdots,n)$ 个方程

$$a_{i1}x_1+a_{i2}x_2+\cdots+a_{in}x_n=b_i\ ,$$

左边 $=a_{i1}\dfrac{D_1}{D}+a_{i2}\dfrac{D_2}{D}+\cdots+a_{in}\dfrac{D_n}{D}=\dfrac{1}{D}(a_{i1}D_1+a_{i2}D_2+\cdots+a_{in}D_n)$，而 $D_j(j=1,2,\cdots,n)$ 中除了第 j 列其余各列均与 D 的相应列相同，故 $D_j(j=1,2,\cdots,n)$ 的第 j 列元素的代数余子式与 D 的第 j 列对应元素的代数余子式相同，则 D_j 可表示为

$$D_j=b_1A_{1j}+b_2A_{2j}+\cdots+b_nA_{nj}\qquad(j=1,2,\cdots,n).$$

于是

$$\begin{aligned}左边=\frac{1}{D}[\,&a_{i1}(b_1A_{11}+b_2A_{21}+\cdots+b_iA_{i1}+\cdots+b_nA_{n1})\\&+a_{i2}(b_1A_{12}+b_2A_{22}+\cdots+b_iA_{i2}+\cdots+b_nA_{n2})\\&+\cdots\\&+a_{in}(b_1A_{1n}+b_2A_{2n}+\cdots+b_iA_{in}+\cdots+b_nA_{nn})].\end{aligned}$$

上式中右侧的 $b_i(i=1,2,\cdots,n)$ 可在对齐的列中提出，即

$$\begin{aligned}左边=\frac{1}{D}[&b_1(a_{i1}A_{11}+a_{i2}A_{12}+\cdots+a_{in}A_{1n})\\&+b_2(a_{i1}A_{21}+a_{i2}A_{22}+\cdots+a_{in}A_{2n})\\&+\cdots\\&+b_i(a_{i1}A_{i1}+a_{i2}A_{i2}+\cdots+a_{in}A_{in})\\&+\cdots\\&+b_n(a_{i1}A_{n1}+a_{i2}A_{n2}+\cdots+a_{in}A_{nn})].\end{aligned}$$

上式中只有第 i 个括号中的式子为 D 的展开式，其余为零. 因此

$$左边=\frac{1}{D}(b_iD)=b_i=右边,$$

即式(2.5.2)确为式(2.5.1)的解.

下证式(2.5.1)如果有解，其解必与式(2.5.2)相同. 设式(2.5.1)的任一个解为 $y_1,y_2,\cdots,y_n$，则

$$\begin{cases}a_{11}y_1+a_{12}y_2+\cdots+a_{1n}y_n=b_1,\\a_{21}y_1+a_{22}y_2+\cdots+a_{2n}y_n=b_2,\\\qquad\qquad\cdots\cdots\\a_{n1}y_1+a_{n2}y_2+\cdots+a_{nn}y_n=b_n.\end{cases}$$

为了解出 $y_1,y_2,\cdots,y_n$，类似于前面的办法，在上面的 n 个方程的两边依次分别乘以 $A_{1j},A_{2j},\cdots,A_{nj}$，得

$$\begin{cases} A_{1j}(a_{11}y_1+a_{12}y_2+\cdots+a_{1n}y_n)=b_1A_{1j}, \\ A_{2j}(a_{21}y_1+a_{22}y_2+\cdots+a_{2n}y_n)=b_2A_{2j}, \\ \qquad\cdots\cdots \\ A_{nj}(a_{n1}y_1+a_{n2}y_2+\cdots+a_{nn}y_n)=b_nA_{nj}. \end{cases}$$

上面的 n 个式子的左右两边分别相加，由行列式展开定理及推论得

$$0\cdot y_1+0\cdot y_2+\cdots+D\cdot y_j+\cdots+0\cdot y_n=D_j,$$

即 $Dy_j=D_j$. 由 $D\neq 0$, 得 $y_j=\dfrac{D_j}{D}(j=1,2,\cdots,n)$. 因此式(2.5.1)如果有解，其解必与式(2.5.2)相同，所以方程组的解是唯一的.

定理 2.5.1 的结论对于齐次线性方程组

$$\begin{cases} a_{11}x_1+a_{12}x_2+\cdots+a_{1n}x_n=0, \\ a_{21}x_1+a_{22}x_2+\cdots+a_{2n}x_n=0, \\ \qquad\cdots\cdots \\ a_{n1}x_1+a_{n2}x_2+\cdots+a_{nn}x_n=0 \end{cases} \tag{2.5.3}$$

也是成立的，我们又知道齐次线性方程组必然有零解，因此有以下推论.

推论　若齐次线性方程组(2.5.3)的系数行列式 $D\neq 0$，则此方程组只有零解.

其逆否命题为：若齐次线性方程组(2.5.3)有非零解，则其系数行列式 $D=0$，即 $D=0$ 是齐次线性方程组(2.5.3)有非零解的必要条件. 在第 3 章中，我们还将证明 $D=0$ 也是齐次线性方程组(2.5.3)有非零解的充分条件.

【注】　(1) 只有当线性方程组所含变量的个数与方程的个数相等且系数行列式不为零时，才可用克拉默法则求方程组的解，通常计算量很大；但克拉默法则确实从理论上给出了方程组的解的计算公式，揭示了线性方程组的系数与它的解之间的关系.

(2) 对于系数行列式为零的线性方程组，是不能用克拉默法则判断和求解的，至于方程组有没有解，在第 3 章会给出判断方法.

(3) 对于更一般的线性方程组(变量个数与方程个数不相等)，也不能用克拉默法则求解. 实际上，任意线性方程组，包括能用克拉默法则求解的方程组，都可以用消元法求解.

例 1　解线性方程组

$$\begin{cases} x_1+x_2+x_3+x_4=4, \\ x_1+2x_2+3x_3+4x_4=4, \\ x_1+4x_2+9x_3+16x_4=4, \\ x_1+8x_2+27x_3+64x_4=4. \end{cases}$$

解　根据范德蒙德行列式的计算公式，方程组的系数行列式

$$D=\begin{vmatrix}1&1&1&1\\1&2&3&4\\1&4&9&16\\1&8&27&64\end{vmatrix}=(4-3)(4-2)(4-1)(3-2)(3-1)(2-1)=12\neq 0,$$

因此方程组有唯一解. 又

$$D_1=\begin{vmatrix}4&1&1&1\\4&2&3&4\\4&4&9&16\\4&8&27&64\end{vmatrix}=4D=48,\qquad D_2=\begin{vmatrix}1&4&1&1\\1&4&3&4\\1&4&9&16\\1&4&27&64\end{vmatrix}=0,$$

$$D_3=\begin{vmatrix}1&1&4&1\\1&2&4&4\\1&4&4&16\\1&8&4&64\end{vmatrix}=0,\qquad D_4=\begin{vmatrix}1&1&1&4\\1&2&3&4\\1&4&9&4\\1&8&27&4\end{vmatrix}=0.$$

所以线性方程组的解为

$$x_1=\frac{D_1}{D}=4,\quad x_2=\frac{D_2}{D}=0,\quad x_3=\frac{D_3}{D}=0,\quad x_4=\frac{D_4}{D}=0.$$

例 2 求三次多项式 $f(x)=a_0+a_1x+a_2x^2+a_3x^3$，使得

$$f(0)=1,\quad f(1)=2,\quad f(2)=5,\quad f(3)=10.$$

解 由 $f(0)=1,\ f(1)=2,\ f(2)=5,\ f(3)=10$ 可得线性方程组

$$\begin{cases}a_0 &=1,\\ a_0+a_1+a_2+a_3=2,\\ a_0+2a_1+4a_2+8a_3=5,\\ a_0+3a_1+9a_2+27a_3=10,\end{cases}$$

用克拉默法则解得 $a_3=0,a_2=1,a_1=0,a_0=1$. 故 $f(x)=x^2+1$.

例 3 k 取何值时，下列齐次线性方程组有非零解

$$\begin{cases}x_1+x_2+kx_3=0,\\ -x_1+kx_2+x_3=0,\\ x_1-x_2+2x_3=0.\end{cases}$$

解 方程组有非零解的充要条件是系数行列式等于零.

$$D=\begin{vmatrix}1&1&k\\-1&k&1\\1&-1&2\end{vmatrix}\xlongequal[r_3-r_1]{r_2+r_1}\begin{vmatrix}1&1&k\\0&k+1&1+k\\0&-2&2-k\end{vmatrix}=(k+1)\begin{vmatrix}1&1&k\\0&1&1\\0&-2&2-k\end{vmatrix}$$

$$\xlongequal{r_3+2r_2}(k+1)\begin{vmatrix}1 & 1 & k\\0 & 1 & 1\\0 & 0 & 4-k\end{vmatrix}=(k+1)(4-k),$$

令 $D=(k+1)(4-k)=0$，解得 $k=-1$ 或 $k=4$，所以当 $k=-1$ 或 $k=4$ 时，齐次线性方程组有非零解.

1. 用克拉默法则解线性方程组 $\begin{cases}x-\ \ y+z=2,\\x+2y\qquad=1,\\x\qquad\ -z=4.\end{cases}$

2. 判断齐次线方程组 $\begin{cases}x+\ y+\ z=0,\\2x-5y-3z=0,\\2x+4y+\ z=0\end{cases}$ 是否只有零解？

3. 讨论当 k 取何值时，齐次线性方程组 $\begin{cases}3x+2y-3z=0,\\x+ky-\ z=0,\\2x-\ y+\ z=0\end{cases}$ 仅有零解？

习　题　A

1. 选择题.

(1) 若行列式 $\begin{vmatrix}2 & -1 & 0\\1 & x & -2\\3 & -1 & 2\end{vmatrix}=0$，则 $x=(\quad)$.

(A) -2　　(B) 2　　(C) -1　　(D) 1

(2) 四阶行列式 $\begin{vmatrix}a_1 & 0 & 0 & b_1\\0 & a_2 & b_2 & 0\\0 & b_3 & a_3 & 0\\b_4 & 0 & 0 & a_4\end{vmatrix}$ 的值等于(　　).

(A) $a_1a_2a_3a_4-b_1b_2b_3b_4$　　(B) $a_1a_2a_3a_4+b_1b_2b_3b_4$

(C) $(a_1a_2-b_1b_2)(a_3a_4-b_3b_4)$　　(D) $(a_2a_3-b_2b_3)(a_1a_4-b_1b_4)$

(3) 设 n 阶行列式 $D_n=\begin{vmatrix}0 & 0 & \cdots & 0 & 1\\0 & 0 & \cdots & 1 & 0\\\vdots & \vdots & & \vdots & \vdots\\0 & 1 & \cdots & 0 & 0\\1 & 0 & \cdots & 0 & 0\end{vmatrix}$，则 D_n 的值为(　　).

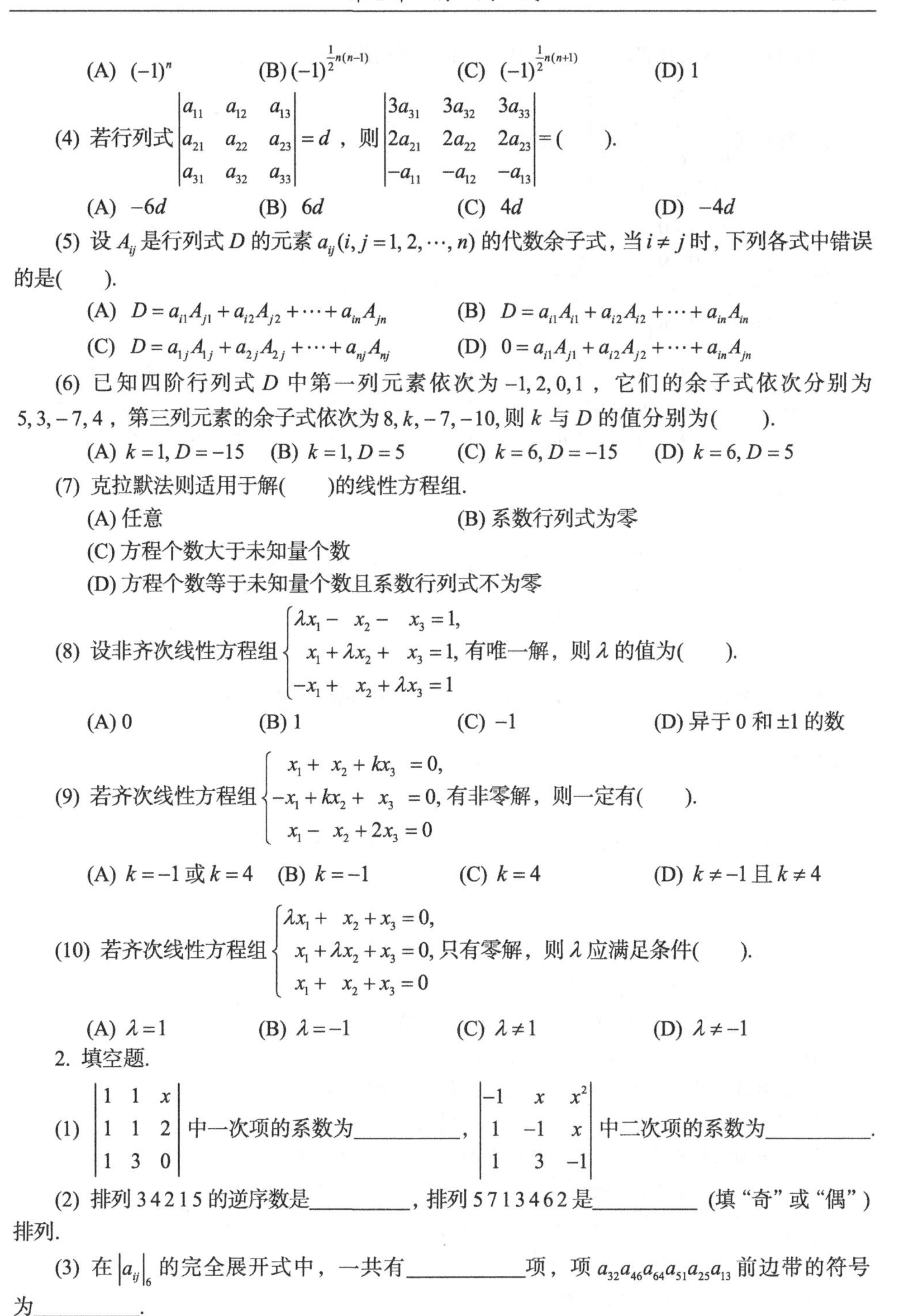

(A) $(-1)^n$ (B) $(-1)^{\frac{1}{2}n(n-1)}$ (C) $(-1)^{\frac{1}{2}n(n+1)}$ (D) 1

(4) 若行列式 $\begin{vmatrix} a_{11} & a_{12} & a_{13} \\ a_{21} & a_{22} & a_{23} \\ a_{31} & a_{32} & a_{33} \end{vmatrix} = d$，则 $\begin{vmatrix} 3a_{31} & 3a_{32} & 3a_{33} \\ 2a_{21} & 2a_{22} & 2a_{23} \\ -a_{11} & -a_{12} & -a_{13} \end{vmatrix} = ($　　$)$.

(A) $-6d$ (B) $6d$ (C) $4d$ (D) $-4d$

(5) 设 A_{ij} 是行列式 D 的元素 $a_{ij}(i,j=1,2,\cdots,n)$ 的代数余子式，当 $i \neq j$ 时，下列各式中错误的是(　　).

(A) $D = a_{i1}A_{j1} + a_{i2}A_{j2} + \cdots + a_{in}A_{jn}$ (B) $D = a_{i1}A_{i1} + a_{i2}A_{i2} + \cdots + a_{in}A_{in}$

(C) $D = a_{1j}A_{1j} + a_{2j}A_{2j} + \cdots + a_{nj}A_{nj}$ (D) $0 = a_{i1}A_{j1} + a_{i2}A_{j2} + \cdots + a_{in}A_{jn}$

(6) 已知四阶行列式 D 中第一列元素依次为 $-1,2,0,1$，它们的余子式依次分别为 $5,3,-7,4$，第三列元素的余子式依次为 $8,k,-7,-10$，则 k 与 D 的值分别为(　　).

(A) $k=1, D=-15$ (B) $k=1, D=5$ (C) $k=6, D=-15$ (D) $k=6, D=5$

(7) 克拉默法则适用于解(　　)的线性方程组.

(A) 任意 (B) 系数行列式为零

(C) 方程个数大于未知量个数

(D) 方程个数等于未知量个数且系数行列式不为零

(8) 设非齐次线性方程组 $\begin{cases} \lambda x_1 - x_2 - x_3 = 1, \\ x_1 + \lambda x_2 + x_3 = 1, \\ -x_1 + x_2 + \lambda x_3 = 1 \end{cases}$ 有唯一解，则 λ 的值为(　　).

(A) 0 (B) 1 (C) -1 (D) 异于 0 和 ± 1 的数

(9) 若齐次线性方程组 $\begin{cases} x_1 + x_2 + kx_3 = 0, \\ -x_1 + kx_2 + x_3 = 0, \\ x_1 - x_2 + 2x_3 = 0 \end{cases}$ 有非零解，则一定有(　　).

(A) $k=-1$ 或 $k=4$ (B) $k=-1$ (C) $k=4$ (D) $k \neq -1$ 且 $k \neq 4$

(10) 若齐次线性方程组 $\begin{cases} \lambda x_1 + x_2 + x_3 = 0, \\ x_1 + \lambda x_2 + x_3 = 0, \\ x_1 + x_2 + x_3 = 0 \end{cases}$ 只有零解，则 λ 应满足条件(　　).

(A) $\lambda = 1$ (B) $\lambda = -1$ (C) $\lambda \neq 1$ (D) $\lambda \neq -1$

2. 填空题.

(1) $\begin{vmatrix} 1 & 1 & x \\ 1 & 1 & 2 \\ 1 & 3 & 0 \end{vmatrix}$ 中一次项的系数为________，$\begin{vmatrix} -1 & x & x^2 \\ 1 & -1 & x \\ 1 & 3 & -1 \end{vmatrix}$ 中二次项的系数为________.

(2) 排列 34215 的逆序数是________，排列 5713462 是________ (填“奇”或“偶”)排列.

(3) 在 $|a_{ij}|_6$ 的完全展开式中，一共有________项，项 $a_{32}a_{46}a_{64}a_{51}a_{25}a_{13}$ 前边带的符号为________.

(4) 以向量 $\boldsymbol{\alpha}_1=(1,4)$ 和 $\boldsymbol{\alpha}_2=(2,-3)$ 为邻边构成的平行四边形的面积为________.

(5) 行列式 $\begin{vmatrix} a_1 & a_2 & a_3 & a_4 \\ b_1 & b_2 & 0 & 0 \\ c_1 & c_2 & 0 & 0 \\ d_1 & d_2 & 0 & 0 \end{vmatrix}$ 的值为________.

(6) 若 $\begin{vmatrix} 1 & 2 & 0 & 0 \\ 5 & 6 & 0 & 0 \\ 0 & 0 & x & 3 \\ 0 & 0 & 4 & 6 \end{vmatrix}=0$，则 $x=$________.

(7) 若 $D=\begin{vmatrix} a_{11} & a_{12} & a_{13} \\ a_{21} & a_{22} & a_{23} \\ a_{31} & a_{32} & a_{33} \end{vmatrix}$，则 $\begin{vmatrix} 2a_{11} & a_{13} & a_{12}+3a_{11} \\ 2a_{21} & a_{23} & a_{22}+3a_{21} \\ 2a_{31} & a_{33} & a_{32}+3a_{31} \end{vmatrix}=$________，$\begin{vmatrix} a_{22} & a_{21} & 2a_{23}-a_{21} \\ a_{12} & a_{11} & 2a_{13}-a_{11} \\ a_{32} & a_{31} & 2a_{33}-a_{31} \end{vmatrix}=$________.

(8) 四阶行列式 $D=\begin{vmatrix} 5 & 3 & 0 & 1 \\ 0 & -2 & -1 & 0 \\ 1 & 0 & 4 & 7 \\ 0 & 0 & 3 & 2 \end{vmatrix}$ 中元素 $a_{23}=-1$ 的代数余子式为________.

(9) 设行列式 $D=\begin{vmatrix} 1 & 2 & 3 \\ 2 & -1 & 3 \\ 3 & -1 & 6 \end{vmatrix}$，则 D 的第一行元素的余子式的和为________，D 的第一行元素的代数余子式的和为________.

(10) 设 a,b,c 为互异实数，则 $\begin{vmatrix} a & b & c \\ a^2 & b^2 & c^2 \\ b+c & c+a & a+b \end{vmatrix}=0$ 的充要条件为________.

3. 判断题.

(1) 一阶行列式 $|-2|=2$.

(2) 对换不改变排列的奇偶性.

(3) 行列式的各列元素之和为零，则行列式的值为零.

(4) 元素都非零的行列式的值一定不为零.

(5) 行列式与转置行列式互为相反数，则行列式的值为零.

(6) 若 n 阶行列式 $D=0$，则 D 中必有一列元素为零.

(7) 若 n 阶行列式 $D=0$，则 D 中必有两列元素对应成比例.

(8) 行列式的所有元素都乘以数 k，等于用数 k 乘此行列式.

(9) $\begin{vmatrix} a_{11}+b_{11} & a_{12}+b_{12} \\ a_{21}+b_{21} & a_{22}+b_{22} \end{vmatrix}=\begin{vmatrix} a_{11} & a_{12} \\ a_{21} & a_{22} \end{vmatrix}+\begin{vmatrix} b_{11} & b_{12} \\ b_{21} & b_{22} \end{vmatrix}$.

(10) 当线性方程组的系数行列式为零时，说明线性方程组无解.

4. 用对角线法则计算下列行列式.

(1) $\begin{vmatrix} 3 & 5 & 7 \\ -1 & 2 & 0 \\ 6 & 4 & 3 \end{vmatrix}$； (2) $\begin{vmatrix} a & b & c \\ b & c & a \\ c & a & b \end{vmatrix}$.

5. 用行列式定义计算下列行列式.

(1) $\begin{vmatrix} 0 & 2 & 0 & 0 & 0 \\ 0 & 0 & 0 & 1 & 0 \\ 5 & 0 & 0 & 0 & 0 \\ 0 & 0 & 0 & 0 & 4 \\ 0 & 0 & 3 & 0 & 0 \end{vmatrix}$； (2) $\begin{vmatrix} 0 & a_1 & 0 & 0 \\ 0 & b_1 & a_2 & 0 \\ 0 & c_1 & b_2 & a_3 \\ a_4 & b & c_2 & b_3 \end{vmatrix}$；

(3) $\begin{vmatrix} a_1 & b_1 & c_1 & d_1 & e_1 \\ a_2 & b_2 & c_2 & d_2 & e_2 \\ a_3 & b_3 & 0 & 0 & 0 \\ a_4 & b_4 & 0 & 0 & 0 \\ a_5 & b_5 & 0 & 0 & 0 \end{vmatrix}$； (4) $\begin{vmatrix} 0 & 0 & 0 & 5 & 5 \\ 0 & 0 & 4 & 1 & 0 \\ 0 & 3 & 2 & 0 & 0 \\ 2 & 3 & 0 & 0 & 0 \\ 4 & 0 & 0 & 0 & 1 \end{vmatrix}$.

6. 求由向量$\boldsymbol{\alpha}_1=(4,0,-2)$，$\boldsymbol{\alpha}_2=(-1,3,1)$和$\boldsymbol{\alpha}_3=(2,2,-4)$为邻边构成的平行六面体的体积$V$.

7. 用行列式的性质计算下列行列式.

(1) $\begin{vmatrix} 1 & \frac{1}{7} & 0 \\ -7 & 1 & -21 \\ 1 & \frac{1}{7} & 2 \end{vmatrix}$； (2) $\begin{vmatrix} a^2 & (a+1)^2 & (a+2)^2 \\ b^2 & (b+1)^2 & (b+2)^2 \\ c^2 & (c+1)^2 & (c+2)^2 \end{vmatrix}$；

(3) $\begin{vmatrix} 5 & -1 & 3 \\ 3 & 2 & 1 \\ 295 & 201 & 97 \end{vmatrix}$； (4) $\begin{vmatrix} 42716 & 43716 \\ 24315 & 25315 \end{vmatrix}$；

(5) $\begin{vmatrix} 1+a & b & c \\ a & 1+b & c \\ a & b & 1+c \end{vmatrix}$； (6) $\begin{vmatrix} 2 & -5 & 1 & 2 \\ -3 & 7 & -1 & 4 \\ 5 & -9 & 2 & 7 \\ 4 & -6 & 1 & 2 \end{vmatrix}$；

(7) $\begin{vmatrix} 1 & 1 & -1 & 2 \\ -1 & -1 & -4 & 1 \\ 2 & 4 & -6 & 1 \\ 1 & 2 & 4 & 2 \end{vmatrix}$； (8) $\begin{vmatrix} -2 & 2 & -4 & 0 \\ 4 & -1 & 3 & 5 \\ 3 & 1 & -2 & -3 \\ 2 & 0 & 5 & 1 \end{vmatrix}$.

8. 用行列式的展开法则求下列行列式.

(1) $\begin{vmatrix} 2 & 1 & 4 & 1 \\ 3 & 0 & 2 & 0 \\ 5 & 0 & 6 & 0 \\ 4 & 7 & 8 & 3 \end{vmatrix}$； (2) $\begin{vmatrix} 0 & 1 & 1 & 1 \\ 1 & 0 & 1 & 1 \\ 1 & 1 & 0 & 1 \\ 1 & 1 & 1 & 1 \end{vmatrix}$； (3) $\begin{vmatrix} 0 & y & 0 & x \\ x & 0 & y & 0 \\ 0 & x & 0 & y \\ y & 0 & x & 0 \end{vmatrix}$.

9. 已知行列式 $D=\begin{vmatrix} 1 & -1 & 2 & 1 \\ -3 & 3 & -7 & -5 \\ 3 & -5 & 7 & 6 \\ 2 & -2 & 5 & 1 \end{vmatrix}$，$M_{ij}$ 和 A_{ij} 分别为元素 a_{ij} 的余子式和代数余子式，求下列各式的值.

(1) $-A_{21}+2A_{22}-A_{23}+3A_{24}$；　　(2) $M_{21}-2M_{22}-3M_{23}+4M_{24}$.

10. 计算下列行列式.

(1) $\begin{vmatrix} 1 & -1 & 1 & x-1 \\ 1 & -1 & x+1 & -1 \\ 1 & x-1 & 1 & -1 \\ x+1 & -1 & 1 & -1 \end{vmatrix}$；　　(2) $\begin{vmatrix} 1+a & 1 & 1 & 1 \\ 1 & 1-a & 1 & 1 \\ 1 & 1 & 1+b & 1 \\ 1 & 1 & 1 & 1-b \end{vmatrix}$.

11. 解下列方程.

(1) $\begin{vmatrix} 0 & 2 & x & 2 \\ 2 & 0 & 2 & x \\ x & 2 & 0 & 2 \\ 2 & x & 2 & 0 \end{vmatrix}=0$；　　(2) $\begin{vmatrix} 1 & 1 & 2 & 3 \\ 1 & 2-x^2 & 2 & 3 \\ 3 & 5 & 5 & 11 \\ -1 & -3 & -1 & x^2-9 \end{vmatrix}=0$.

12. 求下列行列式.

(1) $\begin{vmatrix} a & b & c & d \\ m & 0 & 0 & n \\ n & 0 & 0 & m \\ d & c & b & a \end{vmatrix}$；　　(2) $\begin{vmatrix} 4 & 7 & 2 & 9 \\ 1 & -2 & 3 & -4 \\ 1 & 4 & 9 & 16 \\ 1 & -8 & 27 & -64 \end{vmatrix}$.

13. 记 $f(x)=\begin{vmatrix} x-2 & x-1 & x-2 & x-3 \\ 2x-2 & 2x-1 & 2x-2 & 2x-3 \\ 3x-3 & 3x-2 & 4x-5 & 3x-5 \\ 4x & 4x-3 & 5x-7 & 4x-3 \end{vmatrix}$，求方程 $f(x)=0$ 的根.

14. 计算下列 n 阶行列式.

(1) $\begin{vmatrix} x_1-m & x_2 & \cdots & x_n \\ x_1 & x_2-m & \cdots & x_n \\ \vdots & \vdots & & \vdots \\ x_1 & x_2 & \cdots & x_n-m \end{vmatrix}$；　　(2) $\begin{vmatrix} x-a & a & a & \cdots & a \\ a & x-a & a & \cdots & a \\ a & a & x-a & \cdots & a \\ \vdots & \vdots & \vdots & & \vdots \\ a & a & a & \cdots & x-a \end{vmatrix}$；

(3) $\begin{vmatrix} a & ax & ax^2 & \cdots & ax^{n-2} & ax^{n-1} \\ -1 & a & ax & \cdots & ax^{n-3} & ax^{n-2} \\ 0 & -1 & a & \cdots & ax^{n-4} & ax^{n-3} \\ \vdots & \vdots & \vdots & & \vdots & \vdots \\ 0 & 0 & 0 & \cdots & a & ax \\ 0 & 0 & 0 & \cdots & -1 & a \end{vmatrix}$；　　(4) $\begin{vmatrix} x & -1 & 0 & \cdots & 0 & 0 \\ 0 & x & -1 & \cdots & 0 & 0 \\ \vdots & \vdots & \vdots & & \vdots & \vdots \\ 0 & 0 & 0 & \cdots & x & -1 \\ x & x-1 & x-1 & \cdots & x-1 & x-1 \end{vmatrix}$；

(5) $\begin{vmatrix} a & b & & & \\ & a & b & & \\ & & \ddots & \ddots & \\ & & & \ddots & b \\ b & & & & a \end{vmatrix}$； (6) $\begin{vmatrix} a_0 & 1 & 1 & \cdots & 1 \\ 1 & a_1 & 0 & \cdots & 0 \\ 1 & 0 & a_2 & \cdots & 0 \\ \vdots & \vdots & \vdots & & \vdots \\ 1 & 0 & 0 & \cdots & a_{n-1} \end{vmatrix}$ $(n \geqslant 2)$，其中 $a_1 a_2 \cdots a_{n-1} \neq 0$.

15. 计算 $2n$ 阶行列式

$$\begin{vmatrix} a & & & & & & & b \\ & a & & & & & b & \\ & & \ddots & & & \iddots & & \\ & & & a & b & & & \\ & & & c & d & & & \\ & & c & & & d & & \\ & \iddots & & & & & \ddots & \\ c & & & & & & & d \end{vmatrix}.$$

16. 证明：

$$\begin{vmatrix} 2 & -1 & 0 & \cdots & 0 & 0 \\ -1 & 2 & -1 & \cdots & 0 & 0 \\ 0 & -1 & 2 & \cdots & 0 & 0 \\ \vdots & \vdots & \vdots & & \vdots & \vdots \\ 0 & 0 & 0 & \cdots & 2 & -1 \\ 0 & 0 & 0 & \cdots & -1 & 2 \end{vmatrix} = n+1 .$$

17. 用数学归纳法证明

$$D_n = \begin{vmatrix} a+b & ab & 0 & \cdots & 0 & 0 \\ 1 & a+b & ab & \cdots & 0 & 0 \\ 0 & 1 & a+b & \cdots & 0 & 0 \\ \vdots & \vdots & \vdots & & \vdots & \vdots \\ 0 & 0 & 0 & \cdots & a+b & ab \\ 0 & 0 & 0 & \cdots & 1 & a+b \end{vmatrix} = \frac{a^{n+1}-b^{n+1}}{a-b} .$$

18. 用克拉默法则解下列方程组.

(1) $\begin{cases} x_1 + 2x_2 + 4x_3 = 31, \\ 5x_1 + x_2 + 2x_3 = 29, \\ 2x_1 + 2x_2 + x_3 = 19; \end{cases}$ (2) $\begin{cases} 2x_1 + 3x_2 + 11x_3 + 5x_4 = 2, \\ x_1 + x_2 + 5x_3 + 2x_4 = 1, \\ -x_2 - 7x_3 = -5, \\ x_1 + x_2 + 3x_3 + 4x_4 = -3. \end{cases}$

19. 求 x 的三次多项式 $f(x)$，使得 $f(0)=1,\ f(1)=1,\ f(2)=-3,\ f(3)=-17$.

20. 下列齐次线性方程组有非零解吗?

(1) $\begin{cases} x_1 + 2x_2 + 2x_3 = 0, \\ 5x_1 + x_2 - 2x_3 = 0, \\ x_1 + x_2 + 4x_3 = 0; \end{cases}$ (2) $\begin{cases} x_1 + 3x_2 - 2x_3 + 7x_4 = 0, \\ -3x_1 - x_2 - 9x_3 - x_4 = 0, \\ x_1 - 3x_2 + 4x_3 - x_4 = 0, \\ x_1 + x_2 + x_3 + 3x_4 = 0. \end{cases}$

21. 问 λ，μ 取何值时，下列齐次线性方程组有非零解?

$$\begin{cases} \lambda x_1 + x_2 + x_3 = 0, \\ x_1 + \mu x_2 + x_3 = 0, \\ x_1 + 2\mu x_2 + x_3 = 0. \end{cases}$$

22. 设 $P(x_1, y_1)$ 和 $Q(x_2, y_2)$ 是平面上两个不同的点，证明：过点 P，Q 的直线方程为

$$\begin{vmatrix} 1 & x & y \\ 1 & x_1 & y_1 \\ 1 & x_2 & y_2 \end{vmatrix} = 0.$$

习　题　B

1. 设 n 阶行列式 $D = \begin{vmatrix} 0 & 1 & 0 & \cdots & 0 \\ 0 & 0 & 2 & \cdots & 0 \\ \vdots & \vdots & \vdots & & \vdots \\ 0 & 0 & 0 & \cdots & n-1 \\ n & 0 & 0 & \cdots & 0 \end{vmatrix}$，$A_{ij}$ 为元素 a_{ij} 的代数余子式，试求 $A_{i1} + A_{i2} + \cdots + A_{in}$ 的值.

2. 计算行列式 $D = \begin{vmatrix} 0 & 1 & 2 & 3 & \cdots & n-2 & n-1 \\ 1 & 0 & 1 & 2 & \cdots & n-3 & n-2 \\ 2 & 1 & 0 & 1 & \cdots & n-4 & n-3 \\ \vdots & \vdots & \vdots & \vdots & & \vdots & \vdots \\ n-2 & n-3 & n-4 & n-5 & \cdots & 0 & 1 \\ n-1 & n-2 & n-3 & n-4 & \cdots & 1 & 0 \end{vmatrix}$.

3. 计算行列式 $D = \begin{vmatrix} 1 & 2 & 3 & \cdots & n \\ 2 & 3 & 4 & \cdots & 1 \\ 3 & 4 & 5 & \cdots & 2 \\ \vdots & \vdots & \vdots & & \vdots \\ n & 1 & 2 & \cdots & n-1 \end{vmatrix}$.

4. 计算行列式 $D = \begin{vmatrix} x & 0 & 0 & \cdots & 0 & 0 & a_0 \\ -1 & x & 0 & \cdots & 0 & 0 & a_1 \\ 0 & -1 & x & \cdots & 0 & 0 & a_2 \\ \vdots & \vdots & \vdots & & \vdots & \vdots & \vdots \\ 0 & 0 & 0 & \cdots & x & 0 & a_{n-3} \\ 0 & 0 & 0 & \cdots & -1 & x & a_{n-2} \\ 0 & 0 & 0 & \cdots & 0 & -1 & x + a_{n-1} \end{vmatrix}$ $(n \geqslant 2)$.

5. 计算行列式 $D=\begin{vmatrix} 2a & 1 & & & & \\ a^2 & 2a & 1 & & & \\ & a^2 & 2a & 1 & & \\ & & \ddots & \ddots & \ddots & \\ & & & a^2 & 2a & 1 \\ & & & & a^2 & 2a \end{vmatrix}$.

6. 证明：n 阶行列式 $D=\begin{vmatrix} x & a & a & \cdots & a \\ b & x & a & \cdots & a \\ b & b & x & \cdots & a \\ \vdots & \vdots & \vdots & & \vdots \\ b & b & b & \cdots & x \end{vmatrix}=\dfrac{b(x-a)^n-a(x-b)^n}{b-a}$，其中 $a\neq b$.

7. 证明：n 阶行列式 $D=\begin{vmatrix} \cos\alpha & 1 & 0 & \cdots & 0 & 0 \\ 1 & 2\cos\alpha & 1 & \cdots & 0 & 0 \\ 0 & 1 & 2\cos\alpha & \cdots & 0 & 0 \\ \vdots & \vdots & \vdots & & \vdots & \vdots \\ 0 & 0 & 0 & \cdots & 2\cos\alpha & 1 \\ 0 & 0 & 0 & \cdots & 1 & 2\cos\alpha \end{vmatrix}=\cos n\alpha$.

8. 设 $D=\begin{vmatrix} a_{11} & a_{12} & \cdots & a_{1n} \\ a_{21} & a_{22} & \cdots & a_{2n} \\ \vdots & \vdots & & \vdots \\ a_{n1} & a_{n2} & \cdots & a_{nn} \end{vmatrix}$, A_{ij} 是 D 中元素 a_{ij} 的代数余子式. 证明：

$$\begin{vmatrix} a_{11}+x_1 & a_{12}+x_2 & \cdots & a_{1n}+x_n \\ a_{21}+x_1 & a_{22}+x_2 & \cdots & a_{2n}+x_n \\ \vdots & \vdots & & \vdots \\ a_{n1}+x_1 & a_{n2}+x_2 & \cdots & a_{nn}+x_n \end{vmatrix}=D+\sum_{j=1}^{n}\left(x_j\sum_{i=1}^{n}A_{ij}\right).$$

9. 设 a,b,c 是方程 $x^3-7x+6=0$ 的三个根，求行列式 $\begin{vmatrix} a & b & c \\ b & c & a \\ c & a & b \end{vmatrix}$ 的值.

10. 证明：设 n 次多项式 $f(x)=c_0+c_1x+c_2x^2+\cdots+c_nx^n$，如果对于 x 的 $n+1$ 个不同的取值，都有 $f(x)=0$，则多项式 $f(x)$ 为零多项式.

11. 设平面上三个不共线的点为 $P_i(x_i,y_i),i=1,2,3$, 且 x_1,x_2,x_3 互不相同，证明：过这三个点且对称轴与 y 轴平行的抛物线方程可表示为

$$\begin{vmatrix} x^2 & x & 1 & y \\ x_1^2 & x_1 & 1 & y_1 \\ x_2^2 & x_2 & 1 & y_2 \\ x_3^2 & x_3 & 1 & y_3 \end{vmatrix}=0.$$

第2章测试题

第 3 章　向量与线性方程组

线性方程组是线性代数中的重要内容，自然科学、工程技术和社会科学中某些问题的数学模型，往往归结为求解一个线性方程组，因此对线性方程组的研究具有十分重要的意义. 本章讨论线性方程组的理论及求解线性方程组的方法.

3.1　高斯消元法

3.1.1　用消元法解线性方程组的三种例子

在第 1 章中已经引入了矩阵的概念，介绍了用消元法求解线性方程组

$$\begin{cases} a_{11}x_1 + a_{12}x_2 + \cdots + a_{1n}x_n = b_1, \\ a_{21}x_1 + a_{22}x_2 + \cdots + a_{2n}x_n = b_2, \\ \cdots\cdots \\ a_{m1}x_1 + a_{m2}x_2 + \cdots + a_{mn}x_n = b_m \end{cases}$$

的问题. 下面回顾一下 1.1 节中的三个例子，例 1 中方程组

$$\begin{cases} 3x_1 + 2x_2 - 2x_3 = 3, \\ x_1 - x_2 + 2x_3 = 3, \\ 2x_1 + 3x_2 + x_3 = 10 \end{cases} \tag{3.1.1}$$

有唯一解

$$\begin{cases} x_1 = 1, \\ x_2 = 2, \\ x_3 = 2. \end{cases}$$

例 2 中方程组

$$\begin{cases} x_1 - 2x_2 - x_3 = 0, \\ -2x_1 + 4x_2 + 2x_3 = 6, \\ 2x_1 - x_2 = 2 \end{cases} \tag{3.1.2}$$

的同解阶梯形方程组为

$$\begin{cases} x_1 - 2x_2 - x_3 = 0, \\ 3x_2 + 2x_3 = 2, \\ 0 = 6, \end{cases}$$

从而方程组(3.1.2)无解；

例 3 中方程组

$$\begin{cases} x_1 + x_2 + x_4 = 2, \\ x_1 + x_2 - x_3 = 3, \\ x_3 + x_4 = -1 \end{cases} \tag{3.1.3}$$

的同解阶梯形方程组为

$$\begin{cases} x_1 + x_2 + x_4 = 2, \\ x_3 + x_4 = -1, \end{cases}$$

从而方程组(3.1.3)有无穷多解

$$\begin{cases} x_1 = 2 - k_1 - k_2, \\ x_2 = k_1, \\ x_3 = -1 - k_2, \\ x_4 = k_2 \end{cases} \quad (k_1, k_2 \text{ 为任意常数}).$$

可以看出线性方程组可能无解，也可能有解；在有解情况下，可能有唯一解，也可能有无穷多解. 那么什么时候无解？什么时候有唯一解？又什么时候有无穷多解呢？

3.1.2　线性方程组解的情况

现在讨论形如

$$\begin{cases} a_{11}x_1 + a_{12}x_2 + \cdots + a_{1n}x_n = b_1, \\ a_{21}x_1 + a_{22}x_2 + \cdots + a_{2n}x_n = b_2, \\ \cdots\cdots \\ a_{m1}x_1 + a_{m2}x_2 + \cdots + a_{mn}x_n = b_m \end{cases} \tag{3.1.4}$$

的方程组解的情况.

下面来说明如何利用初等行变换来解线性方程组.

对于方程组 (3.1.4)，如果 x_1 的系数 $a_{11}, a_{21}, \cdots, a_{m1}$ 全为零，那么 x_1 就可以取任何值，而方程组 (3.1.4)可以看作 $x_2, \cdots, x_n$ 的方程组来解. 如果 x_1 的系数不全为零，那么利用对换变换，可以把 x_1 的系数不为零的方程换到第一个方程的位置. 为了方便讨论不妨设$a_{11}\neq 0$. 利用倍加变换，分别把第一个方程的$-\dfrac{a_{i1}}{a_{11}}$ $(i=2,\cdots,m)$倍加到第i个方程. 于是方程组(3.1.4)就变成

$$\begin{cases} a_{11}x_1+a_{12}x_2+\cdots+a_{1n}x_n=b_1, \\ \qquad a'_{22}x_2+\cdots+a'_{2n}x_n=b'_2, \\ \qquad \cdots\cdots \\ \qquad a'_{m2}x_2+\cdots+a'_{mn}x_n=b'_m, \end{cases} \tag{3.1.5}$$

其中$a'_{ij}=a_{ij}-\dfrac{a_{i1}}{a_{11}}\cdot a_{1j}$ $(i=2,\cdots,m;\ j=2,\cdots,n)$.

接下来，可以先求出方程组

$$\begin{cases} a'_{22}x_2+\cdots+a'_{2n}x_n=b'_2, \\ \qquad \cdots\cdots \\ a'_{m2}x_2+\cdots+a'_{mn}x_n=b'_n \end{cases} \tag{3.1.6}$$

的解，然后代入到方程组(3.1.5)的第一个方程中，求出x_1的值，从而得出(3.1.4)的一个解；为了求方程组(3.1.6)的解，对方程组(3.1.6)再反复进行初等行变换. 为了讨论方便，不妨设最后化为如下阶梯形的同解方程组：

$$\begin{cases} c_{11}x_1+c_{12}x_2+\cdots+c_{1r}x_r+\cdots+c_{1n}x_n=d_1, \\ \qquad c_{22}x_2+\cdots+c_{2r}x_r+\cdots+c_{2n}x_n=d_2, \\ \qquad \cdots\cdots \\ \qquad\qquad c_{rr}x_r+\cdots+c_{rn}x_n=d_r, \\ \qquad\qquad\qquad 0=d_{r+1}, \\ \qquad\qquad\qquad 0=0, \\ \qquad\qquad\qquad \cdots\cdots \\ \qquad\qquad\qquad 0=0, \end{cases} \tag{3.1.7}$$

其中$c_{ii}\neq 0, i=1,2,\cdots,r$. 方程组(3.1.7)中的“$0=0$”这样的“多余方程”可能不出现，也可能出现，这时去掉它们也不影响(3.1.7)的解.

这样就只需讨论(3.1.7)的解的情况. 由于(3.1.7)中必有$r\leqslant n$，即有效的方程个数不会超过未知量的个数. 结果只会出现两种情况.

(1) 当$d_{r+1}\neq 0$时，(3.1.7)中出现了矛盾方程，故(3.1.7)无解，因而(3.1.4)也无解. 如方程组(3.1.2)就是这种情况.

(2) 当$d_{r+1}=0$时，(3.1.7)有解，此时又分两种情况.

(i) $r=n$，这时阶梯形方程组为

$$\begin{cases} c_{11}x_1 + c_{12}x_2 + \cdots + c_{1n}x_n = d_1, \\ \qquad c_{22}x_2 + \cdots + c_{2n}x_n = d_2, \\ \qquad \cdots\cdots \\ \qquad\qquad c_{nn}x_n = d_n, \end{cases} \tag{3.1.8}$$

其中 $c_{ii} \neq 0, i = 1,2,\cdots,n$，显然(3.1.8)的解是唯一的，从而(3.1.4)的解也是唯一的.如本节方程组(3.1.1)就是这种情况.

(ii) $r < n$. 这时阶梯形方程组为

$$\begin{cases} c_{11}x_1 + c_{12}x_2 + \cdots + c_{1r}x_r + c_{1,r+1}x_{r+1} + \cdots + c_{1n}x_n = d_1, \\ \qquad c_{22}x_2 + \cdots + c_{2r}x_r + c_{2,r+1}x_{r+1} + \cdots + c_{2n}x_n = d_2, \\ \qquad \cdots\cdots \\ \qquad\qquad c_{rr}x_r + c_{r,r+1}x_{r+1} + \cdots + c_{rn}x_n = d_r, \end{cases} \tag{3.1.9}$$

其中 $c_{ii} \neq 0, i = 1,2,\cdots,r$. 这时可取 $x_{r+1},\cdots,x_n$ 为自由未知量，并把(3.1.9)改写成

$$\begin{cases} c_{11}x_1 + c_{12}x_2 + \cdots + c_{1r}x_r = d_1 - c_{1,r+1}x_{r+1} - \cdots - c_{1n}x_n, \\ \qquad c_{22}x_2 + \cdots + c_{2r}x_r = d_2 - c_{2,r+1}x_{r+1} - \cdots - c_{2n}x_n, \\ \qquad \cdots\cdots \\ \qquad\qquad c_{rr}x_r = d_r - c_{r,r+1}x_{r+1} - \cdots - c_{rn}x_n. \end{cases} \tag{3.1.10}$$

在(3.1.10)中用 $x_{r+1},\cdots,x_n$ 把 $x_1,x_2,\cdots,x_r$ 表示出来，而 $x_{r+1},\cdots,x_n$ 可以自由取值，所以(3.1.10)有无穷多解，从而(3.1.4)也就有无穷多解. 为了求出它的全部解，可以在(3.1.10)的基础上继续进行倍加变换，把方程组化为行简化形方程组

$$\begin{cases} x_1 \qquad\qquad = \bar{d}_1 - \bar{c}_{1,r+1}x_{r+1} - \cdots - \bar{c}_{1n}x_n, \\ \qquad x_2 \qquad = \bar{d}_2 - \bar{c}_{2,r+1}x_{r+1} - \cdots - \bar{c}_{2n}x_n, \\ \qquad\qquad \cdots\cdots \\ \qquad\qquad x_r = \bar{d}_r - \bar{c}_{r,r+1}x_{r+1} - \cdots - \bar{c}_{rn}x_n. \end{cases}$$

这样就得到了(3.1.4)的全部解. 如方程组(3.1.3)就是这种情况.

概括来说，用初等变换化线性方程组(3.1.4)为阶梯形方程组(3.1.7)，有下列三种情况：

(1) 当 $d_{r+1} \neq 0$ 时，方程组(3.1.4)无解；

(2) 当 $d_{r+1} = 0$ 且 $r = n$ (即阶梯形方程组中有效方程的个数 r 等于未知量的个数 n)时，方程组(3.1.4)有唯一解；

(3) 当 $d_{r+1} = 0$ 且 $r < n$ (即阶梯形方程组中有效方程的个数 r 小于未知量的个数 n)时，方程组(3.1.4)就有无穷多解.

如下齐次线性方程组

$$\begin{cases} a_{11}x_1 + a_{12}x_2 + \cdots + a_{1n}x_n = 0, \\ a_{21}x_1 + a_{22}x_2 + \cdots + a_{2n}x_n = 0, \\ \qquad \cdots\cdots \\ a_{m1}x_1 + a_{m2}x_2 + \cdots + a_{mn}x_n = 0 \end{cases} \tag{3.1.11}$$

一定有零解，因此对于齐次线性方程组(3.1.11)的解只有下面两种情况：

(1) 当 $r=n$(即同解阶梯形方程组中有效方程的个数 r 等于未知量的个数 n)时，齐次线性方程组只有零解；

(2) 当 $r<n$(即同解阶梯形方程组中有效方程的个数 r 小于未知量的个数 n)时，齐次线性方程组有无穷多解，即除了零解以外，还有非零解.

引理 3.1.1　在齐次线性方程组(3.1.11)中，如果 $m<n$ (方程的个数小于未知量的个数)，那么与其同解的阶梯形方程组中有效方程的个数 r 必小于未知量的个数 n，则它一定有非零解.

定理 3.1.1　齐次线性方程组

$$\begin{cases} a_{11}x_1 + a_{12}x_2 + \cdots + a_{1n}x_n = 0, \\ a_{21}x_1 + a_{22}x_2 + \cdots + a_{2n}x_n = 0, \\ \qquad \cdots\cdots \\ a_{n1}x_1 + a_{n2}x_2 + \cdots + a_{nn}x_n = 0 \end{cases}$$

有非零解的充要条件是其系数行列式 $|\boldsymbol{A}|=0$.

证明　在 2.5 节定理 2.5.1 的推论中已经给出了定理的必要性. 下面证明其充分性.

设方程组的系数矩阵 $\boldsymbol{A}$ 经过初等行变换化为阶梯形矩阵 $\boldsymbol{B}$，在此记 $|\boldsymbol{A}|$ 和 $|\boldsymbol{B}|$ 分别为矩阵 $\boldsymbol{A}$ 和 $\boldsymbol{B}$ 的行列式，则有 $|\boldsymbol{B}|$ 是 $|\boldsymbol{A}|$ 的非零常数倍，因此当 $|\boldsymbol{A}|=0$ 时，有 $|\boldsymbol{B}|=0$. 又因为 $|\boldsymbol{B}|$ 为阶梯形矩阵 $\boldsymbol{B}$ 的行列式，必然有 $|\boldsymbol{B}|$ 的最后一行元素都是 0，则矩阵 $\boldsymbol{B}$ 对应的阶梯形方程组去掉多余方程后，方程个数一定小于未知量的个数，此阶梯形方程组必有非零解，故原方程组也有非零解.

在解具体线性方程组时，只需对方程组的增广矩阵作初等行变换，化为阶梯形矩阵，进一步化为行简化形阶梯矩阵，从而得到方程组的解.

例 1　当 a 为何值时，下列方程组有解？若有解并求解.

$$\begin{cases} x_1 - x_2 - 3x_3 + x_4 = 1, \\ 2x_1 - 2x_2 - 5x_3 + 3x_4 = 4, \\ x_1 - x_2 - 2x_3 + 2x_4 = a. \end{cases}$$

解　对方程组的增广矩阵进行初等行变换：

$$\overline{A}=\begin{pmatrix}1&-1&-3&1&1\\2&-2&-5&3&4\\1&-1&-2&2&a\end{pmatrix}\to\begin{pmatrix}1&-1&-3&1&1\\0&0&1&1&2\\0&0&1&1&a-1\end{pmatrix}\to\begin{pmatrix}1&-1&-3&1&1\\0&0&1&1&2\\0&0&0&0&a-3\end{pmatrix},$$

显然，当$a\neq 3$时，原方程组无解；当$a=3$时，原方程组有解. 把$a=3$代入最后的阶梯形矩阵，化为行简化形矩阵

$$\overline{A}\to\begin{pmatrix}1&-1&-3&1&1\\0&0&1&1&2\\0&0&0&0&0\end{pmatrix}\to\begin{pmatrix}1&-1&0&4&7\\0&0&1&1&2\\0&0&0&0&0\end{pmatrix},$$

则原方程组的同解方程组为$\begin{cases}x_1=7+x_2-4x_4,\\x_3=2\qquad -\ x_4.\end{cases}$

取$x_2=k_1,x_4=k_2$得原方程组的全部解为

$$\begin{cases}x_1=7+k_1-4k_2,\\x_2=k_1,\\x_3=2-k_2,\\x_4=k_2\end{cases}\quad(k_1,k_2\text{为任意常数}).$$

随堂练习

1. 求线性方程组$\begin{cases}x_1\quad +x_3=10,\\3x_1+x_2\quad =27,\\5x_1+x_2+x_3=45\end{cases}$的解.

2. 求线性方程组$\begin{cases}x_1+2x_2+x_3=3,\\x_1+3x_2-x_3=2,\\3x_1+7x_2+x_3=10\end{cases}$的解.

3. 求线性方程组$\begin{cases}x_1-x_2+x_3-x_4=0,\\2x_1-x_2+3x_3-2x_4=-1,\\3x_1-2x_2-x_3+2x_4=4\end{cases}$的解.

3.2　向量的线性相关性

在第 1 章中我们已经初步了解了向量组的线性表示与线性相关的问题，本节将对这些内容进一步讨论.

3.2.1　线性组合与线性表示

对于给定的m个n维向量$\boldsymbol{\alpha}_1,\boldsymbol{\alpha}_2,\cdots,\boldsymbol{\alpha}_m$，下面考虑一个$n$维向量$\boldsymbol{\beta}$能否由向量组$\boldsymbol{\alpha}_1,\boldsymbol{\alpha}_2,\cdots,\boldsymbol{\alpha}_m$线性表示以及怎么表示的问题.

实际上，若$\boldsymbol{\beta}$能由向量组$\boldsymbol{\alpha}_1,\boldsymbol{\alpha}_2,\cdots,\boldsymbol{\alpha}_m$线性表示，也就是存在数$k_1,k_2,\cdots,k_m$使得$\boldsymbol{\beta}=k_1\boldsymbol{\alpha}_1+k_2\boldsymbol{\alpha}_2+\cdots+k_m\boldsymbol{\alpha}_m$成立，从而$x_1=k_1,x_2=k_2,\cdots,x_m=k_m$是方程组

$$x_1\boldsymbol{\alpha}_1+x_2\boldsymbol{\alpha}_2+\cdots+x_m\boldsymbol{\alpha}_m=\boldsymbol{\beta}$$

的解；反之，若方程组$x_1\boldsymbol{\alpha}_1+x_2\boldsymbol{\alpha}_2+\cdots+x_m\boldsymbol{\alpha}_m=\boldsymbol{\beta}$有解，$\boldsymbol{\beta}$就能由向量组$\boldsymbol{\alpha}_1,\boldsymbol{\alpha}_2,\cdots,\boldsymbol{\alpha}_m$线性表示. 于是有下面的定理.

定理 3.2.1 设$\boldsymbol{\alpha}_1,\boldsymbol{\alpha}_2,\cdots,\boldsymbol{\alpha}_m,\ \boldsymbol{\beta}$为$n$维向量，则$\boldsymbol{\beta}$可由$\boldsymbol{\alpha}_1,\boldsymbol{\alpha}_2,\cdots,\boldsymbol{\alpha}_m$线性表示的充分必要条件是线性方程组$x_1\boldsymbol{\alpha}_1+x_2\boldsymbol{\alpha}_2+\cdots+x_m\boldsymbol{\alpha}_m=\boldsymbol{\beta}$有解.

【注】 (1) 显然,方程组无解的充分必要条件是$\boldsymbol{\beta}$不可以由向量组$\boldsymbol{\alpha}_1,\boldsymbol{\alpha}_2,\cdots,\boldsymbol{\alpha}_m$线性表示，所以$\boldsymbol{\beta}$能否由向量组$\boldsymbol{\alpha}_1,\boldsymbol{\alpha}_2,\cdots,\boldsymbol{\alpha}_m$线性表示的问题等价于方程组

$$x_1\boldsymbol{\alpha}_1+x_2\boldsymbol{\alpha}_2+\cdots+x_m\boldsymbol{\alpha}_m=\boldsymbol{\beta}$$

有无解的问题.

(2) 进一步可以得到，如果有唯一解，则$\boldsymbol{\beta}$可以由向量组$\boldsymbol{\alpha}_1,\boldsymbol{\alpha}_2,\cdots,\boldsymbol{\alpha}_m$唯一线性表示；如果方程组有无穷多解，则$\boldsymbol{\beta}$可以由向量组$\boldsymbol{\alpha}_1,\boldsymbol{\alpha}_2,\cdots,\boldsymbol{\alpha}_m$线性表示且表示方法有无穷多种.

(3) 如果向量$\boldsymbol{\beta}$可由向量组$\boldsymbol{\alpha}_1,\boldsymbol{\alpha}_2,\cdots,\boldsymbol{\alpha}_m$线性表示，表示系数就是方程组的解，所以$\boldsymbol{\beta}$怎样由向量组$\boldsymbol{\alpha}_1,\boldsymbol{\alpha}_2,\cdots,\boldsymbol{\alpha}_m$线性表示的问题等价于求方程组的解的问题.

(4) 特殊地，当$\boldsymbol{\beta}=\mathbf{0}$时，若齐次线性方程组$x_1\boldsymbol{\alpha}_1+x_2\boldsymbol{\alpha}_2+\cdots+x_n\boldsymbol{\alpha}_n=\mathbf{0}$只有零解，则零向量可唯一地表示为$\mathbf{0}=0\boldsymbol{\alpha}_1+0\boldsymbol{\alpha}_2+\cdots+0\boldsymbol{\alpha}_n$；若方程组$x_1\boldsymbol{\alpha}_1+x_2\boldsymbol{\alpha}_2+\cdots+x_n\boldsymbol{\alpha}_n=\mathbf{0}$有非零解，零向量由向量组$\boldsymbol{\alpha}_1,\boldsymbol{\alpha}_2,\cdots,\boldsymbol{\alpha}_m$线性表示的方法有无穷多种.

例 1 向量组$\boldsymbol{\alpha}_1,\boldsymbol{\alpha}_2,\cdots,\boldsymbol{\alpha}_n$中的任一向量均可由该向量组线性表示.

例 2 判断向量$\boldsymbol{\beta}$能否由向量组$\boldsymbol{\alpha}_1,\boldsymbol{\alpha}_2,\boldsymbol{\alpha}_3$线性表示，如果可以，求出相应的表达式，其中：$\boldsymbol{\alpha}_1=(1,2,1),\ \boldsymbol{\alpha}_2=(3,7,4),\ \boldsymbol{\alpha}_3=(-2,-5,-2),\ \boldsymbol{\beta}=(4,9,7)$.

解 $\boldsymbol{\beta}$能否由向量组$\boldsymbol{\alpha}_1,\boldsymbol{\alpha}_2,\boldsymbol{\alpha}_3$线性表示，取决于线性方程组

$$x_1\boldsymbol{\alpha}_1+x_2\boldsymbol{\alpha}_2+x_3\boldsymbol{\alpha}_3=\boldsymbol{\beta},$$

即

$$\begin{cases} x_1+3x_2-2x_3=4, \\ 2x_1+7x_2-5x_3=9, \\ x_1+4x_2-2x_3=7 \end{cases}$$

是否有解. 对它的增广矩阵施以初等行变换化为行简化形矩阵

$$\overline{\boldsymbol{A}}=\begin{pmatrix} 1 & 3 & -2 & 4 \\ 2 & 7 & -5 & 9 \\ 1 & 4 & -2 & 7 \end{pmatrix} \xrightarrow[r_3-r_1]{r_2-2r_1} \begin{pmatrix} 1 & 3 & -2 & 4 \\ 0 & 1 & -1 & 1 \\ 0 & 1 & 0 & 3 \end{pmatrix} \xrightarrow{r_3-r_2} \begin{pmatrix} 1 & 3 & -2 & 4 \\ 0 & 1 & -1 & 1 \\ 0 & 0 & 1 & 2 \end{pmatrix}$$

$$\xrightarrow[r_1+2r_3]{r_2+r_3}\begin{pmatrix}1&3&0&8\\0&1&0&3\\0&0&1&2\end{pmatrix}\xrightarrow{r_1-3r_2}\begin{pmatrix}1&0&0&-1\\0&1&0&3\\0&0&1&2\end{pmatrix}.$$

可见，方程组 $x_1\boldsymbol{\alpha}_1+x_2\boldsymbol{\alpha}_2+x_3\boldsymbol{\alpha}_3=\boldsymbol{\beta}$ 有唯一解：$x_1=-1$，$x_2=3$，$x_3=2$，所以 $\boldsymbol{\beta}$ 可唯一地表示成 $\boldsymbol{\alpha}_1,\boldsymbol{\alpha}_2,\boldsymbol{\alpha}_3$ 的线性组合 $\boldsymbol{\beta}=-\boldsymbol{\alpha}_1+3\boldsymbol{\alpha}_2+2\boldsymbol{\alpha}_3$.

3.2.2　线性相关

在第 1 章给出了线性相关的定义.

定义 3.2.1　若向量组 $\boldsymbol{\alpha}_1,\boldsymbol{\alpha}_2,\cdots,\boldsymbol{\alpha}_m(m\geqslant 2)$ 中存在某个向量可由其余向量线性表示，则称向量组是线性相关的；若其中任何一个向量都不能由其余向量线性表示，则称向量组是线性无关的.

上述定义容易理解，但不利于向量组线性关系的判别，而且此定义不包含单个向量的情况，为此给出线性相关的一个等价的定义.

定义 3.2.2　对于 m 个 n 维向量 $\boldsymbol{\alpha}_i\in F^n(i=1,2,\cdots,m)$，如果存在 m 个不全为零的数 $k_1,k_2,\cdots,k_m\in F$, 使得

$$\sum_{i=1}^{m}k_i\boldsymbol{\alpha}_i=k_1\boldsymbol{\alpha}_1+k_2\boldsymbol{\alpha}_2+\cdots+k_m\boldsymbol{\alpha}_m=\mathbf{0} \tag{3.2.1}$$

成立，称向量组 $\boldsymbol{\alpha}_1,\boldsymbol{\alpha}_2,\cdots,\boldsymbol{\alpha}_m$ **线性相关**；如果只有当 $k_1=k_2=\cdots=k_m=0$ 时，式(3.2.1)才能成立，称向量组 $\boldsymbol{\alpha}_1,\boldsymbol{\alpha}_2,\cdots,\boldsymbol{\alpha}_m$ **线性无关**.

定理 3.2.2　当 $m\geqslant 2$ 时，定义 3.2.1 和定义 3.2.2 是等价的.

证明　如果 $\boldsymbol{\alpha}_1,\boldsymbol{\alpha}_2,\cdots,\boldsymbol{\alpha}_m$ 线性相关，则至少存在一个向量可由其余向量线性表示，不妨设 $\boldsymbol{\alpha}_1=\sum\limits_{i=2}^{m}l_i\boldsymbol{\alpha}_i$，则有 $-\boldsymbol{\alpha}_1+\sum\limits_{i=2}^{m}l_i\boldsymbol{\alpha}_i=\mathbf{0}$，显然组合系数 $-1,l_2,\cdots,l_m$ 不全为零；如果存在不全为零的数 $k_i(i=1,2,\cdots,m)$，使 $\sum\limits_{i=1}^{m}k_i\boldsymbol{\alpha}_i=\mathbf{0}$，不妨设 $k_1\neq 0$，则有 $\boldsymbol{\alpha}_1=-\dfrac{1}{k_1}\left(\sum\limits_{i=2}^{m}k_i\boldsymbol{\alpha}_i\right)$，即 $\boldsymbol{\alpha}_1$ 可由其余向量线性表示，从而 $\boldsymbol{\alpha}_1,\boldsymbol{\alpha}_2,\cdots,\boldsymbol{\alpha}_m$ 线性相关.

【注】　(1) 线性无关可以表述为：要使式(3.2.1)成立，必须有 $k_1=k_2=\cdots=k_m=0$；又或者说只要 $k_1,k_2,\cdots,k_m$ 不全为零，必有 $k_1\boldsymbol{\alpha}_1+k_2\boldsymbol{\alpha}_2+\cdots+k_m\boldsymbol{\alpha}_m\neq\mathbf{0}$.

(2) 实际上，不管 $\boldsymbol{\alpha}_1,\boldsymbol{\alpha}_2,\cdots,\boldsymbol{\alpha}_m$ 是线性相关的，还是线性无关的，当 $k_1=k_2=\cdots=k_m=0$ 时，式(3.2.1)是恒成立的. 判断向量组 $\boldsymbol{\alpha}_1,\boldsymbol{\alpha}_2,\cdots,\boldsymbol{\alpha}_m$ 是线性相关的，还是线性无关的，关键是看齐次线性方程组(3.2.1)除了当 $k_1=k_2=\cdots=k_m=0$ 时成立，还有没有不全为零的一组数 $k_1,k_2,\cdots,k_m\in F$ 使得式(3.2.1)成立. 如果存在的话，说明

$\boldsymbol{\alpha}_1,\boldsymbol{\alpha}_2,\cdots,\boldsymbol{\alpha}_m$ 线性相关；如果不存在，说明 $\boldsymbol{\alpha}_1,\boldsymbol{\alpha}_2,\cdots,\boldsymbol{\alpha}_m$ 线性无关.

(3) 根据定义 3.2.2，可以给出单个向量 $\boldsymbol{\alpha}$ 的线性相关性：当且仅当 $\boldsymbol{\alpha}\neq\mathbf{0}$ 时，向量组 $\boldsymbol{\alpha}$ 线性无关；当且仅当 $\boldsymbol{\alpha}=\mathbf{0}$ 时，向量组 $\boldsymbol{\alpha}$ 线性相关.

根据线性相关性的定义及以上的分析，容易得到以下的结论：

(1) 若 $\boldsymbol{\alpha}$ 可由 $\boldsymbol{\alpha}_1,\boldsymbol{\alpha}_2,\cdots,\boldsymbol{\alpha}_m$ 线性表示，则 $\boldsymbol{\alpha},\boldsymbol{\alpha}_1,\boldsymbol{\alpha}_2,\cdots,\boldsymbol{\alpha}_m$ 线性相关；

(2) n 维基本单位向量组 $\boldsymbol{\varepsilon}_i=(0,0,\cdots,1,\cdots,0)\,(i=1,2,\cdots,n)$ 是线性无关的；

(3) 包含零向量的向量组是线性相关的，线性无关的向量组必不包含零向量；

(4) 两个向量 $\boldsymbol{\alpha}$ 与 $\boldsymbol{\beta}$ 线性相关的充要条件是 $\boldsymbol{\alpha}$ 与 $\boldsymbol{\beta}$ 的对应分量成比例，线性无关的充要条件是 $\boldsymbol{\alpha}$ 与 $\boldsymbol{\beta}$ 的对应分量不成比例. 特殊地，空间中的两个向量线性相关的充要条件是它们共线，线性无关的充要条件是不共线；空间中的三个向量线性相关的充要条件是它们共面，线性无关的充要条件是它们不共面.

例 3 已知向量组 $\boldsymbol{\alpha}_1,\boldsymbol{\alpha}_2,\boldsymbol{\alpha}_3$ 线性无关，证明 $\boldsymbol{\alpha}_1+\boldsymbol{\alpha}_2,\boldsymbol{\alpha}_2+\boldsymbol{\alpha}_3,\boldsymbol{\alpha}_1+\boldsymbol{\alpha}_3$ 线性无关.

证明 设存在数 k_1,k_2,k_3 使得 $k_1(\boldsymbol{\alpha}_1+\boldsymbol{\alpha}_2)+k_2(\boldsymbol{\alpha}_2+\boldsymbol{\alpha}_3)+k_3(\boldsymbol{\alpha}_1+\boldsymbol{\alpha}_3)=\mathbf{0}$，即 $(k_1+k_3)\boldsymbol{\alpha}_1+(k_1+k_2)\boldsymbol{\alpha}_2+(k_2+k_3)\boldsymbol{\alpha}_3=\mathbf{0}$，又因为 $\boldsymbol{\alpha}_1,\boldsymbol{\alpha}_2,\boldsymbol{\alpha}_3$ 线性无关，故有

$$\begin{cases}k_1+k_3=0,\\k_1+k_2=0,\\k_2+k_3=0.\end{cases}$$

解得 $k_1=k_2=k_3=0$，故向量组 $\boldsymbol{\alpha}_1+\boldsymbol{\alpha}_2,\boldsymbol{\alpha}_2+\boldsymbol{\alpha}_3,\boldsymbol{\alpha}_1+\boldsymbol{\alpha}_3$ 线性无关.

定理 3.2.3 如果一组向量 $\boldsymbol{\alpha}_1,\boldsymbol{\alpha}_2,\cdots,\boldsymbol{\alpha}_m$ 的一部分向量线性相关，则这组向量线性相关；如果 $\boldsymbol{\alpha}_1,\boldsymbol{\alpha}_2,\cdots,\boldsymbol{\alpha}_m$ 线性无关，则 $\boldsymbol{\alpha}_1,\boldsymbol{\alpha}_2,\cdots,\boldsymbol{\alpha}_m$ 的任意部分组都是线性无关的.

定理可以简单表述为：部分相关则整体相关，整体无关则部分无关.

定理 3.2.4 设 $\boldsymbol{\alpha}_1,\boldsymbol{\alpha}_2,\cdots,\boldsymbol{\alpha}_m\in F^n$，则向量组 $\boldsymbol{\alpha}_1,\boldsymbol{\alpha}_2,\cdots,\boldsymbol{\alpha}_m$ 线性相关的充要条件是齐次线性方程组 $\sum\limits_{i=1}^{m}x_i\boldsymbol{\alpha}_i=\mathbf{0}$ 有非零解.

证明 向量组 $\boldsymbol{\alpha}_1,\boldsymbol{\alpha}_2,\cdots,\boldsymbol{\alpha}_m$ 线性相关 $\Leftrightarrow$ 存在不全为零的数 $x_i\,(i=1,2,\cdots,m)$ 使等式 $\sum\limits_{i=1}^{m}x_i\boldsymbol{\alpha}_i=\mathbf{0}$ 成立 $\Leftrightarrow$ 齐次线性方程组 $\sum\limits_{i=1}^{m}x_i\boldsymbol{\alpha}_i=\mathbf{0}$ 有非零解.

推论 1 设 $\boldsymbol{\alpha}_1,\boldsymbol{\alpha}_2,\cdots,\boldsymbol{\alpha}_m\in F^n$，则向量组 $\boldsymbol{\alpha}_1,\boldsymbol{\alpha}_2,\cdots,\boldsymbol{\alpha}_m$ 线性无关的充要条件是齐次线性方程组 $\sum\limits_{i=1}^{m}x_i\boldsymbol{\alpha}_i=\mathbf{0}$ 只有零解.

推论 2 设 $\boldsymbol{\alpha}_1,\boldsymbol{\alpha}_2,\cdots,\boldsymbol{\alpha}_n\in F^n,\boldsymbol{\alpha}_i=\left(a_{1i},a_{2i},\cdots,a_{ni}\right)^{\mathrm{T}}\left(i=1,2,\cdots,n\right)$，则 n 个 n 维向量构成的向量组 $\boldsymbol{\alpha}_1,\boldsymbol{\alpha}_2,\cdots,\boldsymbol{\alpha}_n$ 线性相关的充要条件是向量组 $\boldsymbol{\alpha}_1,\boldsymbol{\alpha}_2,\cdots,\boldsymbol{\alpha}_n$ 构成的行

列式

$$\begin{vmatrix} a_{11} & a_{12} & \cdots & a_{1n} \\ a_{21} & a_{22} & \cdots & a_{2n} \\ \vdots & \vdots & & \vdots \\ a_{n1} & a_{n2} & \cdots & a_{nn} \end{vmatrix} = 0 .$$

推论 3 设 $\boldsymbol{\alpha}_1,\boldsymbol{\alpha}_2,\cdots,\boldsymbol{\alpha}_m \in F^n$，若 $m>n$，则 $\boldsymbol{\alpha}_1,\boldsymbol{\alpha}_2,\cdots,\boldsymbol{\alpha}_m$ 线性相关.

证明 齐次线性方程组 $\sum\limits_{i=1}^{m} x_i\boldsymbol{\alpha}_i=\mathbf{0}$ 是由包含 m 个未知量的 n 个方程构成的，因为 $m>n$ (即未知量的个数大于方程的个数)，所以方程组 $\sum\limits_{i=1}^{m} x_i\boldsymbol{\alpha}_i=\mathbf{0}$ 有非零解，则 $\boldsymbol{\alpha}_1,\boldsymbol{\alpha}_2,\cdots,\boldsymbol{\alpha}_m$ 线性相关.

由此推论容易得到：任意 $n+1$ 个 n 维向量必线性相关.

例 4 当 t 取何值时，向量组 $\boldsymbol{\alpha}_1=(1,2,3)^{\mathrm{T}}$, $\boldsymbol{\alpha}_2=(2,t,6)^{\mathrm{T}}$, $\boldsymbol{\alpha}_3=(3,8,t+1)^{\mathrm{T}}$ 线性相关?

解法一 根据定理 3.2.4 可得，向量组 $\boldsymbol{\alpha}_1,\boldsymbol{\alpha}_2,\boldsymbol{\alpha}_3$ 线性相关的充要条件是方程组

$$x_1(1,2,3)^{\mathrm{T}}+x_2(2,t,6)^{\mathrm{T}}+x_3(3,8,t+1)^{\mathrm{T}}=\mathbf{0}$$

有非零解，对方程组的系数矩阵作初等变换如下

$$\boldsymbol{A}=\begin{pmatrix} 1 & 2 & 3 \\ 2 & t & 8 \\ 3 & 6 & t+1 \end{pmatrix} \to \begin{pmatrix} 1 & 2 & 3 \\ 0 & t-4 & 2 \\ 0 & 0 & t-8 \end{pmatrix},$$

所以当 $t=4$ 或 $t=8$ 时方程组有非零解，向量组线性相关.

解法二 根据定理 3.2.4 的推论 2 得 $\boldsymbol{\alpha}_1,\boldsymbol{\alpha}_2,\boldsymbol{\alpha}_3$ 线性相关的充要条件是

$$\begin{vmatrix} 1 & 2 & 3 \\ 2 & t & 8 \\ 3 & 6 & t+1 \end{vmatrix} = \begin{vmatrix} 1 & 2 & 3 \\ 0 & t-4 & 2 \\ 0 & 0 & t-8 \end{vmatrix} = (t-4)(t-8)=0 ,$$

所以当 $t=4$ 或 $t=8$ 时方程组有非零解，向量组线性相关.

定义 3.2.3 若 $\boldsymbol{\alpha}_i=(a_{1i},a_{2i},\cdots,a_{ni})^{\mathrm{T}}$，$\boldsymbol{\beta}_i=(a_{1i},a_{2i},\cdots,a_{ni},a_{n+1,i})^{\mathrm{T}}$，$i=1,2,\cdots,m$，则称 $\boldsymbol{\beta}_i\,(i=1,2,\cdots,m)$ 为原向量组 $\boldsymbol{\alpha}_i\,(i=1,2,\cdots,m)$ 的**加长向量组**.

定理 3.2.5 若 $\boldsymbol{\alpha}_i=(a_{1i},a_{2i},\cdots,a_{ni})^{\mathrm{T}}$ $(i=1,2,\cdots,m)$ 线性无关，则加长向量组 $\boldsymbol{\beta}_i=(a_{1i},a_{2i},\cdots,a_{ni},a_{n+1,i})^{\mathrm{T}}$ $(i=1,2,\cdots,m)$ 也线性无关.

证明 设齐次线性方程组 $x_1\boldsymbol{\beta}_1+x_2\boldsymbol{\beta}_2+\cdots+x_m\boldsymbol{\beta}_m=\mathbf{0}$，即

$$\begin{cases} a_{11}x_1 + \quad a_{12}x_2 + \cdots + \quad a_{1m}x_m = 0, \\ a_{21}x_1 + \quad a_{22}x_2 + \cdots + \quad a_{2m}x_m = 0, \\ \qquad\qquad \cdots\cdots \\ a_{n1}x_1 + \quad a_{n2}x_2 + \cdots + \quad a_{nm}x_m = 0, \\ a_{n+1,1}x_1 + a_{n+1,2}x_2 + \cdots + a_{n+1,m}x_m = 0. \end{cases} \tag{3.2.2}$$

要证$\boldsymbol{\beta}_i = (a_{1i}, a_{2i}, \cdots, a_{ni}, a_{n+1,i})^{\mathrm{T}}$ $(i=1,2,\cdots,m)$线性无关，只需证(3.2.2)只有零解. 由于$\boldsymbol{\alpha}_i = (a_{1i}, a_{2i}, \cdots, a_{ni})^{\mathrm{T}}$ $(i=1,2,\cdots,m)$线性无关，则方程组$x_1\boldsymbol{\alpha}_1 + x_2\boldsymbol{\alpha}_2 + \cdots + x_m\boldsymbol{\alpha}_m = \mathbf{0}$，即

$$\begin{cases} a_{11}x_1 + a_{12}x_2 + \cdots + a_{1m}x_m = 0, \\ a_{21}x_1 + a_{22}x_2 + \cdots + a_{2m}x_m = 0, \\ \qquad\qquad \cdots\cdots \\ a_{n1}x_1 + a_{n2}x_2 + \cdots + a_{nm}x_m = 0 \end{cases} \tag{3.2.3}$$

只有零解，而方程组(3.2.2)实际上是在方程组(3.2.3)中加入一个方程，所以容易得到(3.2.2)也只有零解.

反之，若加长向量组$\boldsymbol{\beta}_i = (a_{1i}, a_{2i}, \cdots, a_{ni}, a_{n+1,i})^{\mathrm{T}}$ $(i=1,2,\cdots,m)$线性相关，则原向量组$\boldsymbol{\alpha}_i = (a_{1i}, a_{2i}, \cdots, a_{ni})^{\mathrm{T}}$ $(i=1,2,\cdots,m)$也线性相关.

从上述证明过程可知：

(1) 如果一组n维向量$\boldsymbol{\alpha}_1, \boldsymbol{\alpha}_2, \cdots, \boldsymbol{\alpha}_s$线性无关，那么在这些向量的相同位置上任意添加$m$个分量所得到的新向量组$\boldsymbol{\alpha}_1^*, \boldsymbol{\alpha}_2^*, \cdots, \boldsymbol{\alpha}_s^*$仍然是线性无关的；

(2) 如果一组n维向量$\boldsymbol{\alpha}_1, \boldsymbol{\alpha}_2, \cdots, \boldsymbol{\alpha}_s$线性相关，那么把这些向量任意删除相同位置上的$m$ $(m<n)$个分量所得到的新向量组$\boldsymbol{\alpha}_1^*, \boldsymbol{\alpha}_2^*, \cdots, \boldsymbol{\alpha}_s^*$仍然是线性相关的.

【注】 在这个定理中，要将向量组$\boldsymbol{\alpha}_i = (a_{1i}, a_{2i}, \cdots, a_{ni})^{\mathrm{T}}$ $(i=1,2,\cdots,m)$和方程组(3.2.3)对应起来，向量组$\boldsymbol{\alpha}_i = (a_{1i}, a_{2i}, \cdots, a_{ni})^{\mathrm{T}}$ $(i=1,2,\cdots,m)$中包含向量的个数和向量的维数分别等于方程组(3.2.3)中未知量的个数和方程的个数；则容易知道给向量添加(删除)分量，对应方程组中添加(去掉)了方程；在以上两个结论中向量的维数均发生了变化，则对应方程组中添加或去掉了方程.

定理 3.2.6 若向量组$\boldsymbol{\alpha}_1, \boldsymbol{\alpha}_2, \cdots, \boldsymbol{\alpha}_m$线性无关，而$\boldsymbol{\beta}, \boldsymbol{\alpha}_1, \boldsymbol{\alpha}_2, \cdots, \boldsymbol{\alpha}_m$线性相关，则$\boldsymbol{\beta}$可以由向量组$\boldsymbol{\alpha}_1, \boldsymbol{\alpha}_2, \cdots, \boldsymbol{\alpha}_m$唯一地线性表示.

证明 因为$\boldsymbol{\beta}, \boldsymbol{\alpha}_1, \boldsymbol{\alpha}_2, \cdots, \boldsymbol{\alpha}_m$线性相关，则存在不全为零的数$k, k_1, \cdots, k_m$使得$k\boldsymbol{\beta} + \sum_{i=1}^{m} k_i\boldsymbol{\alpha}_i = \mathbf{0}$，此时若$k \neq 0$就能得到$\boldsymbol{\beta}$可以由向量组$\boldsymbol{\alpha}_1, \boldsymbol{\alpha}_2, \cdots, \boldsymbol{\alpha}_m$线性表示为

$$\boldsymbol{\beta}=-\frac{1}{k}\sum_{i=1}^{m}k_i\boldsymbol{\alpha}_i.$$

下面用反证法证明 $k\neq 0$．假设 $k=0$，有 $\sum_{i=1}^{m}k_i\boldsymbol{\alpha}_i=\mathbf{0}$，又因为 $\boldsymbol{\alpha}_1,\boldsymbol{\alpha}_2,\cdots,\boldsymbol{\alpha}_m$ 线性无关，则 $k_1,\cdots,k_m$ 全为零，与 $k,k_1,\cdots,k_m$ 不全为零矛盾，所以 $k\neq 0$．

下面证明表示方法唯一.

假设 $\boldsymbol{\beta}=\sum_{i=1}^{m}k_i\boldsymbol{\alpha}_i=\sum_{i=1}^{m}l_i\boldsymbol{\alpha}_i$，则 $\sum_{i=1}^{m}k_i\boldsymbol{\alpha}_i-\sum_{i=1}^{m}l_i\boldsymbol{\alpha}_i=\sum_{i=1}^{m}(k_i-l_i)\boldsymbol{\alpha}_i=\mathbf{0}$，由 $\boldsymbol{\alpha}_1,\boldsymbol{\alpha}_2,\cdots,\boldsymbol{\alpha}_m$ 线性无关可得：$k_i-l_i=0\,(i=1,\cdots,m)$，即 $k_i=l_i\ (i=1,\cdots,m)$，故表示方法唯一.

推论　如果 F^n 中 n 个向量 $\boldsymbol{\alpha}_1,\boldsymbol{\alpha}_2,\cdots,\boldsymbol{\alpha}_n$ 线性无关，则 F^n 中的任一个向量 $\boldsymbol{\alpha}_0$ 可以由 $\boldsymbol{\alpha}_1,\boldsymbol{\alpha}_2,\cdots,\boldsymbol{\alpha}_n$ 唯一地线性表示.

证明　$\boldsymbol{\alpha}_0,\boldsymbol{\alpha}_1,\boldsymbol{\alpha}_2,\cdots,\boldsymbol{\alpha}_n$ 是 $n+1$ 个 n 维向量，必线性相关，而向量 $\boldsymbol{\alpha}_1,\boldsymbol{\alpha}_2,\cdots,\boldsymbol{\alpha}_n$ 线性无关，由上述定理可知 $\boldsymbol{\alpha}_0$ 可以由 $\boldsymbol{\alpha}_1,\boldsymbol{\alpha}_2,\cdots,\boldsymbol{\alpha}_n$ 唯一地线性表示.

1. 设 $\boldsymbol{\beta}=(8,3,-1,-25)^{\mathrm{T}},\boldsymbol{\alpha}_1=(-1,3,0,-5)^{\mathrm{T}}$，$\boldsymbol{\alpha}_2=(2,0,7,-3)^{\mathrm{T}},\boldsymbol{\alpha}_3=(-4,1,-2,6)^{\mathrm{T}}$，判断向量 $\boldsymbol{\beta}$ 能否由向量组 $\boldsymbol{\alpha}_1,\boldsymbol{\alpha}_2,\boldsymbol{\alpha}_3$ 线性表示，若能，写出它的表达式.

2. 设 $\boldsymbol{\alpha}_1=(6,a+1,3),\boldsymbol{\alpha}_2=(a,2,-2),\boldsymbol{\alpha}_3=(a,1,0)$，试问 a 为何值时 $\boldsymbol{\alpha}_1,\boldsymbol{\alpha}_2,\boldsymbol{\alpha}_3$ 线性相关？a 为何值时 $\boldsymbol{\alpha}_1,\boldsymbol{\alpha}_2,\boldsymbol{\alpha}_3$ 线性无关？

3. 设向量组 $\boldsymbol{\alpha}_1,\boldsymbol{\alpha}_2,\boldsymbol{\alpha}_3$ 线性无关，又 $\boldsymbol{\beta}_1=\boldsymbol{\alpha}_1+\boldsymbol{\alpha}_2+2\boldsymbol{\alpha}_3$，$\boldsymbol{\beta}_2=\boldsymbol{\alpha}_1-\boldsymbol{\alpha}_2,\boldsymbol{\beta}_3=\boldsymbol{\alpha}_1+\boldsymbol{\alpha}_3$，证明：$\boldsymbol{\beta}_1,\boldsymbol{\beta}_2,\boldsymbol{\beta}_3$ 线性相关.

3.3　极大无关组与向量组的秩

就像为了方便班级展开工作，反映问题需要在班级中找几个代表一样，对向量组的研究我们也想找几个向量做“代表”，而任一个向量都与这些“代表”有联系，即通过这些“代表”可表示出来；另一方面，我们又想节约“物力”，希望做“代表”的向量尽量少. 基于此需要给出向量组的极大无关组的定义.

对于至少包含一个非零向量的向量组 $\boldsymbol{\alpha}_1,\boldsymbol{\alpha}_2,\cdots,\boldsymbol{\alpha}_m\ (m\geqslant 2)$，如果其线性相关，则至少有一个向量可以由其余的 $m-1$ 个向量线性表示. 不妨设这个向量为 $\boldsymbol{\alpha}_1$，也就是说 $\boldsymbol{\alpha}_1$ 可以由 $\boldsymbol{\alpha}_2,\boldsymbol{\alpha}_3,\cdots,\boldsymbol{\alpha}_m$ 线性表示，此时把 $\boldsymbol{\alpha}_1$ 去掉；如果 $\boldsymbol{\alpha}_2,\boldsymbol{\alpha}_3,\cdots,\boldsymbol{\alpha}_m$ 仍然线性相关，按照此方法做下去，直到得到的向量组线性无关为止，这就是能“代表”原向量组的一个线性无关组.

定义 3.3.1　一个向量组 $\boldsymbol{\alpha}_1,\boldsymbol{\alpha}_2,\cdots,\boldsymbol{\alpha}_s$ 的部分组 $\boldsymbol{\alpha}_{j_1},\boldsymbol{\alpha}_{j_2},\cdots,\boldsymbol{\alpha}_{j_r}$ 称为该向量组的

一个**极大线性无关组**，简称为**极大无关组**，如果

(1) $\boldsymbol{\alpha}_{j_1},\boldsymbol{\alpha}_{j_2},\cdots,\boldsymbol{\alpha}_{j_r}$ 线性无关;

(2) $\boldsymbol{\alpha}_1,\boldsymbol{\alpha}_2,\cdots,\boldsymbol{\alpha}_s$ 中任意一个向量添加到 $\boldsymbol{\alpha}_{j_1},\boldsymbol{\alpha}_{j_2},\cdots,\boldsymbol{\alpha}_{j_r}$ 中得到的新向量组线性相关.

由定义 3.3.1 和定理 3.2.6 可知 $\boldsymbol{\alpha}_1,\boldsymbol{\alpha}_2,\cdots,\boldsymbol{\alpha}_s$ 中任意向量均可由 $\boldsymbol{\alpha}_{j_1},\boldsymbol{\alpha}_{j_2},\cdots,\boldsymbol{\alpha}_{j_r}$ 线性表示.

需要注意的是定义 3.3.1 中的 $\boldsymbol{\alpha}_{j_1},\boldsymbol{\alpha}_{j_2},\cdots,\boldsymbol{\alpha}_{j_r}$ 是 $\boldsymbol{\alpha}_1,\boldsymbol{\alpha}_2,\cdots,\boldsymbol{\alpha}_s$ 的“代表”，$\boldsymbol{\alpha}_{j_1},\boldsymbol{\alpha}_{j_2},\cdots,\boldsymbol{\alpha}_{j_r}$ 缺一不可，因为缺少的那个向量不可以由剩下的 $r-1$ 个向量线性表示. 而且极大无关组中的向量不能再多了，因为再多一个就线性相关了. 总之，向量组的极大无关组是向量组中能表示出每一个向量的不能再少的一个部分组，是 $\boldsymbol{\alpha}_1,\boldsymbol{\alpha}_2,\cdots,\boldsymbol{\alpha}_s$ 的所有线性无关部分组中所含向量个数最多的一个.

例 1　已知向量组 $\boldsymbol{\alpha}_1=(0,1,0)$ ，$\boldsymbol{\alpha}_2=(1,0,0)$ ，$\boldsymbol{\alpha}_3=(0,0,3)$ ，$\boldsymbol{\alpha}_4=(0,2,0)$ ，$\boldsymbol{\alpha}_5=(0,0,1)$. 显然，$\boldsymbol{\alpha}_1,\boldsymbol{\alpha}_2,\boldsymbol{\alpha}_3$ 是线性无关的，而向量组 $\boldsymbol{\alpha}_1,\boldsymbol{\alpha}_2,\boldsymbol{\alpha}_3,\boldsymbol{\alpha}_4,\boldsymbol{\alpha}_5$ 中任一个向量添加到 $\boldsymbol{\alpha}_1,\boldsymbol{\alpha}_2,\boldsymbol{\alpha}_3$ 中，得到的新向量组线性相关，所以 $\boldsymbol{\alpha}_1,\boldsymbol{\alpha}_2,\boldsymbol{\alpha}_3$ 是向量组的一个极大无关组. 另外不难验证，$\boldsymbol{\alpha}_1,\boldsymbol{\alpha}_2,\boldsymbol{\alpha}_5$ ；$\boldsymbol{\alpha}_2,\boldsymbol{\alpha}_4,\boldsymbol{\alpha}_5$ 和 $\boldsymbol{\alpha}_2,\boldsymbol{\alpha}_3,\boldsymbol{\alpha}_4$ 也为向量组的极大无关组. 由此可见一个向量组的极大无关组可能不唯一.

一般地，如果一个向量组本身线性无关，那么它的极大无关组是它本身，是唯一的；如果一个向量组只含零向量，那么它没有极大无关组；如果一个向量组至少含有一个非零向量，那么它一定有极大无关组.

由例 1 看到虽然一个向量组的极大无关组可能不唯一，但向量组的不同极大无关组所含的向量的个数是相等的. 这是偶然呢，还是必然？为了研究同一个向量组的不同极大无关组和原向量组的关系，需要引入下面的概念.

定义 3.3.2　如果向量组 $\boldsymbol{\beta}_1,\boldsymbol{\beta}_2,\cdots,\boldsymbol{\beta}_t$ 中每个向量可由向量组 $\boldsymbol{\alpha}_1,\boldsymbol{\alpha}_2,\cdots,\boldsymbol{\alpha}_s$ 线性表示，就称向量组 $\boldsymbol{\beta}_1,\boldsymbol{\beta}_2,\cdots,\boldsymbol{\beta}_t$ 可由向量组 $\boldsymbol{\alpha}_1,\boldsymbol{\alpha}_2,\cdots,\boldsymbol{\alpha}_s$ 线性表示. 如果这两个向量组可以互相线性表示，则称这两个向量组是**等价**的. 记为

$$\{\boldsymbol{\beta}_1,\boldsymbol{\beta}_2,\cdots,\boldsymbol{\beta}_t\}\cong\{\boldsymbol{\alpha}_1,\boldsymbol{\alpha}_2,\cdots,\boldsymbol{\alpha}_s\}.$$

定理 3.3.1　给定两个向量组

$$\text{(I)}\ \boldsymbol{\alpha}_1,\boldsymbol{\alpha}_2,\cdots,\boldsymbol{\alpha}_r,\quad \text{(II)}\ \boldsymbol{\beta}_1,\boldsymbol{\beta}_2,\cdots,\boldsymbol{\beta}_s$$

且 (II) 中每一个向量都能由向量组 (I) 线性表示. 如果向量 γ 能被向量组 (II) 线性表示，则 γ 也可以被向量组 (I) 线性表示.

设有向量组 (I) ，(II) ，(III) ，由等价定义，不难证明向量组等价有如下性质.

(1) **反身性**：(I) $\cong$ (I) ；

(2) **对称性**：如果 (I) $\cong$ (II) ，就有 (II) $\cong$ (I) ；

(3) **传递性**：如果(I)≅(II)，(II)≅(III)，就有(I)≅(III).

由极大无关组的定义及等价的性质不难推出，关于向量组与它的极大无关组有下述三个命题.

命题 1　一个向量组若有极大无关组，则这个向量组与其极大无关组等价.

命题 2　若向量组的极大无关组不唯一，则其任意两个不同极大无关组是等价的.

命题 3　等价的向量组的极大无关组也是等价的.

定理 3.3.2　设 F^n 上的向量组 $\boldsymbol{\alpha}_1,\boldsymbol{\alpha}_2,\cdots,\boldsymbol{\alpha}_s$ 可由向量组 $\boldsymbol{\beta}_1,\boldsymbol{\beta}_2,\cdots,\boldsymbol{\beta}_r$ 线性表示，若 $s>r$，则向量组 $\boldsymbol{\alpha}_1,\boldsymbol{\alpha}_2,\cdots,\boldsymbol{\alpha}_s$ 线性相关.

证明　由于 $\boldsymbol{\alpha}_1,\boldsymbol{\alpha}_2,\cdots,\boldsymbol{\alpha}_s$ 可由 $\boldsymbol{\beta}_1,\boldsymbol{\beta}_2,\cdots,\boldsymbol{\beta}_r$ 线性表示，故存在 $k_{ij}\in F$，使得

$$\begin{cases}\boldsymbol{\alpha}_1=k_{11}\boldsymbol{\beta}_1+k_{12}\boldsymbol{\beta}_2+\cdots+k_{1r}\boldsymbol{\beta}_r,\\ \boldsymbol{\alpha}_2=k_{21}\boldsymbol{\beta}_1+k_{22}\boldsymbol{\beta}_2+\cdots+k_{2r}\boldsymbol{\beta}_r,\\ \qquad\cdots\cdots\\ \boldsymbol{\alpha}_s=k_{s1}\boldsymbol{\beta}_1+k_{s2}\boldsymbol{\beta}_2+\cdots+k_{sr}\boldsymbol{\beta}_r.\end{cases}\tag{3.3.1}$$

设

$$x_1\boldsymbol{\alpha}_1+x_2\boldsymbol{\alpha}_2+\cdots+x_s\boldsymbol{\alpha}_s=\boldsymbol{0},\tag{3.3.2}$$

将(3.3.1)代入(3.3.2)，得

$$\left(\sum_{i=1}^{s}k_{i1}x_i\right)\boldsymbol{\beta}_1+\left(\sum_{i=1}^{s}k_{i2}x_i\right)\boldsymbol{\beta}_2+\cdots+\left(\sum_{i=1}^{s}k_{ir}x_i\right)\boldsymbol{\beta}_r=\boldsymbol{0}.$$

取各系数均为零，即

$$\sum_{i=1}^{s}k_{i1}x_i=\sum_{i=1}^{s}k_{i2}x_i=\cdots=\sum_{i=1}^{s}k_{ir}x_i=0.\tag{3.3.3}$$

式(3.3.3)是一个含有 s 个未知量的 r 个方程构成的齐次线性方程组，而 $s>r$，故方程组(3.3.3)有非零解，于是存在不全为零的 $x_1,x_2,\cdots,x_s\in F$，使得(3.3.2)成立. 由线性相关的定义即知向量组 $\boldsymbol{\alpha}_1,\boldsymbol{\alpha}_2,\cdots,\boldsymbol{\alpha}_s$ 线性相关.

【注】　此定理中的 $\boldsymbol{\beta}_1,\boldsymbol{\beta}_2,\cdots,\boldsymbol{\beta}_r$ 可能线性相关，也可能线性无关.

推论 1　设 F^n 上的向量组 $\boldsymbol{\alpha}_1,\boldsymbol{\alpha}_2,\cdots,\boldsymbol{\alpha}_s$ 可由向量组 $\boldsymbol{\beta}_1,\boldsymbol{\beta}_2,\cdots,\boldsymbol{\beta}_r$ 线性表示，若向量组 $\boldsymbol{\alpha}_1,\boldsymbol{\alpha}_2,\cdots,\boldsymbol{\alpha}_s$ 线性无关，则 $s\leqslant r$.

推论 2　两个线性无关且等价的向量组所包含向量的个数相等.

证明　设 F^n 中的两个向量组(I) $\boldsymbol{\alpha}_1,\boldsymbol{\alpha}_2,\cdots,\boldsymbol{\alpha}_s$ 和(II) $\boldsymbol{\beta}_1,\boldsymbol{\beta}_2,\cdots,\boldsymbol{\beta}_t$ 是等价的，并且都是线性无关的，则向量组(I)可由(II)线性表示且(I)线性无关，由推论 1 知 $s\leqslant t$；同样，向量组(II)可由(I)线性表示且(II)线性无关，有 $t\leqslant s$. 因此有 $s=t$，即向量组(I)和(II)包含向量的个数相等.

推论 3 任一向量组的不同极大线性无关组中所含向量的个数相等.

推论 4 等价向量组的极大线性无关组中所含向量的个数相等.

现在知道向量组的不同极大线性无关组所含向量的个数必然相等，那么极大无关组中包含向量的个数一定反映着这个向量组的一些内涵. 下面引入向量组的秩的概念.

定义 3.3.3 对于 F^n 上给定的向量组，它的极大无关组所含向量的个数称为该向量组的**秩**，记作 $R\{\boldsymbol{\alpha}_1,\boldsymbol{\alpha}_2,\cdots,\boldsymbol{\alpha}_s\}$；只含零向量的向量组，没有极大无关组，规定它的秩为零.

由此可知，向量组 $\boldsymbol{\alpha}_1,\boldsymbol{\alpha}_2,\cdots,\boldsymbol{\alpha}_s$ 线性无关的充要条件是 $R\{\boldsymbol{\alpha}_1,\boldsymbol{\alpha}_2,\cdots,\boldsymbol{\alpha}_s\}=s$；向量组 $\boldsymbol{\alpha}_1,\boldsymbol{\alpha}_2,\cdots,\boldsymbol{\alpha}_s$ 线性相关的充要条件是 $R\{\boldsymbol{\alpha}_1,\boldsymbol{\alpha}_2,\cdots,\boldsymbol{\alpha}_s\}<s$.

推论 5 若 $R\{\boldsymbol{\alpha}_1,\boldsymbol{\alpha}_2,\cdots,\boldsymbol{\alpha}_s\}=r$ 且 $r<s$ ，则 $\boldsymbol{\alpha}_1,\boldsymbol{\alpha}_2,\cdots,\boldsymbol{\alpha}_s$ 中任意 $r+1$ 个向量线性相关.

证明 反证法，假设 $\boldsymbol{\alpha}_1,\boldsymbol{\alpha}_2,\cdots,\boldsymbol{\alpha}_s$ 中存在 $r+1$ 个向量是线性无关的，则极大无关组中至少包含 $r+1$ 个向量，从而 $R\{\boldsymbol{\alpha}_1,\boldsymbol{\alpha}_2,\cdots,\boldsymbol{\alpha}_s\}\geqslant r+1$ 与 $R\{\boldsymbol{\alpha}_1,\boldsymbol{\alpha}_2,\cdots,\boldsymbol{\alpha}_s\}=r$ 矛盾.

由此可知，秩为 r 的向量组中，线性无关的部分组最多含有 r 个向量. 因此，秩为 r 的向量组中，含有 r 个线性无关向量的部分组一定为该向量组的极大无关组.

推论 6 设 (I) 和 (II) 是 F^n 上的两个向量组且 $R(\mathrm{I})=s$ ，$R(\mathrm{II})=t$ ，如果向量组 (I) 可由向量组 (II) 线性表示，则 $s\leqslant t$.

证明 设向量组 (I)′ 和 (II)′ 分别是 (I) 和 (II) 的极大无关组，则 (I)′ 中有 s 个向量，(II)′ 中有 t 个向量；(I) 与 (I)′ 等价，(II) 与 (II)′ 等价，而 (I) 可由 (II) 线性表示，由等价的传递性，(I)′ 可以由 (II)′ 线性表示；又 (I)′ 线性无关，由定理 3.3.2 的推论 1 知 $s\leqslant t$.

推论 7 等价向量组有相同的秩.

 **随堂练习**

1. 若 $R\{\boldsymbol{\alpha}_1,\boldsymbol{\alpha}_2,\cdots,\boldsymbol{\alpha}_s\}=r$ ，其中 $r<s$ ，问

(1) $\boldsymbol{\alpha}_1,\boldsymbol{\alpha}_2,\cdots,\boldsymbol{\alpha}_s$ 中任意 $r+1$ 个向量构成的向量组是线性相关的吗?

(2) $\boldsymbol{\alpha}_1,\boldsymbol{\alpha}_2,\cdots,\boldsymbol{\alpha}_s$ 中任意 r 个向量构成的向量组是线性无关的吗?

(3) $\boldsymbol{\alpha}_1,\boldsymbol{\alpha}_2,\cdots,\boldsymbol{\alpha}_s$ 中任意 $r-1$ 个向量构成的向量组是线性无关的吗?

2. 等价向量组所含的向量个数一定相等吗?

3. 证明向量组 $\boldsymbol{\alpha}_1,\boldsymbol{\alpha}_2,\boldsymbol{\alpha}_3$ 的秩与向量组 $\boldsymbol{\alpha}_1,\boldsymbol{\alpha}_1+\boldsymbol{\alpha}_2,\boldsymbol{\alpha}_1+\boldsymbol{\alpha}_2+\boldsymbol{\alpha}_3$ 的秩相等.

4. 向量组 $\boldsymbol{\alpha}_1,\boldsymbol{\alpha}_2,\boldsymbol{\alpha}_3$ 与 $\boldsymbol{\alpha}_1,\boldsymbol{\alpha}_2,\boldsymbol{\alpha}_3,\boldsymbol{\alpha}_4,\boldsymbol{\alpha}_5$ 的秩相等，证明这两个向量组等价.

3.4 矩阵的秩

矩阵的秩是一个很重要的概念，在研究线性方程组的解等方面起着非常重要的作用. 其实前面在讲方程组时，与原方程组同解的最简阶梯形方程组中方程的个数就反映了矩阵的秩.

对于数域 F 上的矩阵

$$\boldsymbol{A}=\begin{pmatrix} a_{11} & a_{12} & \cdots & a_{1n} \\ a_{21} & a_{22} & \cdots & a_{2n} \\ \vdots & \vdots & & \vdots \\ a_{m1} & a_{m2} & \cdots & a_{mn} \end{pmatrix},$$

可以把矩阵 $\boldsymbol{A}$ 的每一行看成一个行向量，得到一个向量组

$$\boldsymbol{\alpha}_1=(a_{11},a_{12},\cdots,a_{1n}),\quad \boldsymbol{\alpha}_2=(a_{21},a_{22},\cdots,a_{2n}),\quad \cdots,\quad \boldsymbol{\alpha}_m=(a_{m1},a_{m2},\cdots,a_{mn}),$$

称之为矩阵 $\boldsymbol{A}$ 的**行向量组**.

相应地，把矩阵 $\boldsymbol{A}$ 的每一列看成一个列向量，得到矩阵 $\boldsymbol{A}$ 的**列向量组**

$$\boldsymbol{\beta}_1=\begin{pmatrix} a_{11} \\ a_{21} \\ \vdots \\ a_{m1} \end{pmatrix},\quad \boldsymbol{\beta}_2=\begin{pmatrix} a_{12} \\ a_{22} \\ \vdots \\ a_{m2} \end{pmatrix},\quad \cdots,\quad \boldsymbol{\beta}_n=\begin{pmatrix} a_{1n} \\ a_{2n} \\ \vdots \\ a_{mn} \end{pmatrix}.$$

定义 3.4.1　称矩阵 $\boldsymbol{A}$ 的行向量组的秩为 $\boldsymbol{A}$ 的**行秩**；称矩阵 $\boldsymbol{A}$ 的列向量组的秩为 $\boldsymbol{A}$ 的**列秩**.

那么 $\boldsymbol{A}$ 的行秩与 $\boldsymbol{A}$ 的列秩相等吗？我们先看一个例子.

例 1　设矩阵

$$\boldsymbol{A}=\begin{pmatrix} 2 & 0 & 0 & 0 & 0 \\ 0 & 1 & 0 & 0 & 0 \\ 0 & 0 & 0 & 5 & 0 \\ 0 & 0 & 0 & 0 & 0 \end{pmatrix},$$

因为含零向量的任何向量组线性相关，可知矩阵 $\boldsymbol{A}$ 的行向量 $\boldsymbol{\alpha}_1=(2,0,0,0,0)$，$\boldsymbol{\alpha}_2=(0,1,0,0,0)$，$\boldsymbol{\alpha}_3=(0,0,0,5,0)$ 为行向量组的极大无关组. 故 $\boldsymbol{A}$ 的行秩为 3；矩阵 $\boldsymbol{A}$ 的列向量 $\boldsymbol{\beta}_1=\begin{pmatrix} 2 \\ 0 \\ 0 \\ 0 \end{pmatrix}$，$\boldsymbol{\beta}_2=\begin{pmatrix} 0 \\ 1 \\ 0 \\ 0 \end{pmatrix}$，$\boldsymbol{\beta}_4=\begin{pmatrix} 0 \\ 0 \\ 5 \\ 0 \end{pmatrix}$ 为列向量组的极大无关组，故 $\boldsymbol{A}$

的列秩为 3，即矩阵 $\boldsymbol{A}$ 的行秩等于列秩. 那么是不是任意矩阵的行秩和列秩都相等呢？为了说明这个问题，我们需研究一下矩阵在经过初等变换化为行简化形矩阵的过程中是否对矩阵的行秩和列秩产生了影响.

定理 3.4.1　对矩阵 $\boldsymbol{A}_{m\times n}$ 进行初等行变换化为 $\boldsymbol{B}_{m\times n}$，则 $\boldsymbol{B}_{m\times n}$ 的行秩等于 $\boldsymbol{A}_{m\times n}$ 的行秩.

证明　矩阵 $\boldsymbol{A}_{m\times n}$ 的行向量组经过一次对换、倍乘、倍加变换得到的新向量组和原向量组是等价的，故不改变矩阵的行秩，那么经过有限次的初等行变换，也不改变矩阵的行秩.

类似地，可证对矩阵 $\boldsymbol{A}_{m\times n}$ 进行初等列变换化为 $\boldsymbol{B}_{m\times n}$，则 $\boldsymbol{B}_{m\times n}$ 的列秩等于 $\boldsymbol{A}_{m\times n}$ 的列秩.

定理 3.4.2　对矩阵 $\boldsymbol{A}_{m\times n}$ 进行初等行变换化为 $\boldsymbol{B}_{m\times n}$，则 $\boldsymbol{A}_{m\times n}$ 与 $\boldsymbol{B}_{m\times n}$ 的对应列向量组有相同的线性关系，即若

$$(\boldsymbol{\alpha}_1,\boldsymbol{\alpha}_2,\cdots,\boldsymbol{\alpha}_n)=\boldsymbol{A}_{m\times n}\xrightarrow{\text{初等行变换}}\boldsymbol{B}_{m\times n}=(\boldsymbol{\beta}_1,\boldsymbol{\beta}_2,\cdots,\boldsymbol{\beta}_n),$$

其中 $\boldsymbol{\alpha}_i\,(i=1,2,\cdots,n)$ 是 $\boldsymbol{A}_{m\times n}$ 的第 i 列，$\boldsymbol{\beta}_j\,(j=1,2,\cdots,n)$ 是 $\boldsymbol{B}_{m\times n}$ 的第 j 列，则列向量组 $\boldsymbol{\alpha}_{i_1},\boldsymbol{\alpha}_{i_2},\cdots,\boldsymbol{\alpha}_{i_r}$ 与 $\boldsymbol{\beta}_{i_1},\boldsymbol{\beta}_{i_2},\cdots,\boldsymbol{\beta}_{i_r}$ $(1\leqslant i_1<i_2<\cdots<i_r\leqslant n)$ 具有相同的线性关系.

证明　下面只对进行一次第三种初等行变换的情况给出证明.

若将 $\boldsymbol{A}_{m\times n}$ 的第 i 行的 s 倍加到第 j 行，得到矩阵 $\boldsymbol{B}$，即

$$\boldsymbol{A}_{m\times n}=\begin{pmatrix} a_{11} & a_{12} & \cdots & a_{1n}\\ \vdots & \vdots & & \vdots\\ a_{i1} & a_{i2} & \cdots & a_{in}\\ \vdots & \vdots & & \vdots\\ a_{j1} & a_{j2} & \cdots & a_{jn}\\ \vdots & \vdots & & \vdots\\ a_{m1} & a_{m2} & \cdots & a_{mn}\end{pmatrix}\xrightarrow{r_j+sr_i}\begin{pmatrix} a_{11} & a_{12} & \cdots & a_{1n}\\ \vdots & \vdots & & \vdots\\ a_{i1} & a_{i2} & \cdots & a_{in}\\ \vdots & \vdots & & \vdots\\ a_{j1}+sa_{i1} & a_{j2}+sa_{i2} & \cdots & a_{jn}+sa_{in}\\ \vdots & \vdots & & \vdots\\ a_{m1} & a_{m2} & \cdots & a_{mn}\end{pmatrix}=\boldsymbol{B}_{m\times n}.$$

设齐次线性方程组 $x_1\boldsymbol{\alpha}_1+x_2\boldsymbol{\alpha}_2+\cdots+x_n\boldsymbol{\alpha}_n=\boldsymbol{0}$，即

$$\begin{cases} a_{11}x_1+a_{12}x_2+\cdots+a_{1n}x_n=0,\\ \qquad\cdots\cdots\\ a_{i1}x_1+a_{i2}x_2+\cdots+a_{in}x_n=0,\\ \qquad\cdots\cdots\\ a_{j1}x_1+a_{j2}x_2+\cdots+a_{jn}x_n=0,\\ \qquad\cdots\cdots\\ a_{m1}x_1+a_{m2}x_2+\cdots+a_{mn}x_n=0.\end{cases}$$

再设齐次线性方程组 $x_1\boldsymbol{\beta}_1+x_2\boldsymbol{\beta}_2+\cdots+x_n\boldsymbol{\beta}_n=\boldsymbol{0}$，即

$$\begin{cases} a_{11}k_1 + a_{12}k_2 + \cdots + a_{1n}k_n = 0, \\ \cdots\cdots \\ a_{i1}k_1 + a_{i2}k_2 + \cdots + a_{in}k_n = 0, \\ \cdots\cdots \\ (a_{j1} + sa_{i1})k_1 + (a_{j2} + sa_{i2})k_2 + \cdots + (a_{jn} + sa_{in})k_n = 0, \\ \cdots\cdots \\ a_{m1}k_1 + a_{m2}k_2 + \cdots + a_{mn}k_n = 0. \end{cases}$$

显然这两个齐次线性方程组是同解方程组，因此 $\boldsymbol{A}_{m\times n}$ 与 $\boldsymbol{B}_{m\times n}$ 的列向量组有相同的线性关系.

【注】 定理中 $\boldsymbol{A}_{m\times n}$ 与 $\boldsymbol{B}_{m\times n}$ 的列向量组有相同的线性关系包含以下两个方面的意思.

(1) 若 $\boldsymbol{\alpha}_1,\boldsymbol{\alpha}_2,\cdots,\boldsymbol{\alpha}_n$ 的部分组 $\boldsymbol{\alpha}_{i_1},\boldsymbol{\alpha}_{i_2},\cdots,\boldsymbol{\alpha}_{i_r}$ 线性无关，则 $\boldsymbol{\beta}_1,\boldsymbol{\beta}_2,\cdots,\boldsymbol{\beta}_n$ 对应的部分组 $\boldsymbol{\beta}_{i_1},\boldsymbol{\beta}_{i_2},\cdots,\boldsymbol{\beta}_{i_r}$ 也线性无关，反之也成立. 比如下面(3.4.1)式中，$\boldsymbol{\beta}_1,\boldsymbol{\beta}_2$ 线性无关，则对应 $\boldsymbol{\alpha}_1,\boldsymbol{\alpha}_2$ 也线性无关.

(2) 若 $\boldsymbol{\alpha}_1,\boldsymbol{\alpha}_2,\cdots,\boldsymbol{\alpha}_n$ 中的 $\boldsymbol{\alpha}_{i_1},\boldsymbol{\alpha}_{i_2},\cdots,\boldsymbol{\alpha}_{i_r},\boldsymbol{\alpha}_j$ 有线性关系

$$k_{i_1}\boldsymbol{\alpha}_{i_1} + k_{i_2}\boldsymbol{\alpha}_{i_2} + \cdots + k_{i_r}\boldsymbol{\alpha}_{i_r} = \boldsymbol{\alpha}_j,$$

则 $\boldsymbol{\beta}_1,\boldsymbol{\beta}_2,\cdots,\boldsymbol{\beta}_n$ 中对应的列向量 $\boldsymbol{\beta}_{i_1},\boldsymbol{\beta}_{i_2},\cdots,\boldsymbol{\beta}_{i_r},\boldsymbol{\beta}_j$ 也有相同线性关系

$$k_{i_1}\boldsymbol{\beta}_{i_1} + k_{i_2}\boldsymbol{\beta}_{i_2} + \cdots + k_{i_r}\boldsymbol{\beta}_{i_r} = \boldsymbol{\beta}_j,$$

反之也成立. 比如下面式(3.4.1)中，$\boldsymbol{\beta}_2,\boldsymbol{\beta}_3,\boldsymbol{\beta}_4$ 线性相关且 $\boldsymbol{\beta}_4 = \boldsymbol{\beta}_2 + \boldsymbol{\beta}_3$，则对应 $\boldsymbol{\alpha}_2,\boldsymbol{\alpha}_3,\boldsymbol{\alpha}_4$ 也线性相关且有相同的线性关系 $\boldsymbol{\alpha}_4 = \boldsymbol{\alpha}_2 + \boldsymbol{\alpha}_3$，反之也成立.

$$\boldsymbol{A} \to \underset{\boldsymbol{\alpha}_1\ \boldsymbol{\alpha}_2\ \boldsymbol{\alpha}_3\ \boldsymbol{\alpha}_4}{\begin{pmatrix} 1 & 1 & 0 & 1 \\ 0 & 1 & 1 & 2 \\ 0 & 3 & 0 & 3 \end{pmatrix}} \xrightarrow{\text{初等行变换}} \underset{\boldsymbol{\beta}_1\ \boldsymbol{\beta}_2\ \boldsymbol{\beta}_3\ \boldsymbol{\beta}_4}{\begin{pmatrix} 1 & 0 & 0 & 0 \\ 0 & 1 & 0 & 1 \\ 0 & 0 & 1 & 1 \end{pmatrix}} = \boldsymbol{B}, \tag{3.4.1}$$

它同时也说明对矩阵 $\boldsymbol{A}_{m\times n}$ 进行初等行变换化为 $\boldsymbol{B}_{m\times n}$，则 $\boldsymbol{A}_{m\times n}$ 与 $\boldsymbol{B}_{m\times n}$ 的列秩相等，即**初等行变换不改变矩阵的列秩**. 类似地，可证对矩阵 $\boldsymbol{A}_{m\times n}$ 进行初等列变换化为 $\boldsymbol{B}_{m\times n}$，则 $\boldsymbol{A}_{m\times n}$ 与 $\boldsymbol{B}_{m\times n}$ 的行向量组有相同的线性关系，**初等列变换不改变矩阵的行秩**.

上述结论说明**初等行变换和初等列变换均不改变矩阵的行秩和列秩**.

定理 3.4.3 矩阵的行秩等于列秩.

证明 若 $\boldsymbol{A}$ 为零矩阵，结果显然成立. 如果 $\boldsymbol{A}$ 不为零矩阵，对 $\boldsymbol{A}$ 作如下初等变换

$$
A \to \begin{pmatrix} 1 & 0 & \cdots & 0 & c_{1,r+1} & c_{1,r+2} & \cdots & c_{1n} \\ 0 & 1 & \cdots & 0 & c_{2,r+1} & c_{2,r+2} & \cdots & c_{2n} \\ \vdots & \vdots & & \vdots & \vdots & \vdots & & \vdots \\ 0 & 0 & \cdots & 1 & c_{r,r+1} & c_{r,r+2} & \cdots & c_{rn} \\ 0 & 0 & \cdots & 0 & 0 & 0 & \cdots & 0 \\ 0 & 0 & \cdots & 0 & 0 & 0 & \cdots & 0 \\ \vdots & \vdots & & \vdots & \vdots & \vdots & & \vdots \\ 0 & 0 & \cdots & 0 & 0 & 0 & \cdots & 0 \end{pmatrix} \to \begin{pmatrix} 1 & 0 & \cdots & 0 & 0 & \cdots & 0 \\ 0 & 1 & \cdots & 0 & 0 & \cdots & 0 \\ \vdots & \vdots & & \vdots & \vdots & & \vdots \\ 0 & 0 & \cdots & 1 & 0 & \cdots & 0 \\ 0 & 0 & \cdots & 0 & 0 & \cdots & 0 \\ 0 & 0 & \cdots & 0 & 0 & \cdots & 0 \\ \vdots & \vdots & & \vdots & \vdots & & \vdots \\ 0 & 0 & \cdots & 0 & 0 & \cdots & 0 \end{pmatrix} = B .
$$

显然，B 的行秩与 B 的列秩相等，于是有

$$
A \text{ 的行秩} = B \text{ 的行秩} = B \text{ 的列秩} = A \text{ 的列秩}.
$$

称矩阵 B 为矩阵 A 的**等价标准形**. 显然矩阵的行秩和列秩等于其等价标准形中 1 的个数.

既然矩阵的行秩和列秩一定相等，我们很自然地给出如下定义.

定义 3.4.2　矩阵 A 的行秩称为矩阵的**秩**，记作 $R(A)$.

对于矩阵 $A_{m\times n}$，一定有 $0 \leqslant R(A_{m\times n}) \leqslant \min(m,n)$，若 $R(A_{m\times n}) = m$，称 A 为**行满秩矩阵**，若 $R(A_{m\times n}) = n$，称 A 为**列满秩矩阵**；对于方阵 $A_{n\times n}$，若 $R(A) = n$，则称 A 为**满秩矩阵**.

为了找出矩阵的秩与行列式的关系，首先引入 k 阶子式的定义.

定义 3.4.3　在矩阵 $A_{m\times n}$ 中任取 k 行 k 列 $(1 \leqslant k \leqslant \min(m,n))$，由位于这 k 行 k 列交叉处的元素按原来的次序构成的 k 阶行列式，称为 A 的一个 k 阶子式，记作 $D_k(A)$，显然一个 $m\times n$ 矩阵 $A_{m\times n}$ 共有 $\mathrm{C}_m^k \cdot \mathrm{C}_n^k$ 个 k 阶子式.

例 2　$A_{3\times 4} = \begin{pmatrix} a_{11} & a_{12} & a_{13} & a_{14} \\ a_{21} & a_{22} & a_{23} & a_{24} \\ a_{31} & a_{32} & a_{33} & a_{34} \end{pmatrix}$ 有 4 个三阶子式，18 个二阶子式.

定理 3.4.4　$R(A) = r$ 的充要条件是 A 中至少有一个 $D_r(A) \neq 0$，而所有的 $r+1$ 阶子式(如果存在的话) $D_{r+1}(A) = 0$.

证明　必要性：因为 $R(A) = r$，则 A 的行秩为 r，那么存在 r 行是线性无关的. 不妨设前 r 行是线性无关的，由这 r 行构成的矩阵记为 A_1，有 $R(A_1) = r$，则 A_1 中存在 r 列是线性无关的；不妨设 A_1 的前 r 列线性无关，由 A_1 的前 r 列构成的矩阵记为 A_2，则 A_2 的行列式 $|A_2|$ 就是一个 r 阶非零子式.

又 $R(A) = r$，则任意 $r+1$ 行线性相关，任意 $r+1$ 列线性相关. 故任意 $r+1$ 阶子式都为零.

充分性：因为至少有一个 $D_r(A) \neq 0$，不妨设 A 的左上角 r 阶子式 $|A_r|$ 不为零，

则$|A_r|$的r行线性无关，添加分量成为A的前r行，也线性无关，故$R(A)\geqslant r$. 而所有的$D_{r+1}(A)=0$,则A的任何$r+1$个行向量必线性相关(否则由必要性证明知存在$r+1$阶非零子式)，有$R(A)\leqslant r$，所以$R(A)=r$.

【思考】 矩阵A存在$r+2$阶子式,如果所有$r+1$阶子式都等于零,那么$r+2$阶子式呢?

如果矩阵A存在r阶非零子式，而所有$r+1$阶子式都等于零，则矩阵A的非零子式的最高阶数为r，即矩阵A的秩为矩阵A的非零子式的最高阶数. 反之，若$R(A)=r$，则矩阵A的非零子式的最高阶数为r.

故定理可描述为：$R(A)=r$的充要条件是A的非零子式的最高阶数为r.

推论　n阶矩阵A的秩等于n的充要条件是$|A_{n\times n}|\neq 0$.

由此及行列式的性质可得到结论：

(1) $R(A_n)=0\Leftrightarrow A_n=O$；

(2) $R(A_n)=n\Leftrightarrow A_n$的行(列)向量组线性无关$\Leftrightarrow |A_n|\neq 0$；

(3) $R(A_n)<n\Leftrightarrow A_n$的行(列)向量组线性相关$\Leftrightarrow |A_n|=0$.

【思考】 矩阵$A_{m\times n}$的秩与$A_{m\times n}$的行(列)向量组线性相关或线性无关有什么关系?

例 3　求下列矩阵的秩

$$A=\begin{pmatrix}1&1&0&0\\1&0&1&1\\2&-1&3&3\end{pmatrix}.$$

解　显然二阶子式$D_2(A)=\begin{vmatrix}1&0\\0&1\end{vmatrix}=1\neq 0$，而$A$的所有三阶子式(4 个)

$$\begin{vmatrix}1&1&0\\1&0&1\\2&-1&3\end{vmatrix}=0,\quad \begin{vmatrix}1&1&0\\1&0&1\\2&-1&3\end{vmatrix}=0,\quad \begin{vmatrix}1&0&0\\1&1&1\\2&3&3\end{vmatrix}=0,\quad \begin{vmatrix}1&0&0\\0&1&1\\-1&3&3\end{vmatrix}=0,$$

所以$R(A)=2$.

显然，这样求矩阵的秩计算量非常大，实际上只需用初等行变换，可把A变成阶梯形矩阵，阶梯形矩阵的非零行数即矩阵的秩.

例 4　设矩阵$A=\begin{pmatrix}1&1&2&2&1\\0&2&1&5&-1\\2&0&3&-1&3\\1&1&0&4&-1\end{pmatrix}$，求$R(A)$.

解　对A施以初等行变换变成阶梯形矩阵：

$$A \xrightarrow[r_4-r_1]{r_3-2r_1} \begin{pmatrix} 1 & 1 & 2 & 2 & 1 \\ 0 & 2 & 1 & 5 & -1 \\ 0 & -2 & -1 & -5 & 1 \\ 0 & 0 & -2 & 2 & -2 \end{pmatrix} \xrightarrow{r_3+r_2} \begin{pmatrix} 1 & 1 & 2 & 2 & 1 \\ 0 & 2 & 1 & 5 & -1 \\ 0 & 0 & 0 & 0 & 0 \\ 0 & 0 & -2 & 2 & -2 \end{pmatrix}$$

$$\xrightarrow{r_3 \leftrightarrow r_4} \begin{pmatrix} 1 & 1 & 2 & 2 & 1 \\ 0 & 2 & 1 & 5 & -1 \\ 0 & 0 & -2 & 2 & -2 \\ 0 & 0 & 0 & 0 & 0 \end{pmatrix} = \boldsymbol{B},$$

$\boldsymbol{B}$ 为阶梯形矩阵且 $R(\boldsymbol{A}) = R(\boldsymbol{B})$，由矩阵 $\boldsymbol{B}$ 很容易看出取前三行前三列构成的三阶子式不为零，而任意四阶子式均为零，由此 $R(\boldsymbol{A}) = R(\boldsymbol{B}) = 3$.

如果再进行初等列变换，$\boldsymbol{A}$ 可化为等价标准形

$$\boldsymbol{A} \to \begin{pmatrix} 1 & 1 & 2 & 2 & 1 \\ 0 & 2 & 1 & 5 & -1 \\ 0 & 0 & -2 & 2 & -2 \\ 0 & 0 & 0 & 0 & 0 \end{pmatrix} \to \begin{pmatrix} 1 & 0 & 0 & 0 & 0 \\ 0 & 1 & 0 & 0 & 0 \\ 0 & 0 & 1 & 0 & 0 \\ 0 & 0 & 0 & 0 & 0 \end{pmatrix} = \boldsymbol{C},$$

等价标准形 $\boldsymbol{C}$ 中有 3 个 1，$R(\boldsymbol{C}) = 3$，则 $R(\boldsymbol{A}) = 3$.

【注】 (1) 此题如果利用定理 3.4.4 计算二、三、四阶子式，计算量就太大了，为了简便，还是把矩阵化为阶梯形矩阵，后者的非零行数即矩阵的秩.

(2) 如果只是求矩阵的秩既可以用初等行变换，也可以用初等列变换.

例 5 设向量组 $\boldsymbol{\alpha}_1 = (-1,-1,0,0)^{\mathrm{T}}, \boldsymbol{\alpha}_2 = (1,2,1,-1)^{\mathrm{T}}, \boldsymbol{\alpha}_3 = (0,1,1,-1)^{\mathrm{T}}, \boldsymbol{\alpha}_4 = (1,3,2,1)^{\mathrm{T}}, \boldsymbol{\alpha}_5 = (2,6,4,-1)^{\mathrm{T}}$. 求向量组的秩及其一个极大无关组，并将其余向量用这个极大无关组线性表示.

解 把向量作为矩阵 $\boldsymbol{A}$ 的列向量，仅作初等行变换，将之化为行简化形阶梯矩阵，线性表示可以从中直接看出.

$$\boldsymbol{A} = (\boldsymbol{\alpha}_1, \boldsymbol{\alpha}_2, \boldsymbol{\alpha}_3, \boldsymbol{\alpha}_4, \boldsymbol{\alpha}_5) = \begin{pmatrix} -1 & 1 & 0 & 1 & 2 \\ -1 & 2 & 1 & 3 & 6 \\ 0 & 1 & 1 & 2 & 4 \\ 0 & -1 & -1 & 1 & -1 \end{pmatrix} \to \begin{pmatrix} 1 & -1 & 0 & -1 & -2 \\ 0 & 1 & 1 & 2 & 4 \\ 0 & 1 & 1 & 2 & 4 \\ 0 & -1 & -1 & 1 & -1 \end{pmatrix}$$

$$\to \begin{pmatrix} 1 & -1 & 0 & -1 & -2 \\ 0 & 1 & 1 & 2 & 4 \\ 0 & 0 & 0 & 3 & 3 \\ 0 & 0 & 0 & 0 & 0 \end{pmatrix} \to \begin{pmatrix} 1 & 0 & 1 & 1 & 2 \\ 0 & 1 & 1 & 2 & 4 \\ 0 & 0 & 0 & 1 & 1 \\ 0 & 0 & 0 & 0 & 0 \end{pmatrix} \to \begin{pmatrix} 1 & 0 & 1 & 0 & 1 \\ 0 & 1 & 1 & 0 & 2 \\ 0 & 0 & 0 & 1 & 1 \\ 0 & 0 & 0 & 0 & 0 \end{pmatrix} = \boldsymbol{B},$$

则 $R(\boldsymbol{A}) = R(\boldsymbol{B}) = 3$. 设 $\boldsymbol{\beta}_1, \boldsymbol{\beta}_2, \boldsymbol{\beta}_3, \boldsymbol{\beta}_4, \boldsymbol{\beta}_5$ 为 $\boldsymbol{B}$ 的列向量，则 $\boldsymbol{\beta}_1, \boldsymbol{\beta}_2, \boldsymbol{\beta}_4$ 为 $\boldsymbol{B}$ 的列向量组的一个极大无关组，这说明 $\boldsymbol{\alpha}_1, \boldsymbol{\alpha}_2, \boldsymbol{\alpha}_4$ 为 $\boldsymbol{\alpha}_1, \boldsymbol{\alpha}_2, \boldsymbol{\alpha}_3, \boldsymbol{\alpha}_4, \boldsymbol{\alpha}_5$ 的一个极大无关组. 又

由矩阵 $\boldsymbol{B}$ 容易得到 $\boldsymbol{\beta}_3=\boldsymbol{\beta}_1+\boldsymbol{\beta}_2+0\cdot\boldsymbol{\beta}_4$，$\boldsymbol{\beta}_5=\boldsymbol{\beta}_1+2\boldsymbol{\beta}_2+\boldsymbol{\beta}_4$，则相应地有 $\boldsymbol{\alpha}_3=\boldsymbol{\alpha}_1+\boldsymbol{\alpha}_2+0\cdot\boldsymbol{\alpha}_4$，$\boldsymbol{\alpha}_5=\boldsymbol{\alpha}_1+2\boldsymbol{\alpha}_2+\boldsymbol{\alpha}_4$.

【思考】 例 5 中若 $\boldsymbol{\alpha}_1,\boldsymbol{\alpha}_2,\boldsymbol{\alpha}_3,\boldsymbol{\alpha}_4,\boldsymbol{\alpha}_5$ 为行向量，利用初等行变换如何作？

 **随堂练习**

1\. 设矩阵 $\boldsymbol{A}=\begin{pmatrix}1&-2&4&-5\\2&3&1&4\\3&8&-2&13\\4&-1&9&-6\end{pmatrix}$，求 $R(\boldsymbol{A})$.

2\. 设 $\boldsymbol{A}=\begin{pmatrix}2&4&t-2\\-1&0&-3\\2&t&3\end{pmatrix}$，已知 $R(\boldsymbol{A})=2$，求 t 的值.

3\. 求 $\boldsymbol{\alpha}_1=(1,-1,2,3)$, $\boldsymbol{\alpha}_2=(0,2,5,8)$, $\boldsymbol{\alpha}_3=(2,2,0,-1)$, $\boldsymbol{\alpha}_4=(-1,7,-1,-2)$ 的一个极大无关组，并将其余向量用这个极大无关组线性表示.

3.5　线性方程组解的讨论

有了矩阵和向量的理论基础，我们就可以深入地分析线性方程组，给出线性方程组有解的判别条件，从而进一步来讨论线性方程组解的结构问题. 所谓解的结构问题就是解与解之间的关系问题，对于齐次线性方程组而言，它永远有解. 当它只有零解时，无须讨论解的结构问题；当齐次线性方程组有无穷多解时，有必要研究一下这些解之间的关系，能否找到有限个解来表示齐次线性方程组的全部解，从而得到齐次线性方程组解的结构定理. 通过研究非齐次线性方程组的解与齐次线性方程组解的关系，得出非齐次线性方程组解的结构定理.

3.5.1　线性方程组有解判别定理

我们知道，线性方程组

$$\begin{cases}a_{11}x_1+a_{12}x_2+\cdots+a_{1n}x_n=b_1,\\a_{21}x_1+a_{22}x_2+\cdots+a_{2n}x_n=b_2,\\\qquad\cdots\cdots\\a_{m1}x_1+a_{m2}x_2+\cdots+a_{mn}x_n=b_m\end{cases}\tag{3.5.1}$$

不一定有解. 下面讨论非齐次线性方程组有解的充要条件.

在方程组(3.5.1)中，若记

$$\boldsymbol{\beta}=(b_1,b_2,\cdots,b_m)^{\mathrm{T}},\quad \boldsymbol{\alpha}_i=(a_{1i},a_{2i},\cdots,a_{mi})^{\mathrm{T}}\quad(i=1,2,\cdots,n),$$

则(3.5.1)可写为它的向量形式

$$x_1\boldsymbol{\alpha}_1 + x_2\boldsymbol{\alpha}_2 + \cdots + x_n\boldsymbol{\alpha}_n = \boldsymbol{\beta}. \tag{3.5.2}$$

我们知道，方程组(3.5.1)有解的充要条件是向量$\boldsymbol{\beta}$可以由向量组$\boldsymbol{\alpha}_1,\boldsymbol{\alpha}_2,\cdots,\boldsymbol{\alpha}_n$线性表示. 由第 1 章知道，方程组(3.5.1)的矩阵形式为

$$\boldsymbol{AX} = \boldsymbol{\beta},$$

其中$\boldsymbol{A} = \begin{pmatrix} a_{11} & a_{12} & \cdots & a_{1n} \\ a_{21} & a_{22} & \cdots & a_{2n} \\ \vdots & \vdots & & \vdots \\ a_{m1} & a_{m2} & \cdots & a_{mn} \end{pmatrix}$为系数矩阵，$\boldsymbol{X} = \begin{pmatrix} x_1 \\ x_2 \\ \vdots \\ x_n \end{pmatrix}$，$\boldsymbol{\beta} = \begin{pmatrix} b_1 \\ b_2 \\ \vdots \\ b_m \end{pmatrix}$.

若$x_1 = c_1, x_2 = c_2, \cdots, x_n = c_n$是方程组(3.5.1)的解，则称$(c_1, c_2, \cdots, c_n)^{\mathrm{T}}$为方程组(3.5.1)的**解向量**，也简称为**解**.

利用秩的概念，方程组(3.5.1)有解的充要条件可以叙述如下.

定理 3.5.1　非齐次线性方程组(3.5.1)有解的充要条件是其系数矩阵与增广矩阵有相同的秩，即$R(\boldsymbol{A}) = R(\overline{\boldsymbol{A}})$.

证明　必要性：若方程组(3.5.1)有解，$\boldsymbol{\beta}$可由向量组$\boldsymbol{\alpha}_1,\boldsymbol{\alpha}_2,\cdots,\boldsymbol{\alpha}_n$线性表示，那么在增广矩阵$\overline{\boldsymbol{A}}$中，最后一列构成的向量可以由系数矩阵$\boldsymbol{A}$的列向量组线性表示，所以$\overline{\boldsymbol{A}}$与$\boldsymbol{A}$的列向量组等价，从而有$R(\boldsymbol{A}) = R(\overline{\boldsymbol{A}})$.

充分性：若系数矩阵与增广矩阵的秩相等$R(\boldsymbol{A}) = R(\overline{\boldsymbol{A}}) = r$，那么向量组$\boldsymbol{\alpha}_1,\boldsymbol{\alpha}_2,\cdots,\boldsymbol{\alpha}_n$与向量组$\boldsymbol{\alpha}_1,\boldsymbol{\alpha}_2,\cdots,\boldsymbol{\alpha}_n,\boldsymbol{\beta}$的秩相等. 不妨设$\boldsymbol{\alpha}_1,\boldsymbol{\alpha}_2,\cdots,\boldsymbol{\alpha}_r$是$\boldsymbol{\alpha}_1,\boldsymbol{\alpha}_2,\cdots,\boldsymbol{\alpha}_n$的一个极大无关组，则$\boldsymbol{\alpha}_1,\boldsymbol{\alpha}_2,\cdots,\boldsymbol{\alpha}_r$也是$\boldsymbol{\alpha}_1,\boldsymbol{\alpha}_2,\cdots,\boldsymbol{\alpha}_n,\boldsymbol{\beta}$的一个极大无关组，那么$\boldsymbol{\beta}$可以由$\boldsymbol{\alpha}_1,\boldsymbol{\alpha}_2,\cdots,\boldsymbol{\alpha}_r$线性表示，从而$\boldsymbol{\beta}$可以由$\boldsymbol{\alpha}_1,\boldsymbol{\alpha}_2,\cdots,\boldsymbol{\alpha}_n$线性表示，即方程组(3.5.1)有解.

实际上，这个判别条件与以前的消元法是一致的，我们知道非齐次线性方程组的增广矩阵经过初等行变换可化为如下形式：

$$\overline{\boldsymbol{A}} = (\boldsymbol{A} \mid \boldsymbol{b}) \to \cdots \to \left(\begin{array}{cccccccc|c} 1 & 0 & \cdots & 0 & c_{1,r+1} & \cdots & c_{1n} & & d_1 \\ 0 & 1 & \cdots & 0 & c_{2,r+1} & \cdots & c_{2n} & & d_2 \\ \vdots & \vdots & & \vdots & \vdots & & \vdots & & \vdots \\ 0 & 0 & \cdots & 1 & c_{r,r+1} & \cdots & c_{rn} & & d_r \\ 0 & 0 & \cdots & 0 & 0 & \cdots & 0 & & d_{r+1} \\ 0 & 0 & \cdots & 0 & 0 & \cdots & 0 & & 0 \\ \vdots & \vdots & & \vdots & \vdots & & \vdots & & \vdots \\ 0 & 0 & \cdots & 0 & 0 & \cdots & 0 & & 0 \end{array}\right) = (\widetilde{\boldsymbol{A}} \mid \widetilde{\boldsymbol{b}}).$$

上式中，阶梯形矩阵$\widetilde{\boldsymbol{A}}$就是系数矩阵经过初等行变换所化成的阶梯形矩阵，显然

有如下结论：

(1) $d_{r+1} \neq 0 \Leftrightarrow R(\overline{A}) = R(A)+1 \neq R(A) \Leftrightarrow$ 方程组(3.5.1)无解；

(2) $d_{r+1} = 0 \Leftrightarrow R(A) = R(\overline{A}) \Leftrightarrow$ 方程组(3.5.1)有解；

(3) $R(A) = R(\overline{A}) = n \Leftrightarrow$ 方程组(3.5.1)有唯一解， $R(A) = R(\overline{A}) < n \Leftrightarrow$ 方程组(3.5.1)有无穷多解.

对于齐次线性方程组，增广矩阵中最后一列全为零，总有 $R(A) = R(\overline{A})$，因此齐次线性方程组一定有解. 实际上我们知道齐次线性方程组一定有零解. 将上面结论(3)应用到齐次线性方程组中可以得到对应的结论：n 元齐次线性方程组只有零解的充要条件是 $R(A) = n$，有非零解的充要条件是 $R(A) < n$.

3.5.2　齐次线性方程组的解和基础解系

设有 n 元齐次线性方程组

$$\begin{cases} a_{11}x_1 + a_{12}x_2 + \cdots + a_{1n}x_n = 0, \\ a_{21}x_1 + a_{22}x_2 + \cdots + a_{2n}x_n = 0, \\ \qquad \cdots\cdots \\ a_{m1}x_1 + a_{m2}x_2 + \cdots + a_{mn}x_n = 0. \end{cases} \tag{3.5.3}$$

令 $(a_{1i}, a_{2i}, \cdots, a_{mi})^{\mathrm{T}} = \boldsymbol{\alpha}_i (i = 1, 2, \cdots, n)$，$(0, 0, \cdots, 0)^{\mathrm{T}} = \mathbf{0}$，则齐次线性方程组(3.5.3)的向量形式为

$$x_1\boldsymbol{\alpha}_1 + x_2\boldsymbol{\alpha}_2 + \cdots + x_n\boldsymbol{\alpha}_n = \mathbf{0}.$$

齐次线性方程组(3.5.3)的矩阵形式为

$$\boldsymbol{AX} = \mathbf{0},$$

其中 $\boldsymbol{A} = \begin{pmatrix} a_{11} & a_{12} & \cdots & a_{1n} \\ a_{21} & a_{22} & \cdots & a_{2n} \\ \vdots & \vdots & & \vdots \\ a_{m1} & a_{m2} & \cdots & a_{mn} \end{pmatrix}$，$\boldsymbol{X} = \begin{pmatrix} x_1 \\ x_2 \\ \vdots \\ x_n \end{pmatrix}$，$\mathbf{0} = \begin{pmatrix} 0 \\ 0 \\ \vdots \\ 0 \end{pmatrix}$.

容易验证齐次线性方程组的解有下列性质.

性质 1　若 $\boldsymbol{\xi}_1 = (p_1, p_2, \cdots, p_n)^{\mathrm{T}}$，$\boldsymbol{\xi}_2 = (q_1, q_2, \cdots, q_n)^{\mathrm{T}}$ 是齐次线性方程组(3.5.3)的解，则 $\boldsymbol{\xi}_1 + \boldsymbol{\xi}_2 = (p_1 + q_1, p_2 + q_2, \cdots, p_n + q_n)^{\mathrm{T}}$ 也是(3.5.3)的解.

证明　若 $\boldsymbol{\xi}_1 = (p_1, p_2, \cdots, p_n)^{\mathrm{T}}$，$\boldsymbol{\xi}_2 = (q_1, q_2, \cdots, q_n)^{\mathrm{T}}$ 是(3.5.3)的解，则 $p_1\boldsymbol{\alpha}_1 + p_2\boldsymbol{\alpha}_2 + \cdots + p_n\boldsymbol{\alpha}_n = \mathbf{0}$，$q_1\boldsymbol{\alpha}_1 + q_2\boldsymbol{\alpha}_2 + \cdots + q_n\boldsymbol{\alpha}_n = \mathbf{0}$，那么 $(p_1 + q_1)\boldsymbol{\alpha}_1 + (p_2 + q_2)\boldsymbol{\alpha}_2 + \cdots + (p_n + q_n)\boldsymbol{\alpha}_n = 0$，即 $\boldsymbol{\xi}_1 + \boldsymbol{\xi}_2$ 也是(3.5.3)的解.

性质 2　若 $\boldsymbol{\xi}_1 = (p_1, p_2, \cdots, p_n)^{\mathrm{T}}$ 是(3.5.3)的解，k 是任意常数，则 $k\boldsymbol{\xi}_1$ 也是(3.5.3)的解.

证明与性质 1 类似.

【注】 (1) 性质 1 和性质 2 也可以用方程组的矩阵形式给出：若 $\boldsymbol{\xi}_1$ 和 $\boldsymbol{\xi}_2$ 是齐次线性方程组 $\boldsymbol{AX}=\mathbf{0}$ 的解，则 $\boldsymbol{\xi}_1+\boldsymbol{\xi}_2$ 和 $k\boldsymbol{\xi}_1$ (k 为任意常数)也是 $\boldsymbol{AX}=\mathbf{0}$ 的解.

(2) 由这两个性质可以进一步得到：若 $\boldsymbol{\xi}_1,\boldsymbol{\xi}_2,\cdots,\boldsymbol{\xi}_s$ 是齐次线性方程组 $\boldsymbol{AX}=\mathbf{0}$ 的解，则 $c_1\boldsymbol{\xi}_1+c_2\boldsymbol{\xi}_2+\cdots+c_s\boldsymbol{\xi}_s$ ($c_1,c_2,\cdots,c_s$ 为任意常数)也是 $\boldsymbol{AX}=\mathbf{0}$ 的解.

如果用 S 表示(3.5.3)的全体解向量的集合，则上述性质说明 S 对解向量的加法和数乘运算封闭，也就是说，如果 $\boldsymbol{\xi}_1,\boldsymbol{\xi}_2,\cdots,\boldsymbol{\xi}_p$ 均为齐次线性方程组(3.5.3)的解，它们的线性组合也是齐次线性方程组的解，那么要想得到齐次线性方程组的全部解，只需找到齐次线性方程组的解向量组的极大无关组就行了. 首先引入下面的定义.

定义 3.5.1　齐次线性方程组(3.5.3)的一组解 $\boldsymbol{\eta}_1,\boldsymbol{\eta}_2,\cdots,\boldsymbol{\eta}_t$ 称为它的一个**基础解系**，如果

(1) $\boldsymbol{\eta}_1,\boldsymbol{\eta}_2,\cdots,\boldsymbol{\eta}_t$ 线性无关；

(2) 齐次线性方程组(3.5.3)的任一个解都能表示为 $\boldsymbol{\eta}_1,\boldsymbol{\eta}_2,\cdots,\boldsymbol{\eta}_t$ 的线性组合.

由定义 3.5.1 容易看出，基础解系其实就是解向量组的一个极大无关组，因此任何一个线性无关的与某一个基础解系等价的向量组都是齐次线性方程组的基础解系. 当齐次线性方程组(3.5.3)只有零解时，就没有基础解系；当它有非零解时，才存在基础解系且有以下定理.

定理 3.5.2　当齐次线性方程组(3.5.3)有非零解时，它有基础解系，并且基础解系包含 $n-R(\boldsymbol{A})$ 个向量，其中 $\boldsymbol{A}$ 表示齐次线性方程组(3.5.3)的系数矩阵(其实 $n-R(\boldsymbol{A})$ 也是自由未知量的个数).

证明　设齐次线性方程组(3.5.3)的系数矩阵的秩 $R(\boldsymbol{A})=r<n$. 对它的增广矩阵进行初等行变换(必要时交换未知量的顺序)，

$$\overline{\boldsymbol{A}}\to\cdots\to\begin{pmatrix}1&0&\cdots&0&c_{1,r+1}&\cdots&c_{1n}&0\\0&1&\cdots&0&c_{2,r+1}&\cdots&c_{2n}&0\\\vdots&\vdots&&\vdots&\vdots&&\vdots&\vdots\\0&0&\cdots&1&c_{r,r+1}&\cdots&c_{rn}&0\\0&0&\cdots&0&0&\cdots&0&0\\0&0&\cdots&0&0&\cdots&0&0\\\vdots&\vdots&&\vdots&\vdots&&\vdots&\vdots\\0&0&\cdots&0&0&\cdots&0&0\end{pmatrix},$$

它对应的同解方程组为

$$\begin{cases} x_1 = -c_{1,r+1}x_{r+1} - \cdots - c_{1n}x_n, \\ x_2 = -c_{2,r+1}x_{r+1} - \cdots - c_{2n}x_n, \\ \quad\cdots\cdots \\ x_r = -c_{r,r+1}x_{r+1} - \cdots - a_{rn}x_n. \end{cases} \tag{3.5.4}$$

取 $x_{r+1}, x_{r+2}, \cdots, x_n$ 为自由未知量($n-r$个)，取 $\begin{pmatrix} x_{r+1} \\ x_{r+2} \\ \vdots \\ x_n \end{pmatrix}$ 分别为 $\begin{pmatrix} 1 \\ 0 \\ \vdots \\ 0 \end{pmatrix}, \begin{pmatrix} 0 \\ 1 \\ \vdots \\ 0 \end{pmatrix}, \cdots, \begin{pmatrix} 0 \\ 0 \\ \vdots \\ 1 \end{pmatrix}$，则可以得到齐次线性方程组(3.5.3)的 $n-r$ 个解向量

$$\boldsymbol{\eta}_1 = \begin{pmatrix} -c_{1,r+1} \\ -c_{2,r+1} \\ \vdots \\ -c_{r,r+1} \\ 1 \\ 0 \\ \vdots \\ 0 \end{pmatrix}, \quad \boldsymbol{\eta}_2 = \begin{pmatrix} -c_{1,r+2} \\ -c_{2,r+2} \\ \vdots \\ -c_{r,r+2} \\ 0 \\ 1 \\ \vdots \\ 0 \end{pmatrix}, \quad \cdots, \quad \boldsymbol{\eta}_{n-r} = \begin{pmatrix} -c_{1n} \\ -c_{2n} \\ \vdots \\ -c_{rn} \\ 0 \\ 0 \\ \vdots \\ 1 \end{pmatrix}.$$

由于这 $n-r$ 个向量的后 $n-r$ 个分量组成的向量组是 $n-r$ 维的基本单位向量组，它们是线性无关的，故加长向量组 $\boldsymbol{\eta}_1, \boldsymbol{\eta}_2, \cdots, \boldsymbol{\eta}_{n-r}$ 也是线性无关的.

下面只需证齐次线性方程组(3.5.3)的任意解可由 $\boldsymbol{\eta}_1, \boldsymbol{\eta}_2, \cdots, \boldsymbol{\eta}_{n-r}$ 线性表示，就能说明 $\boldsymbol{\eta}_1, \boldsymbol{\eta}_2, \cdots, \boldsymbol{\eta}_{n-r}$ 是齐次线性方程组(3.5.3)的一个基础解系.

设

$$\boldsymbol{\eta} = (x_1, x_2, \cdots, x_r, x_{r+1}, \cdots, x_n)^{\mathrm{T}}$$

是齐次线性方程组(3.5.3)的任一个解，那么它也是(3.5.3)的同解方程组(3.5.4)的解，因此有

$$\begin{cases} x_1 = -c_{1,r+1}x_{r+1} - c_{1,r+2}x_{r+2} - \cdots - c_{1n}x_n, \\ x_2 = -c_{2,r+1}x_{r+1} - c_{2,r+2}x_{r+2} - \cdots - c_{2n}x_n, \\ \quad\cdots\cdots \\ x_r = -c_{r,r+1}x_{r+1} - c_{r,r+2}x_{r+2} - \cdots - c_{rn}x_n, \\ x_{r+1} = \quad x_{r+1}, \\ x_{r+2} = \quad\quad x_{r+2}, \\ \quad\cdots\cdots \\ x_n = \quad\quad\quad x_n, \end{cases}$$

用向量形式表示

$$\begin{pmatrix} x_1 \\ x_2 \\ \vdots \\ x_r \\ x_{r+1} \\ x_{r+2} \\ \vdots \\ x_n \end{pmatrix} = x_{r+1}\begin{pmatrix} -c_{1,r+1} \\ -c_{2,r+1} \\ \vdots \\ -c_{r,r+1} \\ 1 \\ 0 \\ \vdots \\ 0 \end{pmatrix} + x_{r+2}\begin{pmatrix} -c_{1,r+2} \\ -c_{2,r+2} \\ \vdots \\ -c_{r,r+2} \\ 0 \\ 1 \\ \vdots \\ 0 \end{pmatrix} + \cdots + x_n\begin{pmatrix} -c_{1n} \\ -c_{2n} \\ \vdots \\ -c_{rn} \\ 0 \\ 0 \\ \vdots \\ 1 \end{pmatrix},$$

即 $\boldsymbol{\eta} = x_{r+1}\boldsymbol{\eta}_1 + x_{r+2}\boldsymbol{\eta}_2 + \cdots + x_n\boldsymbol{\eta}_{n-r}$，齐次线性方程组(3.5.3)的任意解可由 $\boldsymbol{\eta}_1, \boldsymbol{\eta}_2, \cdots, \boldsymbol{\eta}_{n-r}$ 线性表示. 因此 $\boldsymbol{\eta}_1, \boldsymbol{\eta}_2, \cdots, \boldsymbol{\eta}_{n-r}$ 是(3.5.3)的一个基础解系，其中含有 $n-r$ 个向量.

称

$$\boldsymbol{\eta} = k_1\boldsymbol{\eta}_1 + k_2\boldsymbol{\eta}_2 + \cdots + k_{n-r}\boldsymbol{\eta}_{n-r} \quad (k_1, k_2, \cdots, k_{n-r}\text{ 为任意常数})$$

为齐次线性方程组(3.5.3)的**通解**.

由此可见，如果齐次线性方程组的系数矩阵的秩为 r，则其基础解系中含有 $n-r$ 个解向量. 上述定理同时也给出了求齐次线性方程组的基础解系的方法，需要注意的是基础解系并不唯一，任何 $n-r$ 个线性无关的解向量都是齐次线性方程组的基础解系.

例 1 求下列齐次线性方程组的通解.

$$\begin{cases} 3x_1 \quad\quad + 5x_3 \quad\quad = 0, \\ 2x_1 - x_2 + 3x_3 + x_4 = 0, \\ x_1 + x_2 + 2x_3 - x_4 = 0. \end{cases}$$

解 对系数矩阵 $\boldsymbol{A}$ 施行初等行变换

$$\boldsymbol{A} = \begin{pmatrix} 3 & 0 & 5 & 0 \\ 2 & -1 & 3 & 1 \\ 1 & 1 & 2 & -1 \end{pmatrix} \xrightarrow{r_1 \leftrightarrow r_3} \begin{pmatrix} 1 & 1 & 2 & -1 \\ 2 & -1 & 3 & 1 \\ 3 & 0 & 5 & 0 \end{pmatrix} \xrightarrow[r_3 - 3r_1]{r_2 - 2r_1} \begin{pmatrix} 1 & 1 & 2 & -1 \\ 0 & -3 & -1 & 3 \\ 0 & -3 & -1 & 3 \end{pmatrix}$$

$$\xrightarrow{r_3 - r_2} \begin{pmatrix} 1 & 1 & 2 & -1 \\ 0 & -3 & -1 & 3 \\ 0 & 0 & 0 & 0 \end{pmatrix} \xrightarrow{-\frac{1}{3}r_2} \begin{pmatrix} 1 & 1 & 2 & -1 \\ 0 & 1 & \frac{1}{3} & -1 \\ 0 & 0 & 0 & 0 \end{pmatrix} \xrightarrow{r_1 - r_2} \begin{pmatrix} 1 & 0 & \frac{5}{3} & 0 \\ 0 & 1 & \frac{1}{3} & -1 \\ 0 & 0 & 0 & 0 \end{pmatrix},$$

由最后一个阶梯形矩阵可知，$R(\boldsymbol{A}) = 2 < n$ (n 为未知量的个数，$n = 4$)，方程组有非零解. 因此有 $n - R(\boldsymbol{A}) = 2$ 个自由未知量，其基础解系应含两个向量.

原方程组的同解方程组为

$$\begin{cases} x_1 = -\dfrac{5}{3}x_3, \\ x_2 = -\dfrac{1}{3}x_3 + x_4. \end{cases}$$

取 x_3, x_4 为自由未知量，令 $\begin{pmatrix} x_3 \\ x_4 \end{pmatrix}$ 分别取 $\begin{pmatrix} 1 \\ 0 \end{pmatrix}$ 和 $\begin{pmatrix} 0 \\ 1 \end{pmatrix}$，得到原方程组的一个基础解系

$$\boldsymbol{\eta}_1 = \begin{pmatrix} -\dfrac{5}{3} \\ -\dfrac{1}{3} \\ 1 \\ 0 \end{pmatrix}, \quad \boldsymbol{\eta}_2 = \begin{pmatrix} 0 \\ 1 \\ 0 \\ 1 \end{pmatrix}.$$

因此，原方程组的通解为

$$\boldsymbol{\eta} = k_1\boldsymbol{\eta}_1 + k_2\boldsymbol{\eta}_2，\quad 其中 k_1, k_2 为任意常数.$$

【注】 (1) 实际上，只要 $\begin{pmatrix} x_3 \\ x_4 \end{pmatrix}$ 取两个线性无关的向量，就能保证得到的解向量是线性无关的，所以在解题时，不一定取 $\begin{pmatrix} x_3 \\ x_4 \end{pmatrix}$ 分别为 $\begin{pmatrix} 1 \\ 0 \end{pmatrix}$ 和 $\begin{pmatrix} 0 \\ 1 \end{pmatrix}$，可以根据具体的题目分析，怎么简单怎么取. 在此题中，取 $\begin{pmatrix} x_3 \\ x_4 \end{pmatrix}$ 分别为 $\begin{pmatrix} 3 \\ 0 \end{pmatrix}$ 和 $\begin{pmatrix} 0 \\ 1 \end{pmatrix}$，也可以得到原方程组的一个基础解系

$$\boldsymbol{\eta}_1' = \begin{pmatrix} -5 \\ -1 \\ 3 \\ 0 \end{pmatrix}, \quad \boldsymbol{\eta}_2' = \begin{pmatrix} 0 \\ 1 \\ 0 \\ 1 \end{pmatrix},$$

这就避免了解向量中出现分数，降低了计算难度.

(2) 注意到 x_2, x_4 或 x_2, x_3 也可以为自由未知量，从而得到相应的基础解系，也就是解齐次线性方程组时，自由未知量的选取是不唯一的，但自由未知量的个数一定是 $n - R(\boldsymbol{A})$ 个.

3.5.3 非齐次线性方程组的解的结构

设有非齐次线性方程组

$$\begin{cases} a_{11}x_1 + a_{12}x_2 + \cdots + a_{1n}x_n = b_1, \\ a_{21}x_1 + a_{22}x_2 + \cdots + a_{2n}x_n = b_2, \\ \qquad\cdots\cdots \\ a_{m1}x_1 + a_{m2}x_2 + \cdots + a_{mn}x_n = b_m, \end{cases} \tag{3.5.5}$$

把(3.5.5)中的常数项都换为 0，就得到齐次线性方程组(3.5.3). 齐次线性方程组(3.5.3)称为方程组(3.5.5)的**导出组**. 方程组(3.5.5)的解与它的导出组(3.5.3)的解之间有密切的关系.

利用非齐次线性方程组的向量形式 $x_1\boldsymbol{\alpha}_1 + x_2\boldsymbol{\alpha}_2 + \cdots + x_n\boldsymbol{\alpha}_n = \boldsymbol{\beta}$，容易验证非齐次线性方程组的解有下列性质.

性质 1 若 $\boldsymbol{\xi}_1 = (p_1, p_2, \cdots, p_n)^{\mathrm{T}}$，$\boldsymbol{\xi}_2 = (q_1, q_2, \cdots, q_n)^{\mathrm{T}}$ 是非齐次线性方程组(3.5.5)的解，则 $\boldsymbol{\xi}_1 - \boldsymbol{\xi}_2 = (p_1 - q_1, p_2 - q_2, \cdots, p_n - q_n)^{\mathrm{T}}$ 是它的导出组(3.5.3)的解.

性质 2 若 $\boldsymbol{\xi}_1 = (p_1, p_2, \cdots, p_n)^{\mathrm{T}}$ 和 $\boldsymbol{\xi}_2 = (q_1, q_2, \cdots, q_n)^{\mathrm{T}}$ 分别是非齐次线性方程组(3.5.5)和它的导出组的解，则 $\boldsymbol{\xi}_1 + \boldsymbol{\xi}_2 = (p_1 + q_1, p_2 + q_2, \cdots, p_n + q_n)^{\mathrm{T}}$ 是非齐次线性方程组(3.5.5)的解.

证明方法与齐次线性方程组解的性质类似.

【注】 上述两条性质可以用方程组的矩阵形式给出：

(1) 若 $\boldsymbol{\xi}_1$ 和 $\boldsymbol{\xi}_2$ 是非齐次线性方程组 $\boldsymbol{AX} = \boldsymbol{\beta}$ 的解，则 $\boldsymbol{\xi}_1 - \boldsymbol{\xi}_2$ 是其导出组 $\boldsymbol{AX} = \boldsymbol{0}$ 的解；

(2) 若 $\boldsymbol{\xi}_1$ 是非齐次线性方程组 $\boldsymbol{AX} = \boldsymbol{\beta}$ 的解，$\boldsymbol{\xi}_2$ 是其导出组 $\boldsymbol{AX} = \boldsymbol{0}$ 的解，则 $\boldsymbol{\xi}_1 + \boldsymbol{\xi}_2$ 是方程组 $\boldsymbol{AX} = \boldsymbol{\beta}$ 的解.

定理 3.5.3 如果 $\boldsymbol{\gamma}_0$ 是非齐次线性方程组(3.5.5)的一个解，$\boldsymbol{\eta}_1, \boldsymbol{\eta}_2, \cdots, \boldsymbol{\eta}_{n-r}$ 是其导出组的一个基础解系，那么线性方程组(3.5.5)的任一个解 $\boldsymbol{\gamma}$ 都可以表成

$$\boldsymbol{\gamma} = \boldsymbol{\gamma}_0 + \boldsymbol{\eta},$$

其中 $\boldsymbol{\eta} = k_1\boldsymbol{\eta}_1 + k_2\boldsymbol{\eta}_2 + \cdots + k_{n-r}\boldsymbol{\eta}_{n-r}$，$k_1, k_2, \cdots, k_{n-r}$ 为任意常数.

称线性方程组(3.5.5)的任意取定的一个解 $\boldsymbol{\gamma}_0$ 为**特解**，当 $\boldsymbol{\eta}$ 取遍它的导出组的全部解时，就给出(3.5.5)的全部解.

证明 设 $\boldsymbol{\gamma}$ 是非齐次线性方程组(3.5.5)的任一个解，又 $\boldsymbol{\gamma}_0$ 也是(3.5.5)的一个解，由性质 1，$\boldsymbol{\gamma} - \boldsymbol{\gamma}_0$ 是非齐次线性方程组(3.5.5)的导出组的一个解，又 $\boldsymbol{\eta}_1, \boldsymbol{\eta}_2, \cdots, \boldsymbol{\eta}_{n-r}$ 是其导出组的一个基础解系，则存在常数 $k_1, k_2, \cdots, k_{n-r}$，使得 $\boldsymbol{\gamma} - \boldsymbol{\gamma}_0 = k_1\boldsymbol{\eta}_1 + k_2\boldsymbol{\eta}_2 + \cdots + k_{n-r}\boldsymbol{\eta}_{n-r}$，即

$$\boldsymbol{\gamma} = \boldsymbol{\gamma}_0 + k_1\boldsymbol{\eta}_1 + k_2\boldsymbol{\eta}_2 + \cdots + k_{n-r}\boldsymbol{\eta}_{n-r}.$$

定理 3.5.3 说明，为了找出非齐次线性方程组的全部解，只要找到它的一个特解 $\boldsymbol{\gamma}_0$ 和它的导出组的一个基础解系 $\boldsymbol{\eta}_1, \boldsymbol{\eta}_2, \cdots, \boldsymbol{\eta}_{n-r}$ 就可以了，方程组(3.5.5)的任一个解 $\boldsymbol{\gamma}$ 都可以表成

$$\gamma=\gamma_0+k_1\eta_1+k_2\eta_2+\cdots+k_{n-r}\eta_{n-r}\,,\quad k_1,k_2,\cdots,k_{n-r}\text{为任意常数.}$$

推论　非齐次线性方程组(3.5.5)在有解的条件下，解是唯一的充要条件是它的导出组(3.5.3)只有零解.

证明　充分性：假设线性方程组(3.5.5)的解不唯一，由解的性质可得两个不同解的差为其导出组的一个非零解，与条件“导出组(3.5.3)只有零解”矛盾，假设不成立，即线性方程组(3.5.5)解是唯一的.

必要性：假设它的导出组(3.5.3)有非零解，则将此非零解与线性方程组(3.5.5)的一个解相加，就得到线性方程组(3.5.5)的另一个不同的解，与条件“线性方程组(3.5.5)的解是唯一的”矛盾，故导出组只有零解.

【注】　推论中的结论是在“线性方程组(3.5.5)有解”的条件下才成立的，实际上当线性方程组(3.5.5)的导出组只有零解时，线性方程组(3.5.5)可能无解. 比如下面方程组

$$\begin{cases}x_1+x_2=1,\\x_1+x_2=0,\\x_1+2x_2=4,\end{cases}$$

显然无解，而其导出组

$$\begin{cases}x_1+x_2=0,\\x_1+x_2=0,\\x_1+2x_2=0\end{cases}$$

只有零解.

例 2　求非齐次线性方程组的全部解

$$\begin{cases}x_1-5x_2+2x_3-3x_4=11,\\5x_1+3x_2+6x_3-x_4=-1,\\2x_1+4x_2+2x_3+x_4=-6.\end{cases}$$

解　对方程组的增广矩阵进行初等行变换

$$\overline{A}=\begin{pmatrix}1&-5&2&-3&11\\5&3&6&-1&-1\\2&4&2&1&-6\end{pmatrix}\to\begin{pmatrix}1&-5&2&-3&11\\0&28&-4&14&-56\\0&14&-2&7&-28\end{pmatrix}$$

$$\to\begin{pmatrix}1&-5&2&-3&11\\0&14&-2&7&-28\\0&0&0&0&0\end{pmatrix}\to\begin{pmatrix}1&9&0&4&-17\\0&14&-2&7&-28\\0&0&0&0&0\end{pmatrix},$$

则可以得到 $R(A)=R(\overline{A})=2$，方程组有解，其同解方程组为

$$\begin{cases}x_1=-9x_2-4x_4-17,\\-2x_3=-14x_2-7x_4-28.\end{cases}$$

取 $x_2=x_4=0$，得原方程组的一个解

$$\boldsymbol{\gamma}_0=\begin{pmatrix}-17\\0\\14\\0\end{pmatrix},$$

原方程组的导出组的同解方程组为

$$\begin{cases}x_1=\ -9x_2-4x_4,\\-2x_3=-14x_2-7x_4.\end{cases}$$

取 x_2,x_4 为自由未知量，令 $\begin{pmatrix}x_2\\x_4\end{pmatrix}$ 分别为 $\begin{pmatrix}1\\0\end{pmatrix}$ 和 $\begin{pmatrix}0\\2\end{pmatrix}$，则导出组的一个基础解系为

$$\boldsymbol{\eta}_1=\begin{pmatrix}-9\\1\\7\\0\end{pmatrix},\quad \boldsymbol{\eta}_2=\begin{pmatrix}-8\\0\\7\\2\end{pmatrix}.$$

那么原方程组的全部解为

$$\boldsymbol{\eta}=\begin{pmatrix}x_1\\x_2\\x_3\\x_4\end{pmatrix}=\boldsymbol{\gamma}_0+k_1\boldsymbol{\eta}_1+k_2\boldsymbol{\eta}_2=\begin{pmatrix}-17\\0\\14\\0\end{pmatrix}+k_1\begin{pmatrix}-9\\1\\7\\0\end{pmatrix}+k_2\begin{pmatrix}-8\\0\\7\\2\end{pmatrix}\quad(k_1,k_2\in\mathbb{R}).$$

例 3 给定线性方程组

$$\begin{cases}x_1+\quad x_2+x_3=4,\\x_1+\ \lambda x_2+x_3=3,\\x_1+2\lambda x_2+x_3=4.\end{cases}$$

(1) 问 λ 在什么条件下，方程组有解？又在什么条件下方程组无解？

(2) 当方程组有解时，求出全部解.

解 对方程组的增广矩阵进行初等行变换

$$\overline{\boldsymbol{A}}=\begin{pmatrix}1&1&1&4\\1&\lambda&1&3\\1&2\lambda&1&4\end{pmatrix}\to\begin{pmatrix}1&1&1&4\\0&\lambda-1&0&-1\\0&\lambda&0&1\end{pmatrix}\to\begin{pmatrix}1&1&1&4\\0&-1&0&-2\\0&\lambda&0&1\end{pmatrix}\to\begin{pmatrix}1&1&1&4\\0&1&0&2\\0&0&0&1-2\lambda\end{pmatrix}.$$

(1) 显然当 $\lambda=\dfrac{1}{2}$ 时，$R(\boldsymbol{A})=R(\overline{\boldsymbol{A}})=2<3$，方程组有无穷多解；当 $\lambda\neq\dfrac{1}{2}$ 时，方程组无解.

(2) 当 $\lambda=\dfrac{1}{2}$ 时，将 $\overline{A}$ 化为行简化形阶梯矩阵

$$\overline{A}\to\begin{pmatrix}1&1&1&4\\0&1&0&2\\0&0&0&1-2\lambda\end{pmatrix}\to\begin{pmatrix}1&1&1&4\\0&1&0&2\\0&0&0&0\end{pmatrix}\to\begin{pmatrix}1&0&1&2\\0&1&0&2\\0&0&0&0\end{pmatrix},$$

可得其同解方程组为

$$\begin{cases}x_1=-x_3+2,\\x_2=2.\end{cases}$$

取 $x_3=0$，得原方程组的一个特解

$$\gamma_0=\begin{pmatrix}2\\2\\0\end{pmatrix}.$$

原方程组的导出组的同解方程组为

$$\begin{cases}x_1=-x_3,\\x_2=0.\end{cases}$$

取 x_3 为自由未知量，令 $x_3=1$，可得导出组的一个基础解系为 $\boldsymbol{\eta}=\begin{pmatrix}-1\\0\\1\end{pmatrix}$. 则原方程组的全部解为

$$\boldsymbol{\eta}=\begin{pmatrix}x_1\\x_2\\x_3\end{pmatrix}=\boldsymbol{\gamma}_0+k\boldsymbol{\eta}=\begin{pmatrix}2\\2\\0\end{pmatrix}+k\begin{pmatrix}-1\\0\\1\end{pmatrix}\quad(k\in\mathbb{R}).$$

随堂练习

1. 求下列齐次线性方程组的基础解系.

(1) $\begin{cases}x_1+2x_2-4x_3=0,\\3x_1-x_2+2x_3=0,\\-2x_1+4x_2-8x_3=0;\end{cases}$　(2) $\begin{cases}x_1+2x_2+x_3-x_4=0,\\3x_1+6x_2-x_3-3x_4=0,\\5x_1+10x_2+x_3-5x_4=0.\end{cases}$

2. 求下列非齐次线性方程组的全部解(用它的导出组的基础解系表示).

(1) $\begin{cases}3x_1+4x_2+x_3+2x_4=3,\\6x_1+8x_2+2x_3+5x_4=7,\\9x_1+12x_2+3x_3+10x_4=13;\end{cases}$　(2) $\begin{cases}x_1-5x_2+2x_3-3x_4=11,\\-3x_1+16x_2-4x_3+2x_4=-35,\\-x_1+6x_2-4x_4=-13.\end{cases}$

3. 证明：如果线性方程组

$$\begin{cases} a_{11}x_1 + a_{12}x_2 + \cdots + a_{1m}x_m = b_1, \\ a_{21}x_1 + a_{22}x_2 + \cdots + a_{2m}x_m = b_2, \\ \cdots\cdots \\ a_{m1}x_1 + a_{m2}x_2 + \cdots + a_{mm}x_m = b_m \end{cases}$$

的系数矩阵与矩阵

$$\boldsymbol{C} = \begin{pmatrix} a_{11} & a_{12} & \cdots & a_{1m} & b_1 \\ a_{21} & a_{22} & \cdots & a_{2m} & b_2 \\ \vdots & \vdots & & \vdots & \vdots \\ a_{m1} & a_{m2} & \cdots & a_{mm} & b_m \\ b_1 & b_2 & \cdots & b_m & 0 \end{pmatrix}$$

有相同的秩，则此线性方程组有解.

习 题 A

1. 选择题.

(1) 设四阶行列式 $D = 0$，则 D 中(　　).

(A) 必有一列元素全为零

(B) 必有两列元素对应成比例

(C) 必有一列向量是其余列向量的线性组合

(D) 任一列向量是其余列向量的线性组合

(2) (多选)向量组 $\boldsymbol{\alpha}_1, \boldsymbol{\alpha}_2, \cdots, \boldsymbol{\alpha}_m$ $(m > 1)$ 线性相关的充要条件为(　　).

(A) 向量组中任一向量可由其余向量线性表示

(B) 向量组中只有一个向量可由其余向量线性表示

(C) 向量组中存在某一向量可由其余向量线性表示

(D) 向量组中至少包含一个零向量

(E) 存在不全为零的数 $k_1, k_2, \cdots, k_m$，使得 $k_1\boldsymbol{\alpha}_1 + k_2\boldsymbol{\alpha}_2 + \cdots + k_m\boldsymbol{\alpha}_m = \boldsymbol{0}$ 成立

(F) 存在全不为零的数 $k_1, k_2, \cdots, k_m$，使得 $k_1\boldsymbol{\alpha}_1 + k_2\boldsymbol{\alpha}_2 + \cdots + k_m\boldsymbol{\alpha}_m = \boldsymbol{0}$ 成立

(G) 对任意一组不全为零的数 $k_1, k_2, \cdots, k_m$，有 $k_1\boldsymbol{\alpha}_1 + k_2\boldsymbol{\alpha}_2 + \cdots + k_m\boldsymbol{\alpha}_m = \boldsymbol{0}$

(H) 方程组 $x_1\boldsymbol{\alpha}_1 + x_2\boldsymbol{\alpha}_2 + \cdots + x_m\boldsymbol{\alpha}_m = \boldsymbol{0}$ 有非零解

(I) $R\{\boldsymbol{\alpha}_1, \boldsymbol{\alpha}_2, \cdots, \boldsymbol{\alpha}_m\} < m$

(J) 其中任意 s $(1 \leqslant s < m)$ 个向量线性相关

(3) (多选)向量组 $\boldsymbol{\alpha}_1, \boldsymbol{\alpha}_2, \cdots, \boldsymbol{\alpha}_m$ 线性无关的充分必要条件是(　　).

(A) 其中至少有一个向量能由其余向量线性表示

(B) 其中至少有一个向量不能由其余向量线性表示

(C) 其中任一向量均不能由其余向量线性表示

(D) $\boldsymbol{\alpha}_1, \boldsymbol{\alpha}_2, \cdots, \boldsymbol{\alpha}_m$ 都不为零向量

(E) 存在一组数 $k_1 = k_2 = \cdots = k_m = 0$，使得 $k_1\boldsymbol{\alpha}_1 + k_2\boldsymbol{\alpha}_2 + \cdots + k_m\boldsymbol{\alpha}_m = \boldsymbol{0}$

(F) 若 $k_1\boldsymbol{\alpha}_1 + k_2\boldsymbol{\alpha}_2 + \cdots + k_m\boldsymbol{\alpha}_m = \boldsymbol{0}$ 成立，必有 $k_1 = k_2 = \cdots = k_m = 0$

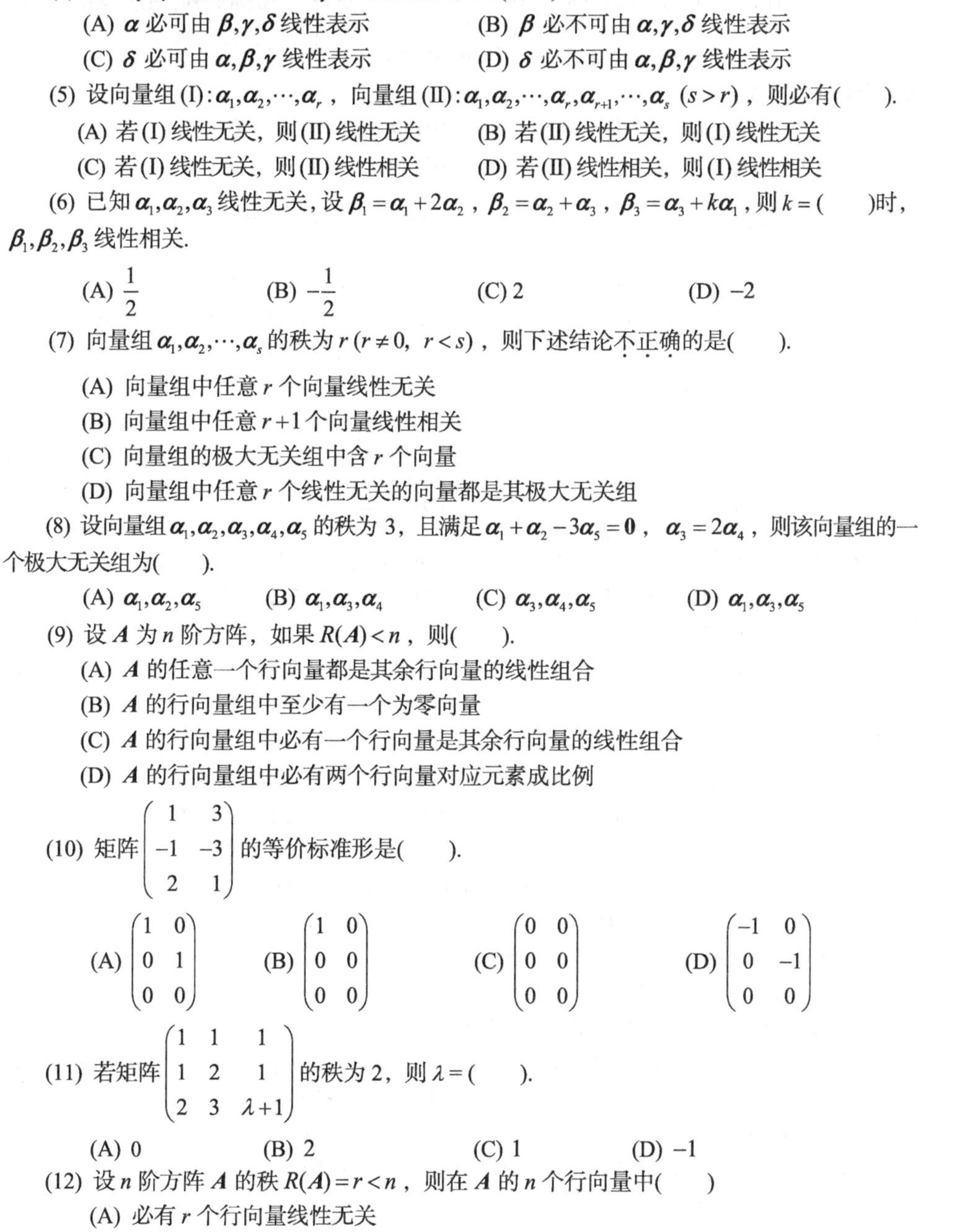

(G) 若 $k_1,k_2,\cdots,k_m$ 不全为零，必有 $k_1\boldsymbol{\alpha}_1+k_2\boldsymbol{\alpha}_2+\cdots+k_m\boldsymbol{\alpha}_m\neq\mathbf{0}$

(H) 方程组 $x_1\boldsymbol{\alpha}_1+x_2\boldsymbol{\alpha}_2+\cdots+x_m\boldsymbol{\alpha}_m=\mathbf{0}$ 只有零解

(I) $R\{\boldsymbol{\alpha}_1,\boldsymbol{\alpha}_2,\cdots,\boldsymbol{\alpha}_m\}=m$

(J) 其中任意 $s\,(1\leqslant s<m)$ 个向量线性无关

(4) 若 $\boldsymbol{\alpha},\boldsymbol{\beta},\boldsymbol{\gamma}$ 线性无关，$\boldsymbol{\alpha},\boldsymbol{\beta},\boldsymbol{\delta}$ 线性相关，则(　　).

(A) $\boldsymbol{\alpha}$ 必可由 $\boldsymbol{\beta},\boldsymbol{\gamma},\boldsymbol{\delta}$ 线性表示　　(B) $\boldsymbol{\beta}$ 必不可由 $\boldsymbol{\alpha},\boldsymbol{\gamma},\boldsymbol{\delta}$ 线性表示

(C) $\boldsymbol{\delta}$ 必可由 $\boldsymbol{\alpha},\boldsymbol{\beta},\boldsymbol{\gamma}$ 线性表示　　(D) $\boldsymbol{\delta}$ 必不可由 $\boldsymbol{\alpha},\boldsymbol{\beta},\boldsymbol{\gamma}$ 线性表示

(5) 设向量组(I): $\boldsymbol{\alpha}_1,\boldsymbol{\alpha}_2,\cdots,\boldsymbol{\alpha}_r$，向量组(II): $\boldsymbol{\alpha}_1,\boldsymbol{\alpha}_2,\cdots,\boldsymbol{\alpha}_r,\boldsymbol{\alpha}_{r+1},\cdots,\boldsymbol{\alpha}_s$ $(s>r)$，则必有(　　).

(A) 若(I)线性无关，则(II)线性无关　　(B) 若(II)线性无关，则(I)线性无关

(C) 若(I)线性无关，则(II)线性相关　　(D) 若(II)线性相关，则(I)线性相关

(6) 已知 $\boldsymbol{\alpha}_1,\boldsymbol{\alpha}_2,\boldsymbol{\alpha}_3$ 线性无关，设 $\boldsymbol{\beta}_1=\boldsymbol{\alpha}_1+2\boldsymbol{\alpha}_2$，$\boldsymbol{\beta}_2=\boldsymbol{\alpha}_2+\boldsymbol{\alpha}_3$，$\boldsymbol{\beta}_3=\boldsymbol{\alpha}_3+k\boldsymbol{\alpha}_1$，则 $k=($　　$)$时，$\boldsymbol{\beta}_1,\boldsymbol{\beta}_2,\boldsymbol{\beta}_3$ 线性相关.

(A) $\frac{1}{2}$　　(B) $-\frac{1}{2}$　　(C) 2　　(D) -2

(7) 向量组 $\boldsymbol{\alpha}_1,\boldsymbol{\alpha}_2,\cdots,\boldsymbol{\alpha}_s$ 的秩为 $r\,(r\neq0,\ r<s)$，则下述结论不正确的是(　　).

(A) 向量组中任意 r 个向量线性无关

(B) 向量组中任意 $r+1$ 个向量线性相关

(C) 向量组的极大无关组中含 r 个向量

(D) 向量组中任意 r 个线性无关的向量都是其极大无关组

(8) 设向量组 $\boldsymbol{\alpha}_1,\boldsymbol{\alpha}_2,\boldsymbol{\alpha}_3,\boldsymbol{\alpha}_4,\boldsymbol{\alpha}_5$ 的秩为 3，且满足 $\boldsymbol{\alpha}_1+\boldsymbol{\alpha}_2-3\boldsymbol{\alpha}_5=\mathbf{0}$，$\boldsymbol{\alpha}_3=2\boldsymbol{\alpha}_4$，则该向量组的一个极大无关组为(　　).

(A) $\boldsymbol{\alpha}_1,\boldsymbol{\alpha}_2,\boldsymbol{\alpha}_5$　　(B) $\boldsymbol{\alpha}_1,\boldsymbol{\alpha}_3,\boldsymbol{\alpha}_4$　　(C) $\boldsymbol{\alpha}_3,\boldsymbol{\alpha}_4,\boldsymbol{\alpha}_5$　　(D) $\boldsymbol{\alpha}_1,\boldsymbol{\alpha}_3,\boldsymbol{\alpha}_5$

(9) 设 $\boldsymbol{A}$ 为 n 阶方阵，如果 $R(\boldsymbol{A})<n$，则(　　).

(A) $\boldsymbol{A}$ 的任意一个行向量都是其余行向量的线性组合

(B) $\boldsymbol{A}$ 的行向量组中至少有一个为零向量

(C) $\boldsymbol{A}$ 的行向量组中必有一个行向量是其余行向量的线性组合

(D) $\boldsymbol{A}$ 的行向量组中必有两个行向量对应元素成比例

(10) 矩阵 $\begin{pmatrix}1&3\\-1&-3\\2&1\end{pmatrix}$ 的等价标准形是(　　).

(A) $\begin{pmatrix}1&0\\0&1\\0&0\end{pmatrix}$　　(B) $\begin{pmatrix}1&0\\0&0\\0&0\end{pmatrix}$　　(C) $\begin{pmatrix}0&0\\0&0\\0&0\end{pmatrix}$　　(D) $\begin{pmatrix}-1&0\\0&-1\\0&0\end{pmatrix}$

(11) 若矩阵 $\begin{pmatrix}1&1&1\\1&2&1\\2&3&\lambda+1\end{pmatrix}$ 的秩为 2，则 $\lambda=($　　$)$.

(A) 0　　(B) 2　　(C) 1　　(D) -1

(12) 设 n 阶方阵 $\boldsymbol{A}$ 的秩 $R(\boldsymbol{A})=r<n$，则在 $\boldsymbol{A}$ 的 n 个行向量中(　　)

(A) 必有 r 个行向量线性无关

(B) 任意 r 个行向量均可构成行向量组的极大无关组

(C) 任意 r 个行向量均线性无关

(D) 任意行向量均可由其余 r 个行向量线性表示

(13) 设线性方程组的系数矩阵是 $\boldsymbol{A}=\begin{pmatrix}0&0&1&1\\0&1&1&0\\1&1&0&0\\1&0&0&1\end{pmatrix}$，$\boldsymbol{\beta}=\begin{pmatrix}a_1\\a_2\\a_3\\a_4\end{pmatrix}$是常数列，则方程组有解的充要条件是( ).

(A) $a_1=a_2=a_3=a_4=0$ (B) $a_1+a_2+a_3+a_4=0$

(C) $a_1-a_2+a_3-a_4=0$ (D) $a_1+a_2-a_3-a_4=0$

(14) 方程组$\begin{cases}x_1+\ x_2-\ x_3+\ x_4-2x_5=0,\\2x_1+2x_2-2x_3+2x_4+\ x_5=0\end{cases}$的基础解系中所含向量的个数为( ).

(A) 1 (B) 2 (C) 3 (D) 4

(15) 设 $a_i,b_i(i=1,2,3)$ 为非零常数，则齐次线性方程组$\begin{cases}a_1x_1+a_2x_2+a_3x_3=0,\\b_1x_1+b_2x_2+b_3x_3=0\end{cases}$的基础解系含两个解向量的充分必要条件是( ).

(A) $\begin{vmatrix}a_1&a_2\\b_1&b_2\end{vmatrix}=0$ (B) $\begin{vmatrix}a_1&a_2\\b_1&b_2\end{vmatrix}\neq 0$

(C) $a_i=b_i(i=1,2,3)$ (D) $\dfrac{a_1}{b_1}=\dfrac{a_2}{b_2}=\dfrac{a_3}{b_3}$

(16) 若 $\boldsymbol{\xi}_1,\boldsymbol{\xi}_2,\boldsymbol{\xi}_3$ 是 $\boldsymbol{AX}=\boldsymbol{0}$ 的基础解系，则( )可以作为该方程组的基础解系.

(A) 任一与 $\boldsymbol{\xi}_1,\boldsymbol{\xi}_2,\boldsymbol{\xi}_3$ 等价的向量组 (B) 任一与 $\boldsymbol{\xi}_1,\boldsymbol{\xi}_2,\boldsymbol{\xi}_3$ 等秩的向量组

(C) $\boldsymbol{\xi}_1-\boldsymbol{\xi}_2,\boldsymbol{\xi}_2-\boldsymbol{\xi}_3,\boldsymbol{\xi}_3-\boldsymbol{\xi}_1$ (D) $\boldsymbol{\xi}_1,\boldsymbol{\xi}_1+\boldsymbol{\xi}_2,\boldsymbol{\xi}_1+\boldsymbol{\xi}_2+\boldsymbol{\xi}_3$

(17) 已知 $R(\boldsymbol{A}_{m\times n})=n-1$，$\boldsymbol{\alpha}_1$ 和 $\boldsymbol{\alpha}_2$ 是齐次线性方程组 $\boldsymbol{AX}=\boldsymbol{0}$ 的两个不同的解，k 为任意常数，则方程组 $\boldsymbol{AX}=\boldsymbol{0}$ 的通解为( ).

(A) $k\boldsymbol{\alpha}_1$ (B) $k\boldsymbol{\alpha}_2$ (C) $k(\boldsymbol{\alpha}_1+\boldsymbol{\alpha}_2)$ (D) $k(\boldsymbol{\alpha}_1-\boldsymbol{\alpha}_2)$

(18) $\boldsymbol{A}$ 为 $m\times n$ 矩阵，则齐次线性方程组 $\boldsymbol{AX}=\boldsymbol{0}$ 仅有零解的充要条件是( ).

(A) $\boldsymbol{A}$ 的列向量组线性无关 (B) $\boldsymbol{A}$ 的行向量组线性无关

(C) $\boldsymbol{A}$ 的列向量组线性相关 (D) $\boldsymbol{A}$ 的行向量组线性相关

(19) 设矩阵 $\boldsymbol{A}_{m\times n}$ 的秩 $R(\boldsymbol{A})=m<n,\boldsymbol{E}_m$ 为 m 阶单位矩阵，下述结论中正确的是( ).

(A) 齐次线性方程组 $\boldsymbol{AX}=\boldsymbol{0}$ 一定有无穷多解

(B) $\boldsymbol{A}$ 的任意一个 m 阶子式不等于零

(C) 通过初等行变换，$\boldsymbol{A}$ 必可以化为 $(\boldsymbol{E}_m,\boldsymbol{O})$ 的形式

(D) $\boldsymbol{A}$ 的任意 m 个列向量必线性无关

(20) 若线性方程组 $\boldsymbol{AX}=\boldsymbol{\beta}$ 系数矩阵 $\boldsymbol{A}$ 的秩小于未知量的个数，则方程组 $\boldsymbol{AX}=\boldsymbol{\beta}$( ).

(A) 无解 (B) 有无穷多解

(C) 有唯一解 (D) 以上都不对

(21) $\boldsymbol{A}$ 是 n 阶矩阵，则 $R(\boldsymbol{A})=n$ 是线性方程组 $\boldsymbol{AX}=\boldsymbol{\beta}$ 有唯一解的( ).

(A) 即非充分又非必要条件 (B) 充分必要条件

(C) 必要不充分条件　　(D) 充分不必要条件

(22) 设$\boldsymbol{\alpha}_1,\boldsymbol{\alpha}_2$是非齐次线性方程组$\boldsymbol{AX}=\boldsymbol{\beta}$的解，$\boldsymbol{\gamma}$是其导出组$\boldsymbol{AX}=\boldsymbol{0}$的解，则$\boldsymbol{AX}=\boldsymbol{\beta}$必有一个解是(　　).

(A) $\boldsymbol{\alpha}_1+\boldsymbol{\alpha}_2$　　(B) $\boldsymbol{\alpha}_1-\boldsymbol{\alpha}_2$

(C) $\boldsymbol{\gamma}+\boldsymbol{\alpha}_1+\boldsymbol{\alpha}_2$　　(D) $\boldsymbol{\gamma}+\frac{1}{3}\boldsymbol{\alpha}_1+\frac{2}{3}\boldsymbol{\alpha}_2$

(23) 齐次线性方程组$\boldsymbol{AX}=\boldsymbol{0}$是方程组$\boldsymbol{AX}=\boldsymbol{\beta}$的导出组，则(　　).

(A) $\boldsymbol{AX}=\boldsymbol{0}$只有零解时，$\boldsymbol{AX}=\boldsymbol{\beta}$有唯一解

(B) $\boldsymbol{AX}=\boldsymbol{0}$有非零解时，$\boldsymbol{AX}=\boldsymbol{\beta}$有无穷多解

(C) $\boldsymbol{AX}=\boldsymbol{\beta}$有唯一解时，$\boldsymbol{AX}=\boldsymbol{0}$只有零解

(D) $\boldsymbol{AX}=\boldsymbol{\beta}$有无穷多解时，$\boldsymbol{AX}=\boldsymbol{0}$只有零解

2. 填空题.

(1) 若向量组$(1,2,3,4),(2,-1,0,t),(t+2,0,3,10)$线性相关，则$t=$__________.

(2) 设$\boldsymbol{\alpha}_1=(2,-1,0,5)$，$\boldsymbol{\alpha}_2=(-4,-2,3,-8)$，$\boldsymbol{\alpha}_3=(-1,0,1,k)$，$\boldsymbol{\alpha}_4=(-1,0,2,1)$，则$k=$__________时，$\boldsymbol{\alpha}_1,\boldsymbol{\alpha}_2,\boldsymbol{\alpha}_3,\boldsymbol{\alpha}_4$线性相关.

(3) 设$\boldsymbol{\alpha}_1=(1,1,1)^{\mathrm{T}},\boldsymbol{\alpha}_2=(a,0,b)^{\mathrm{T}},\boldsymbol{\alpha}_3=(1,3,2)^{\mathrm{T}}$，若$\boldsymbol{\alpha}_1,\boldsymbol{\alpha}_2,\boldsymbol{\alpha}_3$线性相关，则$a$，$b$满足关系式__________.

(4) 设$\boldsymbol{\alpha}_1=(1,2,-1,1)^{\mathrm{T}},\boldsymbol{\alpha}_2=(2,0,t,0)^{\mathrm{T}},\boldsymbol{\alpha}_3=(0,-4,5,-2)^{\mathrm{T}}$. 若$R\{\boldsymbol{\alpha}_1,\boldsymbol{\alpha}_2,\boldsymbol{\alpha}_3\}=2$，则$t=$________.

(5) 在8个6维向量中，至少有__________个向量可以由其余向量线性表示.

(6) 若向量组(I)和(II)的秩分别为$R(\mathrm{I})=p$，$R(\mathrm{II})=m$，如果向量组(I)可由向量组(II)线性表示，则m,p满足关系__________.

(7) 若线性无关的向量组$\boldsymbol{\beta}_1,\boldsymbol{\beta}_2,\cdots,\boldsymbol{\beta}_k$能由线性无关的向量组$\boldsymbol{\alpha}_1,\boldsymbol{\alpha}_2,\cdots,\boldsymbol{\alpha}_m$线性表示，则$k$与$m$之间满足关系__________.

(8) $\boldsymbol{A}$是$m\times n$矩阵，则$R(\boldsymbol{A})-R(2\boldsymbol{A})=$__________.

(9) 设矩阵$\boldsymbol{A}$为方阵，齐次线性方程组$\boldsymbol{AX}=\boldsymbol{0}$有非零解的充分必要条件是__________.

(10) 三元齐次线性方程组$\begin{cases}x_1-2x_3=0,\\ x_3=0\end{cases}$的一个基础解系为__________.

3. 判断题.

(1) 向量$\boldsymbol{\beta}$可以由向量组$\boldsymbol{\alpha}_1,\boldsymbol{\alpha}_2,\cdots,\boldsymbol{\alpha}_n$线性表示的充分必要条件是$\boldsymbol{\beta},\boldsymbol{\alpha}_1,\boldsymbol{\alpha}_2,\cdots,\boldsymbol{\alpha}_n$线性相关.

(2) 向量组线性无关的充分必要条件是其中任意两个向量线性无关.

(3) 包含零向量的向量组是线性相关的.

(4) 不包含零向量的向量组一定线性无关.

(5) 若向量组中存在一个向量不能由其余向量线性表示，则此向量组线性无关.

(6) 向量组$\boldsymbol{\alpha}_1,\boldsymbol{\alpha}_2,\cdots,\boldsymbol{\alpha}_m$线性相关，而$\boldsymbol{\alpha}_1$不能由$\boldsymbol{\alpha}_2,\cdots,\boldsymbol{\alpha}_m$线性表示，则$\boldsymbol{\alpha}_2,\cdots,\boldsymbol{\alpha}_m$线性相关.

(7) 一个向量组如果有极大无关组，则它的极大无关组不唯一，极大无关组中包含向量的个数也不确定.

(8) 等价的向量组包含向量的个数相等.

(9) 等价的向量组有相同的秩.

(10) 秩相等的向量组一定等价.

4. 用消元法解线性方程组

$$\begin{cases} x_1+\ \ x_2+\ \ x_3+\ \ x_4=3, \\ x_1+3x_2+2x_3+4x_4=6, \\ 2x_1\qquad\ \ +\ \ x_3-\ \ x_4=3. \end{cases}$$

5. 判断向量 $\boldsymbol{\beta}$ 是否可由向量组 $\boldsymbol{\alpha}_1,\boldsymbol{\alpha}_2,\boldsymbol{\alpha}_3$ 线性表示，若可以，求出相应的表达式.

(1) $\boldsymbol{\alpha}_1=(1,3,2),\boldsymbol{\alpha}_2=(3,2,1),\boldsymbol{\alpha}_3=(-2,5,1),\boldsymbol{\beta}=(4,13,3)$；

(2) $\boldsymbol{\alpha}_1=(1,3,2),\boldsymbol{\alpha}_2=(3,-1,1),\boldsymbol{\alpha}_3=(-1,5,2),\boldsymbol{\beta}=(6,10,4)$；

(3) $\boldsymbol{\alpha}_1=(1,3,2),\boldsymbol{\alpha}_2=(-1,1,5),\boldsymbol{\alpha}_3=(3,5,-1),\boldsymbol{\beta}=(5,11,3)$.

6. 已知向量组 $\boldsymbol{\alpha}_1=(1,-1,1,3),\boldsymbol{\alpha}_2=(1,2,0,6),\boldsymbol{\alpha}_3=(1,0,3,3),\boldsymbol{\alpha}_4=(2,-3,7,3)$，判断 $\boldsymbol{\alpha}_4$ 可否由 $\boldsymbol{\alpha}_1,\boldsymbol{\alpha}_2,\boldsymbol{\alpha}_3$ 线性表示？如果能，求出表达式.

7. 设向量 $\boldsymbol{\beta}$ 可由向量组 $\boldsymbol{\alpha}_1,\boldsymbol{\alpha}_2,\cdots,\boldsymbol{\alpha}_m$ 线性表示，但不能由向量组 $\boldsymbol{\alpha}_1,\boldsymbol{\alpha}_2,\cdots,\boldsymbol{\alpha}_{m-1}$ 线性表示，证明：$\boldsymbol{\alpha}_m$ 必能由向量组 $\boldsymbol{\alpha}_1,\boldsymbol{\alpha}_2,\cdots,\boldsymbol{\alpha}_{m-1},\boldsymbol{\beta}$ 线性表示，但不能由向量组 $\boldsymbol{\alpha}_1,\boldsymbol{\alpha}_2,\cdots,\boldsymbol{\alpha}_{m-1}$ 线性表示.

8. 判断以下各向量组是否线性相关.

(1) $\boldsymbol{\alpha}_1=(2,1),\boldsymbol{\alpha}_2=(-1,4),\boldsymbol{\alpha}_3=(6,1)$；

(2) $\boldsymbol{\alpha}_1=(2,1,1),\boldsymbol{\alpha}_2=(1,2,-1),\boldsymbol{\alpha}_3=(-2,3,0)$；

(3) $\boldsymbol{\alpha}_1=(2,-1,7,3),\boldsymbol{\alpha}_2=(1,4,11,-2),\boldsymbol{\alpha}_3=(3,-6,3,8)$.

9. 求 k 的值，使下列各组向量线性相关.

(1) $\boldsymbol{\alpha}_1=(3,0,5)^{\mathrm{T}},\boldsymbol{\alpha}_2=(1,2,-1)^{\mathrm{T}},\boldsymbol{\alpha}_3=(2,1,k)^{\mathrm{T}}$;

(2) $\boldsymbol{\alpha}_1=(1,0,2,-k)^{\mathrm{T}},\boldsymbol{\alpha}_2=(1,1,1,1)^{\mathrm{T}},\boldsymbol{\alpha}_3=(0,k,3,2)^{\mathrm{T}},\boldsymbol{\alpha}_4=(1,0,0,-1)^{\mathrm{T}}$.

10. 向量组 $\boldsymbol{\alpha}_1,\boldsymbol{\alpha}_2,\boldsymbol{\alpha}_3$ 线性无关，证明：

(1) 向量组 $\boldsymbol{\alpha}_1-\boldsymbol{\alpha}_2$，$\boldsymbol{\alpha}_2-\boldsymbol{\alpha}_3$，$\boldsymbol{\alpha}_3-\boldsymbol{\alpha}_1$ 线性相关；

(2) 向量组 $\boldsymbol{\alpha}_1+\boldsymbol{\alpha}_2$，$\boldsymbol{\alpha}_2+2\boldsymbol{\alpha}_3$，$\boldsymbol{\alpha}_3+3\boldsymbol{\alpha}_1$ 线性无关.

11. 已知向量组 $\boldsymbol{\alpha}_1,\boldsymbol{\alpha}_2,\boldsymbol{\alpha}_3$ 线性无关 $\boldsymbol{\beta}_1=\boldsymbol{\alpha}_1+\boldsymbol{\alpha}_2+\boldsymbol{\alpha}_3$，$\boldsymbol{\beta}_2=\boldsymbol{\alpha}_1+\boldsymbol{\alpha}_2+2\boldsymbol{\alpha}_3$，$\boldsymbol{\beta}_3=\boldsymbol{\alpha}_1+2\boldsymbol{\alpha}_2+3\boldsymbol{\alpha}_3$，证明：向量组 $\boldsymbol{\beta}_1,\boldsymbol{\beta}_2,\boldsymbol{\beta}_3$ 线性无关.

12. 设向量组 $\boldsymbol{\alpha}_1,\boldsymbol{\alpha}_2,\cdots,\boldsymbol{\alpha}_m(m>1)$ 线性无关且向量 $\boldsymbol{\beta}=\boldsymbol{\alpha}_1+\boldsymbol{\alpha}_2+\cdots+\boldsymbol{\alpha}_m$，证明：向量组 $\boldsymbol{\beta}-\boldsymbol{\alpha}_1,\boldsymbol{\beta}-\boldsymbol{\alpha}_2,\cdots,\boldsymbol{\beta}-\boldsymbol{\alpha}_m$ 线性无关.

13. 已知向量组 $\boldsymbol{\alpha}_1,\boldsymbol{\alpha}_2,\cdots,\boldsymbol{\alpha}_s$ 线性无关, 证明: 向量组 $\boldsymbol{\alpha}_1$，$\boldsymbol{\alpha}_1+\boldsymbol{\alpha}_2$，$\boldsymbol{\alpha}_1+\boldsymbol{\alpha}_2+\boldsymbol{\alpha}_3,\cdots$，$\boldsymbol{\alpha}_1+\boldsymbol{\alpha}_2+\cdots+\boldsymbol{\alpha}_s$ 线性无关.

14. 设 $a_1,a_2,\cdots,a_n$ 是互不相等的数，证明下列向量组线性无关：

$$\boldsymbol{\alpha}_1=(1,a_1,a_1^{\ 2},\cdots,a_1^{\ n-1})^{\mathrm{T}},\ \boldsymbol{\alpha}_2=(1,a_2,a_2^{\ 2},\cdots,a_2^{\ n-1})^{\mathrm{T}},\ \cdots,\ \ \boldsymbol{\alpha}_n=(1,a_n,a_n^{\ 2},\cdots,a_n^{\ n-1})^{\mathrm{T}}.$$

15. 设 $\boldsymbol{\alpha}_1,\boldsymbol{\alpha}_2,\cdots,\boldsymbol{\alpha}_n\in\mathbb{R}^n$，证明：$\boldsymbol{\alpha}_1,\boldsymbol{\alpha}_2,\cdots,\boldsymbol{\alpha}_n$ 线性无关的充要条件是 $\mathbb{R}^n$ 中的任意 n 维向量 $\boldsymbol{\beta}$ 都可由 $\boldsymbol{\alpha}_1,\boldsymbol{\alpha}_2,\cdots,\boldsymbol{\alpha}_n$ 线性表示.

16. 设向量组 $\boldsymbol{\alpha}_1,\boldsymbol{\alpha}_2,\cdots,\boldsymbol{\alpha}_{m-1}(m\geqslant 3)$ 线性相关，向量组 $\boldsymbol{\alpha}_2,\boldsymbol{\alpha}_3,\cdots,\boldsymbol{\alpha}_m$ 线性无关. 试问：

(1) $\boldsymbol{\alpha}_1$ 能否由 $\boldsymbol{\alpha}_2,\boldsymbol{\alpha}_3,\cdots,\boldsymbol{\alpha}_{m-1}$ 线性表示？

(2) $\boldsymbol{\alpha}_m$ 能否由 $\boldsymbol{\alpha}_1,\boldsymbol{\alpha}_2,\cdots,\boldsymbol{\alpha}_{m-1}$ 线性表示？

17. 设向量组 $\boldsymbol{\alpha}_1,\boldsymbol{\alpha}_2,\cdots,\boldsymbol{\alpha}_m$ 线性无关，向量 $\boldsymbol{\beta}_1$ 可由它线性表示，而向量 $\boldsymbol{\beta}_2$ 不能由它线性表示. 证明：对任意数 $l,m+1$ 个向量 $\boldsymbol{\alpha}_1,\boldsymbol{\alpha}_2,\cdots,\boldsymbol{\alpha}_m,l\boldsymbol{\beta}_1+\boldsymbol{\beta}_2$ 必线性无关.

18. 已知向量组 $\boldsymbol{\alpha}_1,\boldsymbol{\alpha}_2,\cdots,\boldsymbol{\alpha}_r$ 与 $\boldsymbol{\alpha}_1,\boldsymbol{\alpha}_2,\cdots,\boldsymbol{\alpha}_r,\boldsymbol{\alpha}_{r+1},\cdots,\boldsymbol{\alpha}_s$ $(s>r)$ 有相同的秩，证明：这两个向

量组等价.

19. 设$\boldsymbol{\beta}_1=\boldsymbol{\alpha}_1,\boldsymbol{\beta}_2=\boldsymbol{\alpha}_1+\boldsymbol{\alpha}_2,\boldsymbol{\beta}_3=\boldsymbol{\alpha}_1+\boldsymbol{\alpha}_2+\boldsymbol{\alpha}_3,\cdots,\ \boldsymbol{\beta}_s=\boldsymbol{\alpha}_1+\boldsymbol{\alpha}_2+\cdots+\boldsymbol{\alpha}_s$，证明：向量组$\boldsymbol{\beta}_1,\boldsymbol{\beta}_2,\cdots,\boldsymbol{\beta}_s$与向量组$\boldsymbol{\alpha}_1,\boldsymbol{\alpha}_2,\cdots,\boldsymbol{\alpha}_s$有相同的秩.

20. 求下列矩阵的秩.

(1) $\boldsymbol{A}=\begin{pmatrix}2&-1&3&0\\1&2&1&1\\2&-1&1&3\\3&-4&3&2\end{pmatrix}$；　(2) $\boldsymbol{B}=\begin{pmatrix}1&2&-1&0\\3&2&-1&2\\1&-1&3&3\end{pmatrix}$.

21. 设矩阵$\boldsymbol{A}=\begin{pmatrix}1&2&-1&1\\2&0&t&0\\0&-4&5&-2\end{pmatrix}$，已知$R(\boldsymbol{A})=2$，求$t$的值.

22. 求下列向量组的秩和一个极大无关组，并将其余向量用此极大线性无关组线性表示：

(1) $\boldsymbol{\alpha}_1=(1,1,1,1),\boldsymbol{\alpha}_2=(1,2,1,0),\boldsymbol{\alpha}_3=(2,3,2,1),\boldsymbol{\alpha}_4=(1,2,3,0),\boldsymbol{\alpha}_5=(1,2,4,1)$；

(2) $\boldsymbol{\alpha}_1=(-1,0,1,0),\ \boldsymbol{\alpha}_2=(1,1,1,1),\ \boldsymbol{\alpha}_3=(0,1,2,1),\ \boldsymbol{\alpha}_4=(-1,1,3,1)$.

23. 已知向量组$\boldsymbol{\alpha}_1=(1,3,5,-1),\boldsymbol{\alpha}_2=(2,-1,-3,4),\boldsymbol{\alpha}_3=(5,1,-1,7),\boldsymbol{\alpha}_4=(-3,-3,1,1)$，

(1) 判断向量组$\boldsymbol{\alpha}_1,\boldsymbol{\alpha}_2,\boldsymbol{\alpha}_3,\boldsymbol{\alpha}_4$是否线性相关?

(2) 求此向量组$\boldsymbol{\alpha}_1,\boldsymbol{\alpha}_2,\boldsymbol{\alpha}_3,\boldsymbol{\alpha}_4$的一个极大无关组.

24. 求下列齐次线性方程组的基础解系.

(1) $\begin{cases}x_1+2x_2-x_3+2x_4=0,\\x_1-x_2+2x_3-x_4=0,\\2x_1+x_2+x_3+x_4=0;\end{cases}$　(2) $\begin{cases}2x_1+x_2+x_3=0,\\3x_1-3x_2+12x_3=0,\\x_1+2x_2-3x_3=0.\end{cases}$

25. 求下列非齐次线性方程组的全部解(用它的导出组的基础解系表示).

(1) $\begin{cases}x_1+2x_2+3x_3=1,\\2x_1+3x_2+x_3=-1,\\3x_1+x_2-16x_3=-12;\end{cases}$　(2) $\begin{cases}2x_1-x_2+2x_3-x_4=1,\\-x_1+2x_2-x_3+2x_4=0,\\x_1+x_2+x_3+x_4=1;\end{cases}$

(3) $\begin{cases}2x_1-x_2+4x_3-3x_4=-4,\\x_1+x_3-x_4=-3,\\3x_1+x_2+x_3=1,\\7x_1+7x_3-3x_4=3;\end{cases}$　(4) $\begin{cases}x_1-5x_2+2x_3-3x_4=11,\\-3x_1+x_2-4x_3+2x_4=-5,\\-x_1-9x_2-4x_4=17.\end{cases}$

26. a,b为何值时，下面线性方程组有解？若有解，求出其全部解.

$$\begin{cases}x_1+x_2+x_3+x_4+x_5=1,\\3x_1+2x_2+x_3+x_4-3x_5=a,\\x_2+2x_3+2x_4+6x_5=3,\\5x_1+4x_2+3x_3+3x_4-x_5=b.\end{cases}$$

27. λ为何值时，线性方程组$\begin{cases}-2x_1+x_2+x_3=-2,\\x_1-2x_2+x_3=\lambda,\\x_1+x_2-2x_3=\lambda^2\end{cases}$有解，并求其全部解.

28. 设$\boldsymbol{\eta}^*$是非齐次线性方程组$\boldsymbol{AX}=\boldsymbol{\beta}$的解，$\boldsymbol{\xi}_1,\boldsymbol{\xi}_2,\cdots,\boldsymbol{\xi}_{n-r}$是其导出组的一个基础解系，证

明：$\boldsymbol{\eta}^*, \boldsymbol{\xi}_1, \boldsymbol{\xi}_2, \cdots, \boldsymbol{\xi}_{n-r}$ 线性无关.

习 题 B

1. 设三维向量 $\boldsymbol{\alpha}_1 = \begin{pmatrix} 1+\lambda \\ 1 \\ 1 \end{pmatrix}, \boldsymbol{\alpha}_2 = \begin{pmatrix} 1 \\ 1+\lambda \\ 1 \end{pmatrix}, \boldsymbol{\alpha}_3 = \begin{pmatrix} 1 \\ 1 \\ 1+\lambda \end{pmatrix}, \boldsymbol{\beta} = \begin{pmatrix} 0 \\ \lambda \\ \lambda^2 \end{pmatrix}$，问：$\lambda$ 为何值时

(1) $\boldsymbol{\beta}$ 可以由 $\boldsymbol{\alpha}_1, \boldsymbol{\alpha}_2, \boldsymbol{\alpha}_3$ 线性表示且表示方法唯一，并写出表达式；

(2) $\boldsymbol{\beta}$ 可以由 $\boldsymbol{\alpha}_1, \boldsymbol{\alpha}_2, \boldsymbol{\alpha}_3$ 线性表示且表示方法不唯一；

(3) $\boldsymbol{\beta}$ 不能由 $\boldsymbol{\alpha}_1, \boldsymbol{\alpha}_2, \boldsymbol{\alpha}_3$ 线性表示.

2. 设 $\boldsymbol{\alpha}_1 = (1,0,2,3)^{\mathrm{T}}, \boldsymbol{\alpha}_2 = (1,-1,a+2,1)^{\mathrm{T}}, \boldsymbol{\alpha}_3 = (1,2,4,a+8)^{\mathrm{T}}, \boldsymbol{\beta} = (1,1,b+3,5)^{\mathrm{T}}$, 问:

(1) a, b 取何值时，$\boldsymbol{\beta}$ 不能由 $\boldsymbol{\alpha}_1, \boldsymbol{\alpha}_2, \boldsymbol{\alpha}_3$ 线性表示？

(2) a, b 取何值时，$\boldsymbol{\beta}$ 可由 $\boldsymbol{\alpha}_1, \boldsymbol{\alpha}_2, \boldsymbol{\alpha}_3$ 线性表示？并写出此表达式.

3. 设向量组 $\boldsymbol{\alpha}_1, \boldsymbol{\alpha}_2, \cdots, \boldsymbol{\alpha}_m (m \geqslant 2)$ 中的 $\boldsymbol{\alpha}_m \neq \mathbf{0}$，证明：对任意的数 $k_1, k_2, \cdots, k_{m-1}$，向量组 $\boldsymbol{\beta}_1 = \boldsymbol{\alpha}_1 + k_1\boldsymbol{\alpha}_m$，$\boldsymbol{\beta}_2 = \boldsymbol{\alpha}_2 + k_2\boldsymbol{\alpha}_m$，$\cdots, \boldsymbol{\beta}_{m-1} = \boldsymbol{\alpha}_{m-1} + k_{m-1}\boldsymbol{\alpha}_m$ 线性无关的充分必要条件是 $\boldsymbol{\alpha}_1, \boldsymbol{\alpha}_2, \cdots, \boldsymbol{\alpha}_m$ 线性无关.

4. 已知向量组 $\boldsymbol{\alpha}_1, \boldsymbol{\alpha}_2, \cdots, \boldsymbol{\alpha}_m (m \geqslant 2)$ 线性无关，又向量组 $\boldsymbol{\beta}_1 = \boldsymbol{\alpha}_1 + \boldsymbol{\alpha}_2$，$\boldsymbol{\beta}_2 = \boldsymbol{\alpha}_2 + \boldsymbol{\alpha}_3, \cdots$，$\boldsymbol{\beta}_{m-1} = \boldsymbol{\alpha}_{m-1} + \boldsymbol{\alpha}_m$，$\boldsymbol{\beta}_m = \boldsymbol{\alpha}_m + \boldsymbol{\alpha}_1$, 试讨论向量组 $\boldsymbol{\beta}_1, \boldsymbol{\beta}_2, \cdots, \boldsymbol{\beta}_m$ 的线性相关性.

5. 证明：向量组 $\boldsymbol{\alpha}_1, \boldsymbol{\alpha}_2, \cdots, \boldsymbol{\alpha}_s$ (其中 $\boldsymbol{\alpha}_1 \neq \mathbf{0}$)线性相关的充分必要条件是至少有一个 $\boldsymbol{\alpha}_i (1 < i \leqslant s)$ 可由其前面的向量 $\boldsymbol{\alpha}_1, \boldsymbol{\alpha}_2, \cdots, \boldsymbol{\alpha}_{i-1}$ 线性表示.

6. 设 $\boldsymbol{\alpha}_1, \boldsymbol{\alpha}_2, \boldsymbol{\beta}_1, \boldsymbol{\beta}_2 \in \mathbb{R}^3$ 且 $\boldsymbol{\alpha}_1, \boldsymbol{\alpha}_2$ 线性无关，$\boldsymbol{\beta}_1, \boldsymbol{\beta}_2$ 线性无关.

(1) 证明：一定存在非零向量 $\boldsymbol{\gamma}$ 既可由 $\boldsymbol{\alpha}_1, \boldsymbol{\alpha}_2$ 线性表示，又可由 $\boldsymbol{\beta}_1, \boldsymbol{\beta}_2$ 线性表示，并解释几何意义.

(2) 当 $\boldsymbol{\alpha}_1 = (1,3,0)^{\mathrm{T}}$，$\boldsymbol{\alpha}_2 = (1,2,1)^{\mathrm{T}}$，$\boldsymbol{\beta}_1 = (1,1,1)^{\mathrm{T}}, \boldsymbol{\beta}_2 = (1,-3,4)^{\mathrm{T}}$ 时，求满足上述条件的 $\boldsymbol{\gamma}$.

7. 已知线性方程组

$$\begin{cases} x_1 + x_2 + 2x_3 + 3x_4 = 1, \\ x_1 + 3x_2 + 6x_3 + x_4 = 3, \\ 3x_1 - x_2 - k_1x_3 + 15x_4 = 3, \\ x_1 - 5x_2 - 10x_3 + 12x_4 = k_2. \end{cases}$$

当 k_1，k_2 取何值时，方程组无解？有唯一解？有无穷多解？在方程组有无穷多解的情况下，用其导出组的基础解系表示出其全部解.

8. 设线性方程组

$$\begin{cases} ax_1 + x_2 + x_3 = 4, \\ x_1 + bx_2 + x_3 = 3, \\ x_1 + 2bx_2 + x_3 = 4. \end{cases}$$

试就 a,b 讨论方程组解的情况，有解时求其解.

9. 设有线性方程组

$$\begin{cases} x_1 + a_1x_2 + a_1^2x_3 = a_1^3, \\ x_1 + a_2x_2 + a_2^2x_3 = a_2^3, \\ x_1 + a_3x_2 + a_3^2x_3 = a_3^3, \\ x_1 + a_4x_2 + a_4^2x_3 = a_4^3. \end{cases}$$

(1) 证明：当 a_1, a_2, a_3, a_4 互异时，此方程组无解.

(2) 设 $a_1 = a_3 = k, a_2 = a_4 = -k$ 且 $\boldsymbol{\eta} = (-1,1,1)^{\mathrm{T}}$ 为此方程组的解，求此方程组的全部解.

10. 设 $\boldsymbol{A}$ 为一个 n 阶矩阵且各行元素对应成比例，向量组 $\boldsymbol{\alpha}_1, \boldsymbol{\alpha}_2, \cdots, \boldsymbol{\alpha}_t$ 是齐次线性方程组 $\boldsymbol{AX} = \boldsymbol{0}$ 的一个基础解系，向量 $\boldsymbol{\beta}$ 不是方程组 $\boldsymbol{AX} = \boldsymbol{0}$ 的解，证明：任意一个 n 维向量均可由 $\boldsymbol{\beta}$, $\boldsymbol{\alpha}_1 + \boldsymbol{\beta}, \cdots, \boldsymbol{\alpha}_t + \boldsymbol{\beta}$ 线性表示.

11. 设四元非齐次线性方程组 $\boldsymbol{AX} = \boldsymbol{\beta}$ 的系数矩阵的秩 $R(\boldsymbol{A}) = 3$, $\boldsymbol{\alpha}_1, \boldsymbol{\alpha}_2, \boldsymbol{\alpha}_3$ 是它的三个解向量，且 $\boldsymbol{\alpha}_1 - 3\boldsymbol{\alpha}_2 = (2,0,4,-2)^{\mathrm{T}}, 5\boldsymbol{\alpha}_2 - \boldsymbol{\alpha}_3 = (2,-1,4,6)^{\mathrm{T}}$，求方程组 $\boldsymbol{AX} = \boldsymbol{\beta}$ 的全部解.

第3章测试题

第4章　矩　　阵

矩阵是线性代数中主要的研究对象之一，其概念和理论的发展与行列式及线性方程组的理论密切相关. 矩阵不仅是代数学中的一个主要研究对象，也是数学其他分支以及物理学、化学等科学技术中的重要工具. 矩阵理论在科学技术的许多领域中都有广泛的应用.

4.1　矩阵的概念

4.1.1　矩阵概念的提出

(1) 我们已经知道，含 m 个方程 n 个未知量的线性方程组

$$\begin{cases} a_{11}x_1 + a_{12}x_2 + \cdots + a_{1n}x_n = b_1, \\ a_{21}x_1 + a_{22}x_2 + \cdots + a_{2n}x_n = b_2, \\ \cdots\cdots \\ a_{m1}x_1 + a_{m2}x_2 + \cdots + a_{mn}x_n = b_m \end{cases}$$

的系数矩阵和增广矩阵为

$$\boldsymbol{A} = \begin{pmatrix} a_{11} & a_{12} & \cdots & a_{1n} \\ a_{21} & a_{22} & \cdots & a_{2n} \\ \vdots & \vdots & & \vdots \\ a_{m1} & a_{m2} & \cdots & a_{mn} \end{pmatrix}, \quad \overline{\boldsymbol{A}} = \begin{pmatrix} a_{11} & a_{12} & \cdots & a_{1n} & b_1 \\ a_{21} & a_{22} & \cdots & a_{2n} & b_2 \\ \vdots & \vdots & & \vdots & \vdots \\ a_{m1} & a_{m2} & \cdots & a_{mn} & b_m \end{pmatrix}.$$

(2) 在讨论国民经济的数学问题中也常常用到矩阵. 例如，假设在某一地区，某一种物资有 m 个产地 $A_1, A_2, \cdots, A_m$ 和 n 个销地 $B_1, B_2, \cdots, B_n$，那么一个调运方案就可用一个矩阵

$$\begin{pmatrix} a_{11} & a_{12} & \cdots & a_{1n} \\ a_{21} & a_{22} & \cdots & a_{2n} \\ \vdots & \vdots & & \vdots \\ a_{m1} & a_{m2} & \cdots & a_{mn} \end{pmatrix}$$

来表示，其中 $a_{ij}\ (i=1,2,\cdots,m; j=1,2,\cdots,n)$ 表示由产地 A_i 运到销地 B_j 的数量.

(3) 在解析几何中考虑坐标变换时，如果只考虑坐标系的转轴(逆时针方向旋

转)，那么平面直角坐标变换的公式为

$$\begin{cases} x = x'\cos\theta - y'\sin\theta, \\ y = x'\sin\theta + y'\cos\theta, \end{cases} \tag{4.1.1}$$

其中 θ 为坐标系逆时针旋转的角度.显然，新旧坐标之间的关系，完全可以通过公式中系数所排成的 2×2 矩阵

$$\begin{pmatrix} \cos\theta & -\sin\theta \\ \sin\theta & \cos\theta \end{pmatrix} \tag{4.1.2}$$

表示出来. 通常，矩阵(4.1.2)称为坐标变换(4.1.1)的矩阵.

4.1.2　矩阵的定义

在第 1 章我们已经知道，矩阵是由某数域中的数给出的矩形数表

$$\begin{pmatrix} a_{11} & a_{12} & \cdots & a_{1n} \\ a_{21} & a_{22} & \cdots & a_{2n} \\ \vdots & \vdots & & \vdots \\ a_{m1} & a_{m2} & \cdots & a_{mn} \end{pmatrix},$$

其中 a_{ij} 为矩阵的第 i 行第 j 列元素，简称为 (i,j) 元. 通常用大写的拉丁字母 $\boldsymbol{A}$，$\boldsymbol{B}$，…代表矩阵. 上面这个矩阵可简记为 $\boldsymbol{A}$，$\boldsymbol{A}_{m\times n}$ 或 $(a_{ij})_{m\times n}$. 如果 $m=n$，则称 $\boldsymbol{A}$ 为**方阵**或 n **阶矩阵**. 矩阵中所有元素都为零的矩阵称为**零矩阵**，用 $\boldsymbol{O}$ 表示. 零矩阵的阶数通常可由上下文知道，否则就用 $\boldsymbol{O}_{m\times n}$ 表示.

下面我们考虑两个矩阵的相等. 两个矩阵如果行数相同、列数相同，则称之为**同型矩阵**，只有同型矩阵才可以考虑是否相等.

定义 4.1.1　称两个同型矩阵 $\boldsymbol{A}=(a_{ij})_{m\times n}$ 与 $\boldsymbol{B}=(b_{ij})_{m\times n}$ **相等**，记为 $\boldsymbol{A}=\boldsymbol{B}$，如果对 $i=1,2,\cdots,m; j=1,2,\cdots,n$ 都有 $a_{ij}=b_{ij}$.

例 1　$\boldsymbol{A}=\begin{pmatrix} 1 & 2 \\ 3 & 4 \end{pmatrix}, \boldsymbol{B}=\begin{pmatrix} 1 & 2 & 0 \\ 3 & 4 & 0 \end{pmatrix}$，虽然矩阵 $\boldsymbol{B}$ 除了比矩阵 $\boldsymbol{A}$ 多了一个零列(元素全为 0 的列)外，其余元素均对应相等，但因为 $\boldsymbol{A},\boldsymbol{B}$ 不是同型矩阵，我们不能说 $\boldsymbol{A}=\boldsymbol{B}$.

4.1.3　几种特殊形式的矩阵

定义 4.1.2　只有一行的矩阵 $\boldsymbol{A}=(a_1\ \ a_2\ \ \cdots\ \ a_n)$ 称为**行矩阵**或**行向量**，为避免元素间的混淆，行矩阵经常记作 $\boldsymbol{A}=(a_1,a_2,\cdots,a_n)$. 只有一列的矩阵 $\boldsymbol{B}=\begin{pmatrix} b_1 \\ b_2 \\ \vdots \\ b_n \end{pmatrix}$ 称为

列矩阵或**列向量**，经常用 $\boldsymbol{B}^{\mathrm{T}}=(b_1,b_2,\cdots,b_n)$ 来表示矩阵 $\boldsymbol{B}$ 为列矩阵.

定义 4.1.3　主对角线以外元素全为 0 的 n 阶方阵称为**对角矩阵**，记为 $\operatorname{diag}(\lambda_1,\lambda_2,\cdots,\lambda_n)$，其中 $\lambda_1,\lambda_2,\cdots,\lambda_n$ 为矩阵对角线上的元素，即

$$\operatorname{diag}(\lambda_1,\lambda_2,\cdots,\lambda_n)=\begin{pmatrix}\lambda_1 & 0 & \cdots & 0\\ 0 & \lambda_2 & \cdots & 0\\ \vdots & \vdots & & \vdots\\ 0 & 0 & \cdots & \lambda_n\end{pmatrix};$$

当 n 阶对角矩阵中主对角线上的元素都相等时，称之为 n 阶**数量矩阵**；当 n 阶对角矩阵中主对角线上的元素全为 1 时，称之为 n 阶**单位矩阵**，记为 $\boldsymbol{E}$ 或 $\boldsymbol{E}_n$(也常记为 $\boldsymbol{I}$ 或 $\boldsymbol{I}_n$).

定义 4.1.4　主对角线下方全为零的 n 阶方阵 $\boldsymbol{U}$ 称为**上三角矩阵**；主对角线上方全为零的 n 阶方阵 $\boldsymbol{L}$ 称为**下三角矩阵**. 也就是说，上、下三角矩阵分别具有如下形式

$$\boldsymbol{U}=\begin{pmatrix}a_{11} & a_{12} & \cdots & a_{1n}\\ 0 & a_{22} & \cdots & a_{2n}\\ \vdots & \vdots & & \vdots\\ 0 & 0 & \cdots & a_{nn}\end{pmatrix},\quad \boldsymbol{L}=\begin{pmatrix}a_{11} & 0 & \cdots & 0\\ a_{21} & a_{22} & \cdots & 0\\ \vdots & \vdots & & \vdots\\ a_{n1} & a_{n2} & \cdots & a_{nn}\end{pmatrix}.$$

定义 4.1.5　若 n 阶矩阵 $\boldsymbol{A}=(a_{ij})_{nxn}$ 满足 $a_{ij}=a_{ji}(i,j=1,\cdots,n)$，则称 $\boldsymbol{A}$ 是一个**对称矩阵**；若 n 阶矩阵 $\boldsymbol{A}=(a_{ij})_{nxn}$ 满足 $a_{ij}=-a_{ji}(i,j=1,\cdots,n)$，则称 $\boldsymbol{A}$ 是一个**反对称矩阵**.

【注】　由定义 4.1.5，反对称矩阵的对角线上的元素必为零.

4.2　矩阵的运算

现在我们来定义矩阵的运算. 首先，向量的加法和数量乘法可以自然地推广到矩阵的情形.

4.2.1　矩阵的线性运算

定义 4.2.1　对于两个同型矩阵 $\boldsymbol{A}=(a_{ij})_{m\times n}$，$\boldsymbol{B}=(b_{ij})_{m\times n}$，两矩阵对应的元素相加就得到 $\boldsymbol{A}$ 与 $\boldsymbol{B}$ 的和，记为 $\boldsymbol{A}+\boldsymbol{B}$，即

$$
\boldsymbol{A}+\boldsymbol{B}=\begin{pmatrix} a_{11}+b_{11} & a_{12}+b_{12} & \cdots & a_{1n}+b_{1n} \\ a_{21}+b_{21} & a_{22}+b_{22} & \cdots & a_{2n}+b_{2n} \\ \vdots & \vdots & & \vdots \\ a_{m1}+b_{m1} & a_{m2}+b_{m2} & \cdots & a_{mn}+b_{mn} \end{pmatrix}.
$$

需要注意相加的矩阵必须为同型矩阵. 和 $\boldsymbol{A}+\boldsymbol{B}$ 仍为与它们同型的矩阵.

定义 4.2.2　对于任意数 k 和矩阵 $\boldsymbol{A}=(a_{ij})_{m\times n}$，数 k 与矩阵 $\boldsymbol{A}$ 的每个元素相乘就得到 k 与 $\boldsymbol{A}$ 的**数量乘积**，记为 $k\boldsymbol{A}$，即

$$
k\boldsymbol{A}=\begin{pmatrix} ka_{11} & ka_{12} & \cdots & ka_{1n} \\ ka_{21} & ka_{22} & \cdots & ka_{2n} \\ \vdots & \vdots & & \vdots \\ ka_{m1} & ka_{m2} & \cdots & ka_{mn} \end{pmatrix}.
$$

特别地，$(-1)\boldsymbol{A}$ 简记为 $-\boldsymbol{A}$，并称之为矩阵 $\boldsymbol{A}$ 的**负矩阵**. 两矩阵的**差** $\boldsymbol{A}-\boldsymbol{B}$ 自然定义为 $\boldsymbol{A}-\boldsymbol{B}=\boldsymbol{A}+(-\boldsymbol{B})$.

由该定义，主对角元素为 λ 的数量矩阵可记为 $\lambda\boldsymbol{E}$.

例 1　设 $\boldsymbol{A}=\begin{pmatrix} 1 & 0 & -2 \\ -1 & 3 & 1 \end{pmatrix}$，$\boldsymbol{B}=\begin{pmatrix} 1 & 2 & 3 \\ 1 & 1 & 1 \end{pmatrix}$，$\boldsymbol{C}=\begin{pmatrix} -1 & 2 \\ 0 & 4 \end{pmatrix}$，则

(1) $\boldsymbol{A}+\boldsymbol{B}=\begin{pmatrix} 2 & 2 & 1 \\ 0 & 4 & 2 \end{pmatrix}$，因为 $\boldsymbol{A},\boldsymbol{C}$ 不同型，所以 $\boldsymbol{A}+\boldsymbol{C}$ 没有定义；

(2) $3\boldsymbol{A}=\begin{pmatrix} 3 & 0 & -6 \\ -3 & 9 & 3 \end{pmatrix}$，$2\boldsymbol{A}-\boldsymbol{B}=\begin{pmatrix} 2 & 0 & -4 \\ -2 & 6 & 2 \end{pmatrix}-\begin{pmatrix} 1 & 2 & 3 \\ 1 & 1 & 1 \end{pmatrix}=\begin{pmatrix} 1 & -2 & -7 \\ -3 & 5 & 1 \end{pmatrix}$.

在例 1 中，计算 $2\boldsymbol{A}-\boldsymbol{B}$ 时，不必化为 $2\boldsymbol{A}+(-\boldsymbol{B})$，因为通常的代数法则对矩阵的和与数量乘积仍然成立，事实上对同型矩阵 $\boldsymbol{A},\boldsymbol{B},\boldsymbol{C}$ 和数 k,l 有

(1) $\boldsymbol{A}+\boldsymbol{B}=\boldsymbol{B}+\boldsymbol{A}$;　　(2) $(\boldsymbol{A}+\boldsymbol{B})+\boldsymbol{C}=\boldsymbol{A}+(\boldsymbol{B}+\boldsymbol{C})$;

(3) $\boldsymbol{A}+\boldsymbol{O}=\boldsymbol{A}$;　　(4) $\boldsymbol{A}+(-\boldsymbol{A})=\boldsymbol{O}$;

(5) $k(\boldsymbol{A}+\boldsymbol{B})=k\boldsymbol{A}+k\boldsymbol{B}$;　　(6) $(kl)\boldsymbol{A}=k(l\boldsymbol{A})$;

(7) $(k+l)\boldsymbol{A}=k\boldsymbol{A}+l\boldsymbol{A}$;　　(8) $1\boldsymbol{A}=\boldsymbol{A}$.

【注】　这里的运算规律与 1.2 节中向量的运算规律相同. 满足这 8 条运算规律的运算都称为**线性运算**. 因此，矩阵的加法和数量乘法也称为**矩阵的线性运算**.

【思考】　数 k 乘矩阵和数 k 乘行列式是否相同？举例说明.

4.2.2　矩阵的乘法

在 1.3 节中，我们已经讨论过两个矩阵的乘积(1.3 节例 5 的注(1)).下面给出定义.

定义 4.2.3　设 $\boldsymbol{A}=(a_{ik})_{s\times n}$, $\boldsymbol{B}=(b_{kj})_{n\times m}$，那么两矩阵的乘积 $\boldsymbol{AB}$ 为 $s\times m$ 矩阵

$$AB=(c_{ij})_{s\times m},$$

其中 $c_{ij}=\sum_{k=1}^{n}a_{ik}b_{kj}=a_{i1}b_{1j}+a_{i2}b_{2j}+\cdots+a_{in}b_{nj}\ (i=1,2,\cdots,s;j=1,2,\cdots,m)$.

【注】(1) 并非任何两个矩阵 $\boldsymbol{A},\boldsymbol{B}$ 都可以相乘，$\boldsymbol{A},\boldsymbol{B}$ 可以相乘(乘积为 $\boldsymbol{AB}$)的条件是：$\boldsymbol{A}$ 的列数等于 $\boldsymbol{B}$ 的行数.

(2) $\boldsymbol{A},\boldsymbol{B}$ 的乘积也可以这样理解：n 维行矩阵 $\boldsymbol{\alpha}=(a_1,a_2,\cdots,a_n)$ 与 n 维列矩阵 $\boldsymbol{\beta}=(b_1,b_2,\cdots,b_n)^{\mathrm{T}}$ 的乘积是一个数，该数等于 $\boldsymbol{\alpha}$ 与 $\boldsymbol{\beta}$ 的相应位置的元素乘积之和

$$(a_1,a_2,\cdots,a_n)\begin{pmatrix}b_1\\b_2\\\vdots\\b_n\end{pmatrix}=a_1b_1+a_2b_2+\cdots+a_nb_n.$$

任意 $s\times n$ 矩阵 $\boldsymbol{A}$ 与 $n\times m$ 矩阵 $\boldsymbol{B}$ 相乘，是将 $\boldsymbol{A}$ 的第 i 行(设为 $\boldsymbol{\alpha}_i^{\mathrm{T}}$)与 $\boldsymbol{B}$ 的第 j 列(设为 $\boldsymbol{\beta}_j$)相乘得到的数作为 (i,j) 元($1\leqslant i\leqslant s,1\leqslant j\leqslant m$)，得到的 $s\times m$ 矩阵就是 $\boldsymbol{AB}$，即

$$\begin{pmatrix}\boldsymbol{\alpha}_1^{\mathrm{T}}\\\boldsymbol{\alpha}_2^{\mathrm{T}}\\\vdots\\\boldsymbol{\alpha}_s^{\mathrm{T}}\end{pmatrix}(\boldsymbol{\beta}_1,\ \boldsymbol{\beta}_2,\ \cdots,\ \boldsymbol{\beta}_m)=\begin{pmatrix}\boldsymbol{\alpha}_1^{\mathrm{T}}\boldsymbol{\beta}_1 & \boldsymbol{\alpha}_1^{\mathrm{T}}\boldsymbol{\beta}_2 & \cdots & \boldsymbol{\alpha}_1^{\mathrm{T}}\boldsymbol{\beta}_m\\\boldsymbol{\alpha}_2^{\mathrm{T}}\boldsymbol{\beta}_1 & \boldsymbol{\alpha}_2^{\mathrm{T}}\boldsymbol{\beta}_2 & \cdots & \boldsymbol{\alpha}_2^{\mathrm{T}}\boldsymbol{\beta}_m\\\vdots & \vdots & & \vdots\\\boldsymbol{\alpha}_s^{\mathrm{T}}\boldsymbol{\beta}_1 & \boldsymbol{\alpha}_s^{\mathrm{T}}\boldsymbol{\beta}_2 & \cdots & \boldsymbol{\alpha}_s^{\mathrm{T}}\boldsymbol{\beta}_m\end{pmatrix}.$$

例 2　$\boldsymbol{A}=\begin{pmatrix}1 & 3 & -2\\2 & -1 & 4\end{pmatrix}$，$\boldsymbol{B}=\begin{pmatrix}-1 & 2 & 1\\2 & 1 & 0\\0 & 1 & 1\end{pmatrix}$，则 $\boldsymbol{AB}=\begin{pmatrix}5 & 3 & -1\\-4 & 7 & 6\end{pmatrix}$，但 $\boldsymbol{BA}$ 无定义.

例 3　线性方程组

$$\begin{cases}a_{11}x_1+a_{12}x_2+\cdots+a_{1n}x_n=b_1,\\a_{21}x_1+a_{22}x_2+\cdots+a_{2n}x_n=b_2,\\\qquad\cdots\cdots\\a_{m1}x_1+a_{m2}x_2+\cdots+a_{mn}x_n=b_m\end{cases}$$

可表示为矩阵方程

$$\boldsymbol{AX}=\boldsymbol{\beta},$$

其中 $\boldsymbol{A}=\begin{pmatrix}a_{11} & a_{12} & \cdots & a_{1n}\\a_{21} & a_{22} & \cdots & a_{2n}\\\vdots & \vdots & & \vdots\\a_{m1} & a_{m2} & \cdots & a_{mn}\end{pmatrix}$，$\boldsymbol{X}=\begin{pmatrix}x_1\\x_2\\\vdots\\x_n\end{pmatrix}$，$\boldsymbol{\beta}=\begin{pmatrix}b_1\\b_2\\\vdots\\b_m\end{pmatrix}$.

矩阵的乘法所满足的运算律与通常数的乘法有很大区别，要特别注意以下内容.

(1) 矩阵的乘法一般不满足交换律，即 $\boldsymbol{AB}$ 一般不等于 $\boldsymbol{BA}$. 首先，$\boldsymbol{AB}$ 有定义时，$\boldsymbol{BA}$ 未必有定义，如例 2；其次，在 $\boldsymbol{AB}$ 和 $\boldsymbol{BA}$ 都有定义时，$\boldsymbol{AB}$ 和 $\boldsymbol{BA}$ 未必是同型的(按定义 4.2.3，$\boldsymbol{AB}$ 和 $\boldsymbol{BA}$ 不可以说相等)；最后，在 $\boldsymbol{AB}$ 和 $\boldsymbol{BA}$ 都有定义且为同型矩阵时(此时 $\boldsymbol{A},\boldsymbol{B}$ 必为同阶方阵)，$\boldsymbol{AB}=\boldsymbol{BA}$ 也未必成立.

因为矩阵乘积顺序不同时，结果就可能不一样，所以称乘积 $\boldsymbol{AB}$ 为 $\boldsymbol{A}$ **左乘** $\boldsymbol{B}$ 或 $\boldsymbol{B}$ **右乘** $\boldsymbol{A}$.

例 4 $\boldsymbol{A}=(1,1), \boldsymbol{B}=\begin{pmatrix}1\\2\end{pmatrix}$，则 $\boldsymbol{AB}=(3)$ 为一阶方阵；而 $\boldsymbol{BA}=\begin{pmatrix}1&1\\2&2\end{pmatrix}$ 为二阶方阵.

例 5 $\boldsymbol{A}=\begin{pmatrix}1&2\\0&3\end{pmatrix}, \boldsymbol{B}=\begin{pmatrix}1&1\\1&1\end{pmatrix}$，则 $\boldsymbol{AB}=\begin{pmatrix}3&3\\3&3\end{pmatrix}$，而 $\boldsymbol{BA}=\begin{pmatrix}1&5\\1&5\end{pmatrix}$，显然 $\boldsymbol{AB}\neq\boldsymbol{BA}$.

(2) 两个非零矩阵的乘积可能是零矩阵，从而若 $\boldsymbol{AB}=\boldsymbol{O}$，未必能推出 $\boldsymbol{A}=\boldsymbol{O}$ 或 $\boldsymbol{B}=\boldsymbol{O}$.

例 6 $\boldsymbol{A}=\begin{pmatrix}3&2\\6&4\end{pmatrix}$，$\boldsymbol{B}=\begin{pmatrix}-2&0\\3&0\end{pmatrix}$，$\boldsymbol{AB}=\begin{pmatrix}3&2\\6&4\end{pmatrix}\begin{pmatrix}-2&0\\3&0\end{pmatrix}=\begin{pmatrix}0&0\\0&0\end{pmatrix}$.

(3) 矩阵乘法一般不满足消去律，即由 $\boldsymbol{AB}=\boldsymbol{AC}$，并不一定能推出 $\boldsymbol{B}=\boldsymbol{C}$.

例 7 $\boldsymbol{A}=\begin{pmatrix}3&2\\6&4\end{pmatrix}$，$\boldsymbol{C}=\begin{pmatrix}0&0\\0&0\end{pmatrix}$，$\boldsymbol{AC}=\begin{pmatrix}3&2\\6&4\end{pmatrix}\begin{pmatrix}0&0\\0&0\end{pmatrix}=\begin{pmatrix}0&0\\0&0\end{pmatrix}$，这与例 6 中的 $\boldsymbol{AB}$ 相等，但显然 $\boldsymbol{B}\neq\boldsymbol{C}$.

矩阵的运算与数的运算也有类似之处，它满足规律：

(1) $(\boldsymbol{AB})\boldsymbol{C}=\boldsymbol{A}(\boldsymbol{BC})$ (结合律)；

(2) $\boldsymbol{C}(\boldsymbol{A}+\boldsymbol{B})=\boldsymbol{CA}+\boldsymbol{CB}$，$(\boldsymbol{A}+\boldsymbol{B})\boldsymbol{C}=\boldsymbol{AC}+\boldsymbol{BC}$ (分配律)；

(3) $k(\boldsymbol{AB})=(k\boldsymbol{A})\boldsymbol{B}=\boldsymbol{A}(k\boldsymbol{B})$.

容易知道对于任意的矩阵 $\boldsymbol{A}_{m\times n}$ 有 $\boldsymbol{E}_m\boldsymbol{A}_{m\times n}=\boldsymbol{A}_{m\times n}\boldsymbol{E}_n=\boldsymbol{A}_{m\times n}$. 也就是说对于矩阵的乘法，单位矩阵 $\boldsymbol{E}$ 与数 1 在数的乘法中的性质类似.

【思考】 两个对角矩阵的和、积有什么运算规律？更一般地，一个对角矩阵和一个任意矩阵的乘积有什么规律呢？

若 $\boldsymbol{A}$ 为 n 阶方阵，则对任意正整数 k，定义矩阵的**幂**：$\boldsymbol{A}^k=\underbrace{\boldsymbol{AA}\cdots\boldsymbol{A}}_{k}$，并规定 $\boldsymbol{A}^0=\boldsymbol{E}$. 由于矩阵乘法满足结合律，有 $(\boldsymbol{A}^k)^l=\boldsymbol{A}^{kl}$，$\boldsymbol{A}^k\boldsymbol{A}^l=\boldsymbol{A}^{k+l}$，其中 k，l 为非负整数.

由于矩阵乘法一般不满足交换律，所以 $(\boldsymbol{A}+\boldsymbol{B})^2=\boldsymbol{A}^2+2\boldsymbol{AB}+\boldsymbol{B}^2$ 一般未必成立. 若 $\boldsymbol{AB}=\boldsymbol{BA}$，则称 $\boldsymbol{A},\boldsymbol{B}$ **可交换**，这时 $(\boldsymbol{A}+\boldsymbol{B})^2=\boldsymbol{A}^2+2\boldsymbol{AB}+\boldsymbol{B}^2$ 成立. 特别地，对于同阶方阵 $\boldsymbol{A},\boldsymbol{E}$，有 $(\boldsymbol{E}+\boldsymbol{A})^2=\boldsymbol{E}+2\boldsymbol{A}+\boldsymbol{A}^2$.

【思考】 $(\boldsymbol{A}+\boldsymbol{B})(\boldsymbol{A}-\boldsymbol{B})=\boldsymbol{A}^2-\boldsymbol{B}^2$ 是否成立？

4.2.3 矩阵的转置

定义 4.2.4 给定一个 $m\times n$ 矩阵

$$A=\begin{pmatrix} a_{11} & a_{12} & \cdots & a_{1n} \\ a_{21} & a_{22} & \cdots & a_{2n} \\ \vdots & \vdots & & \vdots \\ a_{m1} & a_{m2} & \cdots & a_{mn} \end{pmatrix},$$

把 $\boldsymbol{A}$ 的各行写成相应的列所得的矩阵称为原来矩阵的**转置矩阵**，记为 $\boldsymbol{A}^{\mathrm{T}}$，即

$$\boldsymbol{A}^{\mathrm{T}}=\begin{pmatrix} a_{11} & a_{21} & \cdots & a_{m1} \\ a_{12} & a_{22} & \cdots & a_{m2} \\ \vdots & \vdots & & \vdots \\ a_{1n} & a_{2n} & \cdots & a_{mn} \end{pmatrix}.$$

显然矩阵 $\boldsymbol{A}$ 与它的转置矩阵 $\boldsymbol{A}^{\mathrm{T}}$ 有相同的秩.

例 8 设 $\boldsymbol{A}=\begin{pmatrix} 1 & 2 \\ 3 & 4 \\ 5 & 6 \end{pmatrix}$，$\boldsymbol{B}=\begin{pmatrix} a & b \\ c & d \end{pmatrix}$，$\boldsymbol{C}=\begin{pmatrix} 1 & 1 & 1 & 1 \\ 0 & 1 & 2 & 3 \end{pmatrix}$，则

$$\boldsymbol{A}^{\mathrm{T}}=\begin{pmatrix} 1 & 3 & 5 \\ 2 & 4 & 6 \end{pmatrix},\quad \boldsymbol{B}^{\mathrm{T}}=\begin{pmatrix} a & c \\ b & d \end{pmatrix},\quad \boldsymbol{C}^{\mathrm{T}}=\begin{pmatrix} 1 & 0 \\ 1 & 1 \\ 1 & 2 \\ 1 & 3 \end{pmatrix}.$$

显然 $m\times n$ 矩阵的转置是 $n\times m$ 矩阵，而且矩阵 $\boldsymbol{A}$ 的 (i,j) 元 a_{ij} 为矩阵 $\boldsymbol{A}^{\mathrm{T}}$ 的 (j,i) 元.

矩阵的转置具有以下运算规律：

(1) $(\boldsymbol{A}^{\mathrm{T}})^{\mathrm{T}}=\boldsymbol{A}$；　　(2) $(\boldsymbol{A}+\boldsymbol{B})^{\mathrm{T}}=\boldsymbol{A}^{\mathrm{T}}+\boldsymbol{B}^{\mathrm{T}}$；

(3) $(k\boldsymbol{A})^{\mathrm{T}}=k\boldsymbol{A}^{\mathrm{T}}$；　　(4) $(\boldsymbol{AB})^{\mathrm{T}}=\boldsymbol{B}^{\mathrm{T}}\boldsymbol{A}^{\mathrm{T}}$.

证明 这里只给出(4)的证明. 设 $\boldsymbol{A}=(a_{ij})_{s\times n},\boldsymbol{B}=(b_{ij})_{n\times m}$.易知 $\boldsymbol{B}^{\mathrm{T}}\boldsymbol{A}^{\mathrm{T}}$ 有定义且为 $m\times s$ 矩阵，从而与 $(\boldsymbol{AB})^{\mathrm{T}}$ 为同型矩阵. 矩阵 $(\boldsymbol{AB})^{\mathrm{T}}$ 的 (j,i) 元，也就是 $\boldsymbol{AB}$ 的 (i,j) 元为

$$\sum_{k=1}^{n} a_{ik}b_{kj}=a_{i1}b_{1j}+a_{i2}b_{2j}+\cdots+a_{in}b_{nj},$$

而矩阵 $\boldsymbol{B}^{\mathrm{T}}\boldsymbol{A}^{\mathrm{T}}$ 的 (j,i) 元为 $\boldsymbol{B}^{\mathrm{T}}$ 的第 j 行元素与 $\boldsymbol{A}^{\mathrm{T}}$ 的第 i 列对应元素乘积的和，即矩阵 $\boldsymbol{B}$ 的第 j 列元素与矩阵 $\boldsymbol{A}$ 的第 i 行对应元素乘积的和为

$$\sum_{k=1}^{n} b_{kj} a_{ik} = b_{1j} a_{i1} + b_{2j} a_{i2} + \cdots + b_{nj} a_{in},$$

所以有 $(\boldsymbol{AB})^{\mathrm{T}} = \boldsymbol{B}^{\mathrm{T}} \boldsymbol{A}^{\mathrm{T}}$.

需要特别注意的是运算律(4). 一般来说 $(\boldsymbol{AB})^{\mathrm{T}} = \boldsymbol{A}^{\mathrm{T}} \boldsymbol{B}^{\mathrm{T}}$ 是不成立的. 比如观察例 8 中的矩阵 $\boldsymbol{A}$ 与 $\boldsymbol{B}$，$\boldsymbol{AB}$ 是一个 3×2 的矩阵，但 $\boldsymbol{A}^{\mathrm{T}} \boldsymbol{B}^{\mathrm{T}}$ 没有定义. 运算律(4)对于多个矩阵的乘法也是成立的，即 $(\boldsymbol{A}_1 \boldsymbol{A}_2 \cdots \boldsymbol{A}_t)^{\mathrm{T}} = \boldsymbol{A}_t^{\mathrm{T}} \cdots \boldsymbol{A}_2^{\mathrm{T}} \boldsymbol{A}_1^{\mathrm{T}}$.

容易知道对称(反对称)矩阵具有以下性质:

(1) n 阶矩阵 $\boldsymbol{A}$ 是对称矩阵当且仅当 $\boldsymbol{A}^{\mathrm{T}} = \boldsymbol{A}$，$n$ 阶矩阵 $\boldsymbol{A}$ 是反对称矩阵当且仅当 $\boldsymbol{A}^{\mathrm{T}} = -\boldsymbol{A}$；

(2) 若 $\boldsymbol{A}$，$\boldsymbol{B}$ 都是同阶对称(反对称)矩阵，则 $\boldsymbol{A}+\boldsymbol{B}$，$k\boldsymbol{A}$ 也是对称(反对称)矩阵；

(3) 对于任意 $m\times n$ 矩阵 $\boldsymbol{A}$，$\boldsymbol{A}^{\mathrm{T}}\boldsymbol{A}$ 为 n 阶对称矩阵，$\boldsymbol{A}\boldsymbol{A}^{\mathrm{T}}$ 为 m 阶对称矩阵；

(4) 如果两个同阶对称(反对称)矩阵 $\boldsymbol{A},\boldsymbol{B}$ 可交换，即 $\boldsymbol{AB} = \boldsymbol{BA}$，则它们的乘积 $\boldsymbol{AB}$ 必为对称矩阵，即 $(\boldsymbol{AB})^{\mathrm{T}} = \boldsymbol{AB}$.

4.2.4　方阵的行列式

定义 4.2.5　给定 n 阶矩阵 $\boldsymbol{A}$，$\boldsymbol{A}$ 的 n^2 个元素自然地决定一 n 阶行列式，称该行列式为矩阵 $\boldsymbol{A}$ 的行列式，记作 $|\boldsymbol{A}|$ 或 $\det \boldsymbol{A}$.

对于 n 阶方阵 $\boldsymbol{A},\boldsymbol{B}$ 及数 k 有如下性质:

(1) $|\boldsymbol{A}^{\mathrm{T}}| = |\boldsymbol{A}|$；　　(2) $|k\boldsymbol{A}| = k^n |\boldsymbol{A}|$；

(3) $|\boldsymbol{AB}| = |\boldsymbol{A}||\boldsymbol{B}|$；　　(4) $|\boldsymbol{A}^k| = |\boldsymbol{A}|^k$.

由(3)知，对于 n 阶方阵 $\boldsymbol{A},\boldsymbol{B}$，虽然一般 $\boldsymbol{AB} \neq \boldsymbol{BA}$，但都有 $|\boldsymbol{AB}| = |\boldsymbol{BA}|$，因为 $|\boldsymbol{AB}| = |\boldsymbol{A}||\boldsymbol{B}| = |\boldsymbol{B}||\boldsymbol{A}| = |\boldsymbol{BA}|$. 显然对于 t 个方阵的乘积有 $|\boldsymbol{A}_1 \boldsymbol{A}_2 \cdots \boldsymbol{A}_t| = |\boldsymbol{A}_1||\boldsymbol{A}_2| \cdots |\boldsymbol{A}_t|$，由此可直接推出性质(4).

【思考】　$|\boldsymbol{A}+\boldsymbol{B}| = |\boldsymbol{A}| + |\boldsymbol{B}|$ 是否成立?

例 9　设 $\boldsymbol{A} = \begin{pmatrix} 1 & 2 \\ 3 & 3 \end{pmatrix}, \boldsymbol{B} = \begin{pmatrix} 1 & 2 \\ -1 & 3 \end{pmatrix}$，求 $|\boldsymbol{AB}|$.

解　可计算得 $\boldsymbol{AB} = \begin{pmatrix} -1 & 8 \\ 0 & 15 \end{pmatrix}$，则 $|\boldsymbol{AB}| = \begin{vmatrix} -1 & 8 \\ 0 & 15 \end{vmatrix} = -15$，或者

$$|\boldsymbol{AB}| = |\boldsymbol{A}||\boldsymbol{B}| = \begin{vmatrix} 1 & 2 \\ 3 & 3 \end{vmatrix} \begin{vmatrix} 1 & 2 \\ -1 & 3 \end{vmatrix} = (-3)\times 5 = -15.$$

 **随堂练习**

1. 设 $A=\begin{pmatrix}1&2&3\\4&5&6\\7&8&9\end{pmatrix}$，$D=\begin{pmatrix}d_1&&\\&d_2&\\&&d_3\end{pmatrix}$. 计算 DA 和 AD，并说明用对角阵 D 左乘 A 或右乘 A 时，A 的行和列各有怎样的变化？何时会有 $AD=DA$ 成立？

2. A,P 为 n 阶方阵且 A 为对称矩阵，证明：$P^{\mathrm{T}}AP$ 为对称矩阵.

3. 已知矩阵 $A=\begin{pmatrix}0&1&0\\0&0&1\\0&0&0\end{pmatrix}$，求 A^n.

4. 已知矩阵 $B=\begin{pmatrix}1&1&0\\0&1&1\\0&0&1\end{pmatrix}$，求 B^n.

5. 设 A 为三阶方阵且已知 $|-2A|=2$，求 $|3A|$.

4.3 逆 矩 阵

4.3.1 可逆矩阵的定义

我们知道，非零数都有倒数. 对于非零数 a，数 b 是数 a 的倒数当且仅当 $ab=ba=1$. 而在矩阵的乘法运算中，单位矩阵 E 有类似于数 1 的运算规律，那么对于非零矩阵 A，是否存在矩阵 B 使得 $AB=BA=E$ 呢？

定义 4.3.1 设 A 为 n 阶方阵，E 为 n 阶单位矩阵. 若存在 n 阶方阵 B，使得

$$AB=BA=E,$$

则称方阵 A **可逆**，并称方阵 B 为 A 的**逆矩阵**；否则，称 A **不可逆**.

【注】 容易知道，对于 n 阶方阵 A，如果存在矩阵 B，使得 $AB=BA=E$ 成立，则矩阵 B 必然也是 n 阶方阵.

我们指出若 A 可逆，则它的逆矩阵唯一. 假设 B，C 都是 A 的逆矩阵，则 $B=BE=B(AC)=(BA)C=EC=C$. 将矩阵 A 的唯一逆矩阵记为 A^{-1}. 于是

$$AA^{-1}=A^{-1}A=E.$$

与任何非零数都有倒数不同，并非任何非零矩阵都可逆. 如 $\begin{pmatrix}1&2\\0&0\end{pmatrix}$ 就不可逆，因为对该矩阵，定义中的矩阵 B 是不存在的. 由定义容易知道单位矩阵 E 是可逆的，这时定义中的矩阵 B 可取成单位矩阵. 我们的一个重要任务是给出矩阵可逆的充要条件.

4.3.2 矩阵可逆的充要条件

由定义可知：若 $\boldsymbol{A}$ 可逆，则 $\boldsymbol{A}^{-1}$ 存在且有 $\boldsymbol{A}\boldsymbol{A}^{-1}=\boldsymbol{E}$，两边取行列式得 $|\boldsymbol{A}||\boldsymbol{A}^{-1}|=|\boldsymbol{A}\boldsymbol{A}^{-1}|=|\boldsymbol{E}|=1$，故 $|\boldsymbol{A}|\neq 0$. 称行列式不为零的矩阵为**非退化矩阵**，行列式为零的矩阵为**退化矩阵**. 前面结论说明若矩阵可逆，则该矩阵必为非退化矩阵. 那么反过来非退化矩阵是否一定可逆呢？下面的定义是讨论该问题的关键.

定义 4.3.2 由方阵 $\boldsymbol{A}=(a_{ij})_{n\times n}$ 的行列式 $|\boldsymbol{A}|=|a_{ij}|$ 中元素 $a_{ij}(i,j=1,2,\cdots,n)$ 的代数余子式 A_{ij} 按如下方式构成的 n 阶方阵

$$\boldsymbol{A}^*=\begin{pmatrix} A_{11} & A_{21} & \cdots & A_{n1} \\ A_{12} & A_{22} & \cdots & A_{n2} \\ \vdots & \vdots & & \vdots \\ A_{1n} & A_{2n} & \cdots & A_{nn} \end{pmatrix}$$

称为 $\boldsymbol{A}$ 的**伴随矩阵**.

【注】 A_{ij} 在 $\boldsymbol{A}^*$ 中是第 j 行第 i 列元素，而不是第 i 行第 j 列元素.

例 1 设 $\boldsymbol{A}=\begin{pmatrix} a & b \\ c & d \end{pmatrix}$，则 $\boldsymbol{A}^*=\begin{pmatrix} d & -b \\ -c & a \end{pmatrix}$. 此时直接计算可得

$$\boldsymbol{A}\boldsymbol{A}^*=\begin{pmatrix} ad-bc & 0 \\ 0 & ad-bc \end{pmatrix}=(ad-bc)\boldsymbol{E}=|\boldsymbol{A}|\boldsymbol{E},$$

而且

$$\boldsymbol{A}^*\boldsymbol{A}=\begin{pmatrix} ad-bc & 0 \\ 0 & ad-bc \end{pmatrix}=(ab-bc)\boldsymbol{E}=|\boldsymbol{A}|\boldsymbol{E}.$$

例 2 设 $\boldsymbol{A}=\begin{pmatrix} 3 & 2 & 1 \\ 1 & 2 & 2 \\ 3 & 4 & 3 \end{pmatrix}$，求 $\boldsymbol{A}^*$.

解 因为

$$\begin{aligned} &A_{11}=-2, \quad A_{12}=3, \quad A_{13}=-2, \\ &A_{21}=-2, \quad A_{22}=6, \quad A_{23}=-6, \\ &A_{31}=2, \quad A_{32}=-5, \quad A_{33}=4, \end{aligned}$$

所以

$$\boldsymbol{A}^*=\begin{pmatrix} -2 & -2 & 2 \\ 3 & 6 & -5 \\ -2 & -6 & 4 \end{pmatrix}.$$

由第 2 章中行列式的展开定理知

$$\sum_{k=1}^{n} a_{ik} A_{jk} = \sum_{k=1}^{n} a_{ki} A_{kj} = \begin{cases} |\boldsymbol{A}|, & i=j, \\ 0, & i \neq j, \end{cases}$$

故

$$\boldsymbol{A}\boldsymbol{A}^* = \boldsymbol{A}^*\boldsymbol{A} = \begin{pmatrix} |\boldsymbol{A}| & 0 & \cdots & 0 \\ 0 & |\boldsymbol{A}| & \cdots & 0 \\ \vdots & \vdots & & \vdots \\ 0 & 0 & \cdots & |\boldsymbol{A}| \end{pmatrix} = |\boldsymbol{A}|\boldsymbol{E}.$$

上面的例 1 就是该结论的特殊情形.

定理 4.3.1　n 阶方阵 $\boldsymbol{A}$ 可逆当且仅当 $|\boldsymbol{A}| \neq 0$，此时 $\boldsymbol{A}^{-1} = \dfrac{\boldsymbol{A}^*}{|\boldsymbol{A}|}$.

证明　必要性前面已证. 下证充分性.

因为 $|\boldsymbol{A}| \neq 0$，所以由 $\boldsymbol{A}\boldsymbol{A}^* = \boldsymbol{A}^*\boldsymbol{A} = |\boldsymbol{A}|\boldsymbol{E}$，可得 $\boldsymbol{A}\dfrac{\boldsymbol{A}^*}{|\boldsymbol{A}|} = \dfrac{\boldsymbol{A}^*}{|\boldsymbol{A}|}\boldsymbol{A} = \boldsymbol{E}$. 由定义可得 $\boldsymbol{A}$ 可逆，且 $\boldsymbol{A}^{-1} = \dfrac{\boldsymbol{A}^*}{|\boldsymbol{A}|}$.

推论　设 $\boldsymbol{A}$ 为 n 阶方阵，若存在 n 阶方阵 $\boldsymbol{B}$，使得 $\boldsymbol{AB} = \boldsymbol{E}$ (或 $\boldsymbol{BA} = \boldsymbol{E}$)，则 $\boldsymbol{A}$，$\boldsymbol{B}$ 均可逆且 $\boldsymbol{A}^{-1} = \boldsymbol{B}$，$\boldsymbol{B}^{-1} = \boldsymbol{A}$.

证明　由 $|\boldsymbol{AB}| = |\boldsymbol{A}||\boldsymbol{B}| = |\boldsymbol{E}| = 1$，知 $|\boldsymbol{A}| \neq 0$，由定理 4.3.1 知 $\boldsymbol{A}$ 可逆，故 $\boldsymbol{A}^{-1}$ 存在，从而 $\boldsymbol{B} = \boldsymbol{EB} = (\boldsymbol{A}^{-1}\boldsymbol{A})\boldsymbol{B} = \boldsymbol{A}^{-1}(\boldsymbol{AB}) = \boldsymbol{A}^{-1}\boldsymbol{E} = \boldsymbol{A}^{-1}$. 同理 $\boldsymbol{B}$ 可逆且 $\boldsymbol{B}^{-1} = \boldsymbol{A}$.

【注】　(1) 由此推论可知判断方阵 $\boldsymbol{B}$ 是否为方阵 $\boldsymbol{A}$ 的逆矩阵时，只需要验证 $\boldsymbol{AB} = \boldsymbol{E}$ 或者 $\boldsymbol{BA} = \boldsymbol{E}$ 两式中一式是否成立.

(2) 存在不是方阵的 $\boldsymbol{A}, \boldsymbol{B}$，使得 $\boldsymbol{AB} = \boldsymbol{E}$ 成立. 比如 $\boldsymbol{A} = \begin{pmatrix} 1 & 0 & 0 \\ 0 & 1 & 0 \end{pmatrix}$，$\boldsymbol{B} = \begin{pmatrix} 1 & 0 \\ 0 & 1 \\ 0 & 0 \end{pmatrix}$，则有 $\boldsymbol{AB} = \boldsymbol{E}$ 成立. 因此只有对同阶方阵 $\boldsymbol{A}, \boldsymbol{B}$ 有 $\boldsymbol{AB} = \boldsymbol{E}$ 成立，才能断定 $\boldsymbol{A}, \boldsymbol{B}$ 互为逆矩阵.

例 3　判断下列方阵 $\boldsymbol{A} = \begin{pmatrix} 3 & 2 & 1 \\ 1 & 2 & 2 \\ 3 & 4 & 3 \end{pmatrix}$，$\boldsymbol{B} = \begin{pmatrix} -1 & 3 & 2 \\ -11 & 15 & 1 \\ -3 & 3 & -1 \end{pmatrix}$ 是否可逆？若可逆，求其逆矩阵.

解　由于 $|\boldsymbol{A}| = -2 \neq 0$，$|\boldsymbol{B}| = 0$，所以 $\boldsymbol{B}$ 不可逆，$\boldsymbol{A}$ 可逆，并且由本小节例 2

$$A^{-1}=\frac{A^*}{|A|}=-\frac{1}{2}\begin{pmatrix}-2&-2&2\\3&6&-5\\-2&-6&4\end{pmatrix}.$$

用伴随矩阵的方法求 n 阶矩阵的逆，需要计算 n^2+1 个行列式，因此当可逆矩阵 A 的阶数较高时，计算量很大. 后面我们会介绍利用初等变换求逆矩阵的方法.

4.3.3　逆矩阵的运算性质

设 A, B 为同阶可逆方阵，数 $k\neq 0$，则有以下性质：

(1) A^{-1} 可逆且 $(A^{-1})^{-1}=A$；

(2) kA 可逆且 $(kA)^{-1}=\frac{1}{k}A^{-1}$；

(3) AB 可逆且 $(AB)^{-1}=B^{-1}A^{-1}$；

(4) A^{T} 可逆且 $(A^{\mathrm{T}})^{-1}=(A^{-1})^{\mathrm{T}}$.

证明　我们来证明(3)和(4)，(1)和(2)的证明由读者自己给出.

显然 AB 与 $B^{-1}A^{-1}$ 为同阶方阵且 $(AB)(B^{-1}A^{-1})=A(BB^{-1})A^{-1}=AA^{-1}=E$，所以由 4.3.2 节的推论知 AB 可逆且 $(AB)^{-1}=B^{-1}A^{-1}$.

同样地，显然 A^{T} 与 $(A^{-1})^{\mathrm{T}}$ 为同阶方阵且 $(A^{\mathrm{T}})(A^{-1})^{\mathrm{T}}=(A^{-1}A)^{\mathrm{T}}=E^{\mathrm{T}}=E$，所以 A^{T} 可逆且 $(A^{\mathrm{T}})^{-1}=(A^{-1})^{\mathrm{T}}$.

容易知道，性质(3)可推广到多个矩阵的情形，若 $A_1,A_2,\cdots,A_t$ 均为可逆矩阵，则乘积 $A_1\,A_2\cdots A_t$ 也可逆且 $(A_1A_2\cdots A_t)^{-1}=A_t^{-1}\cdots A_2^{-1}A_1^{-1}$. 特别地，方阵 A 可逆，则 A^k 也可逆且 $(A^k)^{-1}=(A^{-1})^k$.

但需要注意：可逆矩阵没有类似于转置 $(A+B)^{\mathrm{T}}=A^{\mathrm{T}}+B^{\mathrm{T}}$ 的性质，例如 $A=\begin{pmatrix}2&0\\0&2\end{pmatrix}$，$B=\begin{pmatrix}-2&0\\0&-2\end{pmatrix}$，$A,B$ 都可逆，但 $A+B$ 不可逆. 即使 $A+B$ 可逆，$(A+B)^{-1}$ 也未必等于 $A^{-1}+B^{-1}$，故一般 $(A\pm B)^{-1}=A^{-1}\pm B^{-1}$ 不成立.

4.3.4　逆矩阵的应用

线性方程组 $AX=\beta$ 中，若 $|A|\neq 0$，由克拉默法则知，方程组有唯一解. 利用逆矩阵，显然该唯一解为 $X=A^{-1}\beta$.

例 4　解线性方程组

$$\begin{cases}3x_1+2x_2+\ \ x_3=1,\\ \ \ x_1+2x_2+2x_3=2,\\ 3x_1+4x_2+3x_3=3.\end{cases}$$

解　其矩阵形式为

$$\begin{pmatrix}3&2&1\\1&2&2\\3&4&3\end{pmatrix}\begin{pmatrix}x_1\\x_2\\x_3\end{pmatrix}=\begin{pmatrix}1\\2\\3\end{pmatrix},$$

因为

$$\begin{vmatrix}3&2&1\\1&2&2\\3&4&3\end{vmatrix}=-2\neq 0,$$

所以$\begin{pmatrix}x_1\\x_2\\x_3\end{pmatrix}=\begin{pmatrix}3&2&1\\1&2&2\\3&4&3\end{pmatrix}^{-1}\begin{pmatrix}1\\2\\3\end{pmatrix}=-\dfrac{1}{2}\begin{pmatrix}-2&-2&2\\3&6&-5\\-2&-6&4\end{pmatrix}\begin{pmatrix}1\\2\\3\end{pmatrix}=\begin{pmatrix}0\\0\\1\end{pmatrix}$，也就是说原方程组的解为$x_1=0$，$x_2=0$，$x_3=1$.

若$\boldsymbol{A}$为方阵，类似于多项式$f(x)=a_nx^n+a_{n-1}x^{n-1}+\cdots+a_1x+a_0$. 我们可以定义$\boldsymbol{A}$的多项式$f(\boldsymbol{A})=a_n\boldsymbol{A}^n+a_{n-1}\boldsymbol{A}^{n-1}+\cdots+a_1\boldsymbol{A}+a_0\boldsymbol{E}$.

若已知一个方阵$\boldsymbol{A}$的多项式的等式，这时候如何判断$\boldsymbol{A}$的某多项式是否可逆?

例 5　已知$\boldsymbol{A}^2-5\boldsymbol{A}+6\boldsymbol{E}=\boldsymbol{O}$，判断下列矩阵是否可逆？并且求出可逆矩阵的逆矩阵.

(1) $\boldsymbol{A}$；(2) $\boldsymbol{A}+2\boldsymbol{E}$；(3) $\boldsymbol{A}-2\boldsymbol{E}$.

解　(1) 由题设矩阵$\boldsymbol{A}$的等式可以得到$\boldsymbol{A}\left[\dfrac{1}{-6}(\boldsymbol{A}-5\boldsymbol{E})\right]=\boldsymbol{E}$，因此矩阵$\boldsymbol{A}$可逆，而且$\boldsymbol{A}^{-1}=\left[\dfrac{1}{-6}(\boldsymbol{A}-5\boldsymbol{E})\right]$.

(2) 由题设矩阵$\boldsymbol{A}$的等式可以得到$(\boldsymbol{A}+2\boldsymbol{E})\left[\dfrac{1}{-20}(\boldsymbol{A}-7\boldsymbol{E})\right]=\boldsymbol{E}$，因此矩阵$\boldsymbol{A}+2\boldsymbol{E}$可逆，且$(\boldsymbol{A}+2\boldsymbol{E})^{-1}=\left[\dfrac{1}{-20}(\boldsymbol{A}-7\boldsymbol{E})\right]$.

(3) 由题设矩阵$\boldsymbol{A}$的等式可以得到$(\boldsymbol{A}-2\boldsymbol{E})(\boldsymbol{A}-3\boldsymbol{E})=\boldsymbol{O}$，等式两边同时取行列式得$|\boldsymbol{A}-2\boldsymbol{E}|=0$或者$|\boldsymbol{A}-3\boldsymbol{E}|=0$. 此时，我们无法断定矩阵$\boldsymbol{A}-2\boldsymbol{E}$是否可逆. 事实上如果$\boldsymbol{A}=\begin{pmatrix}2&0\\0&2\end{pmatrix}$，则$\boldsymbol{A}-2\boldsymbol{E}$不可逆，$\boldsymbol{A}-3\boldsymbol{E}$却是可逆的；如果$\boldsymbol{A}=\begin{pmatrix}3&0\\0&3\end{pmatrix}$，

则 $A-2E$ 可逆，$A-3E$ 却是不可逆的；如果 $A=\begin{pmatrix}2&0\\0&3\end{pmatrix}$，则 $A-2E$ 和 $A-3E$ 都是不可逆的. 容易知道我们选择的三个不同的 A 确实都满足题设条件.

例 6　若 n 阶可逆矩阵 A,B 满足 $A^2-B=A$，求证 $A-E$ 可逆.

证明　由题设可得 $A^2-A=B$，于是 $A(A-E)=B$. 等式两边同时左乘 A^{-1} 得 $(A^{-1}A)(A-E)=A^{-1}B$，从而 $A-E=A^{-1}B$. 作为两个可逆矩阵的乘积，$A-E$ 可逆.

1. 判断下列哪些矩阵可逆，若可逆，则求其逆矩阵.

(1) $\begin{pmatrix}2&3\\4&7\end{pmatrix}$；　(2) $\begin{pmatrix}1&3&0\\2&5&0\\0&0&2\end{pmatrix}$；　(3) $\begin{pmatrix}0&1&3\\0&2&5\\2&0&0\end{pmatrix}$；　(4) $\begin{pmatrix}1&2&3\\4&5&6\\7&8&9\end{pmatrix}$.

2. 设 A,B,C 均为 n 阶方阵且 $ABC=E$，则下列矩阵一定是单位矩阵的有 ACB, BAC, BCA, CAB, CBA.

3. 下列说法是否正确？并说明理由.

(1) 只有矩阵 A 为可逆矩阵时才有 $AA^*=A^*A=|A|E$.

(2) 若 $AB=E$, 则 A,B 互为逆矩阵.

4.4　矩阵的分块

把一个大矩阵分成若干小块，构成一个分块矩阵，这是矩阵运算中的一个重要技巧，它可以把大矩阵的运算化为若干小矩阵的运算，使运算更为简明.分块矩阵也出现在线性代数的现代应用中，因为这些记号简化了许多讨论，并能揭示出矩阵计算的许多本质.

具体说来是用若干水平线和竖直线把某矩阵 A 分成多个小矩阵，每个小矩阵称为矩阵 A 的**子块**，由子块组成的矩阵称为**分块矩阵**.

例 1　矩阵

$$A=\left(\begin{array}{ccc|cc|c}2&-1&5&1&0&2\\3&0&4&0&1&3\\\hline -3&1&0&1&4&5\end{array}\right)$$

看作 2×3 分块矩阵

$$A=\begin{pmatrix}A_{11} & A_{12} & A_{13}\\ A_{21} & A_{22} & A_{23}\end{pmatrix}.$$

其中各子块分别为

$$A_{11}=\begin{pmatrix}2 & -1 & 5\\ 3 & 0 & 4\end{pmatrix},\quad A_{12}=\begin{pmatrix}1 & 0\\ 0 & 1\end{pmatrix},\quad A_{13}=\begin{pmatrix}2\\ 3\end{pmatrix},$$

$$A_{21}=(-3\quad 1\quad 0),\quad A_{22}=(1\quad 4),\quad A_{23}=(5).$$

【注】 (1) 本例中的矩阵本来是3×6的矩阵，但是进行如上分块后，A作为分块矩阵成了2×3的分块矩阵. 当然矩阵分块有多种方式，比如把矩阵A的每一行看作一个子块的话，就成了3×1的分块矩阵.

(2) 这里的记号A_{ij}表示矩阵A的子块，而不是代数余子式. 我们采用这样的记号是为了描述方便，根据下标就知道A_{ij}是分块矩阵A的第几行第几列的子块了.

4.4.1 分块矩阵的运算

容易知道分块矩阵如何进行加法和数乘运算：对两个同型矩阵A, B进行同样方式的分块，

$$A=\begin{pmatrix}A_{11} & A_{12} & \cdots & A_{1q}\\ A_{21} & A_{22} & \cdots & A_{2q}\\ \vdots & \vdots & & \vdots\\ A_{p1} & A_{p2} & \cdots & A_{pq}\end{pmatrix},\quad B=\begin{pmatrix}B_{11} & B_{12} & \cdots & B_{1q}\\ B_{21} & B_{22} & \cdots & B_{2q}\\ \vdots & \vdots & & \vdots\\ B_{p1} & B_{p2} & \cdots & B_{pq}\end{pmatrix},$$

使得处于同一位置的块A_{ij}与B_{ij}是同型的. 则将A, B中处于相同位置的子块相加

$$\begin{pmatrix}A_{11}+B_{11} & A_{12}+B_{12} & \cdots & A_{1q}+B_{1q}\\ A_{21}+B_{21} & A_{22}+B_{22} & \cdots & A_{2q}+B_{2q}\\ \vdots & \vdots & & \vdots\\ A_{p1}+B_{p1} & A_{p2}+B_{p2} & \cdots & A_{pq}+B_{pq}\end{pmatrix},$$

就得到$A+B$.

数k与上述分块矩阵A的数量乘积等于k与矩阵的每一个子块相乘，即

$$k\begin{pmatrix}A_{11} & A_{12} & \cdots & A_{1q}\\ A_{21} & A_{22} & \cdots & A_{2q}\\ \vdots & \vdots & & \vdots\\ A_{p1} & A_{p2} & \cdots & A_{pq}\end{pmatrix}=\begin{pmatrix}kA_{11} & kA_{12} & \cdots & kA_{1q}\\ kA_{21} & kA_{22} & \cdots & kA_{2q}\\ \vdots & \vdots & & \vdots\\ kA_{p1} & kA_{p2} & \cdots & kA_{pq}\end{pmatrix}.$$

两个矩阵 $\boldsymbol{A}=(a_{ij})_{m\times n}$ 与 $\boldsymbol{B}=(b_{ij})_{n\times s}$ 相乘，将 $\boldsymbol{A},\boldsymbol{B}$ 进行分块

$$\begin{array}{c} \quad\ \ j_1\text{列}\quad j_2\text{列}\ \ \cdots\ \ j_q\text{列} \\ \boldsymbol{A}=\begin{pmatrix} \boldsymbol{A}_{11} & \boldsymbol{A}_{12} & \cdots & \boldsymbol{A}_{1q} \\ \boldsymbol{A}_{21} & \boldsymbol{A}_{22} & \cdots & \boldsymbol{A}_{2q} \\ \vdots & \vdots & & \vdots \\ \boldsymbol{A}_{p1} & \boldsymbol{A}_{p2} & \cdots & \boldsymbol{A}_{pq} \end{pmatrix} \end{array},\quad \boldsymbol{B}=\begin{pmatrix} \boldsymbol{B}_{11} & \boldsymbol{B}_{12} & \cdots & \boldsymbol{B}_{1r} \\ \boldsymbol{B}_{21} & \boldsymbol{B}_{22} & \cdots & \boldsymbol{B}_{2r} \\ \vdots & \vdots & & \vdots \\ \boldsymbol{B}_{q1} & \boldsymbol{B}_{q2} & \cdots & \boldsymbol{B}_{qr} \end{pmatrix}\begin{matrix} j_1\text{行} \\ j_2\text{行} \\ \vdots \\ j_q\text{行} \end{matrix},$$

使得 $\boldsymbol{A}$ 的列的分块方法和 $\boldsymbol{B}$ 的行的分块方法完全相同. 作为分块矩阵，令 $\boldsymbol{AB}=(\boldsymbol{C}_{ij})_{p\times r}$，其中

$$\boldsymbol{C}_{ij}=\sum_{k=1}^{q}\boldsymbol{A}_{ik}\boldsymbol{B}_{kj}=\boldsymbol{A}_{i1}\boldsymbol{B}_{1j}+\boldsymbol{A}_{i2}\boldsymbol{B}_{j2}+\cdots+\boldsymbol{A}_{iq}\boldsymbol{B}_{qj}.$$

可以证明，这样写出的矩阵 $(\boldsymbol{C}_{ij})_{p\times r}$ 与直接计算 $\boldsymbol{A},\boldsymbol{B}$ 乘积的结果是一样的，证明略.

【注】 这里必须强调 $\boldsymbol{A}$ 的列分块方法和 $\boldsymbol{B}$ 的行分块方法完全相同，但 $\boldsymbol{A}$ 的行分块如何进行，$\boldsymbol{B}$ 的列分块如何进行是没有要求的，有多种的可能性.

例 2 设

$$\boldsymbol{A}=\left(\begin{array}{cc:c} 1 & 0 & 0 \\ 0 & 1 & 0 \\ \hdashline 1 & 2 & 3 \end{array}\right)=\begin{pmatrix} \boldsymbol{E} & \boldsymbol{O} \\ \boldsymbol{A}_1 & \boldsymbol{A}_2 \end{pmatrix},\quad \boldsymbol{B}=\left(\begin{array}{c:cc:c} -1 & 1 & 0 & 2 \\ 2 & 0 & 1 & 3 \\ \hdashline 0 & 1 & 1 & 0 \end{array}\right)=\begin{pmatrix} \boldsymbol{B}_1 & \boldsymbol{E} & \boldsymbol{B}_2 \\ \boldsymbol{O} & \boldsymbol{B}_3 & \boldsymbol{O} \end{pmatrix},$$

则

$$\begin{aligned} \boldsymbol{AB}&=\begin{pmatrix} \boldsymbol{E} & \boldsymbol{O} \\ \boldsymbol{A}_1 & \boldsymbol{A}_2 \end{pmatrix}\begin{pmatrix} \boldsymbol{B}_1 & \boldsymbol{E} & \boldsymbol{B}_2 \\ \boldsymbol{O} & \boldsymbol{B}_3 & \boldsymbol{O} \end{pmatrix} \\ &=\begin{pmatrix} \boldsymbol{B}_1 & \boldsymbol{E} & \boldsymbol{B}_2 \\ \boldsymbol{A}_1\boldsymbol{B}_1 & \boldsymbol{A}_1+\boldsymbol{A}_2\boldsymbol{B}_3 & \boldsymbol{A}_1\boldsymbol{B}_2 \end{pmatrix} \\ &=\left(\begin{array}{c:cc:c} -1 & 1 & 0 & 2 \\ 2 & 0 & 1 & 3 \\ \hdashline 3 & 4 & 5 & 8 \end{array}\right). \end{aligned}$$

要对分块矩阵求转置，既要把由子块构成的矩阵取转置，也要把每一子块取转置.

例 3 设

$$\boldsymbol{B}=\left(\begin{array}{c:cc:c} -1 & 3 & 4 & 2 \\ 2 & 5 & -2 & 3 \\ \hdashline 1 & 0 & 1 & 5 \end{array}\right)=\begin{pmatrix} \boldsymbol{B}_{11} & \boldsymbol{B}_{12} & \boldsymbol{B}_{13} \\ \boldsymbol{B}_{21} & \boldsymbol{B}_{22} & \boldsymbol{B}_{23} \end{pmatrix},$$

则有

$$B^{\mathrm{T}}=\begin{pmatrix}B_{11}^{\mathrm{T}} & B_{21}^{\mathrm{T}}\\ B_{12}^{\mathrm{T}} & B_{22}^{\mathrm{T}}\\ B_{13}^{\mathrm{T}} & B_{23}^{\mathrm{T}}\end{pmatrix}=\left(\begin{array}{cc|c}-1 & 2 & 1\\ \hline 3 & 5 & 0\\ 4 & -2 & 1\\ \hline 2 & 3 & 5\end{array}\right).$$

4.4.2　分块矩阵的应用

1. 分块矩阵的行列式

已知方阵 $P=\begin{pmatrix}A & C\\ O & B\end{pmatrix}$，其中 A,B 分别是 k 阶和 r 阶矩阵，利用行列式的知识可以得到 $|P|=|A||B|$；类似地 $\begin{vmatrix}A & O\\ C & B\end{vmatrix}=\begin{vmatrix}A & O\\ O & B\end{vmatrix}=|A||B|$.

类似于上(下)三角矩阵和对角矩阵，称主对角线左下方的子块全为零矩阵的分块矩阵 U 为**分块上三角矩阵**；主对角线右上方的子块全为零矩阵的分块矩阵 L 为**分块下三角矩阵**；主对角线左下方和右上方的子块全为零矩阵的分块矩阵 D 为**分块对角矩阵**，即

$$U=\begin{pmatrix}A_{11} & A_{12} & \cdots & A_{1p}\\ O & A_{22} & \cdots & A_{2p}\\ \vdots & \vdots & & \vdots\\ O & O & \cdots & A_{pp}\end{pmatrix},\quad L=\begin{pmatrix}A_{11} & O & O & O\\ A_{21} & A_{22} & O & O\\ \vdots & \vdots & & \vdots\\ A_{p1} & A_{p2} & \cdots & A_{pp}\end{pmatrix},\quad D=\begin{pmatrix}A_{1} & O & \cdots & O\\ O & A_{2} & \cdots & O\\ \vdots & \vdots & & \vdots\\ O & O & \cdots & A_{p}\end{pmatrix}.$$

【注】 (1) 按定义，上述三种矩阵的对角线上的子块不要求是方阵，不过在本书中出现的三种矩阵的对角线上的子块都是方阵，从而整个矩阵也是方阵.

(2) 对角矩阵一定是分块对角矩阵，但分块对角矩阵却不一定是对角矩阵；上三角矩阵一定是分块上三角矩阵，但分块上三角矩阵却不一定是上三角矩阵；下三角矩阵一定是分块下三角矩阵，但分块下三角矩阵却不一定是下三角矩阵.

上面行列式的结论可以推广，比如分块上三角矩阵的行列式等于其对角线上子块的行列式的乘积，即有 $\begin{vmatrix}A_{11} & A_{12} & \cdots & A_{1p}\\ O & A_{22} & \cdots & A_{2p}\\ \vdots & \vdots & & \vdots\\ O & O & \cdots & A_{pp}\end{vmatrix}=|A_{11}||A_{22}|\cdots|A_{pp}|$，其中 $A_{ii}(i=1,2,\cdots,p)$ 是方阵.

2. 用分块矩阵求矩阵的逆矩阵

对于某些高阶可逆矩阵，如果把矩阵分块，再对分块矩阵进行求逆，则有可能减少计算量，不过分块矩阵求逆比较复杂，现以分为 4 块的分块上三角矩阵为对象，对分块矩阵求逆.

设 n 阶矩阵 $\boldsymbol{P}=\begin{pmatrix} \boldsymbol{A} & \boldsymbol{C} \\ \boldsymbol{O} & \boldsymbol{B} \end{pmatrix}$，其中 $\boldsymbol{A},\boldsymbol{B}$ 分别是 k 阶和 r 阶的矩阵. 由分块矩阵的行列式等式 $|\boldsymbol{P}|=|\boldsymbol{A}||\boldsymbol{B}|$ 知道矩阵 $\boldsymbol{P}=\begin{pmatrix} \boldsymbol{A} & \boldsymbol{C} \\ \boldsymbol{O} & \boldsymbol{B} \end{pmatrix}$ 可逆当且仅当 $\boldsymbol{A}$ 和 $\boldsymbol{B}$ 都可逆.

下面假设 $\boldsymbol{A}$ 和 $\boldsymbol{B}$ 都可逆，求 $\boldsymbol{P}^{-1}$.

将 $\boldsymbol{P}^{-1}$ 与 $\boldsymbol{P}$ 进行相同的分块，即设待求矩阵 $\boldsymbol{P}^{-1}=\begin{pmatrix} \boldsymbol{X}_1 & \boldsymbol{X}_2 \\ \boldsymbol{X}_3 & \boldsymbol{X}_4 \end{pmatrix}$，其中 $\boldsymbol{X}_1,\boldsymbol{X}_4$ 分别是 k 阶和 r 阶的矩阵，由 $\boldsymbol{P}\boldsymbol{P}^{-1}=\boldsymbol{E}$ 得

$$\begin{pmatrix} \boldsymbol{A} & \boldsymbol{C} \\ \boldsymbol{O} & \boldsymbol{B} \end{pmatrix}\begin{pmatrix} \boldsymbol{X}_1 & \boldsymbol{X}_2 \\ \boldsymbol{X}_3 & \boldsymbol{X}_4 \end{pmatrix}=\begin{pmatrix} \boldsymbol{E}_k & \boldsymbol{O} \\ \boldsymbol{O} & \boldsymbol{E}_r \end{pmatrix},$$

$$\begin{pmatrix} \boldsymbol{A}\boldsymbol{X}_1+\boldsymbol{C}\boldsymbol{X}_3 & \boldsymbol{A}\boldsymbol{X}_2+\boldsymbol{C}\boldsymbol{X}_4 \\ \boldsymbol{B}\boldsymbol{X}_3 & \boldsymbol{B}\boldsymbol{X}_4 \end{pmatrix}=\begin{pmatrix} \boldsymbol{E}_k & \boldsymbol{O} \\ \boldsymbol{O} & \boldsymbol{E}_r \end{pmatrix}.$$

由矩阵相等的定义可得

$$\begin{cases} \boldsymbol{A}\boldsymbol{X}_1+\boldsymbol{C}\boldsymbol{X}_3=\boldsymbol{E}_k, & (1) \\ \boldsymbol{A}\boldsymbol{X}_2+\boldsymbol{C}\boldsymbol{X}_4=\boldsymbol{O}, & (2) \\ \boldsymbol{B}\boldsymbol{X}_3=\boldsymbol{O}, & (3) \\ \boldsymbol{B}\boldsymbol{X}_4=\boldsymbol{E}_r. & (4) \end{cases}$$

因为 $\boldsymbol{B}$ 可逆，故从式(3)和(4)可导出 $\boldsymbol{X}_3=\boldsymbol{O}$ ， $\boldsymbol{X}_4=\boldsymbol{B}^{-1}$ ，代入式(1)和(2)可得

$$\begin{cases} \boldsymbol{A}\boldsymbol{X}_1=\boldsymbol{E}_k, \\ \boldsymbol{A}\boldsymbol{X}_2+\boldsymbol{C}\boldsymbol{B}^{-1}=\boldsymbol{O}. \end{cases}$$

求解出 $\boldsymbol{X}_1=\boldsymbol{A}^{-1}$ ， $\boldsymbol{X}_2=-\boldsymbol{A}^{-1}\boldsymbol{C}\boldsymbol{B}^{-1}$ ，所以 $\boldsymbol{P}^{-1}=\begin{pmatrix} \boldsymbol{A}^{-1} & -\boldsymbol{A}^{-1}\boldsymbol{C}\boldsymbol{B}^{-1} \\ \boldsymbol{O} & \boldsymbol{B}^{-1} \end{pmatrix}$.

类似地有

$$\begin{pmatrix} \boldsymbol{A} & \boldsymbol{O} \\ \boldsymbol{C} & \boldsymbol{B} \end{pmatrix}^{-1}=\begin{pmatrix} \boldsymbol{A}^{-1} & \boldsymbol{O} \\ -\boldsymbol{B}^{-1}\boldsymbol{C}\boldsymbol{A}^{-1} & \boldsymbol{B}^{-1} \end{pmatrix}.$$

特别地，当 $\boldsymbol{C}=\boldsymbol{O}$ 时，有

$$\begin{pmatrix} A & O \\ O & B \end{pmatrix}^{-1} = \begin{pmatrix} A^{-1} & O \\ O & B^{-1} \end{pmatrix}.$$

更一般地，对任意分块对角矩阵 $P = \begin{pmatrix} A_1 & & & O \\ & A_2 & & \\ & & \ddots & \\ O & & & A_p \end{pmatrix}$，其中 $A_i\ (i=1,2,\cdots,p)$ 是方阵. 如果 $A_1, A_2, \cdots, A_p$ 都是可逆矩阵，那么 P 可逆且有

$$\begin{pmatrix} A_1 & & & \\ & A_2 & & \\ & & \ddots & \\ & & & A_p \end{pmatrix}^{-1} = \begin{pmatrix} A_1^{-1} & & & \\ & A_2^{-1} & & \\ & & \ddots & \\ & & & A_p^{-1} \end{pmatrix}.$$

3. 分块矩阵在求矩阵的秩方面的应用

(1) $R(A+B) \leqslant R(A)+R(B)$.

证明　将 A 和 B 按列分块，设 $A=(A_1, A_2, \cdots, A_n)$，$B=(B_1, B_2, \cdots, B_n)$，则 $A+B=(A_1+B_1, A_2+B_2, \cdots, A_n+B_n)$. 由此可知 $A+B$ 的列向量组可以由 A 和 B 的列向量组线性表示，由 3.5 节推论 4 可得 $R(A+B) \leqslant R(A)+R(B)$.

(2) $R(AB) \leqslant \min\left(R(A), R(B)\right)$.

证明　设 A 为 $m\times n$ 矩阵，B 为 $n\times s$ 矩阵，将 A 按列分块 $A=(A_1, A_2, \cdots, A_n)$，$B$ 的每一元素看成一块，则

$$AB = \left(A_1, A_2, \cdots, A_n\right)\begin{pmatrix} b_{11} & b_{12} & \cdots & b_{1s} \\ b_{21} & b_{22} & \cdots & b_{2s} \\ \vdots & \vdots & & \vdots \\ b_{n1} & b_{n2} & \cdots & b_{ns} \end{pmatrix} = (C_1, C_2, \cdots, C_s),$$

其中 $C_i = b_{1i}A_1 + b_{2i}A_2 + \cdots + b_{ni}A_n$，$i=1,2,\cdots,s$.

也就是说 AB 的列向量组可以由 A 的列向量组线性表示，从而 $R(AB) \leqslant R(A)$；同理将 B 按行分块、A 的每一元素看成一块，可得 $R(AB) \leqslant R(B)$，从而有

$$R(AB) \leqslant \min\left(R(A), R(B)\right).$$

(3) A 是 $m\times n$ 矩阵，P, Q 分别为 m, n 阶可逆方阵，则 $R(A)=R(PA)=R(AQ)=R(PAQ)$.

证明　由(2)知道 $R(PA) \leqslant R(A)$，又 P 可逆，即 P^{-1} 存在，设 $U=PA$，则 $A=$

$\boldsymbol{P}^{-1}\boldsymbol{U}$，再利用上面的结果 $R(\boldsymbol{A}) \leqslant R(\boldsymbol{U})$，即 $R(\boldsymbol{A}) \leqslant R(\boldsymbol{PA})$，因此 $R(\boldsymbol{A}) = R(\boldsymbol{PA})$，类似可证 $R(\boldsymbol{A}) = R(\boldsymbol{AQ}) = R(\boldsymbol{PAQ})$.

(4) 设 $\boldsymbol{A}$ 是 $m \times n$ 矩阵且 $m < n$，则 $\left|\boldsymbol{A}^{\mathrm{T}}\boldsymbol{A}\right| = 0$.

证明　$R(\boldsymbol{A}) \leqslant \min(m,n) = m$，而 $\boldsymbol{A}^{\mathrm{T}}\boldsymbol{A}$ 是 n 阶矩阵，$R(\boldsymbol{A}^{\mathrm{T}}\boldsymbol{A}) \leqslant R(\boldsymbol{A}) \leqslant m < n$，故 $\left|\boldsymbol{A}^{\mathrm{T}}\boldsymbol{A}\right| = 0$.

(5) 设 $\boldsymbol{A}$ 为 n 阶矩阵，则存在一个 n 阶非零矩阵 $\boldsymbol{B}$，使得 $\boldsymbol{AB} = \boldsymbol{O}$ 的充分必要条件是 $|\boldsymbol{A}| = 0$.

证明　将矩阵 $\boldsymbol{B}$ 按列分块，设 $\boldsymbol{B} = (\boldsymbol{B}_1, \boldsymbol{B}_2, \cdots, \boldsymbol{B}_n)$. 由 $\boldsymbol{AB} = (\boldsymbol{AB}_1, \boldsymbol{AB}_2, \cdots, \boldsymbol{AB}_n)$ 知 $\boldsymbol{AB} = \boldsymbol{O}$ 的充要条件是 $\boldsymbol{B}_i (i = 1,2,\cdots,n)$ 为齐次线性方程组 $\boldsymbol{AX} = \boldsymbol{0}$ 的解.

必要性：若存在 $\boldsymbol{B} \neq \boldsymbol{O}$，使 $\boldsymbol{AB} = \boldsymbol{O}$. 则 $\boldsymbol{B}_1, \boldsymbol{B}_2, \cdots, \boldsymbol{B}_n$ 中必有非零向量，从而齐次线性方程组 $\boldsymbol{AX} = \boldsymbol{0}$ 有非零解，故 $|\boldsymbol{A}| = 0$.

充分性：若 $|\boldsymbol{A}| = 0$，则齐次线性方程组 $\boldsymbol{AX} = \boldsymbol{0}$ 有非零解. 任取非零解 $\boldsymbol{B}_1$，并令矩阵 $\boldsymbol{B} = (\boldsymbol{B}_1, \boldsymbol{0}, \cdots, \boldsymbol{0})$，则 $\boldsymbol{B} \neq \boldsymbol{O}$ 且 $\boldsymbol{AB} = \boldsymbol{O}$.

随堂练习

1. 设 $\boldsymbol{X} = \begin{pmatrix} \boldsymbol{X}_1 & \boldsymbol{X}_2 \\ \boldsymbol{X}_3 & \boldsymbol{X}_4 \end{pmatrix}$，$\boldsymbol{P} = \begin{pmatrix} \boldsymbol{A} & \boldsymbol{O} \\ \boldsymbol{O} & \boldsymbol{B} \end{pmatrix}$，其中各分块均为同阶方阵，利用分块矩阵写出 $\boldsymbol{X}^{\mathrm{T}}\boldsymbol{PX}$.

2. 设 $\boldsymbol{E}, \boldsymbol{A}$ 均为三阶方阵，证明分块矩阵 $\begin{pmatrix} \boldsymbol{E} & \boldsymbol{O} \\ \boldsymbol{A} & \boldsymbol{E} \end{pmatrix}$ 可逆，并求其逆矩阵.

3. 利用分块矩阵求 $\boldsymbol{A} = \begin{pmatrix} 0 & 0 & 2 \\ 1 & 2 & 0 \\ 3 & 4 & 0 \end{pmatrix}$ 的逆矩阵.

4.5　矩阵的初等变换

矩阵的初等变换在求线性方程组的解、向量组的极大无关组以及矩阵的秩中起了重要的作用，本节介绍它与矩阵乘法的关系，并给出求矩阵的逆的另一种方法.

4.5.1　初等矩阵

我们知道矩阵的初等变换包括三种初等行变换与三种初等列变换.

(1) 对换变换：交换矩阵的第 i,j 行(列)，即 $r_i \leftrightarrow r_j \ (c_i \leftrightarrow c_j)$.

(2) 倍乘变换：用某非零数 k 乘矩阵的第 i 行(列)，即 $r_i \times k \ (c_i \times k)(k \neq 0)$.

(3) 倍加变换:用一个数 k 乘矩阵第 j 行(列)加到第 i 行(列) $r_i + kr_j \ (c_i + kc_j)$

$(i \neq j)$.

定义 4.5.1　由单位矩阵 $\boldsymbol{E}$ 经过一次初等变换而得到的矩阵称为**初等矩阵**. 对于每一种初等变换，都有一个相应的初等矩阵，从而有三种初等矩阵.

(1) 交换单位矩阵 $\boldsymbol{E}$ 的第 i, j 行(或者第 i, j 列)，得初等矩阵

$$\boldsymbol{P}(i,j)=\begin{pmatrix}1 & & & & & & \\ & \ddots & & & & & \\ & & 0 & \cdots & 1 & & \\ & & \vdots & \ddots & \vdots & & \\ & & 1 & \cdots & 0 & & \\ & & & & & \ddots & \\ & & & & & & 1\end{pmatrix}\begin{matrix} \\ \\ i\text{行} \\ \\ j\text{行} \\ \\ \\ \end{matrix}.$$

$$\qquad\qquad i\text{列}\qquad j\text{列}$$

(2) 用非零数 k 乘单位矩阵 $\boldsymbol{E}$ 的第 i 行(或者第 i 列)，得初等矩阵

$$\boldsymbol{P}(i(k))=\begin{pmatrix}1 & & & & \\ & \ddots & & & \\ & & k & & \\ & & & \ddots & \\ & & & & 1\end{pmatrix}\begin{matrix} \\ \\ i\text{行} \\ \\ \\ \end{matrix}.$$

$$i\text{列}$$

(3) 把单位矩阵 $\boldsymbol{E}$ 的第 j 行的 k 倍加到第 i 行(或者第 i 列的 k 倍加到第 j 列)得初等矩阵

$$\boldsymbol{P}(i,j(k))=\begin{pmatrix}1 & & & & & & \\ & \ddots & & & & & \\ & & 1 & \cdots & k & & \\ & & & \ddots & \vdots & & \\ & & & & 1 & & \\ & & & & & \ddots & \\ & & & & & & 1\end{pmatrix}\begin{matrix} \\ \\ i\text{行} \\ \\ j\text{行} \\ \\ \\ \end{matrix}.$$

$$\qquad\qquad i\text{列}\qquad j\text{列}$$

例 1　已知三阶初等矩阵

$$\boldsymbol{D}_1=\begin{pmatrix}0 & 1 & 0\\ 1 & 0 & 0\\ 0 & 0 & 1\end{pmatrix},\quad \boldsymbol{D}_2=\begin{pmatrix}1 & 0 & 0\\ 0 & 6 & 0\\ 0 & 0 & 1\end{pmatrix},\quad \boldsymbol{D}_3=\begin{pmatrix}1 & 0 & -7\\ 0 & 1 & 0\\ 0 & 0 & 1\end{pmatrix}.$$

(1) 试说明上面三个初等矩阵是如何由单位矩阵 $\boldsymbol{E}$ 进行初等行(列)变换得

到的?

(2) 设 $A=(a_{ij})_{3\times3}$，计算 D_1A，D_2A，D_3A，并说明三个乘积矩阵是如何对 A 进行初等变换得到的?

解　(1) 交换单位矩阵 E 的第 1，2 行(列)得到 D_1；单位矩阵 E 的第 2 行(列)乘以 6 得到 D_2；单位矩阵 E 的第 3 行的 −7 倍加到第 1 行(第 1 列的 −7 倍加到第 3 列)得到 D_3.

(2) 计算可得 D_1A, D_2A, D_3A 的结果分别为

$$\begin{pmatrix} a_{21} & a_{22} & a_{23} \\ a_{11} & a_{12} & a_{13} \\ a_{31} & a_{32} & a_{33} \end{pmatrix}, \quad \begin{pmatrix} a_{11} & a_{12} & a_{13} \\ 6a_{21} & 6a_{22} & 6a_{23} \\ a_{31} & a_{32} & a_{33} \end{pmatrix}, \quad \begin{pmatrix} a_{11}-7a_{31} & a_{12}-7a_{32} & a_{13}-7a_{33} \\ a_{21} & a_{22} & a_{23} \\ a_{31} & a_{32} & a_{33} \end{pmatrix}.$$

由以上结果可以看出对换 A 的第 1 行和第 2 行得到 D_1A (注意 D_1 正是对换 E 的第 1 行和第 2 行得到的)，把 A 的第 2 行乘以 6 得到 D_2A (注意 D_2 正是把 E 的第 2 行乘以 6 得到的)，把 A 的第 3 行的 −7 倍加到第 1 行得到 D_3A (注意 D_3 正是把 E 的第 3 行的 −7 倍加到第 1 行得到的).

【思考】　在例 1 中对 A 进行怎样的初等变换可以得到 AD_1, AD_2, AD_3?

4.5.2　初等矩阵的性质

初等矩阵有两个重要性质.

性质 1　初等矩阵均为可逆矩阵且其逆矩阵仍为同类型的初等矩阵.

事实上我们有以下结果:

$$P(i,j)^{-1}=P(i,j), \quad P(i(k))^{-1}=P\left(i\left(\frac{1}{k}\right)\right), \quad P(i,j(k))^{-1}=P(i,j(-k)).$$

【思考】　把例 1 中的每个 $D_i(i=1,2,3)$ 换成它的逆矩阵，则结论会怎样?

性质 2　对某矩阵 A 进行初等行(列)变换所得矩阵等于用相应初等矩阵左(右)乘矩阵 A. 也就是说:

(1) $P_m(i,j)A_{m\times n}$ 相当于交换了 $A_{m\times n}$ 的 i,j 两行；$A_{m\times n}P_n(i,j)$ 相当于交换了 $A_{m\times n}$ 的 i,j 两列.

(2) $P_m(i(k))A_{m\times n}$ 相当于以 $k(\neq0)$ 乘 $A_{m\times n}$ 的第 i 行；$A_{m\times n}P_n(i(k))$ 相当于以 $k(\neq0)$ 乘 $A_{m\times n}$ 的第 i 列.

(3) $P_m(i,j(k))A_{m\times n}$ 相当于把 $A_{m\times n}$ 的第 j 行的 k 倍加到第 i 行上去；$A_{m\times n}P_n(i,j(k))$ 相当于把 $A_{m\times n}$ 的第 i 列的 k 倍加到第 j 列上去.

例 2　已知矩阵 $A=(a_{ij})_{3\times4}$，试说明为了得到下列矩阵，需要用什么矩阵乘矩阵 A.

(1) $A_1=\begin{pmatrix} a_{12} & a_{11} & a_{14} & a_{13} \\ a_{22} & a_{21} & a_{24} & a_{23} \\ a_{32} & a_{31} & a_{34} & a_{33} \end{pmatrix}$；

(2) $A_2=\begin{pmatrix} a_{31} & a_{34} & a_{33} & a_{32} \\ a_{21}+2a_{11} & a_{24}+2a_{14} & a_{23}+2a_{13} & a_{22}+2a_{12} \\ a_{11} & a_{14} & a_{13} & a_{12} \end{pmatrix}$.

解 (1) 注意到行标仍然是原来的顺序但是列标顺序变成了 2，1，4，3，所以该矩阵可以交换矩阵 $\boldsymbol{A}$ 的第 1 列和第 2 列，然后再交换 $\boldsymbol{A}$ 的第 3 列和第 4 列而得到.从而由性质 2，可以先用初等矩阵 $\boldsymbol{P}_4(1,2)$ 右乘矩阵 $\boldsymbol{A}$，然后再把结果矩阵用初等矩阵 $\boldsymbol{P}_4(3,4)$ 右乘得到 $\boldsymbol{A}_1$，即 $\boldsymbol{A}_1=\boldsymbol{A}\boldsymbol{P}_4(1,2)\boldsymbol{P}_4(3,4)$. 所以令

$$\boldsymbol{B}_1=\boldsymbol{P}_4(1,2)\boldsymbol{P}_4(3,4)=\begin{pmatrix} 0&1&0&0\\1&0&0&0\\0&0&1&0\\0&0&0&1 \end{pmatrix}\begin{pmatrix} 1&0&0&0\\0&1&0&0\\0&0&0&1\\0&0&1&0 \end{pmatrix}=\begin{pmatrix} 0&1&0&0\\1&0&0&0\\0&0&0&1\\0&0&1&0 \end{pmatrix},$$

则 $\boldsymbol{B}_1$ 右乘 $\boldsymbol{A}$ 得到 $\boldsymbol{A}_1$.

(2) 先从行标来看，$\boldsymbol{A}_2$ 的第 2 行由原来 $\boldsymbol{A}$ 的第 2 行加上 $\boldsymbol{A}$ 的第 1 行的 2 倍得到，$\boldsymbol{A}_2$ 的第 1 行和第 3 行由 $\boldsymbol{A}$ 的第 1 行和第 3 行交换得到；再从列标来看，第 2 列和第 4 列被交换了. 从而由性质 2，可以先用初等矩阵 $\boldsymbol{P}_3(2,1(2))$ 左乘 $\boldsymbol{A}$，然后再把结果矩阵用初等矩阵 $\boldsymbol{P}_3(1,3)$ 左乘，最后用初等矩阵 $\boldsymbol{P}_4(2,4)$ 右乘，即 $\boldsymbol{A}_2=\boldsymbol{P}_3(1,3)\boldsymbol{P}_3(2,1(2))\boldsymbol{A}\boldsymbol{P}_4(2,4)$. 从而若令 $\boldsymbol{C}_2=\boldsymbol{P}_4(2,4)$ 并且令

$$\boldsymbol{B}_2=\boldsymbol{P}_3(1,3)\boldsymbol{P}_3(2,1(2))=\begin{pmatrix} 0&0&1\\0&1&0\\1&0&0 \end{pmatrix}\begin{pmatrix} 1&0&0\\2&1&0\\0&0&1 \end{pmatrix}=\begin{pmatrix} 0&0&1\\2&1&0\\1&0&0 \end{pmatrix},$$

则用 $\boldsymbol{B}_2$ 左乘 $\boldsymbol{A}$ 并且用 $\boldsymbol{C}_2$ 右乘 $\boldsymbol{A}$ 得到 $\boldsymbol{A}_2$.

4.5.3 初等矩阵性质的应用

定义 4.5.2 若矩阵 $\boldsymbol{A}$ 经过有限次初等变换变为矩阵 $\boldsymbol{B}$，则称矩阵 $\boldsymbol{A}$ 与 $\boldsymbol{B}$ 等价，记作 $\boldsymbol{A}\cong\boldsymbol{B}$.

与向量组的等价相类似，矩阵的等价也满足以下三条性质.

(1) 反身性：$\boldsymbol{A}\cong\boldsymbol{A}$.

(2) 对称性：$\boldsymbol{A}\cong\boldsymbol{B}\Rightarrow\boldsymbol{B}\cong\boldsymbol{A}$.

(3) 传递性：$\boldsymbol{A}\cong\boldsymbol{B},\boldsymbol{B}\cong\boldsymbol{C}\Rightarrow\boldsymbol{A}\cong\boldsymbol{C}$.

由第 1 章知道任一矩阵 $\boldsymbol{A}$ 都可经初等行变换化为行简化形，再利用初等列变

换可以得到更加简单的形式. 不加证明地给出下面的定理.

定理 4.5.1 任意一个矩阵 $\boldsymbol{A}$ 都与一个形式为

$$\begin{pmatrix} 1 & 0 & \cdots & 0 & 0 & \cdots & 0 \\ 0 & 1 & \cdots & 0 & 0 & \cdots & 0 \\ \vdots & \vdots & & \vdots & \vdots & & \vdots \\ 0 & 0 & \cdots & 1 & 0 & \cdots & 0 \\ 0 & 0 & \cdots & 0 & 0 & \cdots & 0 \\ \vdots & \vdots & & \vdots & \vdots & & \vdots \\ 0 & 0 & \cdots & 0 & 0 & \cdots & 0 \end{pmatrix} = \begin{pmatrix} \boldsymbol{E}_r & \boldsymbol{O} \\ \boldsymbol{O} & \boldsymbol{O} \end{pmatrix}$$

的矩阵等价，其中 1 的个数等于 $\boldsymbol{A}$ 的秩.

【注】 定理 4.5.1 中的等价标准形允许某些块不出现. 若 $\boldsymbol{A}$ 本身就是个零矩阵，则其标准形就是其本身；标准形也有可能是 $(\boldsymbol{E} \quad \boldsymbol{O})$ 或者 $\begin{pmatrix} \boldsymbol{E} \\ \boldsymbol{O} \end{pmatrix}$ 的形式.

借助等价标准形的概念容易得到以下推论.

推论 两个同型矩阵等价当且仅当它们有相同的秩.

证明 因为矩阵的初等变换不改变矩阵的秩，所以两个等价的矩阵的秩是相等的；反过来，如果两个同型矩阵的秩是相等的，则它们的等价标准形中 1 的个数相同从而必然是相等的矩阵，也就是它们都等价于同一个矩阵，从而它们两个必然也等价.

把初等矩阵的性质 2 应用到矩阵等价的概念上，可以得到两个矩阵 $\boldsymbol{A},\boldsymbol{B}$ 等价当且仅当存在初等矩阵 $\boldsymbol{P}_1,\boldsymbol{P}_2,\cdots,\boldsymbol{P}_s,\boldsymbol{Q}_1,\boldsymbol{Q}_2,\cdots,\boldsymbol{Q}_t$，使得

$$\boldsymbol{P}_s\cdots\boldsymbol{P}_2\boldsymbol{P}_1\boldsymbol{A}\boldsymbol{Q}_1\boldsymbol{Q}_2\cdots\boldsymbol{Q}_t = \boldsymbol{B}. \tag{4.5.1}$$

我们知道 n 阶可逆方阵 $\boldsymbol{A}$ 的秩为 n，从而其等价标准形为单位矩阵 $\boldsymbol{E}$，从而由式(4.5.1)得到以下定理.

定理 4.5.2 方阵 $\boldsymbol{A}$ 可逆的充要条件是它能表示成一些初等矩阵的乘积.

推论 n 阶可逆方阵 $\boldsymbol{A}$ 可以经过一系列的初等行变换化为单位矩阵 $\boldsymbol{E}$，即存在初等矩阵 $\boldsymbol{P}_1,\boldsymbol{P}_2,\cdots,\boldsymbol{P}_s$ 使得

$$\boldsymbol{P}_s\boldsymbol{P}_{s-1}\cdots\boldsymbol{P}_1\boldsymbol{A} = \boldsymbol{E}.$$

证明 因为 $\boldsymbol{A}$ 可逆，所以存在 $\boldsymbol{B}$ 使得 $\boldsymbol{BA} = \boldsymbol{E}$ 且此时 $\boldsymbol{A},\boldsymbol{B}$ 互为逆矩阵. 由定理 4.5.2，可逆矩阵 $\boldsymbol{B}$ 可表示为初等矩阵的乘积，设 $\boldsymbol{B} = \boldsymbol{P}_s\boldsymbol{P}_{s-1}\cdots\boldsymbol{P}_1$，则有 $\boldsymbol{P}_s\boldsymbol{P}_{s-1}\cdots\boldsymbol{P}_1\boldsymbol{A} = \boldsymbol{E}$. 再利用初等矩阵的性质 2 知推论成立.

定理 4.5.3 两个 $m\times n$ 矩阵 $\boldsymbol{A},\boldsymbol{B}$ 等价的充要条件是，存在 m 阶可逆方阵 $\boldsymbol{P}$ 和 n 阶可逆方阵 $\boldsymbol{Q}$ 使得 $\boldsymbol{B} = \boldsymbol{PAQ}$.

证明 若 $\boldsymbol{A},\boldsymbol{B}$ 等价，则存在初等矩阵 $\boldsymbol{P}_1,\boldsymbol{P}_2,\cdots,\boldsymbol{P}_s$ ，$\boldsymbol{Q}_1,\boldsymbol{Q}_2,\cdots,\boldsymbol{Q}_t$ ，使得式(4.5.1)成立，令 $\boldsymbol{P}=\boldsymbol{P}_s\cdots\boldsymbol{P}_2\boldsymbol{P}_1,\ \boldsymbol{Q}=\boldsymbol{Q}_1\boldsymbol{Q}_2\cdots\boldsymbol{Q}_t$ ，则 $\boldsymbol{P},\boldsymbol{Q}$ 可逆且 $\boldsymbol{B}=\boldsymbol{PAQ}$. 反之，若存在 m 阶可逆方阵 $\boldsymbol{P}$ 和 n 阶可逆方阵 $\boldsymbol{Q}$ ，使得 $\boldsymbol{B}=\boldsymbol{PAQ}$ ，由定理 4.5.2，存在初等矩阵 $\boldsymbol{P}_1,\boldsymbol{P}_2,\cdots,\boldsymbol{P}_s$ ，$\boldsymbol{Q}_1,\boldsymbol{Q}_2,\cdots,\boldsymbol{Q}_t$ 使得 $\boldsymbol{P}=\boldsymbol{P}_s\cdots\boldsymbol{P}_2\boldsymbol{P}_1,\ \boldsymbol{Q}=\boldsymbol{Q}_1\boldsymbol{Q}_2\cdots\boldsymbol{Q}_t$ ，从而 $\boldsymbol{A},\boldsymbol{B}$ 等价.

4.5.4 逆矩阵的求法

设 $\boldsymbol{A}$ 为可逆矩阵，由定理 4.5.2 的推论，存在初等矩阵 $\boldsymbol{P}_1,\boldsymbol{P}_2,\cdots,\boldsymbol{P}_s$ 使得

$$\boldsymbol{P}_s\cdots\boldsymbol{P}_2\boldsymbol{P}_1\boldsymbol{A}=\boldsymbol{E}. \tag{4.5.2}$$

式(4.5.2)两边右乘 $\boldsymbol{A}^{-1}$ 得到

$$\boldsymbol{P}_s\cdots\boldsymbol{P}_2\boldsymbol{P}_1\boldsymbol{E}=\boldsymbol{A}^{-1}. \tag{4.5.3}$$

比较(4.5.2)，(4.5.3)两式知：若 $\boldsymbol{A}$ 经过一系列的初等行变换化为 $\boldsymbol{E}$ ，则 $\boldsymbol{E}$ 经过同样的初等行变换化为 $\boldsymbol{A}^{-1}$. 至此我们得到一种利用初等行变换求逆矩阵的方法：

(1) 把 $\boldsymbol{A}$ 和 $\boldsymbol{E}$ 并排放在一起，排成一个 $n\times 2n$ 矩阵 $(\boldsymbol{A}\quad \boldsymbol{E})$ ；

(2) 对上面的 $n\times 2n$ 矩阵作初等行变换，把它的左半部分化成 $\boldsymbol{E}$ 时，它的右半部分就是 $\boldsymbol{A}^{-1}$ ，即

$$(\boldsymbol{A}\quad \boldsymbol{E})\xrightarrow{\text{一系列的初等行变换}}(\boldsymbol{E}\quad \boldsymbol{A}^{-1}).$$

需要注意的是，用上述方法求 $\boldsymbol{A}^{-1}$ 时，只能用初等行变换而不能用初等列变换.

例 3 设 $\boldsymbol{A}=\begin{pmatrix}1&0&0&0\\a&1&0&0\\a^2&a&1&0\\a^3&a^2&a&1\end{pmatrix}$，试用初等变换法求 $\boldsymbol{A}^{-1}$.

解

$$(\boldsymbol{A}\quad \boldsymbol{E})=\left(\begin{array}{cccc:cccc}1&0&0&0&1&0&0&0\\a&1&0&0&0&1&0&0\\a^2&a&1&0&0&0&1&0\\a^3&a^2&a&1&0&0&0&1\end{array}\right)\xrightarrow[i=4,3,2]{r_i-ar_{i-1}}\left(\begin{array}{cccc:cccc}1&0&0&0&1&0&0&0\\0&1&0&0&-a&1&0&0\\0&0&1&0&0&-a&1&0\\0&0&0&1&0&0&-a&1\end{array}\right),$$

所以

$$\boldsymbol{A}^{-1}=\begin{pmatrix}1&0&0&0\\-a&1&0&0\\0&-a&1&0\\0&0&-a&1\end{pmatrix}.$$

例 4　判断方阵$\boldsymbol{A}=\begin{pmatrix}1&1&1&1\\1&-2&-2&-1\\2&5&-1&4\\4&1&1&2\end{pmatrix}$是否可逆. 若可逆，求$\boldsymbol{A}^{-1}$.

解

$$(\boldsymbol{A}\quad\boldsymbol{E})=\left(\begin{array}{cccc:cccc}1&1&1&1&1&0&0&0\\1&-2&-2&-1&0&1&0&0\\2&5&-1&4&0&0&1&0\\4&1&1&2&0&0&0&1\end{array}\right)\xrightarrow[r_4-4r_1]{\substack{r_2-r_1\\r_3-2r_1}}\left(\begin{array}{cccc:cccc}1&1&1&1&1&0&0&0\\0&-3&-3&-2&-1&1&0&0\\0&3&-3&2&-2&0&1&0\\0&-3&-3&-2&-4&0&0&1\end{array}\right),$$

因为$\begin{vmatrix}1&1&1&1\\0&-3&-3&-2\\0&3&-3&2\\0&-3&-3&-2\end{vmatrix}=0$，所以$|\boldsymbol{A}|=0$，故$\boldsymbol{A}$不可逆，即$\boldsymbol{A}^{-1}$不存在.

【注】　此例说明，从用初等变换求逆矩阵的过程中，即可看出逆矩阵是否存在，而不必先去判断.

例 5　解矩阵方程$\boldsymbol{AX}=\boldsymbol{B}$，其中

$$\boldsymbol{A}=\begin{pmatrix}1&2&-1\\-1&-1&1\\-1&-3&2\end{pmatrix},\quad\boldsymbol{B}=\begin{pmatrix}1&-2&-1\\4&-5&2\\1&-4&-1\end{pmatrix}.$$

【分析】　若$\boldsymbol{A}$可逆，则$\boldsymbol{A}^{-1}$存在. 在$\boldsymbol{AX}=\boldsymbol{B}$两边左乘$\boldsymbol{A}^{-1}$得$\boldsymbol{X}=\boldsymbol{A}^{-1}\boldsymbol{B}$.

解法一　先求出$\boldsymbol{A}^{-1}$，再求$\boldsymbol{X}=\boldsymbol{A}^{-1}\boldsymbol{B}$.

$$(\boldsymbol{A}\quad\boldsymbol{E})=\left(\begin{array}{ccc:ccc}1&2&-1&1&0&0\\-1&-1&1&0&1&0\\-1&-3&2&0&0&1\end{array}\right)\to\left(\begin{array}{ccc:ccc}1&2&-1&1&0&0\\0&1&0&1&1&0\\0&-1&1&1&0&1\end{array}\right)\to\left(\begin{array}{ccc:ccc}1&2&-1&1&0&0\\0&1&0&1&1&0\\0&0&1&2&1&1\end{array}\right)$$

$$\to\left(\begin{array}{ccc:ccc}1&2&0&3&1&1\\0&1&0&1&1&0\\0&0&1&2&1&1\end{array}\right)\to\left(\begin{array}{ccc:ccc}1&0&0&1&-1&1\\0&1&0&1&1&0\\0&0&1&2&1&1\end{array}\right),$$

因此

$$\boldsymbol{A}^{-1}=\begin{pmatrix}1&-1&1\\1&1&0\\2&1&1\end{pmatrix}.$$

故 $X = A^{-1}B = \begin{pmatrix} 1 & -1 & 1 \\ 1 & 1 & 0 \\ 2 & 1 & 1 \end{pmatrix}\begin{pmatrix} 1 & -2 & -1 \\ 4 & -5 & 2 \\ 1 & -4 & -1 \end{pmatrix} = \begin{pmatrix} -2 & -1 & -4 \\ 5 & -7 & 1 \\ 7 & -13 & -1 \end{pmatrix}$.

解法二　直接对 (A,B) 进行初等行变换，化左侧矩阵 A 为单位矩阵，则右侧即 $A^{-1}B$.

$$(A\quad B) = \left(\begin{array}{ccc|ccc} 1 & 2 & -1 & 1 & -2 & -1 \\ -1 & -1 & 1 & 4 & -5 & 2 \\ -1 & -3 & 2 & 1 & -4 & -1 \end{array}\right) \to \left(\begin{array}{ccc|ccc} 1 & 2 & -1 & 1 & -2 & -1 \\ 0 & 1 & 0 & 5 & -7 & 1 \\ 0 & -1 & 1 & 2 & -6 & -2 \end{array}\right)$$

$$\to \left(\begin{array}{ccc|ccc} 1 & 2 & -1 & 1 & -2 & -1 \\ 0 & 1 & 0 & 5 & -7 & 1 \\ 0 & 0 & 1 & 7 & -13 & -1 \end{array}\right) \to \left(\begin{array}{ccc|ccc} 1 & 2 & 0 & 8 & -15 & -2 \\ 0 & 1 & 0 & 5 & -7 & 1 \\ 0 & 0 & 1 & 7 & -13 & -1 \end{array}\right)$$

$$\to \left(\begin{array}{ccc|ccc} 1 & 0 & 0 & -2 & -1 & -4 \\ 0 & 1 & 0 & 5 & -7 & 1 \\ 0 & 0 & 1 & 7 & -13 & -1 \end{array}\right).$$

随堂练习

1. 设初等矩阵 $P_1 = \begin{pmatrix} 1 & 0 & 0 \\ 0 & 1 & 0 \\ 5 & 0 & 1 \end{pmatrix}, P_2 = \begin{pmatrix} 1 & 0 & 0 \\ 0 & 0 & 1 \\ 0 & 1 & 0 \end{pmatrix}, P_3 = \begin{pmatrix} 1 & 0 & 0 \\ 0 & 3 & 0 \\ 0 & 0 & 1 \end{pmatrix}$，矩阵 $A = (a_{ij})_{3\times 3}$，试求 $P_3P_2P_1A$ 和 $AP_3P_2P_1$.

2. 用初等变换法求矩阵 $A = \begin{pmatrix} -2 & 1 & 1 \\ -6 & 1 & 4 \\ 5 & -1 & -3 \end{pmatrix}$ 的逆矩阵.

习　题　A

1. 选择题.

(1) A 是 $m\times k$ 矩阵，B 是 $k\times l$ 矩阵，若 B 的第 j 列元素全为零，则下列结论正确的是(　　).

(A) AB 的第 j 行元素全等于零　　(B) AB 的第 j 列元素全等于零

(C) BA 的第 j 行元素全等于零　　(D) BA 的第 j 列元素全等于零

(2) 设 A,B 为 n 阶方阵，E 为 n 阶单位矩阵，则以下命题一定正确的是(　　).

(A) $(A+B)^2 = A^2+2AB+B^2$　　(B) $A^2-B^2=(A+B)(A-B)$

(C) $(AB)^2 = A^2B^2$　　(D) $A^2-E^2=(A+E)(A-E)$

(3) 设 A,B,C 是同阶非零矩阵，则 $AB=AC$ 是 $B=C$ 的(　　).

(A) 充分非必要条件　　(B) 必要非充分条件

(C) 充分必要条件 (D) 非充分非必要条件

(4) 设 $\boldsymbol{A}$ 是 n 阶对称矩阵，$\boldsymbol{B}$ 是 n 阶反对称矩阵，则下列矩阵中为反对称矩阵的是( ).

(A) $\boldsymbol{AB}-\boldsymbol{BA}$ (B) $\boldsymbol{AB}+\boldsymbol{BA}$

(C) $(\boldsymbol{AB})^2$ (D) $\boldsymbol{BAB}$

(5) 设 $\boldsymbol{A},\boldsymbol{B}$ 均为 n 阶非零矩阵，满足 $\boldsymbol{AB}=\boldsymbol{O}$，则必有( ).

(A) $R(\boldsymbol{A})=0$ 或 $R(\boldsymbol{B})=0$ (B) $R(\boldsymbol{A})=n$ 或 $R(\boldsymbol{B})=n$

(C) $R(\boldsymbol{A})=n$ 且 $R(\boldsymbol{B})=n$ (D) $R(\boldsymbol{A})<n$ 且 $R(\boldsymbol{B})<n$

(6) $\boldsymbol{A}$ 是 $m\times n$ 矩阵，$\boldsymbol{B}$ 是 $n\times m$ 矩阵，则( ).

(A) 当 $m>n$ 时，必有行列式 $|\boldsymbol{AB}|\neq 0$

(B) 当 $m>n$ 时，必有行列式 $|\boldsymbol{AB}|=0$

(C) 当 $n>m$ 时，必有行列式 $|\boldsymbol{AB}|\neq 0$

(D) 当 $n>m$ 时，必有行列式 $|\boldsymbol{AB}|=0$

(7) 若 n 阶方阵 $\boldsymbol{A}$ 满足 $\boldsymbol{A}^*=\boldsymbol{O}$，则( ).

(A) $R(\boldsymbol{A})=n-1$ (B) $R(\boldsymbol{A})<n-1$

(C) $R(\boldsymbol{A})=n$ (D) $R(\boldsymbol{A})=0$

(8) 设 $\boldsymbol{A}$ 为三阶方阵，$\boldsymbol{A}^*$ 为 $\boldsymbol{A}$ 的伴随矩阵，若 $|\boldsymbol{A}|=2$，则 $|\boldsymbol{A}^*|=$( ).

(A) 2 (B) 4 (C) 6 (D) 8

(9) $\boldsymbol{A},\boldsymbol{B},\boldsymbol{C}$ 均是 n 阶矩阵，下列命题正确的是( ).

(A) 若 $\boldsymbol{A}$ 是可逆矩阵，则从 $\boldsymbol{AB}=\boldsymbol{AC}$ 可推出 $\boldsymbol{BA}=\boldsymbol{CA}$

(B) 若 $\boldsymbol{A}$ 是可逆矩阵，则必有 $\boldsymbol{AB}=\boldsymbol{BA}$

(C) 若 $\boldsymbol{A}\neq\boldsymbol{O},\boldsymbol{B}\neq\boldsymbol{O}$，则 $\boldsymbol{AB}\neq\boldsymbol{O}$

(D) 若 $\boldsymbol{B}\neq\boldsymbol{C}$，则必有 $\boldsymbol{AB}\neq\boldsymbol{AC}$

(10) 已知 $\boldsymbol{A}=\begin{pmatrix}2&0&0\\0&1&3\\0&2&5\end{pmatrix}$，矩阵 $\boldsymbol{B}$ 满足 $\boldsymbol{A}^*\boldsymbol{B}+2\boldsymbol{A}^{-1}=\boldsymbol{B}$，则 $|\boldsymbol{B}|=$( ).

(A) $\dfrac{2}{15}$ (B) $\dfrac{2}{9}$ (C) $\dfrac{1}{30}$ (D) $\dfrac{1}{12}$

(11) $\boldsymbol{A},\boldsymbol{B}$ 均为 n 阶方阵，若用分块方法计算 $\boldsymbol{AB}$，则下列分块方式中错误的是( ).

(A) $\boldsymbol{A}(\boldsymbol{\beta}_1,\boldsymbol{\beta}_2,\cdots,\boldsymbol{\beta}_n)$ (B) $\begin{pmatrix}\boldsymbol{\alpha}_1\\\boldsymbol{\alpha}_2\\\vdots\\\boldsymbol{\alpha}_n\end{pmatrix}\boldsymbol{B}$

(C) $\begin{pmatrix}\boldsymbol{\alpha}_1\\\boldsymbol{\alpha}_2\\\vdots\\\boldsymbol{\alpha}_n\end{pmatrix}(\boldsymbol{\beta}_1,\boldsymbol{\beta}_2,\cdots,\boldsymbol{\beta}_n)$ (D) $(\boldsymbol{\alpha}_1,\boldsymbol{\alpha}_2,\cdots,\boldsymbol{\alpha}_n)\boldsymbol{B}$

(12) 设 $\boldsymbol{A}=(\boldsymbol{A}_{ij})_{p\times q}$ 为分块矩阵，记 $\boldsymbol{A}^{\mathrm{T}}=(\boldsymbol{B}_{ij})_{q\times p}$，则( ).

(A) $\boldsymbol{B}_{ij}=\boldsymbol{A}_{ji}^{\mathrm{T}}$ (B) $\boldsymbol{B}_{ij}=\boldsymbol{A}_{ij}$

(C) $\boldsymbol{B}_{ij}=\boldsymbol{A}_{ij}^{\mathrm{T}}$　　(D) $\boldsymbol{B}_{ij}=\boldsymbol{A}_{ji}$

(13) 设 $\boldsymbol{A}=\begin{pmatrix} a_{11} & a_{12} & a_{13} \\ a_{21} & a_{22} & a_{23} \\ a_{31} & a_{32} & a_{33} \end{pmatrix},\boldsymbol{B}=\begin{pmatrix} a_{21} & a_{23} & a_{22} \\ a_{11} & a_{13} & a_{12} \\ a_{31} & a_{33} & a_{32} \end{pmatrix},\boldsymbol{P}_1=\begin{pmatrix} 1 & 0 & 0 \\ 0 & 0 & 1 \\ 0 & 1 & 0 \end{pmatrix},\boldsymbol{P}_2=\begin{pmatrix} 0 & 1 & 0 \\ 1 & 0 & 0 \\ 0 & 0 & 1 \end{pmatrix}$，其中 $\boldsymbol{A}$ 可逆，则 $\boldsymbol{B}^{-1}=($　　$)$.

(A) $\boldsymbol{A}^{-1}\boldsymbol{P}_1\boldsymbol{P}_2$　　(B) $\boldsymbol{P}_1\boldsymbol{A}^{-1}\boldsymbol{P}_2$

(C) $\boldsymbol{P}_2\boldsymbol{A}^{-1}\boldsymbol{P}_1$　　(D) $\boldsymbol{P}_1\boldsymbol{P}_2\boldsymbol{A}^{-1}$

(14) 设 $\boldsymbol{A}=\begin{pmatrix} a_{11} & a_{12} & a_{13} \\ a_{21} & a_{22} & a_{23} \\ a_{31} & a_{32} & a_{33} \end{pmatrix},\boldsymbol{B}=\begin{pmatrix} a_{13} & a_{12}+a_{11} & a_{11} \\ a_{23} & a_{22}+a_{21} & a_{21} \\ a_{33} & a_{32}+a_{31} & a_{31} \end{pmatrix},\boldsymbol{P}_1=\begin{pmatrix} 0 & 0 & 1 \\ 0 & 1 & 0 \\ 1 & 0 & 0 \end{pmatrix},\boldsymbol{P}_2=\begin{pmatrix} 1 & 1 & 0 \\ 0 & 1 & 0 \\ 0 & 0 & 1 \end{pmatrix}$,则必有(　　).

(A) $\boldsymbol{B}=\boldsymbol{P}_1\boldsymbol{P}_2\boldsymbol{A}$　　(B) $\boldsymbol{B}=\boldsymbol{P}_2\boldsymbol{P}_1\boldsymbol{A}$

(C) $\boldsymbol{B}=\boldsymbol{A}\boldsymbol{P}_1\boldsymbol{P}_2$　　(D) $\boldsymbol{B}=\boldsymbol{A}\boldsymbol{P}_2\boldsymbol{P}_1$

(15) 设方阵 $\boldsymbol{A}$ 与方阵 $\boldsymbol{B}$ 等价，则下列叙述错误的是(　　).

(A) 存在可逆矩阵 $\boldsymbol{P},\boldsymbol{Q}$，使得 $\boldsymbol{B}=\boldsymbol{PAQ}$　　(B) 若 $|\boldsymbol{A}|\neq 0$，则 $\boldsymbol{B}$ 可逆

(C) 若 $|\boldsymbol{A}|>0$，则 $|\boldsymbol{B}|>0$　　(D) $\boldsymbol{A},\boldsymbol{B}$ 有相同的等价标准形

(16) 设 $\boldsymbol{A}=\begin{pmatrix} a_1 & a_2 & a_3 \\ b_1 & b_2 & b_3 \\ c_1 & c_2 & c_3 \end{pmatrix}$ 可逆，则方程组 $\begin{cases} a_1x_1+a_2x_2=a_3, \\ b_1x_1+b_2x_2=b_3, \\ c_1x_1+c_2x_2=c_3 \end{cases}$ 的解的情况为(　　).

(A) 有唯一解　　(B) 有无穷多解　　(C) 无解　　(D) 不能确定

2. 填空题.

(1) $\boldsymbol{A}$ 既是对称矩阵，又是反对称矩阵，则 $\boldsymbol{A}=$__________.

(2) 设 $\boldsymbol{\alpha}$ 是三维列向量，若 $\boldsymbol{\alpha}\boldsymbol{\alpha}^{\mathrm{T}}=\begin{pmatrix} 1 & -1 & 1 \\ -1 & 1 & -1 \\ 1 & -1 & 1 \end{pmatrix}$，则 $\boldsymbol{\alpha}^{\mathrm{T}}\boldsymbol{\alpha}=$__________.

(3) 已知 n 阶方阵 $\boldsymbol{A}$ 满足 $|\boldsymbol{A}|=a$，则矩阵 $a\boldsymbol{A}$ 的行列式为__________.

(4) 设矩阵 $\boldsymbol{A}=\begin{pmatrix} 1 & 0 & 1 \\ 1 & 1 & 2 \\ 0 & 1 & 1 \end{pmatrix}$，$\boldsymbol{\alpha}_1,\boldsymbol{\alpha}_2,\boldsymbol{\alpha}_3$ 是线性无关的三维列向量，则向量组 $\boldsymbol{A}\boldsymbol{\alpha}_1,\boldsymbol{A}\boldsymbol{\alpha}_2,\boldsymbol{A}\boldsymbol{\alpha}_3$ 的秩为__________.

(5) $\boldsymbol{A}$ 为三阶方阵，$\boldsymbol{A}^*$ 为 $\boldsymbol{A}$ 的伴随矩阵，$|\boldsymbol{A}|=2$，则 $\left|\left(\dfrac{1}{3}\boldsymbol{A}\right)^{-1}-2\boldsymbol{A}^*\right|=$__________.

(6) ξ_1,ξ_2 是非齐次线性方程组 $\boldsymbol{AX}=\boldsymbol{\beta}$ 的两个线性无关的解向量，且 $m\times n$ 矩阵 $\boldsymbol{A}$ 的秩为 $n-1$，则该方程组的所有解为__________.

(7) 设 $\boldsymbol{A}=\begin{pmatrix} 1 & 2 & 3 \\ 0 & 2 & 3 \\ 0 & 0 & 3 \end{pmatrix}$，则 $(\boldsymbol{A}^*)^{-1}=$__________.

(8) 矩阵 $A=\begin{pmatrix}1&0&1\\0&2&0\\-1&0&1\end{pmatrix}$ 满足 $AB+E=A^2+B$ ，则 $B=$__________.

(9) 设列分块矩阵 $A=(\alpha,\beta,\gamma),B=(\alpha,\delta,\gamma)$ 且 $|A|=-2,|B|=3$. 则行列式 $|A+B|=$__________.

(10) A,B,C 均为可逆方阵，则 $\begin{pmatrix}A&O&O\\O&B&O\\O&O&C\end{pmatrix}^{-1}=$__________，$\begin{pmatrix}O&O&A\\O&B&O\\C&O&O\end{pmatrix}^{-1}=$__________.

(11) 已知矩阵 $A=\begin{pmatrix}1&2&0\\3&x&0\\0&0&4\end{pmatrix}$ 与矩阵 $B=\begin{pmatrix}1&&\\&2&\\&&4\end{pmatrix}$ 等价，则 x 满足__________.

3. 判断题.

(1) 任意两个矩阵的乘积都是不可交换的.

(2) 存在与任意同阶矩阵都可交换的方阵.

(3) 设 A 是一个 $m\times n$ 矩阵，若用 m 阶初等矩阵 $P(4,3(5))$ 右乘 A，则相当于对 A 进行了一次“A 的第 3 列乘 5 加到第 4 列”的初等变换.

(4) 任一可逆矩阵都可写成有限个初等矩阵的乘积.

(5) 设 A,C 为 n 阶矩阵，那么 CAC^{T} 是对称矩阵.

(6) 设 n 阶矩阵 A 和 B 都可逆，那么 $A+B$ 也可逆.

(7) 若 $A+A^2=E$，则 A 为可逆矩阵.

(8) 可逆矩阵的伴随矩阵一定是可逆的.

(9) 设 A,B 都为 n 阶矩阵，那么 $|AB|=|A||B|$.

(10) 对于任意 n 阶矩阵 A,B，有 $|A+B|=|A|+|B|$.

4. 举反例说明下列命题是错误的.

(1) 若 $A^2=O$，则 $A=O$；

(2) 若 $A^2=A$，则 $A=O$ 或 $A=E$；

(3) 若 $AX=AY$ 且 $A\neq O$，则 $X=Y$.

5. 已知 n 阶矩阵 $A=(a_{ij})$，写出(1) AA^{T} 的 (i,j) 元素；(2) $A^{\mathrm{T}}A$ 的 (i,j) 元素.

6. 计算：(1) $\begin{pmatrix}1&2&3\\-2&1&2\end{pmatrix}\begin{pmatrix}1&2&0\\0&1&1\\3&0&-1\end{pmatrix}$；(2) $\begin{pmatrix}4&3&1\\1&-2&3\\5&7&0\end{pmatrix}\begin{pmatrix}7\\2\\1\end{pmatrix}$.

7. 已知 $\alpha=\begin{pmatrix}1\\2\\3\end{pmatrix},\beta=\begin{pmatrix}a\\b\\c\end{pmatrix}$，求(1) $\alpha^{\mathrm{T}}\beta$；(2) $\beta^{\mathrm{T}}\alpha$；(3) $\alpha\beta^{\mathrm{T}}$；(4) $\beta\alpha^{\mathrm{T}}$.

8. 已知 $\alpha^{\mathrm{T}}=(1,2,3,4),A=\alpha\alpha^{\mathrm{T}}$，求(1) A 的秩；(2) $A\alpha$；(3) A^n.

9. 求与 $A=\begin{pmatrix}1&2\\1&-1\end{pmatrix}$ 可交换的所有矩阵.

10. 设矩阵 $\boldsymbol{A}=\begin{pmatrix}1 & -1 & -1 & -1\\ -1 & 1 & -1 & -1\\ -1 & -1 & 1 & -1\\ -1 & -1 & -1 & 1\end{pmatrix}$，求 $\boldsymbol{A}^n$.

11. 设矩阵 $\boldsymbol{A}=\begin{pmatrix}1 & 1\\ 0 & 1\end{pmatrix}$，多项式 $f(x)=2x^2+3x-1$，求 $f(\boldsymbol{A})$.

12. 设 $\boldsymbol{A}$ 为 n 阶非零实矩阵且满足 $\boldsymbol{A}^*=\boldsymbol{A}^{\mathrm{T}}$，证明: $|\boldsymbol{A}|\neq 0$.

13. 求下列矩阵的逆矩阵.

(1) $\begin{pmatrix}0 & 0 & -4\\ -1 & 0 & 0\\ 0 & 2 & 0\end{pmatrix}$；(2) $\begin{pmatrix}1 & 1 & 1 & 1\\ 0 & 1 & 1 & 1\\ 0 & 0 & 1 & 1\\ 0 & 0 & 0 & 1\end{pmatrix}$；(3) $\begin{pmatrix}1 & 0 & 1\\ 2 & 1 & 0\\ -3 & 2 & -5\end{pmatrix}$；(4) $\begin{pmatrix}1 & 0 & -2\\ -3 & 1 & 4\\ 2 & -3 & 4\end{pmatrix}$.

14. 求 x 的值使得矩阵 $\begin{pmatrix}1 & 2 & 3\\ 2 & 4 & 7\\ 3 & 5 & x\end{pmatrix}$ 可逆.

15. 求出 a,b,c 的一组值，使得下列矩阵为可逆矩阵.

(1) $\begin{pmatrix}1 & 2 & 3\\ 2 & 4 & 7\\ a & b & c\end{pmatrix}$；　(2) $\begin{pmatrix}5 & 2 & 3\\ 2 & 1 & 2\\ a & b & c\end{pmatrix}$.

16. 设矩阵 $\boldsymbol{A},\boldsymbol{B}$ 及 $\boldsymbol{A}+\boldsymbol{B}$ 都可逆，证明：$\boldsymbol{A}^{-1}+\boldsymbol{B}^{-1}$ 可逆，并求其逆矩阵.

17. 设 $\boldsymbol{A}$ 为 $m\times n$ 实矩阵，证明：两个线性方程组 $\boldsymbol{AX}=\boldsymbol{0}$ 与 $\boldsymbol{A}^{\mathrm{T}}\boldsymbol{AX}=\boldsymbol{0}$ 有相同的解.

18. 求解矩阵方程 $\boldsymbol{AX}=\boldsymbol{B}$，其中 $\boldsymbol{A}=\begin{pmatrix}1 & 2 & 3\\ 2 & 1 & 2\\ 1 & 3 & 4\end{pmatrix}$, $\boldsymbol{B}=\begin{pmatrix}1 & 2 & 1\\ 0 & 3 & 1\\ 1 & -1 & 1\end{pmatrix}$.

19. 求解矩阵方程 $\boldsymbol{XA}=\boldsymbol{B}$，其中 $\boldsymbol{A}=\begin{pmatrix}1 & 1 & -1\\ 0 & 2 & 2\\ 1 & -1 & 0\end{pmatrix}$，$\boldsymbol{B}=\begin{pmatrix}1 & -1 & 1\\ 1 & 1 & 0\\ 2 & 1 & 1\end{pmatrix}$.

20. 求解矩阵方程 $\begin{pmatrix}2 & 1\\ -2 & 3\end{pmatrix}\boldsymbol{X}\begin{pmatrix}-2 & -1\\ 1 & 1\end{pmatrix}=\begin{pmatrix}-2 & 3\\ -6 & 1\end{pmatrix}$.

21. 已知 $\boldsymbol{A}$ 为 n 阶方阵，证明：若对任意 n 维向量 $\boldsymbol{X}=(x_1,x_2,\cdots,x_n)^{\mathrm{T}}$ 都有 $\boldsymbol{AX}=\boldsymbol{0}$，则 $\boldsymbol{A}=\boldsymbol{O}$.

22. 已知 $\boldsymbol{A},\boldsymbol{B}$ 均为 n 阶方阵，若 $\boldsymbol{AB}=\boldsymbol{O}$，证明：$R(\boldsymbol{A})+R(\boldsymbol{B})\leqslant n$.

23. 已知 n 阶方阵 $\boldsymbol{A}$ 满足 $\boldsymbol{A}^2-\boldsymbol{A}-6\boldsymbol{E}=\boldsymbol{O}$，求(1) $\boldsymbol{A}^{-1}$；(2) $(\boldsymbol{A}+4\boldsymbol{E})^{-1}$；(3) $(\boldsymbol{A}-\boldsymbol{E})^{-1}$.

24. 已知 $\boldsymbol{A}=\begin{pmatrix}1 & 1 & 1\\ 1 & \omega & \omega^2\\ 1 & \omega^2 & \omega\end{pmatrix}$，其中 $\omega=\cos\dfrac{2\pi}{3}+\mathrm{i}\sin\dfrac{2\pi}{3}$，求 $\boldsymbol{A}^{-1}$.

25. 求分块矩阵 $\boldsymbol{P}=\begin{pmatrix}\boldsymbol{A} & \boldsymbol{O}\\ \boldsymbol{O} & \boldsymbol{B}\end{pmatrix}$ 的逆矩阵，其中 $\boldsymbol{A}=\begin{pmatrix}1 & 2\\ 3 & 4\end{pmatrix}$, $\boldsymbol{B}=\begin{pmatrix}2 & 3\\ 4 & 5\end{pmatrix}$.

26. 设 m 阶矩阵 $\boldsymbol{A}$ 和 l 阶矩阵 $\boldsymbol{B}$ 都可逆，求矩阵 $\boldsymbol{P}=\begin{pmatrix}\boldsymbol{O} & \boldsymbol{A}\\ \boldsymbol{B} & \boldsymbol{C}\end{pmatrix}$ 的逆矩阵.

27. 设 $\boldsymbol{A}$ 为 n 阶方阵，将 $\boldsymbol{A}$ 按列分块，若 $\boldsymbol{\alpha}_1,\cdots,\boldsymbol{\alpha}_n$ 是矩阵的各列，试用 $\boldsymbol{\alpha}_1,\cdots,\boldsymbol{\alpha}_n$ 表示 $\boldsymbol{A}^{\mathrm{T}}\boldsymbol{A}$.

28. 已知 $\boldsymbol{A}$ 为 n 阶方阵，$\boldsymbol{\xi}_1,\cdots,\boldsymbol{\xi}_n$ 是 n 个列向量，$\lambda_1,\cdots,\lambda_n$ 是 n 个数. 又对每个 $i\,(i=1,2,\cdots,n)$ 都有 $\boldsymbol{A}\boldsymbol{\xi}_i=\boldsymbol{\lambda}_i\boldsymbol{\xi}_i$. 试用分块矩阵把这 n 个等式写为一个等式.

29. 已知 $\boldsymbol{A}=\begin{pmatrix}a_{11} & a_{12} & a_{13}\\ a_{21} & a_{22} & a_{23}\\ a_{31} & a_{32} & a_{33}\end{pmatrix},\boldsymbol{B}=\begin{pmatrix}a_{11} & 2a_{13} & a_{12}\\ a_{31} & 2a_{33} & a_{32}\\ a_{21}+5a_{11} & 2a_{23}+10a_{13} & a_{22}+5a_{12}\end{pmatrix}$，求一系列初等矩阵，使得其与 $\boldsymbol{A}$ 适当乘积后得到 $\boldsymbol{B}$.

30. 设 $\boldsymbol{A}$ 为四阶可逆方阵，先交换矩阵 $\boldsymbol{A}$ 的第 1 行和第 3 行，再把结果矩阵的第 1 行的 5 倍加到第 4 行上，然后再把结果矩阵的第 4 行的 4 倍加到第 2 行上得到矩阵 $\boldsymbol{B}$.

(1) 证明：$\boldsymbol{B}$ 是可逆矩阵；(2) 求 $\boldsymbol{A}\boldsymbol{B}^{-1}$ ；(3) 求 $\boldsymbol{B}\boldsymbol{A}^{-1}$.

习　题　B

1. 选择题.

(1) $\boldsymbol{A}=\begin{pmatrix}a & b & b\\ b & a & b\\ b & b & a\end{pmatrix}$，$a\neq 0,R(\boldsymbol{A}^*)=1$，其中 $\boldsymbol{A}^*$ 是 $\boldsymbol{A}$ 的伴随矩阵，则必有(　　).

(A) $a=b$ 或 $a+2b=0$　　(B) $a=b$

(C) $a+2b=0$　　(D) 以上都不对

(2) 设 $\boldsymbol{A},\boldsymbol{B}$ 为方阵，分块对角阵 $\boldsymbol{P}=\begin{pmatrix}\boldsymbol{A} & \boldsymbol{O}\\ \boldsymbol{O} & \boldsymbol{B}\end{pmatrix}$，则 $\boldsymbol{P}^*=$ (　　).

(A) $\begin{pmatrix}\boldsymbol{A}^* & \boldsymbol{O}\\ \boldsymbol{O} & \boldsymbol{B}^*\end{pmatrix}$　　(B) $\begin{pmatrix}|\boldsymbol{A}|\boldsymbol{A}^* & \boldsymbol{O}\\ \boldsymbol{O} & |\boldsymbol{B}|\boldsymbol{B}^*\end{pmatrix}$

(C) $\begin{pmatrix}|\boldsymbol{B}|\boldsymbol{A}^* & \boldsymbol{O}\\ \boldsymbol{O} & |\boldsymbol{A}|\boldsymbol{B}^*\end{pmatrix}$　　(D) $\begin{pmatrix}|\boldsymbol{A}||\boldsymbol{B}|\boldsymbol{A}^* & \boldsymbol{O}\\ \boldsymbol{O} & |\boldsymbol{A}||\boldsymbol{B}|\boldsymbol{B}^*\end{pmatrix}$

(3) 下列命题

(i) 如果矩阵 $\boldsymbol{AB}=\boldsymbol{E}$, 则 $\boldsymbol{A}$ 可逆且 $\boldsymbol{A}^{-1}=\boldsymbol{B}$ ；

(ii) 如果 n 阶矩阵 $\boldsymbol{A},\boldsymbol{B}$ 满足 $(\boldsymbol{AB})^2=\boldsymbol{E}$ ，则 $(\boldsymbol{BA})^2=\boldsymbol{E}$ ；

(iii) 如果 n 阶矩阵 $\boldsymbol{A},\boldsymbol{B}$ 均不可逆，则 $\boldsymbol{A}+\boldsymbol{B}$ 不可逆；

(iv) 如果 n 阶矩阵 $\boldsymbol{A},\boldsymbol{B}$ 均不可逆，则 $\boldsymbol{AB}$ 不可逆

中正确的是(　　).

(A) (i)(ii)　　(B) (i)(iv)　　(C) (ii)(iii)　　(D) (ii)(iv)

(4) 设 $\boldsymbol{A},\boldsymbol{B}$ 均为 n 阶矩阵且 $\boldsymbol{AB}=\boldsymbol{A}+\boldsymbol{B}$ ，则下列命题中正确命题的个数为(　　).

(i) 若 $\boldsymbol{A}$ 可逆，则 $\boldsymbol{B}$ 可逆；

(ii) 若 $\boldsymbol{B}$ 可逆，则 $\boldsymbol{A}$ 可逆；

(iii) 若 $\boldsymbol{A}$ 可逆，则 $\boldsymbol{A}+\boldsymbol{B}$ 可逆；

(iv) 若 $\boldsymbol{A}+\boldsymbol{B}$ 可逆，则 $\boldsymbol{B}$ 可逆；

(v) $\boldsymbol{A}-\boldsymbol{E}$ 一定可逆.

(A) 2　　(B) 3　　(C) 4　　(D) 5

2. 设 a, b, c, d 是 4 个数，证明：

$$a^2+b^2=1, \quad c^2+d^2=1, \quad ac+bd=0$$

的充分必要条件是 $a^2+c^2=1, b^2+d^2=1, ab+cd=0$.

3. 如果 $\boldsymbol{A}^2=\boldsymbol{A}$ ，则称 $\boldsymbol{A}$ 为**幂等矩阵**. 设 $\boldsymbol{A}, \boldsymbol{B}$ 都是幂等矩阵，证明： $\boldsymbol{A}+\boldsymbol{B}$ 是幂等矩阵的充要条件是 $\boldsymbol{AB}=\boldsymbol{BA}=\boldsymbol{O}$.

4. 设 $\boldsymbol{A}=\begin{pmatrix}1&1&1\\1&2&1\\1&1&3\end{pmatrix}$，求 $(\boldsymbol{A}^*)^{-1}$.

5. 设 n 阶方阵 $\boldsymbol{A}=(a_{ij})_{n\times n}$ 满足 $\boldsymbol{A}^m=\boldsymbol{E}$ ， m 为正整数，又 n 阶方阵 $\boldsymbol{B}$ 的 (i,j) 元为 a_{ij} 的代数余子式 A_{ij} ，证明： $\boldsymbol{B}^m=\boldsymbol{E}$.

6. 设 $\boldsymbol{A},\boldsymbol{B}$ 满足 $\boldsymbol{A}^*\boldsymbol{BA}=2\boldsymbol{BA}-8\boldsymbol{E}$ ，其中 $\boldsymbol{A}=\begin{pmatrix}1&2&-2\\0&-2&4\\0&0&1\end{pmatrix}$，求 $\boldsymbol{B}$.

7. 已知矩阵 $\boldsymbol{A}=\begin{pmatrix}1&0&0\\1&1&0\\1&1&1\end{pmatrix}, \boldsymbol{B}=\begin{pmatrix}0&1&1\\1&0&1\\1&1&0\end{pmatrix}$，若矩阵 $\boldsymbol{X}$ 满足 $\boldsymbol{AXA}+\boldsymbol{BXB}=\boldsymbol{AXB}+\boldsymbol{BXA}+\boldsymbol{E}$,

求 $\boldsymbol{X}$.

第4章测试题

第 5 章　线性空间与线性变换

线性空间与线性变换是线性代数的基本概念，是解析几何中相应概念的自然推广. 本章将结合解析几何中的一些基本运算及矩阵的基本运算规律抽象出线性空间的定义，并讨论在同构意义下的本质性内容. 线性变换是线性空间的一种最简单也最重要的变换，在描述和研究科学技术等许多实际问题时起着重要的作用，对它的讨论和研究又为矩阵理论及其发展提供直观的背景.

5.1　线 性 空 间

5.1.1　线性空间的定义

回顾我们讨论过的一些对象，如矩阵、向量等，虽然所考虑的对象完全不同，但它们之间都定义了加法及数量乘法. 如果忽略其具体形式，挖掘其中的共性会发现这些形式不同的加法和数量乘法又都满足了 8 条运算规律，由此抽象出线性空间的定义.

定义 5.1.1　设 F 是一个数域，V 是一个非空集合. 在集合 V 上定义一个加法，即给出一个法则，使得任给 V 中两个元素 $\boldsymbol{\alpha},\boldsymbol{\beta}$，在该法则下，有唯一确定的 V 中元素与它们对应，记该唯一元素为 $\boldsymbol{\alpha}+\boldsymbol{\beta}$；在数域 F 和集合 V 之间定义一个数量乘法，即给出一个法则，使得任给 F 中数 k 和 V 中元素 $\boldsymbol{\alpha}$，在该法则下，有唯一确定的 V 中元素与它们对应，记该唯一元素为 $k\boldsymbol{\alpha}$. 如果对于 V 中任意元素 $\boldsymbol{\alpha},\boldsymbol{\beta},\boldsymbol{\gamma}$ 和 F 中任意数 k,l，加法和数量乘法两个运算满足以下 8 条规律：

(1) $\boldsymbol{\alpha}+\boldsymbol{\beta}=\boldsymbol{\beta}+\boldsymbol{\alpha}$；

(2) $(\boldsymbol{\alpha}+\boldsymbol{\beta})+\boldsymbol{\gamma}=\boldsymbol{\alpha}+(\boldsymbol{\beta}+\boldsymbol{\gamma})$；

(3) 在 V 中有一个特殊元素，记为 $\mathbf{0}$，对于任意 $\boldsymbol{\alpha}\in V$，都有 $\boldsymbol{\alpha}+\mathbf{0}=\boldsymbol{\alpha}$；

(4) 对于任意 $\boldsymbol{\alpha}\in V$，存在 $\boldsymbol{\beta}\in V$，使得 $\boldsymbol{\alpha}+\boldsymbol{\beta}=\mathbf{0}$；

(5) $k(\boldsymbol{\alpha}+\boldsymbol{\beta})=k\boldsymbol{\alpha}+k\boldsymbol{\beta}$；

(6) $(k+l)\boldsymbol{\alpha}=k\boldsymbol{\alpha}+l\boldsymbol{\alpha}$；

(7) $k(l\boldsymbol{\alpha})=(kl)\boldsymbol{\alpha}$；

(8) $1\boldsymbol{\alpha}=\boldsymbol{\alpha}$.

则称 V 为数域 F 上的一个**线性空间**(或**向量空间**)，V 中的元素称为**向量**.

【注】 (1) 实数域$\mathbb{R}$上的线性空间V称为**实线性空间**；复数域$\mathbb{C}$上的线性空间称为**复线性空间**.

(2) 若V是线性空间，则可以证明规律(3)中的特殊元素$\mathbf{0}$是唯一的，称之为**零向量**；对给定的$\boldsymbol{\alpha}$，满足规律(4)中的$\boldsymbol{\beta}$也是唯一的，称之为$\boldsymbol{\alpha}$的**负向量**，记为$-\boldsymbol{\alpha}$. 证明见5.1.2节性质1.

(3) 定义中两个运算是**封闭**的，也就是和$\boldsymbol{\alpha}+\boldsymbol{\beta}$以及数量乘积$k\boldsymbol{\alpha}$必须仍然属于$V$，否则$V$不是线性空间.

(4) 定义中向量的概念是非常广泛的. 下面的例子告诉我们，数学中遇到的很多概念，如多项式、矩阵、函数，甚至包括数，都可以成为向量. 自然地，解析几何中由始点和终点决定的向量以及我们前面学过的n维向量也都是定义5.1.1意义下的向量.

(5) 若V为数域F上的一个线性空间，则称定义中的加法和数量乘法为V上的**线性运算**.

根据线性空间的定义，可以验证下面关于线性空间的实例.

例 1 数域F上的一元多项式集合，按通常多项式的加法和数与多项式的乘法，构成数域F上的一个线性空间，记为$F[x]$. $F[x]$中的零向量就是零多项式，其中次数小于n的多项式及零多项式也构成数域F上的一个线性空间，记为$F[x]_n$.

例 2 数域F上$m\times n$矩阵的全体，关于矩阵的加法和数与矩阵的数量乘法，构成数域F上的一个线性空间，记为$F^{m\times n}$.

例 3 定义在闭区间$[a,b]$上的全体连续实函数，按函数加法和数与函数的数量乘法，构成实数域上的一个线性空间，记为$C[a,b]$.

例 4 复数域$\mathbb{C}$既可以看作复数域上的线性空间，也可以看作实数域$\mathbb{R}$上的线性空间. 两种情形中的向量的加法和数与向量的数量乘法都由数的通常的加法和乘法给出.

例 5 以下集合对于所指定的运算是否构成实数域$\mathbb{R}$上的线性空间?

(1) 平面上全体向量所成集合V,对于通常向量的加法和如下定义的数量乘法：

$$a\boldsymbol{\alpha}=\mathbf{0},\quad a\in\mathbb{R},\quad \boldsymbol{\alpha}\in V.$$

(2) $\mathbb{R}$上n次多项式的全体所成集合W，对于多项式的加法和数与多项式的乘法.

解 (1) 由$1\boldsymbol{\alpha}=\mathbf{0}$知定义5.1.1中的条件(8)没有满足，从而(1)不构成$\mathbb{R}$上的线性空间.

(2) 两个n次多项式的和的次数可以小于n，从而不再是n次多项式，所以(2)中定义的加法运算是不封闭的，从而(2)不构成$\mathbb{R}$上的线性空间. 或者由零多项式是多项式加法的零元素，而零多项式并不是 n 次多项式，所以集合 W 缺少零元素，从而不构成 $\mathbb{R}$ 上的线性空间.

例 6　按多项式加法及数量乘法运算，下面的集合是否构成数域 F 上的线性空间？

(1) 数域 F 上次数不低于数 n 的多项式全体添上零多项式所成的集合.

(2) $g(x)$ 是 $F[x]$ 中给定的多项式，$g(x)$ 的所有倍式所成的集合.

解　(1)由于次数不低于数 n 的多项式对加法不满足封闭性，所以不是线性空间.

(2) 可以构成线性空间. 设

$$V=\{f(x)g(x)\mid f(x),g(x)\in F[x]\},$$

显然零多项式 $\mathbf{0}=\mathbf{0}g(x)\in V$，所以 V 为非空集合. 对于任意 $f(x),f_1(x),f_2(x)\in F[x]$ 有

$$f_1(x)g(x)+f_2(x)g(x)=(f_1(x)+f_2(x))g(x)\in V,$$

$$k(f(x)g(x))=(kf(x))g(x)\in V,$$

因此集合 V 对于运算是封闭的. 容易验证定义 5.1.1 中的 8 条性质成立，从而可构成一个线性空间.

5.1.2　线性空间的简单性质

从线性空间的定义可推导出线性空间的一些简单性质.

性质 1　设 V 是数域 F 上的线性空间，则零向量是唯一的，向量的负向量是唯一的.

证明　设 $\mathbf{0}$ 与 $\mathbf{0}'$ 均是零向量，则由零向量的性质可得 $\mathbf{0}=\mathbf{0}+\mathbf{0}'=\mathbf{0}'$.

对于任意 $\boldsymbol{\alpha}\in V$，设 $\boldsymbol{\beta},\boldsymbol{\beta}'$ 都是 $\boldsymbol{\alpha}$ 的负向量，则

$$\boldsymbol{\beta}=\boldsymbol{\beta}+\mathbf{0}=\boldsymbol{\beta}+(\boldsymbol{\alpha}+\boldsymbol{\beta}')=(\boldsymbol{\beta}+\boldsymbol{\alpha})+\boldsymbol{\beta}'=\mathbf{0}+\boldsymbol{\beta}'=\boldsymbol{\beta}',$$

于是命题得证.

借助负向量的概念，可以定义向量加法的逆运算——向量的**减法**. $\forall\boldsymbol{\alpha},\boldsymbol{\beta}\in V$，它们的**差**记为 $\boldsymbol{\alpha}-\boldsymbol{\beta}$，定义为 $\boldsymbol{\alpha}-\boldsymbol{\beta}=\boldsymbol{\alpha}+(-\boldsymbol{\beta})$.

性质 2　设 V 是数域 F 上的线性空间，则

(1) $0\boldsymbol{\alpha}=\mathbf{0}$;

(2) $k\mathbf{0}=\mathbf{0}$;

(3) $(-k)\boldsymbol{\alpha}=-(k\boldsymbol{\alpha})$;

(4) 如果 $k\boldsymbol{\alpha}=\mathbf{0}$，那么 $k=0$ 或者 $\boldsymbol{\alpha}=\mathbf{0}$.

证明　(1) 由线性空间的定义知

$$0\boldsymbol{\alpha}=(0+0)\boldsymbol{\alpha}=0\boldsymbol{\alpha}+0\boldsymbol{\alpha},$$

等式两边同时加$0\boldsymbol{\alpha}$的负向量，即可得到$0\boldsymbol{\alpha}=\mathbf{0}$.

(2) 类似(1)的证明，读者可自行证明(2).

(3) 由于

$$(-k)\boldsymbol{\alpha}+k\boldsymbol{\alpha}=(-k+k)\boldsymbol{\alpha}=0\boldsymbol{\alpha}=\mathbf{0},$$

从而$(-k)\boldsymbol{\alpha}=-(k\boldsymbol{\alpha})$.

(4) 设$k\neq 0$，则

$$\boldsymbol{\alpha}=1\boldsymbol{\alpha}=\left(\frac{1}{k}k\right)\boldsymbol{\alpha}=\frac{1}{k}(k\boldsymbol{\alpha})=\frac{1}{k}\mathbf{0}=\mathbf{0}.$$

5.1.3 线性子空间

定义 5.1.2 设W是数域F上线性空间V的一个非空子集，若对于V上的线性运算也构成数域F上的线性空间，则称W为V的一个**线性子空间**，简称为**子空间**.

定理 5.1.1 如果线性空间V的一个非空子集W对于V中两种运算是封闭的，那么W就是一个子空间.

证明 设W为V的子集. 因为V是线性空间，所以对于原有的运算，W中的向量满足定义 5.1.1 中的(1)，(2)，(5)，(6)，(7)，(8). 现在只需证明W对于V中原有运算的封闭性及(3)和(4)的成立.

而(3)和(4)的成立可归结为数量乘法对于数取0和-1的情形，因此可得线性空间V的一个非空子集W对于V的两种运算是封闭的，满足线性子空间的定义.

例 7 在线性空间中，由单个的零向量所组成的子集$\{\mathbf{0}\}$是一个线性子空间，叫做**零子空间**. 线性空间V本身也是V的一个子空间.

对于任意线性空间V，V必有零子空间和子空间V，这两个子空间叫做V的**平凡子空间**；如果V还有其他的子空间，则称其为V的**非平凡子空间**.

例 8 n阶上三角矩阵集合对于矩阵的加法和数量乘法构成$F^{n\times n}$的一个子空间.

例 9 $F[x]_n$是线性空间$F[x]$的子空间.

例 10 数域F上的n维向量的全体构成一个线性空间，记为F^n. 在线性空间F^n中，齐次线性方程组

$$\begin{cases}a_{11}x_1+a_{12}x_2+\cdots+a_{1n}x_n=0,\\a_{21}x_1+a_{22}x_2+\cdots+a_{2n}x_n=0,\\\qquad\cdots\cdots\\a_{m1}x_1+a_{m2}x_2+\cdots+a_{mn}x_n=0\end{cases}$$

的全部解向量构成 F^n 的一个子空间，这个子空间叫做齐次线性方程组的**解空间**.

例 11　设 $\boldsymbol{\alpha}_1,\boldsymbol{\alpha}_2,\cdots,\boldsymbol{\alpha}_r$ 是线性空间 V 中的向量，则这些向量的所有线性组合 $k_1\boldsymbol{\alpha}_1+k_2\boldsymbol{\alpha}_2+\cdots+k_r\boldsymbol{\alpha}_r$ 构成的集合是 V 的一个子空间，称该子空间为**由 $\boldsymbol{\alpha}_1,\boldsymbol{\alpha}_2,\cdots,\boldsymbol{\alpha}_r$ 生成的子空间**，记为 $\mathrm{span}\{\boldsymbol{\alpha}_1,\boldsymbol{\alpha}_2,\cdots,\boldsymbol{\alpha}_r\}$.

1. 判别下列集合是否构成实数域 $\mathbb{R}$ 上的线性空间，若是，写出它的零元.

(1) 空间中垂直于某非零向量的全部向量对于向量的加法和数量乘法.

(2) 区间 (a,b) 上所有可导函数的集合对于函数的加法和数与函数的乘法.

(3) 闭区间 $[a,b]$ 上所有不连续函数的集合对于函数的加法和数与函数的乘法.

(4) 非齐次线性方程组的全部解向量对于向量的加法和数量乘法.

2. 判断下列 $\mathbb{R}^3$ 的子集是否构成 $\mathbb{R}^3$ 的子空间？

$$V_1=\{(a,-a,a)|a\in\mathbb{R}\}\ ;\ \ V_2=\{(2a-3b,-a+2b,-3a-4b)|a,b\in\mathbb{R}\}\ ;$$

$$V_3=\{(a,a,1)|a\in\mathbb{R}\}\ ;\ \ V_4=\{(a^2,a,a)|a\in\mathbb{R}\}\ ;\ \ V_5=\{(a,a+1,a)|a\in\mathbb{R}\}\ .$$

5.2　维数　基与坐标

5.2.1　向量组的线性关系

前面章节讨论了 n 维向量(也就是线性空间 F^n 中的向量)的线性关系——线性组合、线性相(无)关、向量组的等价、极大无关组等概念与相关理论.注意到这些概念与理论本质上由 n 维向量的加法和数量乘法满足的 8 条性质决定，而抽象的线性空间的概念正是根据线性运算的 8 条性质来定义的，因此这些概念和理论可以很自然地推广到抽象线性空间中的向量上去. 本节不再详细地证明，只是给出一些结论.

定义 5.2.1　设 V 是数域 F 上的一个线性空间，$\boldsymbol{\beta},\boldsymbol{\alpha}_1,\boldsymbol{\alpha}_2,\cdots,\boldsymbol{\alpha}_r$ 是 V 中一组向量，若存在数域 F 中数 $k_1,k_2,\cdots,k_r$ ，使得

$$\boldsymbol{\beta}=k_1\boldsymbol{\alpha}_1+k_2\boldsymbol{\alpha}_2+\cdots+k_r\boldsymbol{\alpha}_r,$$

则称 $\boldsymbol{\beta}$ 为向量组 $\boldsymbol{\alpha}_1,\boldsymbol{\alpha}_2,\cdots,\boldsymbol{\alpha}_r$ 的一个**线性组合**，或称 $\boldsymbol{\beta}$ 可由向量组 $\boldsymbol{\alpha}_1,\boldsymbol{\alpha}_2,\cdots,\boldsymbol{\alpha}_r$ **线性表出**.

定义 5.2.2　设

$$\boldsymbol{\alpha}_1,\boldsymbol{\alpha}_2,\cdots,\boldsymbol{\alpha}_r\ ; \tag{5.2.1}$$

$$\boldsymbol{\beta}_1,\boldsymbol{\beta}_2,\cdots,\boldsymbol{\beta}_s \tag{5.2.2}$$

是线性空间 V 中的两个向量组，若(5.2.1)中每个向量都可以由向量组(5.2.2)线性表出，则称向量组(5.2.1)可以由向量组(5.2.2)线性表出.如果(5.2.1)与(5.2.2)可以互相线性表出，则称向量组(5.2.1)与(5.2.2)**等价**.

定义 5.2.3 设 $\boldsymbol{\alpha}_1,\boldsymbol{\alpha}_2,\cdots,\boldsymbol{\alpha}_r$ 是线性空间 V 中的向量组，如果在数域 F 中有 r 个不全为零的数 $k_1,k_2,\cdots,k_r$，使

$$k_1\boldsymbol{\alpha}_1+k_2\boldsymbol{\alpha}_2+\cdots+k_r\boldsymbol{\alpha}_r=\boldsymbol{0}, \tag{5.2.3}$$

则称向量组 $\boldsymbol{\alpha}_1,\boldsymbol{\alpha}_2,\cdots,\boldsymbol{\alpha}_r$ **线性相关**，否则就称向量组 $\boldsymbol{\alpha}_1,\boldsymbol{\alpha}_2,\cdots,\boldsymbol{\alpha}_r$ **线性无关**.

类似于 F^n 中向量的线性关系，对于线性空间中的向量我们会有如下几个常用的结论.

(1) 单个向量 $\boldsymbol{\alpha}$ 线性相关的充要条件是 $\boldsymbol{\alpha}=\boldsymbol{0}$. 两个以上的向量 $\boldsymbol{\alpha}_1,\boldsymbol{\alpha}_2,\cdots,\boldsymbol{\alpha}_r$ 线性相关的充要条件是其中至少有一个向量是其余向量的线性组合.

(2) 如果向量组 $\boldsymbol{\alpha}_1,\boldsymbol{\alpha}_2,\cdots,\boldsymbol{\alpha}_r$ 线性无关，而且可以由 $\boldsymbol{\beta}_1,\boldsymbol{\beta}_2,\cdots,\boldsymbol{\beta}_s$ 线性表出，那么 $r\leqslant s$.

由此推出，两个等价的线性无关的向量组，必含有相同个数的向量.

(3) 如果向量组 $\boldsymbol{\alpha}_1,\boldsymbol{\alpha}_2,\cdots,\boldsymbol{\alpha}_r$ 线性无关，但 $\boldsymbol{\alpha}_1,\boldsymbol{\alpha}_2,\cdots,\boldsymbol{\alpha}_r,\boldsymbol{\beta}$ 线性相关，那么 $\boldsymbol{\beta}$ 可以由 $\boldsymbol{\alpha}_1,\boldsymbol{\alpha}_2,\cdots,\boldsymbol{\alpha}_r$ 线性表出且表示法是唯一的.

例 1 在线性空间 $F^{2\times3}$ 中，证明：

$$\boldsymbol{\alpha}_1=\begin{pmatrix}1&-2&4\\3&0&-1\end{pmatrix},\quad \boldsymbol{\alpha}_2=\begin{pmatrix}2&-4&8\\6&0&-2\end{pmatrix}$$

线性相关.

证明 因为 $\boldsymbol{\alpha}_2=2\boldsymbol{\alpha}_1$，所以它们线性相关.

例 2 在线性空间 $C[a,b]$ 中，证明：x,x^2,e^{2x} 线性无关.

证明 设 k_1,k_2,k_3 使得 $k_1x+k_2x^2+k_3\mathrm{e}^{2x}=\boldsymbol{0}$. 令 $x=0$，得 $k_3=0$. 再分别令 $x=1,x=2$，得到关于 k_1,k_2 的齐次线性方程组 $\begin{cases}k_1+k_2=0,\\2k_1+4k_2=0.\end{cases}$ 解该方程组得 $k_1=k_2=0$，所以 x,x^2,e^{2x} 线性无关.

类似于线性空间 F^n 中的讨论，我们还可平行地得到线性空间中向量组的极大无关组的定义和相关的结论，并且知道由有限个不全为零的向量构成的向量组必有极大无关组，而且极大无关组可以不唯一.

5.2.2 基和维数

定义 5.2.4 如果线性空间 V 中有 n 个向量 $\boldsymbol{\alpha}_1,\boldsymbol{\alpha}_2,\cdots,\boldsymbol{\alpha}_n$ 线性无关且 V 中任一向量 $\boldsymbol{\alpha}$ 都可以由这 n 个向量线性表出，

$$\boldsymbol{\alpha}=x_1\boldsymbol{\alpha}_1+x_2\boldsymbol{\alpha}_2+\cdots+x_n\boldsymbol{\alpha}_n,$$

其中系数 $x_1,x_2,\cdots,x_n$ 由向量 $\boldsymbol{\alpha}$ 和向量组 $\boldsymbol{\alpha}_1,\boldsymbol{\alpha}_2,\cdots,\boldsymbol{\alpha}_n$ 唯一确定. 这时称 V 为 n **维线性空间**,称向量组 $\boldsymbol{\alpha}_1,\boldsymbol{\alpha}_2\cdots,\boldsymbol{\alpha}_n$ 为 V 的**基**,称 $(x_1,x_2,\cdots,x_n)^{\mathrm{T}}$ 为 $\boldsymbol{\alpha}$ 在基 $\boldsymbol{\alpha}_1,\boldsymbol{\alpha}_2,\cdots,\boldsymbol{\alpha}_n$ 下的**坐标**；如果在 V 中可以找到任意多个线性无关的向量，那么称 V 为**无限维线性空间**.

【注】 (1) 直观上来看，线性空间 V 的维数就是表示 V 中所有向量所需向量的最少个数.

(2) 若向量 $\boldsymbol{\alpha}$ 在基 $\boldsymbol{\alpha}_1,\boldsymbol{\alpha}_2,\cdots,\boldsymbol{\alpha}_n$ 下的坐标为 $(x_1,x_2,\cdots,x_n)^{\mathrm{T}}$，则形式地记为

$$\boldsymbol{\alpha}=(\boldsymbol{\alpha}_1,\boldsymbol{\alpha}_2,\cdots,\boldsymbol{\alpha}_n)\begin{pmatrix}x_1\\x_2\\\vdots\\x_n\end{pmatrix}.$$

例 3 在线性空间 $F^{m\times n}$ 中，令 $\boldsymbol{E}_{ij}\,(i=1,2,\cdots,m;\,j=1,2,\cdots,n)$ 是 (i,j) 元为1、其余元素全为 0 的矩阵，则它们线性无关且对 $F^{m\times n}$ 中任一矩阵 $(a_{ij})_{m\times n}$ 有 $(a_{ij})_{m\times n}=\sum\limits_{i=1}^{m}\sum\limits_{j=1}^{n}a_{ij}\boldsymbol{E}_{ij}$，由此得到 $F^{m\times n}$ 为 $m\times n$ 维的线性空间.

例 4 在线性空间 $F[x]_n$ 中，$1,x,x^2,\cdots,x^{n-1}$ 是 n 个线性无关的向量，而且数域 F 上每一个次数小于 n 的多项式以及零多项式都可以由它们线性表出，所以 $F[x]_n$ 是 n 维的，而 $1,x,x^2,\cdots,x^{n-1}$ 就是它的一组基. 多项式 $f(x)=a_0+a_1x+\cdots+a_{n-1}x^{n-1}$ 在这组基下的坐标是 $(a_0,a_1,\cdots,a_{n-1})^{\mathrm{T}}$.

例 5 在 n 维线性空间 F^n 中，显然基本单位向量组 $\boldsymbol{\varepsilon}_1,\boldsymbol{\varepsilon}_2,\cdots,\boldsymbol{\varepsilon}_n$ 是一组基. 称该组基为线性空间 F^n 的**自然基**. 对于每一个向量 $\boldsymbol{\alpha}=(a_1,a_2,\cdots,a_n)^{\mathrm{T}}$，都有

$$\boldsymbol{\alpha}=a_1\boldsymbol{\varepsilon}_1+a_2\boldsymbol{\varepsilon}_2+\cdots+a_n\boldsymbol{\varepsilon}_n.$$

所以 $(a_1,a_2,\cdots,a_n)^{\mathrm{T}}$ 就是向量 $\boldsymbol{\alpha}$ 在这组基下的坐标.

例 6 在线性空间 $F[x]_3$ 中，

(1) 证明：$1,x-1,(x-1)^2$ 是一组基;

(2) 求多项式 x^2 在这组基下的坐标.

解 (1) 设 $k_1+k_2(x-1)+k_3(x-1)^2=\mathbf{0}$，展开得到

$$(k_1-k_2+k_3)+(k_2-2k_3)x+k_3x^2=\mathbf{0}.$$

由零多项式的定义知所有系数和常数项都为零，进一步可解得 $k_1=k_2=k_3=0$. 又因为 $F[x]_3$ 的维数是 3，所以 $1,(x-1),(x-1)^2$ 是一组基.

(2) 设 x^2 在基 $1, x-1, (x-1)^2$ 下的坐标为 $(k_1,k_2,k_3)^{\mathrm{T}}$，即

$$x^2 = k_1 + k_2(x-1) + k_3(x-1)^2.$$

展开等式右端得

$$x^2 = (k_1 - k_2 + k_3) + (k_2 - 2k_3)x + k_3x^2.$$

比较两端同次项的系数得到线性方程组

$$\begin{cases} k_1 - k_2 + k_3 = 0, \\ k_2 - 2k_3 = 0, \\ k_3 = 1. \end{cases}$$

求解该方程组得到多项式 x^2 在这组基下的坐标为 $(k_1, k_2, k_3)^{\mathrm{T}} = (1, 2, 1)^{\mathrm{T}}$.

例 7　令线性空间 $F^{2\times2}$ 中对称矩阵全体构成的子空间为 V，试决定 V 的维数并给出 V 的一组基.

解　易知 $V = \left\{ \begin{pmatrix} a & c \\ c & b \end{pmatrix} \middle| a,b,c \in F \right\}$. 令 $\boldsymbol{\alpha}_1 = \begin{pmatrix} 1 & 0 \\ 0 & 0 \end{pmatrix}, \boldsymbol{\alpha}_2 = \begin{pmatrix} 0 & 0 \\ 0 & 1 \end{pmatrix}, \boldsymbol{\alpha}_3 = \begin{pmatrix} 0 & 1 \\ 1 & 0 \end{pmatrix}$，则 $\boldsymbol{\alpha}_1, \boldsymbol{\alpha}_2, \boldsymbol{\alpha}_3$ 线性无关且 $\begin{pmatrix} a & c \\ c & b \end{pmatrix} = a\begin{pmatrix} 1 & 0 \\ 0 & 0 \end{pmatrix} + b\begin{pmatrix} 0 & 0 \\ 0 & 1 \end{pmatrix} + c\begin{pmatrix} 0 & 1 \\ 1 & 0 \end{pmatrix}$，即 $\boldsymbol{\alpha}_1, \boldsymbol{\alpha}_2, \boldsymbol{\alpha}_3$ 是 V 的基且 V 的维数为 3.

例 8　如果把复数域 $\mathbb{C}$ 看成是自身上的线性空间，那么它是一维的，数 1 就是一组基；如果把它看作实数域上的线性空间，那么它就是二维的，$1, \mathrm{i}$ 就是一组基.

【注】　本例告诉我们维数与所考虑的数域有关.

随堂练习

1. 判断下列向量组的线性相关性.

(1) $C[0,1]$ 中向量组 $\sin x, \cos x$;

(2) $\mathbb{R}^{2\times2}$ 中向量组 $\begin{pmatrix} 1 & 2 \\ 0 & 3 \end{pmatrix}, \begin{pmatrix} 2 & 3 \\ 0 & 1 \end{pmatrix}, \begin{pmatrix} 3 & 1 \\ 0 & 2 \end{pmatrix}$.

2. 求下列线性空间的基和维数：

(1) $F^{2\times2}$ 中全体反对称矩阵构成的线性空间;

(2) $V = \left\{ \begin{pmatrix} a+b & 2a+b \\ 0 & a-b \end{pmatrix} \middle| a,b \in F \right\}$;

(3) $V = \left\{ \begin{pmatrix} a+b+c & b+c \\ a & a+2b+2c \end{pmatrix} \middle| a,b,c \in F \right\}$.

5.3　基变换与坐标变换

在n维线性空间中，任意n个线性无关的向量都可以取作线性空间的一组基. 对于不同的基，同一个向量的坐标一般是不同的. 下面来讨论线性空间中两组基之间的关系及同一向量在不同基下坐标之间的关系.

定理 5.3.1　设$\boldsymbol{\alpha}_1,\boldsymbol{\alpha}_2,\cdots,\boldsymbol{\alpha}_n$是$n$维线性空间的一组基且

$$\begin{cases}\boldsymbol{\beta}_1 = a_{11}\boldsymbol{\alpha}_1 + a_{21}\boldsymbol{\alpha}_2 + \cdots + a_{n1}\boldsymbol{\alpha}_n, \\ \boldsymbol{\beta}_2 = a_{12}\boldsymbol{\alpha}_1 + a_{22}\boldsymbol{\alpha}_2 + \cdots + a_{n2}\boldsymbol{\alpha}_n, \\ \qquad\cdots\cdots \\ \boldsymbol{\beta}_n = a_{1n}\boldsymbol{\alpha}_1 + a_{2n}\boldsymbol{\alpha}_2 + \cdots + a_{nn}\boldsymbol{\alpha}_n,\end{cases}$$

则$\boldsymbol{\beta}_1,\boldsymbol{\beta}_2,\cdots,\boldsymbol{\beta}_n$线性无关的充要条件是

$$\begin{vmatrix} a_{11} & a_{12} & \cdots & a_{1n} \\ a_{21} & a_{22} & \cdots & a_{2n} \\ \vdots & \vdots & & \vdots \\ a_{n1} & a_{n2} & \cdots & a_{nn} \end{vmatrix} \neq 0 .$$

证明　设

$$x_1\boldsymbol{\beta}_1 + x_2\boldsymbol{\beta}_2 + \cdots + x_n\boldsymbol{\beta}_n = \mathbf{0} .$$

将$\boldsymbol{\beta}_j = \sum_{i=1}^{n} a_{ij}\boldsymbol{\alpha}_i = 0, j = 1,2,\cdots,n$，代入整理得

$$\sum_{i=1}^{n}\left(\sum_{j=1}^{n} a_{ij}x_j\right)\boldsymbol{\alpha}_i = \mathbf{0} .$$

因此$\boldsymbol{\beta}_1,\boldsymbol{\beta}_2,\cdots,\boldsymbol{\beta}_n$线性无关的充要条件是

$$\sum_{j=1}^{n} a_{ij}x_j = 0\ (i = 1, 2, \cdots, n)$$

只有零解. 而该齐次线性方程组只有零解的充要条件是它的系数行列式$\left|a_{ij}\right| \neq 0$，因此$\boldsymbol{\beta}_1,\boldsymbol{\beta}_2,\cdots,\boldsymbol{\beta}_n$线性无关的充要条件是$\left|a_{ij}\right| \neq 0$.

设$\boldsymbol{\alpha}_1,\boldsymbol{\alpha}_2,\cdots,\boldsymbol{\alpha}_n$与$\boldsymbol{\beta}_1,\boldsymbol{\beta}_2,\cdots,\boldsymbol{\beta}_n$是$n$维线性空间$V$的基. 为了区分，称$\boldsymbol{\alpha}_1,\boldsymbol{\alpha}_2,\cdots,\boldsymbol{\alpha}_n$为$V$的旧基，称$\boldsymbol{\beta}_1,\boldsymbol{\beta}_2,\cdots,\boldsymbol{\beta}_n$为$V$的新基. 由于$\boldsymbol{\alpha}_1,\boldsymbol{\alpha}_2,\cdots,\boldsymbol{\alpha}_n$是$V$的基，$V$中任意向量都可由它们线性表出. 特别地，每个$\boldsymbol{\beta}_i\ (i = 1, 2, \cdots, n)$都可由它们线性表出，设

$$\begin{cases}\boldsymbol{\beta}_1 = a_{11}\boldsymbol{\alpha}_1 + a_{21}\boldsymbol{\alpha}_2 + \cdots + a_{n1}\boldsymbol{\alpha}_n, \\ \boldsymbol{\beta}_2 = a_{12}\boldsymbol{\alpha}_1 + a_{22}\boldsymbol{\alpha}_2 + \cdots + a_{n2}\boldsymbol{\alpha}_n, \\ \qquad\cdots\cdots \\ \boldsymbol{\beta}_n = a_{1n}\boldsymbol{\alpha}_1 + a_{2n}\boldsymbol{\alpha}_2 + \cdots + a_{nn}\boldsymbol{\alpha}_n. \end{cases} \tag{5.3.1}$$

将式(5.3.1)写为形式表达式

$$(\boldsymbol{\beta}_1,\boldsymbol{\beta}_2,\cdots,\boldsymbol{\beta}_n) = (\boldsymbol{\alpha}_1,\boldsymbol{\alpha}_2,\cdots,\boldsymbol{\alpha}_n)\begin{pmatrix} a_{11} & a_{12} & \cdots & a_{1n} \\ a_{21} & a_{22} & \cdots & a_{2n} \\ \vdots & \vdots & & \vdots \\ a_{n1} & a_{n2} & \cdots & a_{nn} \end{pmatrix}, \tag{5.3.2}$$

称矩阵

$$\boldsymbol{A} = \begin{pmatrix} a_{11} & a_{12} & \cdots & a_{1n} \\ a_{21} & a_{22} & \cdots & a_{2n} \\ \vdots & \vdots & & \vdots \\ a_{n1} & a_{n2} & \cdots & a_{nn} \end{pmatrix}$$

为由旧基 $\boldsymbol{\alpha}_1,\boldsymbol{\alpha}_2,\cdots,\boldsymbol{\alpha}_n$ 到新基 $\boldsymbol{\beta}_1,\boldsymbol{\beta}_2,\cdots,\boldsymbol{\beta}_n$ 的**过渡矩阵**.

式(5.3.2)的这种写法是“形式的”，因为这里 $(\boldsymbol{\alpha}_1,\boldsymbol{\alpha}_2,\cdots,\boldsymbol{\alpha}_n)$ 由抽象向量组成，不一定是前面数表给出的矩阵. 不过这种形式表达式的使用是不会引出矛盾的.

过渡矩阵的第 j 列是向量 $\boldsymbol{\beta}_j$ 在旧基下的坐标. 因为向量 $\boldsymbol{\beta}_1,\boldsymbol{\beta}_2,\cdots,\boldsymbol{\beta}_n$ 线性无关, 所以定理 5.3.1 说明过渡矩阵的行列式不为 0, 从而过渡矩阵一定是可逆矩阵.

【注】 因为过渡矩阵是可逆的，于是有 $(\boldsymbol{\alpha}_1,\boldsymbol{\alpha}_2,\cdots,\boldsymbol{\alpha}_n) = (\boldsymbol{\beta}_1,\boldsymbol{\beta}_2,\cdots,\boldsymbol{\beta}_n)\boldsymbol{A}^{-1}$.

设向量 $\boldsymbol{\alpha}$ 在这两组基下的坐标分别为 $\boldsymbol{X} = (x_1,x_2,\cdots,x_n)^{\mathrm{T}}$ 与 $\boldsymbol{Y} = (y_1,y_2,\cdots,y_n)^{\mathrm{T}}$，即

$$\boldsymbol{\alpha} = (\boldsymbol{\alpha}_1,\boldsymbol{\alpha}_2,\cdots,\boldsymbol{\alpha}_n)\boldsymbol{X} = (\boldsymbol{\beta}_1,\boldsymbol{\beta}_2,\cdots,\boldsymbol{\beta}_n)\boldsymbol{Y}. \tag{5.3.3}$$

接下来的问题就是找出两组坐标 $\boldsymbol{X}$ 与 $\boldsymbol{Y}$ 的关系.

由(5.3.2)和(5.3.3)得

$$\boldsymbol{\alpha} = (\boldsymbol{\beta}_1,\boldsymbol{\beta}_2,\cdots,\boldsymbol{\beta}_n)\boldsymbol{Y} = ((\boldsymbol{\alpha}_1,\boldsymbol{\alpha}_2,\cdots,\boldsymbol{\alpha}_n)\boldsymbol{A})\boldsymbol{Y} = (\boldsymbol{\alpha}_1,\boldsymbol{\alpha}_2,\cdots,\boldsymbol{\alpha}_n)(\boldsymbol{A}\boldsymbol{Y}).$$

从而

$$\boldsymbol{X} = \boldsymbol{A}\boldsymbol{Y}, \tag{5.3.4}$$

称(5.3.4)为坐标变换公式.

例 1 在 $F^{2\times 2}$ 中，求

$$\boldsymbol{\alpha} = \begin{pmatrix} 2 & 3 \\ 4 & -7 \end{pmatrix}$$

在基 $\boldsymbol{\alpha}_1,\boldsymbol{\alpha}_2,\boldsymbol{\alpha}_3,\boldsymbol{\alpha}_4$ 下的坐标，其中

$$\boldsymbol{\alpha}_1=\begin{pmatrix}1&1\\1&1\end{pmatrix},\quad \boldsymbol{\alpha}_2=\begin{pmatrix}0&-1\\1&0\end{pmatrix},\quad \boldsymbol{\alpha}_3=\begin{pmatrix}1&-1\\0&0\end{pmatrix},\quad \boldsymbol{\alpha}_4=\begin{pmatrix}1&0\\0&0\end{pmatrix}.$$

解　$\boldsymbol{\alpha}$ 在基 $\boldsymbol{E}_{11},\boldsymbol{E}_{12},\boldsymbol{E}_{21},\boldsymbol{E}_{22}$ 下的坐标为 $\boldsymbol{X}=(2,3,4,-7)^{\mathrm{T}}$，因此 $\boldsymbol{\alpha}$ 在基 $\boldsymbol{\alpha}_1,\boldsymbol{\alpha}_2,\boldsymbol{\alpha}_3,\boldsymbol{\alpha}_4$ 下的坐标为

$$\boldsymbol{Y}=\boldsymbol{A}^{-1}\boldsymbol{X},$$

其中 $\boldsymbol{A}$ 为 $\boldsymbol{E}_{11},\boldsymbol{E}_{12},\boldsymbol{E}_{21},\boldsymbol{E}_{22}$ 到 $\boldsymbol{\alpha}_1,\boldsymbol{\alpha}_2,\boldsymbol{\alpha}_3,\boldsymbol{\alpha}_4$ 的过渡矩阵. 过渡矩阵

$$\boldsymbol{A}=\begin{pmatrix}1&0&1&1\\1&-1&-1&0\\1&1&0&0\\1&0&0&0\end{pmatrix},$$

利用坐标变换公式计算得到

$$\boldsymbol{Y}=(-7,11,-21,30)^{\mathrm{T}}.$$

例 2　设 V_2 为平面. 取 V_2 的两个彼此垂直的单位向量 $\boldsymbol{\varepsilon}_1,\boldsymbol{\varepsilon}_2$，它们构成 V_2 的一组基. 令 $\boldsymbol{\varepsilon}_1',\boldsymbol{\varepsilon}_2'$ 分别是由 $\boldsymbol{\varepsilon}_1,\boldsymbol{\varepsilon}_2$ 逆时针旋转角 θ 所得的向量，则 $\boldsymbol{\varepsilon}_1',\boldsymbol{\varepsilon}_2'$ 也是 V_2 的一组基且有

$$\begin{cases}\boldsymbol{\varepsilon}_1'=\boldsymbol{\varepsilon}_1\cos\theta+\boldsymbol{\varepsilon}_2\sin\theta,\\ \boldsymbol{\varepsilon}_2'=-\boldsymbol{\varepsilon}_1\sin\theta+\boldsymbol{\varepsilon}_2\cos\theta.\end{cases}$$

所以 $\boldsymbol{\varepsilon}_1,\boldsymbol{\varepsilon}_2$ 到 $\boldsymbol{\varepsilon}_1',\boldsymbol{\varepsilon}_2'$ 的过渡矩阵是

$$\begin{pmatrix}\cos\theta&-\sin\theta\\ \sin\theta&\cos\theta\end{pmatrix}.$$

设 V_2 的一个向量 $\boldsymbol{\xi}$ 关于基 $\boldsymbol{\varepsilon}_1,\boldsymbol{\varepsilon}_2$ 和 $\boldsymbol{\varepsilon}_1',\boldsymbol{\varepsilon}_2'$ 的坐标分别为 $(x_1,x_2)^{\mathrm{T}}$ 与 $(x_1',x_2')^{\mathrm{T}}$，于是由(5.3.4)得

$$\begin{pmatrix}x_1\\x_2\end{pmatrix}=\begin{pmatrix}\cos\theta&-\sin\theta\\ \sin\theta&\cos\theta\end{pmatrix}\begin{pmatrix}x_1'\\x_2'\end{pmatrix},$$

即

$$\begin{cases}x_1=x_1'\cos\theta-x_2'\sin\theta,\\ x_2=x_1'\sin\theta+x_2'\cos\theta.\end{cases}$$

这正是平面解析几何中旋转坐标轴的坐标变换公式.

例 3　已知 $\mathbb{R}^3$ 的一组基 $\boldsymbol{\alpha}_1,\boldsymbol{\alpha}_2,\boldsymbol{\alpha}_3$，证明：$\boldsymbol{\alpha}_1+\boldsymbol{\alpha}_2,\boldsymbol{\alpha}_2,\boldsymbol{\alpha}_2+\boldsymbol{\alpha}_3$ 也构成 $\mathbb{R}^3$ 的一组基，并写出由基 $\boldsymbol{\alpha}_1,\boldsymbol{\alpha}_2,\boldsymbol{\alpha}_3$ 到基 $\boldsymbol{\alpha}_1+\boldsymbol{\alpha}_2,\boldsymbol{\alpha}_2,\boldsymbol{\alpha}_2+\boldsymbol{\alpha}_3$ 的过渡矩阵.

解　由定理 5.3.1 知 $\boldsymbol{\alpha}_1+\boldsymbol{\alpha}_2,\boldsymbol{\alpha}_2,\boldsymbol{\alpha}_2+\boldsymbol{\alpha}_3$ 是不是一组基取决于矩阵

$$A=\begin{pmatrix}1&0&0\\1&1&1\\0&0&1\end{pmatrix}$$

是否为可逆矩阵，显然$|A|=1\neq 0$，因此$\alpha_1+\alpha_2,\alpha_2,\alpha_2+\alpha_3$构成$\mathbb{R}^3$的一组基，且由基$\alpha_1,\alpha_2,\alpha_3$到基$\alpha_1+\alpha_2,\alpha_2,\alpha_2+\alpha_3$的过渡矩阵为$A$.

例 4　已知$\mathbb{R}^3$的一组基

$$\beta_1=(1,1,1),\quad \beta_2=(1,-1,0),\quad \beta_3=(1,0,-1),$$

求自然基到β_1,β_2,β_3的过渡矩阵A.

解　由过渡矩阵的定义知

$$(\beta_1,\beta_2,\beta_3)=(\varepsilon_1,\varepsilon_2,\varepsilon_3)A,$$

从而得到

$$A=\begin{pmatrix}1&1&1\\1&-1&0\\1&0&-1\end{pmatrix}.$$

【注】　从例 4 可见对于特殊的线性空间F^n，形式表达式(5.3.2)有更具体的含义. 将两组基按列向量来形成表达式(5.3.2)，此时它为一个矩阵方程，那么过渡矩阵的计算即对矩阵方程的求解.

 **随堂练习**

1. 求线性空间$\mathbb{R}[x]_3$中由基$\alpha_1=1,\alpha_2=x+1,\alpha_3=x^2+x+1$到基$\beta_1=1,\beta_2=x,\ \beta_3=x^2$的过渡矩阵.

2. 线性空间V中由基α_1,α_2到基β_1,β_2的过渡矩阵为$A=\begin{pmatrix}1&2\\3&4\end{pmatrix}$.

(1) 向量α在基α_1,α_2下的坐标为$X=(1,5)^{\mathrm{T}}$，求α在基β_1,β_2下的坐标.

(2) 向量β在基β_1,β_2下的坐标为$Y=(3,-2)^{\mathrm{T}}$，求β在基α_1,α_2下的坐标.

5.4　线性空间的同构

5.4.1　同构的概念

在解析几何中，取定坐标系，则几何空间中的向量(或者点)与三维数组之间建立一一对应关系，从而空间中向量终点(或者点)的轨迹图形就有方程——向量终点(或者点)的坐标所满足的方程，从而将几何问题代数化. 从代数的观点来看，取定坐标系相当于给定一组有共同起点的基，而我们已经把基的概念推广到了抽象的线性空间. 设$\boldsymbol{\alpha}_1,\boldsymbol{\alpha}_2,\cdots,\boldsymbol{\alpha}_n$是数域$F$上的线性空间$V$的一组基，则$V$中每个向量在这组基下都有唯一确定的坐标，因此便给出V中向量与它的坐标之间的一一对应关系. 向量的坐标可以看成F^n中的元素，因此前面的一一对应实际上是线性空间V到线性空间F^n的一一对应. 更为重要的是这个对应保持线性空间中的线性运算.

设$\boldsymbol{\alpha}_1,\boldsymbol{\alpha}_2,\cdots,\boldsymbol{\alpha}_n$为线性空间$V$的一组基，并设向量$\boldsymbol{\alpha},\boldsymbol{\beta}$在该基下的坐标分别为$(x_1,x_2,\cdots,x_n)^{\mathrm{T}}$, $(y_1,y_2,\cdots,y_n)^{\mathrm{T}}$. 容易得到$\boldsymbol{\alpha}+\boldsymbol{\beta},k\boldsymbol{\alpha}$在该基下的坐标分别为

$$(x_1+y_1,x_2+y_2,\cdots,x_n+y_n)^{\mathrm{T}}=(x_1,x_2,\cdots,x_n)^{\mathrm{T}}+(y_1,y_2,\cdots,y_n)^{\mathrm{T}},$$

$$(kx_1,kx_2,\cdots,kx_n)^{\mathrm{T}}=k(x_1,x_2,\cdots,x_n)^{\mathrm{T}}.$$

上式说明在向量用坐标表示之后，向量的运算就可以归结为它们坐标的相应运算. 因而抽象线性空间V上问题的讨论也就可以归结为具体线性空间F^n上问题的讨论了. 可见，要使得两个线性空间结构相同，一个自然的要求便是两者之间有能够保持线性运算的一一对应关系，这就是线性空间的同构的概念.

定义 5.4.1　设V和V'是数域F上的线性空间，σ是V到V'的一个映射，若对V中任意向量$\boldsymbol{\alpha},\boldsymbol{\beta}$及$F$中任意数$k$，$\sigma$满足以下性质：

(1) σ为一一对应；

(2) $\sigma(\boldsymbol{\alpha}+\boldsymbol{\beta})=\sigma(\boldsymbol{\alpha})+\sigma(\boldsymbol{\beta})$；

(3) $\sigma(k\boldsymbol{\alpha})=k\sigma(\boldsymbol{\alpha})$，

则称映射σ为由V到V'的**同构映射**. 称数域F上两个线性空间V与V'**同构**，如果存在一个由V到V'的同构映射.

例 1　设V是二阶上三角实矩阵全体构成的线性空间，$\mathbb{R}[x]_3$是次数小于 3 的实多项式和零多项式所成的线性空间，则V与$\mathbb{R}[x]_3$同构.

证明　设$\boldsymbol{\alpha}=\begin{pmatrix} a & b \\ 0 & c \end{pmatrix}$是$V$中任意元素，定义$\sigma(\boldsymbol{\alpha})=ax^2+bx+c$. 容易知道$\sigma$是由$V$到$\mathbb{R}[x]_3$的一一对应且$\sigma$保持加法和数量乘法运算，从而$\sigma$为同构映射，$V$与$\mathbb{R}[x]_3$同构.

例 2　设$V=\left\{\begin{pmatrix} a & b \\ -b & a \end{pmatrix}\middle| a,b\in\mathbb{R}\right\}$为$\mathbb{R}^{2\times 2}$的子空间，把复数域$\mathbb{C}$看作实数域$\mathbb{R}$上的线性空间，证明$V$与$\mathbb{C}$同构.

证明　设$\boldsymbol{\alpha}=\begin{pmatrix} a & b \\ -b & a \end{pmatrix}$是$V$中任意元素，定义$\sigma(\boldsymbol{\alpha})=a+b\mathrm{i}$. 容易知道$\sigma$是

由 V 到 $\mathbb{C}$ 的一一对应且 σ 保持加法和数量乘法运算，从而 σ 为同构映射，V 与 $\mathbb{C}$ 同构.

在本节开始已说明，在 n 维线性空间 V 中取定一组基后，向量与它的坐标之间的对应就是 V 到 F^n 的一个同构映射. 因而数域 F 上任一个 n 维线性空间都与 F^n 同构.

5.4.2 同构的性质与判定

由定义 5.4.1 可以看出，同构映射具有下列性质.

(1) 同构映射保持零向量与负向量：

$$\sigma(\mathbf{0})=\mathbf{0},\quad \sigma(-\boldsymbol{\alpha})=-\sigma(\boldsymbol{\alpha}).$$

(2) 同构映射保持线性组合：

$$\sigma(k_1\boldsymbol{\alpha}_1+k_2\boldsymbol{\alpha}_2+\cdots+k_r\boldsymbol{\alpha}_r)=k_1\sigma(\boldsymbol{\alpha}_1)+k_2\sigma(\boldsymbol{\alpha}_2)+\cdots+k_r\sigma(\boldsymbol{\alpha}_r).$$

(3) 同构映射保持向量间的线性相关性：V 中向量组 $\boldsymbol{\alpha}_1,\boldsymbol{\alpha}_2,\cdots,\boldsymbol{\alpha}_r$ 线性相关 $\Leftrightarrow$ 向量组 $\sigma(\boldsymbol{\alpha}_1),\sigma(\boldsymbol{\alpha}_2),\cdots,\sigma(\boldsymbol{\alpha}_r)$ 线性相关；V 中向量组 $\boldsymbol{\alpha}_1,\boldsymbol{\alpha}_2,\cdots,\boldsymbol{\alpha}_r$ 线性无关 $\Leftrightarrow$ 向量组 $\sigma(\boldsymbol{\alpha}_1),\sigma(\boldsymbol{\alpha}_2),\cdots,\sigma(\boldsymbol{\alpha}_r)$ 线性无关.

由于线性空间的维数是由线性相关性定义的，因此同构的线性空间有相同的维数.

(4) 同构映射的逆映射以及两个同构映射的乘积还是同构映射.

设 σ 是线性空间 V 到 V' 的一个同构映射，显然逆映射 σ^{-1} 是 V' 到 V 的一个一一对应. 对于任意 V' 中元素 $\boldsymbol{\alpha}',\boldsymbol{\beta}'$，

$$\sigma(\sigma^{-1}(k\boldsymbol{\alpha}')+\sigma^{-1}(h\boldsymbol{\beta}'))=\sigma(\sigma^{-1}(k\boldsymbol{\alpha}'))+\sigma(\sigma^{-1}(h\boldsymbol{\beta}'))=k\boldsymbol{\alpha}'+h\boldsymbol{\beta}',$$

$$\sigma(\sigma^{-1}(k\boldsymbol{\alpha}'+h\boldsymbol{\beta}'))=k\boldsymbol{\alpha}'+h\boldsymbol{\beta}'.$$

所以

$$\sigma(\sigma^{-1}(k\boldsymbol{\alpha}'+h\boldsymbol{\beta}'))=\sigma(\sigma^{-1}(k\boldsymbol{\alpha}'))+\sigma(\sigma^{-1}(h\boldsymbol{\beta}')).$$

又 σ 为一一对应，因此

$$\sigma^{-1}(k\boldsymbol{\alpha}'+h\boldsymbol{\beta}')=\sigma^{-1}(k\boldsymbol{\alpha}')+\sigma^{-1}(h\boldsymbol{\beta}').$$

类似地读者可以自行证明两个同构映射的乘积还是同构映射.

同构作为线性空间之间的一种关系，具有反身性、对称性与传递性.

数域 F 上任意一个 n 维线性空间都与 F^n 同构，由同构的对称性与传递性即得，数域 F 上任意两个 n 维线性空间都同构.

定理 5.4.1 数域 F 上两个有限维线性空间同构的充要条件是它们有相同的维数.

在同一数域 F 上的线性空间的抽象讨论中，我们可以不考虑线性空间的元素是什么，也不考虑其中运算是如何定义的，而只涉及线性空间在所定义的运算下的代数性质. 从这个观点看来，同构的线性空间是可以不加区别的. 因此，定理 5.4.1 说明了，维数是有限维线性空间唯一的本质特征.

5.5　欧氏空间 $\mathbb{R}^n$

在解析几何中定义了向量的内积运算:

$$(\boldsymbol{a}\cdot\boldsymbol{b})=|\boldsymbol{a}||\boldsymbol{b}|\cos\angle(\boldsymbol{a},\boldsymbol{b}),$$

其中 $|\cdot|$ 代表向量的模(长度)，$\angle(\boldsymbol{a},\boldsymbol{b})$ 表示 $\boldsymbol{a},\boldsymbol{b}$ 的夹角.

设 $\boldsymbol{a},\boldsymbol{b}$ 在空间直角坐标系下的坐标分别为 $(x_1,y_1,z_1)^{\mathrm{T}}$，$(x_2,y_2,z_2)^{\mathrm{T}}$，则

$$(\boldsymbol{a}\cdot\boldsymbol{b})=x_1x_2+y_1y_2+z_1z_2,$$

进而将向量的长度及判定向量的垂直归结为向量坐标的运算

$$|\boldsymbol{a}|=\sqrt{x_1^{\,2}+y_1^{\,2}+z_1^{\,2}};$$

$\boldsymbol{a}\perp\boldsymbol{b}$ 的充要条件是

$$x_1x_2+y_1y_2+z_1z_2=0.$$

将内积运算推广到向量空间 $\mathbb{R}^n$ 中，可以类似地讨论 $\mathbb{R}^n$ 的一些诸如夹角、长度等度量概念.

5.5.1　基本概念

定义 5.5.1　设 V 是实数域上的线性空间，$(\cdot,\cdot)$ 是一个法则. 在该法则下 V 中任意两个向量 $\boldsymbol{\alpha},\boldsymbol{\beta}$ 都有唯一确定的一个实数与它们对应，记该实数为 $(\boldsymbol{\alpha},\boldsymbol{\beta})$，并且具有下面 4 条性质，则称 $(\cdot,\cdot)$ 为线性空间 V 上的**内积**. 具有内积的实线性空间称为**欧氏空间**.

(1) 对称性：$(\boldsymbol{\alpha},\boldsymbol{\beta})=(\boldsymbol{\beta},\boldsymbol{\alpha})$.

(2) 线性性质 1：$(\boldsymbol{\alpha}_1+\boldsymbol{\alpha}_2,\boldsymbol{\beta})=(\boldsymbol{\alpha}_1,\boldsymbol{\beta})+(\boldsymbol{\alpha}_2,\boldsymbol{\beta})$.

(3) 线性性质 2：$(k\boldsymbol{\alpha},\boldsymbol{\beta})=k(\boldsymbol{\alpha},\boldsymbol{\beta})$.

(4) 正定性：$(\boldsymbol{\alpha},\boldsymbol{\alpha})\geqslant 0$，当且仅当 $\boldsymbol{\alpha}=\boldsymbol{0}$ 时等号成立.

【注】　利用对称性，容易知道内积还满足对第二个变量的线性性质

$$(\boldsymbol{\alpha},\boldsymbol{\beta}_1+\boldsymbol{\beta}_2)=(\boldsymbol{\alpha},\boldsymbol{\beta}_1)+(\boldsymbol{\alpha},\boldsymbol{\beta}_2),\quad (\boldsymbol{\alpha},k\boldsymbol{\beta})=k(\boldsymbol{\alpha},\boldsymbol{\beta}).$$

内积的线性性质表明，对于向量的两个线性组合的内积，可以把它们展开，如下例所示.

例 1 已知$(\boldsymbol{\alpha},\boldsymbol{\alpha})=2,(\boldsymbol{\alpha},\boldsymbol{\beta})=-3,(\boldsymbol{\beta},\boldsymbol{\beta})=4$，求$(5\boldsymbol{\alpha}+2\boldsymbol{\beta},2\boldsymbol{\alpha}-4\boldsymbol{\beta})$.

解
$$\begin{aligned}(5\boldsymbol{\alpha}+2\boldsymbol{\beta},2\boldsymbol{\alpha}-4\boldsymbol{\beta})&=10(\boldsymbol{\alpha},\boldsymbol{\alpha})-20(\boldsymbol{\alpha},\boldsymbol{\beta})+4(\boldsymbol{\beta},\boldsymbol{\alpha})-8(\boldsymbol{\beta},\boldsymbol{\beta})\\&=10(\boldsymbol{\alpha},\boldsymbol{\alpha})-16(\boldsymbol{\alpha},\boldsymbol{\beta})-8(\boldsymbol{\beta},\boldsymbol{\beta})=20+48-32=36.\end{aligned}$$

例 2 设$\boldsymbol{\alpha}=(a_1,a_2,\cdots,a_n)^{\mathrm{T}}$，$\boldsymbol{\beta}=(b_1,b_2,\cdots,b_n)^{\mathrm{T}}\in\mathbb{R}^n$，定义
$$(\boldsymbol{\alpha},\boldsymbol{\beta})=\boldsymbol{\alpha}^{\mathrm{T}}\boldsymbol{\beta}=a_1b_1+a_2b_2+\cdots+a_nb_n,$$
则该运算是线性空间$\mathbb{R}^n$上的内积.

以后我们说欧氏空间$\mathbb{R}^n$，总是指内积按例 2 中定义的方式.

类似于几何空间中向量的长度与内积的关系，利用向量的内积定义向量的长度.

定义 5.5.2 称$\|\boldsymbol{\alpha}\|=\sqrt{(\boldsymbol{\alpha},\boldsymbol{\alpha})}$为向量$\boldsymbol{\alpha}$的**长度**.

【注】 由内积的正定性知该定义合理且若$\boldsymbol{\alpha}=(a_1,a_2,\cdots,a_n)^{\mathrm{T}}$，则
$$\|\boldsymbol{\alpha}\|=\sqrt{a_1^2+a_2^2\cdots+a_n^2}.$$

向量的长度具有以下性质.

(1) 正定性：$\|\boldsymbol{\alpha}\|\geqslant 0$，当且仅当$\boldsymbol{\alpha}=\mathbf{0}$时，$\|\boldsymbol{\alpha}\|=0$.

(2) 齐次性：$\|k\boldsymbol{\alpha}\|=|k|\|\boldsymbol{\alpha}\|,k\in\mathbb{R}$.

(3) 柯西-施瓦茨(Cauchy-Schwarz)不等式：$|(\boldsymbol{\alpha},\boldsymbol{\beta})|\leqslant\|\boldsymbol{\alpha}\|\|\boldsymbol{\beta}\|$.

证明 当$\boldsymbol{\beta}=\mathbf{0}$时，$(\boldsymbol{\alpha},\boldsymbol{\beta})=0,\|\boldsymbol{\beta}\|=0$，显然$|(\boldsymbol{\alpha},\boldsymbol{\beta})|\leqslant\|\boldsymbol{\alpha}\|\|\boldsymbol{\beta}\|$成立.

当$\boldsymbol{\beta}\neq\mathbf{0}$时，由内积的正定性知对任意的$k\in\mathbb{R}$都有$(\boldsymbol{\alpha}+k\boldsymbol{\beta},\boldsymbol{\alpha}+k\boldsymbol{\beta})\geqslant 0$，即
$$(\boldsymbol{\beta},\boldsymbol{\beta})k^2+2(\boldsymbol{\alpha},\boldsymbol{\beta})k+(\boldsymbol{\alpha},\boldsymbol{\alpha})\geqslant 0.$$
将上述不等式的左边看作变量k的二次函数. $\boldsymbol{\beta}\neq\mathbf{0}$说明$(\boldsymbol{\beta},\boldsymbol{\beta})>0$，从而二次函数开口向上. 于是上述不等式对于任意$k$成立的充要条件是根的判别式$\Delta\leqslant 0$，即
$$4(\boldsymbol{\alpha},\boldsymbol{\beta})^2\leqslant 4(\boldsymbol{\alpha},\boldsymbol{\alpha})(\boldsymbol{\beta},\boldsymbol{\beta}),$$
由此立即得到
$$|(\boldsymbol{\alpha},\boldsymbol{\beta})|\leqslant\|\boldsymbol{\alpha}\|\|\boldsymbol{\beta}\|.$$

【注】 柯西-施瓦茨不等式中等号成立的充要条件是$\boldsymbol{\alpha}$与$\boldsymbol{\beta}$线性相关.

(4) 三角不等式：$\|\boldsymbol{\alpha}+\boldsymbol{\beta}\|\leqslant\|\boldsymbol{\alpha}\|+\|\boldsymbol{\beta}\|$.

证明 $\|\boldsymbol{\alpha}+\boldsymbol{\beta}\|^2=(\boldsymbol{\alpha}+\boldsymbol{\beta},\boldsymbol{\alpha}+\boldsymbol{\beta})=(\boldsymbol{\alpha},\boldsymbol{\alpha})+(\boldsymbol{\beta},\boldsymbol{\beta})+2(\boldsymbol{\alpha},\boldsymbol{\beta})\leqslant\|\boldsymbol{\alpha}\|^2+2\|\boldsymbol{\alpha}\|\|\boldsymbol{\beta}\|+\|\boldsymbol{\beta}\|^2$.
上式中最后一个不等号应用了柯西-施瓦茨不等式，故
$$\|\boldsymbol{\alpha}+\boldsymbol{\beta}\|\leqslant\|\boldsymbol{\alpha}\|+\|\boldsymbol{\beta}\|.$$

由柯西-施瓦茨不等式可得$-1\leqslant\dfrac{(\boldsymbol{\alpha},\boldsymbol{\beta})}{\|\boldsymbol{\alpha}\|\|\boldsymbol{\beta}\|}\leqslant 1$，联想解析几何中内积的定义

$(\boldsymbol{\alpha},\boldsymbol{\beta})=\|\boldsymbol{\alpha}\|\|\boldsymbol{\beta}\|\cos\angle(\boldsymbol{\alpha},\boldsymbol{\beta})$，将夹角推广到 $\mathbb{R}^n$ 中去.

定义 5.5.3　$\mathbb{R}^n$ 中两非零向量 $\boldsymbol{\alpha}$ 与 $\boldsymbol{\beta}$ 之间的**夹角** $\angle(\boldsymbol{\alpha},\boldsymbol{\beta})$ 定义为满足 $0\leqslant\angle(\boldsymbol{\alpha},\boldsymbol{\beta})\leqslant\pi$ 且使得

$$\cos\angle(\boldsymbol{\alpha},\boldsymbol{\beta})=\frac{(\boldsymbol{\alpha},\boldsymbol{\beta})}{\|\boldsymbol{\alpha}\|\|\boldsymbol{\beta}\|}$$

成立的角.

定义 5.5.4　$\boldsymbol{\alpha},\boldsymbol{\beta}$ 为 $\mathbb{R}^n$ 中任意向量, 如果 $(\boldsymbol{\alpha},\boldsymbol{\beta})=0$，则称 $\boldsymbol{\alpha}$ 与 $\boldsymbol{\beta}$ **正交或垂直**.

【注】　(1) 零向量与任何向量都正交. 两非零向量正交当且仅当它们的夹角是 $\frac{\pi}{2}$.

(2) 勾股定理：若 $\boldsymbol{\alpha},\boldsymbol{\beta}$ 正交，则 $\|\boldsymbol{\alpha}+\boldsymbol{\beta}\|^2=\|\boldsymbol{\alpha}\|^2+\|\boldsymbol{\beta}\|^2$.

事实上，因为 $(\boldsymbol{\alpha},\boldsymbol{\beta})=0$，所以

$$\|\boldsymbol{\alpha}+\boldsymbol{\beta}\|^2=(\boldsymbol{\alpha}+\boldsymbol{\beta},\boldsymbol{\alpha}+\boldsymbol{\beta})=(\boldsymbol{\alpha},\boldsymbol{\alpha})+(\boldsymbol{\beta},\boldsymbol{\beta})=\|\boldsymbol{\alpha}\|^2+\|\boldsymbol{\beta}\|^2.$$

例 3　任给 $\boldsymbol{\alpha},\boldsymbol{\beta}\in\mathbb{R}^n$，有 $\|\boldsymbol{\alpha}+\boldsymbol{\beta}\|^2+\|\boldsymbol{\alpha}-\boldsymbol{\beta}\|^2=2\|\boldsymbol{\alpha}\|^2+2\|\boldsymbol{\beta}\|^2$.

证明　$\|\boldsymbol{\alpha}+\boldsymbol{\beta}\|^2+\|\boldsymbol{\alpha}-\boldsymbol{\beta}\|^2$

$$=(\boldsymbol{\alpha},\boldsymbol{\alpha})+(\boldsymbol{\beta},\boldsymbol{\beta})+2(\boldsymbol{\alpha},\boldsymbol{\beta})+(\boldsymbol{\alpha},\boldsymbol{\alpha})+(\boldsymbol{\beta},\boldsymbol{\beta})-2(\boldsymbol{\alpha},\boldsymbol{\beta})$$

$$=2\|\boldsymbol{\alpha}\|^2+2\|\boldsymbol{\beta}\|^2.$$

【注】 等式的几何意义为平行四边形的两条对角线长度平方之和等于它的四条边长度平方之和.

如果向量组 $\boldsymbol{\alpha}_1,\boldsymbol{\alpha}_2,\cdots,\boldsymbol{\alpha}_s$ 中向量两两正交, 则称向量组为**正交向量组**, 下面定理给出了正交向量组的性质.

定理 5.5.1　$\mathbb{R}^n$ 中不含零向量的正交向量组 $\boldsymbol{\alpha}_1,\boldsymbol{\alpha}_2,\cdots,\boldsymbol{\alpha}_s$ 线性无关.

证明　设

$$k_1\boldsymbol{\alpha}_1+k_2\boldsymbol{\alpha}_2+\cdots+k_s\boldsymbol{\alpha}_s=\mathbf{0},$$

用 $\boldsymbol{\alpha}_i(i=1,2,\cdots,s)$ 与上式两边作内积得

$$(\boldsymbol{\alpha}_i,k_1\boldsymbol{\alpha}_1+k_2\boldsymbol{\alpha}_2+\cdots+k_s\boldsymbol{\alpha}_s)=k_i(\boldsymbol{\alpha}_i,\boldsymbol{\alpha}_i)=0,$$

由 $\boldsymbol{\alpha}_i\neq\mathbf{0}$ 知 $(\boldsymbol{\alpha}_i,\boldsymbol{\alpha}_i)>0$，故 $k_i=0\ (i=1,2,\cdots,s)$，因此 $\boldsymbol{\alpha}_1,\boldsymbol{\alpha}_2,\cdots,\boldsymbol{\alpha}_s$ 线性无关.

由此性质可见正交的 n 个非零向量可以构成 $\mathbb{R}^n$ 的一组基，称其为**正交基**.

在几何空间中，常取相互垂直的单位向量作为基，构成直角坐标系，在实向量空间 $\mathbb{R}^n$ 中，有无相互正交的单位向量作为一组基呢?

5.5.2 标准正交基

定义 5.5.5 设$\boldsymbol{\alpha}_1,\boldsymbol{\alpha}_2,\cdots,\boldsymbol{\alpha}_n$是$\mathbb{R}^n$中向量，若

$$(\boldsymbol{\alpha}_i,\boldsymbol{\alpha}_j)=\begin{cases}1, & i=j,\\ 0, & i\neq j,\end{cases}$$

则称$\boldsymbol{\alpha}_1,\boldsymbol{\alpha}_2,\cdots,\boldsymbol{\alpha}_n$为$\mathbb{R}^n$的一组**标准正交基**或者**规范正交基**.

例 4 容易知道，$\mathbb{R}^n$的自然基$\boldsymbol{\varepsilon}_1,\boldsymbol{\varepsilon}_2,\cdots,\boldsymbol{\varepsilon}_n$就是$\mathbb{R}^n$的一组标准正交基.

例 5 设$\boldsymbol{\alpha}_1,\boldsymbol{\alpha}_2,\cdots,\boldsymbol{\alpha}_n$是$\mathbb{R}^n$的一组标准正交基,求$\mathbb{R}^n$中向量$\boldsymbol{\beta}$在此基下的坐标.

解 设$\boldsymbol{\beta}=x_1\boldsymbol{\alpha}_1+x_2\boldsymbol{\alpha}_2+\cdots+x_n\boldsymbol{\alpha}_n$，将此式两边与$\boldsymbol{\alpha}_j$作内积得

$$(\boldsymbol{\beta},\boldsymbol{\alpha}_j)=(x_1\boldsymbol{\alpha}_1+x_2\boldsymbol{\alpha}_2+\cdots+x_n\boldsymbol{\alpha}_n,\boldsymbol{\alpha}_j)=x_j(\boldsymbol{\alpha}_j,\boldsymbol{\alpha}_j)=x_j .$$

故向量$\boldsymbol{\beta}$在此基下的第j个坐标为

$$x_j=(\boldsymbol{\beta},\boldsymbol{\alpha}_j).$$

那么如何得到一组标准正交基呢？设$\boldsymbol{\alpha}_1,\boldsymbol{\alpha}_2,\cdots,\boldsymbol{\alpha}_n$为$\mathbb{R}^n$中线性无关的向量组，要利用该向量组构造一组标准正交基，步骤如下.

第一步：取

$$\boldsymbol{\beta}_1=\boldsymbol{\alpha}_1,$$

$$\boldsymbol{\beta}_2=\boldsymbol{\alpha}_2-\frac{(\boldsymbol{\alpha}_2,\boldsymbol{\beta}_1)}{(\boldsymbol{\beta}_1,\boldsymbol{\beta}_1)}\boldsymbol{\beta}_1,$$

$$\boldsymbol{\beta}_3=\boldsymbol{\alpha}_3-\frac{(\boldsymbol{\alpha}_3,\boldsymbol{\beta}_1)}{(\boldsymbol{\beta}_1,\boldsymbol{\beta}_1)}\boldsymbol{\beta}_1-\frac{(\boldsymbol{\alpha}_3,\boldsymbol{\beta}_2)}{(\boldsymbol{\beta}_2,\boldsymbol{\beta}_2)}\boldsymbol{\beta}_2,$$

$$\cdots\cdots$$

$$\boldsymbol{\beta}_n=\boldsymbol{\alpha}_n-\frac{(\boldsymbol{\alpha}_n,\boldsymbol{\beta}_1)}{(\boldsymbol{\beta}_1,\boldsymbol{\beta}_1)}\boldsymbol{\beta}_1-\frac{(\boldsymbol{\alpha}_n,\boldsymbol{\beta}_2)}{(\boldsymbol{\beta}_2,\boldsymbol{\beta}_2)}\boldsymbol{\beta}_2-\cdots-\frac{(\boldsymbol{\alpha}_n,\boldsymbol{\beta}_{n-1})}{(\boldsymbol{\beta}_{n-1},\boldsymbol{\beta}_{n-1})}\boldsymbol{\beta}_{n-1}.$$

第二步：将$\boldsymbol{\beta}_1,\boldsymbol{\beta}_2,\cdots,\boldsymbol{\beta}_n$单位化为$\boldsymbol{\eta}_1,\boldsymbol{\eta}_2,\cdots,\boldsymbol{\eta}_n$，这就是由$\boldsymbol{\alpha}_1,\boldsymbol{\alpha}_2,\cdots,\boldsymbol{\alpha}_n$构造出的一组标准正交基$\boldsymbol{\eta}_1,\boldsymbol{\eta}_2,\cdots,\boldsymbol{\eta}_n$. 将此方法称为**施密特正交化方法**.

【注】 $\mathbb{R}^n$的标准正交基不唯一，$\mathbb{R}^n$中任何两两正交的n个单位向量都是一组标准正交基.

如果正交化的起始向量不同可得到不同的标准正交基.

例 6 已知$\boldsymbol{\alpha}_1=(1,-1,0),\boldsymbol{\alpha}_2=(1,0,1),\boldsymbol{\alpha}_3=(1,-1,1)$是$\mathbb{R}^3$的一组基，试用施密特正交化方法，由$\boldsymbol{\alpha}_1,\boldsymbol{\alpha}_2,\boldsymbol{\alpha}_3$构造$\mathbb{R}^3$的一组标准正交基.

解 第一步：正交化

$$\boldsymbol{\beta}_1=\boldsymbol{\alpha}_1=(1,-1,0),$$

$$\boldsymbol{\beta}_2=\boldsymbol{\alpha}_2-\frac{(\boldsymbol{\alpha}_2,\boldsymbol{\beta}_1)}{(\boldsymbol{\beta}_1,\boldsymbol{\beta}_1)}\boldsymbol{\beta}_1=\left(\frac{1}{2},\frac{1}{2},1\right),$$

$$\boldsymbol{\beta}_3=\boldsymbol{\alpha}_3-\frac{(\boldsymbol{\alpha}_3,\boldsymbol{\beta}_1)}{(\boldsymbol{\beta}_1,\boldsymbol{\beta}_1)}\boldsymbol{\beta}_1-\frac{(\boldsymbol{\alpha}_3,\boldsymbol{\beta}_2)}{(\boldsymbol{\beta}_2,\boldsymbol{\beta}_2)}\boldsymbol{\beta}_2=\left(-\frac{1}{3},-\frac{1}{3},\frac{1}{3}\right).$$

第二步：单位化

$$\boldsymbol{\eta}_1=\left(\frac{1}{\sqrt{2}},-\frac{1}{\sqrt{2}},0\right),\quad \boldsymbol{\eta}_2=\left(\frac{1}{\sqrt{6}},\frac{1}{\sqrt{6}},\frac{2}{\sqrt{6}}\right),\quad \boldsymbol{\eta}_3=\left(-\frac{1}{\sqrt{3}},-\frac{1}{\sqrt{3}},\frac{1}{\sqrt{3}}\right).$$

5.5.3　正交矩阵及其性质

由中学的几何课程我们知道，图形全等的概念是很重要的. 我们还知道可以把 n 阶实矩阵 $\boldsymbol{A}$ 看作线性变换，作为线性变换，$\boldsymbol{A}$ 把线性空间 $\mathbb{R}^n$ 中的图形变成 $\mathbb{R}^n$ 中另一个图形，我们感兴趣的是什么样的实矩阵能保证变换前后的图形全等. 可以证明，保持图形全等的变换等价于保持长度不变的变换，还等价于保持内积不变的变换. 因此有如下定义.

定义 5.5.6　n 阶实矩阵 $\boldsymbol{A}$ 称为**正交矩阵**，如果 $\boldsymbol{A}^{\mathrm{T}}\boldsymbol{A}=\boldsymbol{E}$.

【注】　(1) 从定义 5.5.6 可见 n 阶实矩阵 $\boldsymbol{A}$ 为正交矩阵当且仅当 $\boldsymbol{A}^{\mathrm{T}}=\boldsymbol{A}^{-1}$，从而求正交矩阵的逆矩阵是很容易的.

(2) 若 $\boldsymbol{A}$ 为正交矩阵，即 $\boldsymbol{A}^{\mathrm{T}}\boldsymbol{A}=\boldsymbol{E}$，则 $(\boldsymbol{A}^{\mathrm{T}})^{\mathrm{T}}\boldsymbol{A}^{\mathrm{T}}=\boldsymbol{A}\boldsymbol{A}^{\mathrm{T}}=\boldsymbol{E}$，从而 $\boldsymbol{A}^{\mathrm{T}}$ 为正交矩阵.

定理 5.5.2　$\boldsymbol{A}$ 为 n 阶实矩阵，则以下命题等价：

(1) $\boldsymbol{A}$ 为正交矩阵;

(2) $\boldsymbol{A}$ 保持内积，即任给 $\boldsymbol{\alpha},\boldsymbol{\beta}\in\mathbb{R}^n$，有 $(\boldsymbol{A\alpha},\boldsymbol{A\beta})=(\boldsymbol{\alpha},\boldsymbol{\beta})$;

(3) $\boldsymbol{A}$ 保持标准正交基，即若 $\boldsymbol{\alpha}_1,\boldsymbol{\alpha}_2,\cdots,\boldsymbol{\alpha}_n$ 为标准正交基，则 $\boldsymbol{A\alpha}_1,\boldsymbol{A\alpha}_2,\cdots,\boldsymbol{A\alpha}_n$ 为标准正交基;

(4) $\boldsymbol{A}$ 的列向量组为标准正交基;

(5) $\boldsymbol{A}$ 保持长度，即任给 $\boldsymbol{\alpha}$，有 $\|\boldsymbol{A\alpha}\|=\|\boldsymbol{\alpha}\|$.

证明　(1)$\Rightarrow$(2). 若 $\boldsymbol{A}$ 为正交矩阵，即 $\boldsymbol{A}^{\mathrm{T}}\boldsymbol{A}=\boldsymbol{E}$. 则

$$(\boldsymbol{A\alpha},\boldsymbol{A\beta})=(\boldsymbol{A\alpha})^{\mathrm{T}}\boldsymbol{A\beta}=\boldsymbol{\alpha}^{\mathrm{T}}(\boldsymbol{A}^{\mathrm{T}}\boldsymbol{A})\boldsymbol{\beta}=\boldsymbol{\alpha}^{\mathrm{T}}\boldsymbol{\beta}=(\boldsymbol{\alpha},\boldsymbol{\beta}).$$

(2)$\Rightarrow$(3). 若保持内积且 $\boldsymbol{\alpha}_1,\boldsymbol{\alpha}_2,\cdots,\boldsymbol{\alpha}_n$ 为标准正交基. 则当 $i\neq j$ 时 $(\boldsymbol{\alpha}_i,\boldsymbol{\alpha}_j)=0$ 而 $(\boldsymbol{\alpha}_i,\boldsymbol{\alpha}_i)=1$. 从而当 $i\neq j$ 时 $(\boldsymbol{A\alpha}_i,\boldsymbol{A\alpha}_j)=(\boldsymbol{\alpha}_i,\boldsymbol{\alpha}_j)=0$ 而 $(\boldsymbol{A\alpha}_i,\boldsymbol{A\alpha}_i)=(\boldsymbol{\alpha}_i,\boldsymbol{\alpha}_i)=1$. 所以 $\boldsymbol{A\alpha}_1,\boldsymbol{A\alpha}_2,\cdots,\boldsymbol{A\alpha}_n$ 为标准正交基.

(3)$\Rightarrow$(4). 若 $\boldsymbol{A}$ 保持标准正交基，由于自然基 $\boldsymbol{\varepsilon}_1,\boldsymbol{\varepsilon}_2,\cdots,\boldsymbol{\varepsilon}_n$ 是标准正交基且 $\boldsymbol{A}=\boldsymbol{AE}=(\boldsymbol{A\varepsilon}_1,\boldsymbol{A\varepsilon}_2,\cdots,\boldsymbol{A\varepsilon}_n)$，所以 $\boldsymbol{A}$ 的列向量组为标准正交基.

(4)$\Rightarrow$(1). 若 $\boldsymbol{A}$ 的列向量组 $\boldsymbol{\gamma}_1,\boldsymbol{\gamma}_2,\cdots,\boldsymbol{\gamma}_n$ 为标准正交基，则

$$\boldsymbol{A}^{\mathrm{T}}\boldsymbol{A}=(\boldsymbol{\gamma}_1,\boldsymbol{\gamma}_2,\cdots,\boldsymbol{\gamma}_n)^{\mathrm{T}}(\boldsymbol{\gamma}_1,\boldsymbol{\gamma}_2,\cdots,\boldsymbol{\gamma}_n)=\begin{pmatrix}\boldsymbol{\gamma}_1^{\mathrm{T}}\\ \boldsymbol{\gamma}_2^{\mathrm{T}}\\ \vdots\\ \boldsymbol{\gamma}_n^{\mathrm{T}}\end{pmatrix}(\boldsymbol{\gamma}_1,\boldsymbol{\gamma}_2,\cdots,\boldsymbol{\gamma}_n),$$

其 (i,j) 元为 $\boldsymbol{\gamma}_i^{\mathrm{T}}\boldsymbol{\gamma}_j$，所以 $\boldsymbol{A}^{\mathrm{T}}\boldsymbol{A}=\boldsymbol{E}$， $\boldsymbol{A}$ 为正交矩阵.

最后证明(2)与(5)等价. (2)$\Rightarrow$(5)是显然的；若(5)成立，则对任意 $\boldsymbol{\alpha},\boldsymbol{\beta}$ 有 $\|\boldsymbol{A}(\boldsymbol{\alpha}+\boldsymbol{\beta})\|=\|\boldsymbol{\alpha}+\boldsymbol{\beta}\|$， $\|\boldsymbol{A\alpha}\|=\|\boldsymbol{\alpha}\|$， $\|\boldsymbol{A\beta}\|=\|\boldsymbol{\beta}\|$，从而

$$(\boldsymbol{A}(\boldsymbol{\alpha}+\boldsymbol{\beta}),\boldsymbol{A}(\boldsymbol{\alpha}+\boldsymbol{\beta}))=\|\boldsymbol{A}(\boldsymbol{\alpha}+\boldsymbol{\beta})\|^2=\|\boldsymbol{\alpha}+\boldsymbol{\beta}\|^2=(\boldsymbol{\alpha}+\boldsymbol{\beta},\boldsymbol{\alpha}+\boldsymbol{\beta}).$$

又

$$(\boldsymbol{A}(\boldsymbol{\alpha}+\boldsymbol{\beta}),\boldsymbol{A}(\boldsymbol{\alpha}+\boldsymbol{\beta}))=(\boldsymbol{A\alpha}+\boldsymbol{A\beta},\boldsymbol{A\alpha}+\boldsymbol{A\beta})=\|\boldsymbol{A\alpha}\|^2+2(\boldsymbol{A\alpha},\boldsymbol{A\beta})+\|\boldsymbol{A\beta}\|^2$$

且

$$(\boldsymbol{\alpha}+\boldsymbol{\beta},\boldsymbol{\alpha}+\boldsymbol{\beta})=\|\boldsymbol{\alpha}\|^2+2(\boldsymbol{\alpha},\boldsymbol{\beta})+\|\boldsymbol{\beta}\|^2,$$

所以 $(\boldsymbol{A\alpha},\boldsymbol{A\beta})=(\boldsymbol{\alpha},\boldsymbol{\beta})$.

联系 $\boldsymbol{A}$ 为 n 阶正交矩阵当且仅当 $\boldsymbol{A}^{\mathrm{T}}$ 为 n 阶正交矩阵这一结论，可得下面结论.

推论 $\boldsymbol{A}$ 为 n 阶正交矩阵的充要条件是 $\boldsymbol{A}$ 的行向量组为 $\mathbb{R}^n$ 的一组标准正交基.

下面考察正交矩阵的行列式. 若 $\boldsymbol{A}$ 为正交矩阵， $\boldsymbol{A}^{\mathrm{T}}\boldsymbol{A}=\boldsymbol{E}$，两边取行列式得 $|\boldsymbol{A}|^2=1$，从而 $|\boldsymbol{A}|=\pm1$. 下例表明行列式为 1 和 -1 的正交矩阵都是存在的.

例 7 矩阵 $\begin{pmatrix}\cos\theta & -\sin\theta\\ \sin\theta & \cos\theta\end{pmatrix}$ 是行列式为 1 的正交矩阵；矩阵 $\begin{pmatrix}\cos\theta & \sin\theta\\ \sin\theta & -\cos\theta\end{pmatrix}$ 是行列式为 -1 的正交矩阵.

【注】 正交矩阵 $\boldsymbol{A}$ 是保证变换前后图形全等的变换. $|\boldsymbol{A}|=\pm1$ 是说变换前后图形的面积相等，方向相同($|\boldsymbol{A}|=1$ 时)或者相反($|\boldsymbol{A}|=-1$ 时).

1. 求与向量 $\boldsymbol{\alpha}=(1,3,1,5)^{\mathrm{T}}$ 同向的单位向量.

2. 已知二阶矩阵 $\boldsymbol{A}=\begin{pmatrix}\dfrac{1}{3} & a\\ \dfrac{2\sqrt{2}}{3} & b\end{pmatrix}$ 为正交矩阵，求 a,b 的值.

3. 判断下列哪些矩阵是正交矩阵.

(1) $\boldsymbol{A}=\begin{pmatrix}1 & -1\\ 1 & 1\end{pmatrix}$；　(2) $\boldsymbol{B}=\begin{pmatrix}\frac{\sqrt{2}}{2} & -\frac{\sqrt{2}}{2}\\ \frac{\sqrt{2}}{2} & \frac{\sqrt{2}}{2}\end{pmatrix}$；　(3) $\boldsymbol{C}=\begin{pmatrix}1 & 0\\ 0 & -1\end{pmatrix}$.

习　题　A

1. 选择题.

(1) 下面集合按通常向量的加法和数乘构成 $\mathbb{R}^n$ 的子空间的是(　　).

(A) $V=\{(1,x_2,\cdots,x_n)\mid x_2,\cdots,x_n\in\mathbb{R}\}$

(B) $V=\{(x_1^{\ 2},x_2,\cdots,x_n)\mid x_1,x_2,\cdots,x_n\in\mathbb{R}\}$

(C) $V=\{(x_1,x_2,\cdots,x_n+1)\mid x_1,x_2,\cdots,x_n\in\mathbb{R}\}$

(D) $V=\{(0,x_2,\cdots,x_n)\mid x_2,\cdots,x_n\in\mathbb{R}\}$

(2) 设 $V=\mathbb{R}^{n\times n}$，下列集合是 V 的子空间的是(　　).

(A) 所有行列式等于零的实 n 阶矩阵集合

(B) 主对角线上元素为零的所有实 n 阶矩阵的集合

(C) 所有可逆的实 n 阶矩阵的集合

(D) 所有不可逆的实 n 阶矩阵的集合

(3) 设向量组 $\boldsymbol{\alpha}_1,\boldsymbol{\alpha}_2,\boldsymbol{\alpha}_3,\boldsymbol{\alpha}_4$ 线性无关，则下列向量组是线性无关的为(　　).

(A) $\boldsymbol{\alpha}_1+\boldsymbol{\alpha}_2,\boldsymbol{\alpha}_2+\boldsymbol{\alpha}_3,\boldsymbol{\alpha}_3+\boldsymbol{\alpha}_4,\boldsymbol{\alpha}_4+\boldsymbol{\alpha}_1$　　(B) $\boldsymbol{\alpha}_1+\boldsymbol{\alpha}_2,\boldsymbol{\alpha}_3-\boldsymbol{\alpha}_2,\boldsymbol{\alpha}_4-\boldsymbol{\alpha}_3,\boldsymbol{\alpha}_4+\boldsymbol{\alpha}_1$

(C) $\boldsymbol{\alpha}_1-\boldsymbol{\alpha}_2,\boldsymbol{\alpha}_2-\boldsymbol{\alpha}_3,\boldsymbol{\alpha}_3-\boldsymbol{\alpha}_4,\boldsymbol{\alpha}_4-\boldsymbol{\alpha}_1$　　(D) $\boldsymbol{\alpha}_1+\boldsymbol{\alpha}_2,\boldsymbol{\alpha}_2+\boldsymbol{\alpha}_3,\boldsymbol{\alpha}_3+\boldsymbol{\alpha}_4,\boldsymbol{\alpha}_4-\boldsymbol{\alpha}_1$

(4) 已知 $\boldsymbol{\alpha}_1,\boldsymbol{\alpha}_2$ 是线性空间 V 的一组基，则向量 $\boldsymbol{\beta}=11\boldsymbol{\alpha}_1+7\boldsymbol{\alpha}_2$ 在基 $\boldsymbol{\alpha}_1+2\boldsymbol{\alpha}_2,2\boldsymbol{\alpha}_1-\boldsymbol{\alpha}_2$ 下的坐标为(　　).

(A) $(11,7)^{\mathrm{T}}$　　(B) $(5,3)^{\mathrm{T}}$　　(C) $(11,3)^{\mathrm{T}}$　　(D) $(5,7)^{\mathrm{T}}$

(5) 已知线性空间 V 的三组基 (I)：$\boldsymbol{\alpha}_1,\boldsymbol{\alpha}_2,\cdots,\boldsymbol{\alpha}_n$；(II)：$\boldsymbol{\beta}_1,\boldsymbol{\beta}_2,\cdots,\boldsymbol{\beta}_n$；(III)：$\boldsymbol{\gamma}_1,\boldsymbol{\gamma}_2,\cdots,\boldsymbol{\gamma}_n$，且由基 (I) 到 (II) 的过渡矩阵为 $\boldsymbol{A}$，由基 (III) 到 (II) 的过渡矩阵为 $\boldsymbol{B}$，V 中向量 $\boldsymbol{\alpha}$ 在基 (I) 下的坐标为 $\boldsymbol{X}$，则 $\boldsymbol{\alpha}$ 在基 (III) 下的坐标为(　　).

(A) $\boldsymbol{ABX}$　　(B) $\boldsymbol{AB}^{-1}\boldsymbol{X}$　　(C) $\boldsymbol{BAX}$　　(D) $\boldsymbol{BA}^{-1}\boldsymbol{X}$

(6) 已知线性空间 V 的两组基 (I)：$\boldsymbol{\alpha}_1=(1,0),\boldsymbol{\alpha}_2=(0,1)$；(II)：$\boldsymbol{\beta}_1=(3,-4),\boldsymbol{\beta}_2=(-2,3)$，$V$ 中向量 $\boldsymbol{\alpha}$ 在基 (I) 下的坐标为 $\boldsymbol{X}=\begin{pmatrix}3\\2\end{pmatrix}$，则 $\boldsymbol{\alpha}$ 在基 (II) 下的坐标为(　　).

(A) $\begin{pmatrix}5\\6\end{pmatrix}$　　(B) $\begin{pmatrix}13\\18\end{pmatrix}$　　(C) $\begin{pmatrix}1\\0\end{pmatrix}$　　(D) $\begin{pmatrix}5\\-6\end{pmatrix}$

(7) 设 V 是 n 维欧氏空间，$\boldsymbol{\alpha},\boldsymbol{\beta}\in V$，则下列成立的是(　　).

(A) $(\boldsymbol{\alpha},\boldsymbol{\beta})=(\boldsymbol{\alpha},\boldsymbol{\gamma})\Rightarrow\boldsymbol{\beta}=\boldsymbol{\gamma}$　　(B) $\|\boldsymbol{\alpha}\|=\|\boldsymbol{\beta}\|\Rightarrow\boldsymbol{\alpha}=\boldsymbol{\beta}$

(C) $(\boldsymbol{\alpha},\boldsymbol{\alpha})=1\Rightarrow\|\boldsymbol{\alpha}\|=1$　　(D) $(\boldsymbol{\alpha},\boldsymbol{\beta})>0\Rightarrow\|\boldsymbol{\alpha}\|=\|\boldsymbol{\beta}\|$

(8) 下列向量中哪一个与向量 $(1,2,3,4)$ 正交(　　).

(A) $(5,0,-1,1)$　　(B) $(-1,1,-1,1)$　　(C) $(1,0,0,0)$　　(D) $(-1,1,1,-1)$

(9) 下列哪一项不是 $\boldsymbol{A}$ 为正交矩阵的充要条件(　　).

(A) $A^{\mathrm{T}}A=E$ (B) $AA^{\mathrm{T}}=E$ (C) $A^{-1}=A^{\mathrm{T}}$ (D) $|A|=\pm 1$

(10) 下列关于正交矩阵的叙述错误的是( ).

(A) 正交矩阵的逆矩阵是正交矩阵

(B) 以 $\mathbb{R}^n$ 中两两正交的一组基为列向量组成的矩阵为正交矩阵

(C) 两正交矩阵的乘积仍然是正交矩阵

(D) 标准正交基到标准正交基的过渡矩阵为正交矩阵

(11) $\boldsymbol{\alpha}_1,\boldsymbol{\alpha}_2,\cdots,\boldsymbol{\alpha}_n$ 是欧氏空间 V 的一组基，$\boldsymbol{\beta}_1,\boldsymbol{\beta}_2,\cdots,\boldsymbol{\beta}_n$ 是 $\boldsymbol{\alpha}_1,\boldsymbol{\alpha}_2,\cdots,\boldsymbol{\alpha}_n$ 经施密特正交化得到的标准正交基，则下列关于基 $\boldsymbol{\alpha}_1,\boldsymbol{\alpha}_2,\cdots,\boldsymbol{\alpha}_n$ 到基 $\boldsymbol{\beta}_1,\boldsymbol{\beta}_2,\cdots,\boldsymbol{\beta}_n$ 的过渡矩阵 $\boldsymbol{A}$ 的结论正确的是( ).

(A) $\boldsymbol{A}$ 为正交矩阵 (B) $\boldsymbol{A}$ 为上三角矩阵

(C) $\boldsymbol{A}$ 为下三角矩阵 (D) 以上结论都不对

2. 填空题.

(1) 复数域 $\mathbb{C}$ 作为实数域 $\mathbb{R}$ 上的向量空间，它的维数为__________；复数域 $\mathbb{C}$ 作为复数域 $\mathbb{C}$ 上的向量空间，它的一组基为__________.

(2) 写出线性空间 $V=\left\{x=(0,x_2,x_3)^{\mathrm{T}}\mid x_2,x_3\in\mathbb{R}\right\}$ 的一组基__________.

(3) 设矩阵 $\boldsymbol{A}=\begin{pmatrix}1&2&1&-1\\3&a+5&-1&-3\\5&10&a&-5\end{pmatrix}$，若 $\boldsymbol{AX}=\boldsymbol{0}$ 的解空间是二维的，那么 $a=$__________.

(4) 若基(I)到(II)的过渡矩阵为 $\boldsymbol{P}$，而向量 $\boldsymbol{\alpha}$ 在基(I)和(II)下的坐标分别为 $\boldsymbol{X}$ 和 $\boldsymbol{Y}$，那么这两个坐标的关系是__________.

(5) 复数域作为实数域上的线性空间，则由基 $1+\mathrm{i},3+2\mathrm{i}$ 到基 $2-\mathrm{i},1+3\mathrm{i}$ 的过渡矩阵 $\boldsymbol{A}=$__________.

(6) 已知 $\boldsymbol{\alpha}_1,\boldsymbol{\alpha}_2,\boldsymbol{\alpha}_3$ 是线性空间的一组基，若 $\boldsymbol{\beta}_1=\boldsymbol{\alpha}_1+\boldsymbol{\alpha}_2,\boldsymbol{\beta}_2=\boldsymbol{\alpha}_2+\boldsymbol{\alpha}_3,\boldsymbol{\beta}_3=\boldsymbol{\alpha}_1+\boldsymbol{\alpha}_2+\boldsymbol{\alpha}_3$，则由基 $\boldsymbol{\alpha}_1,\boldsymbol{\alpha}_2,\boldsymbol{\alpha}_3$ 到基 $\boldsymbol{\beta}_1,\boldsymbol{\beta}_2,\boldsymbol{\beta}_3$ 的过渡矩阵是__________.

(7) 设 V 是一个欧氏空间，$\boldsymbol{\alpha}\in V$，若对任意 $\boldsymbol{\beta}\in V$ 都有 $(\boldsymbol{\alpha},\boldsymbol{\beta})=0$，则 $\boldsymbol{\alpha}=$__________.

(8) 与向量 $\boldsymbol{\alpha}_1=(1,2,0),\boldsymbol{\alpha}_2=(2,1,0)$ 都正交的单位向量为__________.

(9) 设 $\boldsymbol{\alpha}=(1,1,0,0)^{\mathrm{T}},\boldsymbol{\beta}=(1,0,0,1)^{\mathrm{T}}$，则 $\boldsymbol{\alpha}$ 与 $\boldsymbol{\beta}$ 的夹角 $\theta=$__________.

(10) 设 $\boldsymbol{\alpha}=(1,2,3,4)^{\mathrm{T}}$，则 $\|\boldsymbol{\alpha}\|=$__________.

3. 试写出下列线性空间 V 的一组基并证明其是一组基.

(1) $\mathbb{R}^3$ 的子空间 $V=\left\{(a+b,a-b,2a+3b)\middle|a,b\in\mathbb{R}\right\}$；

(2) $V=\left\{\begin{pmatrix}a&b\\c&0\end{pmatrix}\middle|a,b,c\in\mathbb{R}\right\}$；

(3) $\mathbb{R}^4$ 的子空间 $V=\left\{(x_1,x_2,x_3,x_4)\middle|x_1+x_2+x_3=0,x_1+2x_2=0\right\}$.

4. 求齐次线性方程组 $\begin{cases}2x_1+x_2-x_3+x_4-3x_5=0,\\x_1+x_2-x_3+3x_5=0\end{cases}$ 解空间的维数并给出一组基.

5. 已知线性空间 $\mathbb{R}[x]_3$ 中向量组 $3x^2+2x,x^2+x+2,2x-3$.

(1) 证明：$3x^2+2x,x^2+x+2,2x-3$ 是 $\mathbb{R}[x]_3$ 的一组基；

(2) 求向量1在该组基下的坐标.

6. 在$\mathbb{R}^3$中，求向量$\boldsymbol{\alpha}$在基$\boldsymbol{\varepsilon}_1,\boldsymbol{\varepsilon}_2,\boldsymbol{\varepsilon}_3$下的坐标，其中

(1) $\boldsymbol{\varepsilon}_1=(1,-1,1),\boldsymbol{\varepsilon}_2=(-1,1,0),\boldsymbol{\varepsilon}_3=(1,0,-1),\boldsymbol{\alpha}=(2,1,-2)$；

(2) $\boldsymbol{\varepsilon}_1=(2,1,1),\boldsymbol{\varepsilon}_2=(1,2,1),\boldsymbol{\varepsilon}_3=(1,1,2),\boldsymbol{\alpha}=(1,-2,1)$.

7. 设$\boldsymbol{\alpha}_1,\boldsymbol{\alpha}_2,\boldsymbol{\alpha}_3,\boldsymbol{\alpha}_4$是数域$F$上线性空间$V$的一组基，求

(1) 由基$\boldsymbol{\alpha}_4,\boldsymbol{\alpha}_3,\boldsymbol{\alpha}_2,\boldsymbol{\alpha}_1$到基$\boldsymbol{\alpha}_1,\boldsymbol{\alpha}_2,\boldsymbol{\alpha}_3,\boldsymbol{\alpha}_4$的过渡矩阵；

(2) 由基$\boldsymbol{\alpha}_3,\boldsymbol{\alpha}_2,\boldsymbol{\alpha}_1,\boldsymbol{\alpha}_4$到基$\boldsymbol{\alpha}_1,\boldsymbol{\alpha}_3,\boldsymbol{\alpha}_4,\boldsymbol{\alpha}_2$的过渡矩阵.

8. 线性空间V的一组基为$\boldsymbol{\alpha}_1,\boldsymbol{\alpha}_2,\boldsymbol{\alpha}_3$，判断以下向量组是否为$V$的一组基？若是，写出两组基之间的过渡矩阵.

(1) $\boldsymbol{\beta}_1=\boldsymbol{\alpha}_1+2\boldsymbol{\alpha}_2-\boldsymbol{\alpha}_3,\boldsymbol{\beta}_2=2\boldsymbol{\alpha}_1+4\boldsymbol{\alpha}_2,\boldsymbol{\beta}_3=8\boldsymbol{\alpha}_2-2\boldsymbol{\alpha}_3$；

(2) $\boldsymbol{\gamma}_1=2\boldsymbol{\alpha}_1-4\boldsymbol{\alpha}_2,\boldsymbol{\gamma}_2=\boldsymbol{\alpha}_1+2\boldsymbol{\alpha}_2-3\boldsymbol{\alpha}_3,\boldsymbol{\gamma}_3=4\boldsymbol{\alpha}_1-2\boldsymbol{\alpha}_3$.

9. 设$\mathbb{R}[x]_3$的旧基为$\boldsymbol{\alpha}_1=1,\boldsymbol{\alpha}_2=1+x,\boldsymbol{\alpha}_3=1+x+x^2$，新基为$\boldsymbol{\beta}_1=x^2,\boldsymbol{\beta}_2=x,\ \boldsymbol{\beta}_3=1$. 求

(1) 由旧基到新基的过渡矩阵；

(2) 由新基到旧基的过渡矩阵.

10. 在$\mathbb{R}^3$中，求由基$\boldsymbol{\varepsilon}_1,\boldsymbol{\varepsilon}_2,\boldsymbol{\varepsilon}_3$到基$\boldsymbol{\eta}_1,\boldsymbol{\eta}_2,\boldsymbol{\eta}_3$的过渡矩阵，其中

(1) $\boldsymbol{\varepsilon}_1=(1,0,1),\boldsymbol{\varepsilon}_2=(0,1,1),\boldsymbol{\varepsilon}_3=(1,1,0)$，$\boldsymbol{\eta}_1=(2,3,3),\boldsymbol{\eta}_2=(3,2,3),\boldsymbol{\eta}_3=(3,3,2)$；

(2) $\boldsymbol{\varepsilon}_1=(-1,1,0),\boldsymbol{\varepsilon}_2=(1,1,1),\boldsymbol{\varepsilon}_3=(0,1,-1)$，$\boldsymbol{\eta}_1=(1,3,2),\boldsymbol{\eta}_2=(-1,4,0),\boldsymbol{\eta}_3=(-1,\ 0,1)$.

11. 设四维线性空间V的两组基分别为(I)$\boldsymbol{\alpha}_1,\boldsymbol{\alpha}_2,\boldsymbol{\alpha}_3,\boldsymbol{\alpha}_4$；(II)$\boldsymbol{\beta}_1=\boldsymbol{\alpha}_1,\ \boldsymbol{\beta}_2=\boldsymbol{\alpha}_1+\boldsymbol{\alpha}_2,\ \boldsymbol{\beta}_3=\boldsymbol{\alpha}_1+\boldsymbol{\alpha}_2+\boldsymbol{\alpha}_3,\boldsymbol{\beta}_4=\boldsymbol{\alpha}_2+\boldsymbol{\alpha}_3+\boldsymbol{\alpha}_4$，求

(1) 由基(II)到基(I)的过渡矩阵；

(2) 在基(I)和基(II)下有相同坐标的全体向量.

12. 已知线性空间V中由基$\boldsymbol{\alpha}_1,\boldsymbol{\alpha}_2,\boldsymbol{\alpha}_3$到基$\boldsymbol{\beta}_1,\boldsymbol{\beta}_2,\boldsymbol{\beta}_3$的过渡矩阵为$\begin{pmatrix}8&3&1\\10&4&1\\\frac{7}{2}&\frac{3}{2}&\frac{1}{2}\end{pmatrix}$,求由基$\boldsymbol{\beta}_1,\boldsymbol{\beta}_2,\boldsymbol{\beta}_3$到基$\boldsymbol{\alpha}_1,\boldsymbol{\alpha}_2,\boldsymbol{\alpha}_3$的过渡矩阵.

13. 已知线性空间$\mathbb{R}^3$中基$\boldsymbol{\beta}_1=(0,-1,2)^{\mathrm{T}},\boldsymbol{\beta}_2=(1,1,-1)^{\mathrm{T}},\boldsymbol{\beta}_3=(3,7,4)^{\mathrm{T}}$，由基$\boldsymbol{\alpha}_1,\boldsymbol{\alpha}_2,\boldsymbol{\alpha}_3$到基$\boldsymbol{\beta}_1,\boldsymbol{\beta}_2,\boldsymbol{\beta}_3$的过渡矩阵为$\begin{pmatrix}1&1&-1\\2&1&0\\0&0&2\end{pmatrix}$，求基$\boldsymbol{\alpha}_1,\boldsymbol{\alpha}_2,\boldsymbol{\alpha}_3$.

14. 已知向量$\boldsymbol{\gamma}$在基$\boldsymbol{\alpha}_1,\boldsymbol{\alpha}_2,\boldsymbol{\alpha}_3$下的坐标为$(1,2,3)^{\mathrm{T}}$，由基$\boldsymbol{\alpha}_1,\boldsymbol{\alpha}_2,\boldsymbol{\alpha}_3$到基$\boldsymbol{\beta}_1,\boldsymbol{\beta}_2,\boldsymbol{\beta}_3$的过渡矩阵为

$$\begin{pmatrix}0&2&1\\2&-1&3\\-3&3&4\end{pmatrix},$$

求向量$\boldsymbol{\gamma}$在基$\boldsymbol{\beta}_1,\boldsymbol{\beta}_2,\boldsymbol{\beta}_3$下的坐标.

15. 设$\boldsymbol{\alpha}_1,\boldsymbol{\alpha}_2,\boldsymbol{\alpha}_3$是$\mathbb{R}^3$的一组基. 已知

$$\begin{cases}\boldsymbol{\beta}_1=\boldsymbol{\alpha}_1+2\boldsymbol{\alpha}_2+\boldsymbol{\alpha}_3,\\ \boldsymbol{\beta}_2=\boldsymbol{\alpha}_1+\boldsymbol{\alpha}_2+\boldsymbol{\alpha}_3,\\ \boldsymbol{\beta}_3=\boldsymbol{\alpha}_1+\boldsymbol{\alpha}_2,\end{cases}\qquad \begin{cases}\boldsymbol{\gamma}_1=\boldsymbol{\alpha}_1+\boldsymbol{\alpha}_2+\boldsymbol{\alpha}_3,\\ \boldsymbol{\gamma}_2=2\boldsymbol{\alpha}_1+\boldsymbol{\alpha}_2+\boldsymbol{\alpha}_3,\\ \boldsymbol{\gamma}_3=\boldsymbol{\alpha}_1-\boldsymbol{\alpha}_2.\end{cases}$$

(1) 求由基$\boldsymbol{\beta}_1,\boldsymbol{\beta}_2,\boldsymbol{\beta}_3$到基$\boldsymbol{\gamma}_1,\boldsymbol{\gamma}_2,\boldsymbol{\gamma}_3$的过渡矩阵;

(2) 求由基$\boldsymbol{\gamma}_1,\boldsymbol{\gamma}_2,\boldsymbol{\gamma}_3$到基$\boldsymbol{\beta}_1,\boldsymbol{\beta}_2,\boldsymbol{\beta}_3$的坐标变换.

16. 已知$\boldsymbol{\alpha}_1=(1,2,0,-1)^{\mathrm{T}},\boldsymbol{\alpha}_2=(0,1,-1,0)^{\mathrm{T}}$，试由此写出$\mathbb{R}^4$的一组标准正交基.

17. 设$\boldsymbol{\alpha}_1,\boldsymbol{\alpha}_2,\boldsymbol{\alpha}_3$是$\mathbb{R}^3$的一组标准正交基，证明:

$$\boldsymbol{\beta}_1=-\frac{1}{3}\boldsymbol{\alpha}_1+\frac{2}{3}\boldsymbol{\alpha}_2+\frac{2}{3}\boldsymbol{\alpha}_3,\quad \boldsymbol{\beta}_2=\frac{2}{3}\boldsymbol{\alpha}_1+\frac{2}{3}\boldsymbol{\alpha}_2-\frac{1}{3}\boldsymbol{\alpha}_3,\quad \boldsymbol{\beta}_3=-\frac{2}{3}\boldsymbol{\alpha}_1+\frac{1}{3}\boldsymbol{\alpha}_2-\frac{2}{3}\boldsymbol{\alpha}_3$$

也是$\mathbb{R}^3$的一组标准正交基.

18. 用施密特正交化方法，由下列基构造一组标准正交基.

(1) $\boldsymbol{\alpha}_1=(1,1,1)^{\mathrm{T}},\boldsymbol{\alpha}_2=(0,1,1)^{\mathrm{T}},\boldsymbol{\alpha}_3=(0,0,1)^{\mathrm{T}}$；

(2) $\boldsymbol{\alpha}_1=(1,1,0,0)^{\mathrm{T}},\boldsymbol{\alpha}_2=(0,1,1,0)^{\mathrm{T}},\boldsymbol{\alpha}_3=(1,0,1,1)^{\mathrm{T}}$.

19. 求四元线性方程组$x_1+x_2+x_3+0x_4=0$的基础解系，并对其进行施密特正交化和单位化.

20. 设V是向量组$\boldsymbol{\alpha}_1=(1,1,2,3)^{\mathrm{T}},\boldsymbol{\alpha}_2=(-1,1,4,-1)^{\mathrm{T}},\boldsymbol{\alpha}_1=(5,-1,-8,9)^{\mathrm{T}}$生成的向量空间，求$V$的维数和它的一组标准正交基.

21. 设$\boldsymbol{A}$为正交矩阵，$\boldsymbol{\alpha}_1,\boldsymbol{\alpha}_2,\boldsymbol{\alpha}_3,\boldsymbol{\alpha}_4$为标准正交基. 又已知$\boldsymbol{A}\boldsymbol{\alpha}_1=\left(\frac{1}{2},\frac{1}{2},\frac{1}{\sqrt{2}},0\right)$，$\boldsymbol{A}\boldsymbol{\alpha}_2=\left(-\frac{1}{2},-\frac{1}{2},\frac{1}{\sqrt{2}},0\right),\boldsymbol{A}\boldsymbol{\alpha}_3=\left(\frac{1}{2},-\frac{1}{2},0,\frac{1}{\sqrt{2}}\right)$. 试求$\boldsymbol{A}\boldsymbol{\alpha}_4$.

22. 设$\boldsymbol{\alpha}$是n维列向量且$\boldsymbol{\alpha}^{\mathrm{T}}\boldsymbol{\alpha}=1$，试证$\boldsymbol{A}=\boldsymbol{E}-2\boldsymbol{\alpha}\boldsymbol{\alpha}^{\mathrm{T}}$为对称的正交矩阵.

23. 设$\boldsymbol{\alpha}_1=(1,1,1)$，求一组非零向量$\boldsymbol{\alpha}_2,\boldsymbol{\alpha}_3$，使得$\boldsymbol{\alpha}_1,\boldsymbol{\alpha}_2,\boldsymbol{\alpha}_3$两两正交.

24. 已知向量组$\boldsymbol{\alpha}_1,\boldsymbol{\alpha}_2$线性无关，$\boldsymbol{\beta}_1\neq 0$且$\boldsymbol{\beta}_1$与$\boldsymbol{\alpha}_1,\boldsymbol{\alpha}_2$都正交. 证明：向量组$\boldsymbol{\alpha}_1,\boldsymbol{\alpha}_2,\boldsymbol{\beta}_1$线性无关.

25. 已知$\boldsymbol{\alpha}_1=(1,1,-1,1),\boldsymbol{\alpha}_2=(1,-1,-1,1),\boldsymbol{\alpha}_3=(2,1,1,3)$，试求一个单位向量与它们都正交.

26. 下列矩阵是否为正交矩阵？若是，求其逆矩阵.

(1) $\boldsymbol{A}=\begin{pmatrix}1&-\frac{1}{2}&\frac{1}{3}\\-\frac{1}{2}&1&\frac{1}{2}\\\frac{1}{3}&\frac{1}{2}&1\end{pmatrix}$；　　(2) $\boldsymbol{B}=\begin{pmatrix}\frac{1}{9}&-\frac{8}{9}&-\frac{4}{9}\\-\frac{8}{9}&\frac{1}{9}&-\frac{4}{9}\\-\frac{4}{9}&-\frac{4}{9}&\frac{7}{9}\end{pmatrix}$.

27. 向量$\boldsymbol{\alpha}_1,\boldsymbol{\alpha}_2,\cdots,\boldsymbol{\alpha}_m$两两正交，证明:

$$\|\boldsymbol{\alpha}_1+\boldsymbol{\alpha}_2+\cdots+\boldsymbol{\alpha}_m\|^2=\|\boldsymbol{\alpha}_1\|^2+\|\boldsymbol{\alpha}_2\|^2+\cdots+\|\boldsymbol{\alpha}_m\|^2.$$

习 题 B

1. 已知V为n维线性空间，确定V的不同构的子空间的个数.

2. 设 V 是 $F^{3\times3}$ 中全体反对称矩阵构成的线性空间，写出 V 的一组基并证明其是一组基.

3. 在线性空间 V 中，由基 $\boldsymbol{\alpha}_1,\boldsymbol{\alpha}_2$ 到基 $\boldsymbol{\beta}_1,\boldsymbol{\beta}_2$ 的过渡矩阵为 $\begin{pmatrix}1&0\\-2&1\end{pmatrix}$，由基 $\boldsymbol{\gamma}_1,\boldsymbol{\gamma}_2$ 到基 $\boldsymbol{\delta}_1,\boldsymbol{\delta}_2$ 的过渡矩阵为 $\begin{pmatrix}5&0\\0&4\end{pmatrix}$，由基 $\boldsymbol{\delta}_1,\boldsymbol{\delta}_2$ 到基 $\boldsymbol{\beta}_1,\boldsymbol{\beta}_2$ 的过渡矩阵为 $\begin{pmatrix}0&1\\1&0\end{pmatrix}$. 求由基 $\boldsymbol{\alpha}_1,\boldsymbol{\alpha}_2$ 到基 $\boldsymbol{\gamma}_1,\boldsymbol{\gamma}_2$ 的过渡矩阵.

4. 在线性空间 V 中，由基 $\boldsymbol{\alpha}_1,\boldsymbol{\alpha}_2$ 到基 $\boldsymbol{\beta}_1,\boldsymbol{\beta}_2$ 的过渡矩阵为 $\begin{pmatrix}1&-1\\1&1\end{pmatrix}$，由基 $\boldsymbol{\gamma}_1,\boldsymbol{\gamma}_2$ 到基 $\boldsymbol{\beta}_1,\boldsymbol{\beta}_2$ 的过渡矩阵为 $\begin{pmatrix}1&2\\3&4\end{pmatrix}$. 若向量 $\boldsymbol{\alpha}$ 在基 $\boldsymbol{\gamma}_1,\boldsymbol{\gamma}_2$ 下的坐标为 $\begin{pmatrix}1\\2\end{pmatrix}$，求向量 $\boldsymbol{\alpha}$ 在基 $\boldsymbol{\alpha}_1,\boldsymbol{\alpha}_2$ 下的坐标.

5. 设 $\boldsymbol{A}=\begin{pmatrix}0&1&0\\a&0&c\\b&0&\dfrac{1}{2}\end{pmatrix}$，求 a,b,c 的值使得 $\boldsymbol{A}$ 为正交矩阵.

6. 已知向量组 $\boldsymbol{\alpha}_1,\boldsymbol{\alpha}_2$ 线性无关，向量组 $\boldsymbol{\beta}_1,\boldsymbol{\beta}_2$ 线性无关，且每个 $\boldsymbol{\beta}_i(i=1,2)$ 与每个 $\boldsymbol{\alpha}_j(j=1,2)$ 都正交. 证明：向量组 $\boldsymbol{\alpha}_1,\boldsymbol{\alpha}_2,\boldsymbol{\beta}_1,\boldsymbol{\beta}_2$ 线性无关.

第 6 章　矩阵的对角化

矩阵的特征值、特征向量以及矩阵的相似标准形是矩阵理论的重要组成部分. 在求解微分方程及简化矩阵运算等方面都要用到特征值理论. 特征值理论在工程技术领域，如弹性力学、振动性、稳定性问题中都有广泛的应用. 人口模型和种群问题的研究常会涉及矩阵的幂矩阵的计算及特征值和特征向量的概念. 本章就矩阵的特征值、特征向量及矩阵的相似问题进行讨论，建立矩阵在相似意义下与对角矩阵的关系.

6.1　矩阵的特征值与特征向量

先看一个例子.

设数列 $\{x_n\},\{y_n\}$ 满足

$$\begin{cases} x_n = 3x_{n-1} + y_{n-1}, \\ y_n = x_{n-1} + 3y_{n-1} \end{cases}$$

且 $x_0 = 1$, $y_0 = 2$，试求 x_n, y_n.

将上式转化为矩阵形式

$$\begin{pmatrix} x_n \\ y_n \end{pmatrix} = \boldsymbol{A}\begin{pmatrix} x_{n-1} \\ y_{n-1} \end{pmatrix}, \quad 其中 \boldsymbol{A} = \begin{pmatrix} 3 & 1 \\ 1 & 3 \end{pmatrix}.$$

利用递推公式得

$$\begin{pmatrix} x_n \\ y_n \end{pmatrix} = \boldsymbol{A}^n\begin{pmatrix} x_0 \\ y_0 \end{pmatrix} = \boldsymbol{A}^n\begin{pmatrix} 1 \\ 2 \end{pmatrix}.$$

由此可见，求解问题的关键是计算 $\boldsymbol{A}^n$. 如果存在可逆矩阵 $\boldsymbol{P}$，使得

$$\boldsymbol{P}^{-1}\boldsymbol{A}\boldsymbol{P} = \boldsymbol{B} = \begin{pmatrix} \lambda_1 & & & \\ & \lambda_2 & & \\ & & \ddots & \\ & & & \lambda_n \end{pmatrix},$$

则 $(\boldsymbol{P}^{-1}\boldsymbol{A}\boldsymbol{P})^n = \boldsymbol{P}^{-1}\boldsymbol{A}^n\boldsymbol{P} = \boldsymbol{B}^n$，从而有 $\boldsymbol{A}^n = \boldsymbol{P}\boldsymbol{B}^n\boldsymbol{P}^{-1}$，其中 $\boldsymbol{B}^n$ 容易计算(因为 $\boldsymbol{B}$ 为对角矩阵)，因此只要找到这样的矩阵 $\boldsymbol{P}$，就很容易求出 $\boldsymbol{A}^n = \boldsymbol{P}\boldsymbol{B}^n\boldsymbol{P}^{-1}$. 本章研究一个 n 阶方阵 $\boldsymbol{A}$ 需要满足什么条件，才存在一个可逆矩阵 $\boldsymbol{P}$，使得 $\boldsymbol{P}^{-1}\boldsymbol{A}\boldsymbol{P}$ 为对角矩

阵，以及怎样得到矩阵 $\boldsymbol{P}$ 的问题. 为此引入一些基本概念.

6.1.1　基本概念

定义 6.1.1　对于数域 F 上的 n 阶方阵 $\boldsymbol{A}$, 若存在数 $\lambda \in F$ 和 n 维非零列向量 $\boldsymbol{X}$ 使得

$$\boldsymbol{AX} = \lambda \boldsymbol{X}$$

成立，则称 λ 为矩阵 $\boldsymbol{A}$ 的**特征值**，$\boldsymbol{X}$ 为 $\boldsymbol{A}$ 的属于特征值 λ 的**特征向量**.

例如

$$\boldsymbol{A}=\begin{pmatrix}1&2&2\\2&1&2\\2&2&1\end{pmatrix},\quad \boldsymbol{X}_1=\begin{pmatrix}1\\1\\1\end{pmatrix},\quad \boldsymbol{X}_2=\begin{pmatrix}-1\\1\\0\end{pmatrix},\quad \lambda_1=5,\quad \lambda_2=-1,$$

验算可知 $\boldsymbol{AX}_1=\begin{pmatrix}5\\5\\5\end{pmatrix}=5\boldsymbol{X}_1, \boldsymbol{AX}_2=\begin{pmatrix}1\\-1\\0\end{pmatrix}=-\boldsymbol{X}_2$, 因此 $\lambda_1=5$，$\lambda_2=-1$ 为 $\boldsymbol{A}$ 的特征值，$\boldsymbol{X}_1$ 为 $\boldsymbol{A}$ 的属于特征值 $\lambda_1=5$ 的特征向量，$\boldsymbol{X}_2$ 为 $\boldsymbol{A}$ 的属于特征值 $\lambda_2=-1$ 的特征向量.

对于实矩阵 $\boldsymbol{A}$, 若 $\boldsymbol{X}$ 为 $\boldsymbol{A}$ 的属于实特征值 λ 的实特征向量, 即矩阵 $\boldsymbol{A}$ 左乘 $\boldsymbol{X}$ 使 $\boldsymbol{X}$ 变成了 $\lambda\boldsymbol{X}$. 从几何上看，矩阵的特征向量是指被矩阵变换后仍和原向量在一条直线上的向量, 而特征值则反映了变换后向量的方向及扩大(缩小)的倍数. 例如上面提到的 $\boldsymbol{AX}_1=5\boldsymbol{X}_1$ ，说明特征向量 $\boldsymbol{X}_1$ 被 $\boldsymbol{A}$ 矩阵变换后仍和 $\boldsymbol{X}_1$ 在一条直线上, 方向不变, 长度扩大到原来的 5 倍; 而 $\boldsymbol{AX}_2=-\boldsymbol{X}_2$ 说明特征向量 $\boldsymbol{X}_2$ 被 $\boldsymbol{A}$ 矩阵变换后仍和 $\boldsymbol{X}_2$ 在一条直线上，但方向相反，长度不变.

【注】　(1) 从表达式 $\boldsymbol{AX}=\lambda\boldsymbol{X}$ 可看出特征值与特征向量的概念只适用于方阵.

(2) 矩阵的特征向量总是相对于特征值而言的. 一个特征向量不能属于不同的特征值.

因为若 $\boldsymbol{X}$ 为矩阵 $\boldsymbol{A}$ 的属于 λ_1 且属于 λ_2 的特征向量, 则有 $\boldsymbol{AX}=\lambda_1\boldsymbol{X}=\lambda_2\boldsymbol{X}$，从而 $(\lambda_1-\lambda_2)\boldsymbol{X}=\boldsymbol{0}$，而 $\boldsymbol{X}$ 为非零向量，因而 $\lambda_1-\lambda_2=0$.

(3) 若 $\boldsymbol{X}_1$ 和 $\boldsymbol{X}_2$ 都是 $\boldsymbol{A}$ 的属于特征值 λ_0 的特征向量, 则 $k_1\boldsymbol{X}_1+k_2\boldsymbol{X}_2$ 也是 $\boldsymbol{A}$ 的属于 λ_0 的特征向量(其中 k_1，k_2 是任意常数，但 $k_1\boldsymbol{X}_1+k_2\boldsymbol{X}_2\neq\boldsymbol{0}$). 读者只需验证 $\boldsymbol{A}(k_1\boldsymbol{X}_1+k_2\boldsymbol{X}_2)=\lambda_0(k_1\boldsymbol{X}_1+k_2\boldsymbol{X}_2)$ 成立即可.

(4) 数域 F 上的矩阵不一定有特征值和特征向量(本节例 4).

6.1.2　特征值与特征向量的计算

由矩阵的特征值与特征向量的定义可知，数域 F 上的数 λ 是否为矩阵的特征

值取决于是否存在非零向量 $\boldsymbol{X}$，使得 $\boldsymbol{AX}=\lambda\boldsymbol{X}$ 成立，即齐次线性方程组

$$(\lambda\boldsymbol{E}-\boldsymbol{A})\boldsymbol{X}=\boldsymbol{0} \tag{6.1.1}$$

是否有非零解，而(6.1.1)有非零解的充要条件是

$$|\lambda\boldsymbol{E}-\boldsymbol{A}|=0. \tag{6.1.2}$$

从以上分析可知，矩阵 $\boldsymbol{A}$ 的特征值是所有满足 $|\lambda\boldsymbol{E}-\boldsymbol{A}|=0$ 的数，称 $\lambda\boldsymbol{E}-\boldsymbol{A}$ 为 $\boldsymbol{A}$ 的**特征矩阵**，称

$$f(\lambda)=|\lambda\boldsymbol{E}-\boldsymbol{A}|=\begin{vmatrix}\lambda-a_{11} & -a_{12} & \cdots & -a_{1n}\\ -a_{21} & \lambda-a_{22} & \cdots & -a_{2n}\\ \vdots & \vdots & & \vdots\\ -a_{n1} & -a_{n2} & \cdots & \lambda-a_{nn}\end{vmatrix}$$

为矩阵 $\boldsymbol{A}$ 的**特征多项式**，式(6.1.2)为矩阵 $\boldsymbol{A}$ 的**特征方程**. 而属于特征值 λ 的特征向量即(6.1.1)的全部非零解向量.

计算矩阵的特征值与特征向量的一般步骤：

(1) 求特征方程 $|\lambda\boldsymbol{E}-\boldsymbol{A}|=0$ 的全部根，即 $\boldsymbol{A}$ 的全部特征值.

(2) 对于每一个特征值 λ_0，求 $(\lambda_0\boldsymbol{E}-\boldsymbol{A})\boldsymbol{X}=\boldsymbol{0}$ 的基础解系 $\boldsymbol{X}_1,\boldsymbol{X}_2,\cdots,\boldsymbol{X}_{n-r}$（$r$ 是矩阵 $\lambda_0\boldsymbol{E}-\boldsymbol{A}$ 的秩)，则属于 λ_0 的全部特征向量为

$$k_1\boldsymbol{X}_1+k_2\boldsymbol{X}_2+\cdots+k_{n-r}\boldsymbol{X}_{n-r},$$

其中 $k_1,k_2,\cdots,k_{n-r}$ 是数域 F 上不全为零的数.

从上述分析可见，矩阵的属于某个特征值的特征向量有无穷多个.

【注】 由代数基本定理，在复数范围内，特征方程 $|\lambda\boldsymbol{E}-\boldsymbol{A}|=0$ 有 n 个根(重根按重数计算). 特别地，复矩阵必有特征值和特征向量.

例 1 求矩阵

$$\boldsymbol{A}=\begin{pmatrix}1 & 2 & 2\\ 2 & 1 & 2\\ 2 & 2 & 1\end{pmatrix}$$

的特征值与特征向量.

解 矩阵 $\boldsymbol{A}$ 的特征方程为 $f(\lambda)=\begin{vmatrix}\lambda-1 & -2 & -2\\ -2 & \lambda-1 & -2\\ -2 & -2 & \lambda-1\end{vmatrix}=(\lambda-5)(\lambda+1)^2=0$，所以 $\boldsymbol{A}$ 的全部特征值为 $\lambda_1=5,\ \lambda_2=\lambda_3=-1$.

当 $\lambda_1=5$ 时，解齐次线性方程组 $(\lambda_1\boldsymbol{E}-\boldsymbol{A})\boldsymbol{X}=\boldsymbol{0}$，即

$$\begin{pmatrix} 4 & -2 & -2 \\ -2 & 4 & -2 \\ -2 & -2 & 4 \end{pmatrix}\begin{pmatrix} x_1 \\ x_2 \\ x_3 \end{pmatrix}=\begin{pmatrix} 0 \\ 0 \\ 0 \end{pmatrix},$$

其基础解系为$\boldsymbol{X}_1=\begin{pmatrix} 1 \\ 1 \\ 1 \end{pmatrix}$，因此$\boldsymbol{X}=k_1\boldsymbol{X}_1(k_1\neq 0)$是$\lambda_1=5$的全部特征向量.

当$\lambda_2=\lambda_3=-1$时，解齐次线性方程组$(\lambda_2\boldsymbol{E}-\boldsymbol{A})\boldsymbol{X}=\boldsymbol{0}$，即

$$\begin{pmatrix} -2 & -2 & -2 \\ -2 & -2 & -2 \\ -2 & -2 & -2 \end{pmatrix}\begin{pmatrix} x_1 \\ x_2 \\ x_3 \end{pmatrix}=\begin{pmatrix} 0 \\ 0 \\ 0 \end{pmatrix},$$

其基础解系为

$$\boldsymbol{X}_2=\begin{pmatrix} -1 \\ 1 \\ 0 \end{pmatrix},\quad \boldsymbol{X}_3=\begin{pmatrix} -1 \\ 0 \\ 1 \end{pmatrix},$$

因此$\boldsymbol{X}=k_2\boldsymbol{X}_2+k_3\boldsymbol{X}_3$($k_2,k_3$不同时为0)是属于$\lambda_2=\lambda_3=-1$的全部特征向量.

例2 求

$$\boldsymbol{A}=\begin{pmatrix} -1 & 4 & 0 \\ 0 & 2 & 0 \\ 3 & 1 & 2 \end{pmatrix}$$

的特征值与特征向量.

解 矩阵$\boldsymbol{A}$的特征方程为

$$|\lambda\boldsymbol{E}-\boldsymbol{A}|=\begin{vmatrix} \lambda+1 & -4 & 0 \\ 0 & \lambda-2 & 0 \\ -3 & -1 & \lambda-2 \end{vmatrix}=(\lambda+1)(\lambda-2)^2=0,$$

所以$\boldsymbol{A}$的全部特征值为$\lambda_1=-1$，$\lambda_2=\lambda_3=2$.

当$\lambda_1=-1$时，解齐次线性方程组$(\lambda_1\boldsymbol{E}-\boldsymbol{A})\boldsymbol{X}=\boldsymbol{0}$，即

$$\begin{pmatrix} 0 & -4 & 0 \\ 0 & -3 & 0 \\ -3 & -1 & -3 \end{pmatrix}\begin{pmatrix} x_1 \\ x_2 \\ x_3 \end{pmatrix}=\begin{pmatrix} 0 \\ 0 \\ 0 \end{pmatrix},$$

其基础解系为$\boldsymbol{X}_1=\begin{pmatrix} -1 \\ 0 \\ 1 \end{pmatrix}$，因此$\boldsymbol{X}=k_1\boldsymbol{X}_1$($k_1\neq 0$)为属于$\lambda_1=-1$的全部特征向量.

当 $\lambda_2=\lambda_3=2$ 时，解齐次线性方程组 $(\lambda_2\boldsymbol{E}-\boldsymbol{A})\boldsymbol{X}=\boldsymbol{0}$，即

$$\begin{pmatrix} 3 & -4 & 0 \\ 0 & 0 & 0 \\ -3 & -1 & 0 \end{pmatrix}\begin{pmatrix} x_1 \\ x_2 \\ x_3 \end{pmatrix}=\begin{pmatrix} 0 \\ 0 \\ 0 \end{pmatrix},$$

其基础解系为 $\boldsymbol{X}_2=\begin{pmatrix} 0 \\ 0 \\ 1 \end{pmatrix}$，因此 $\boldsymbol{X}=k_2\boldsymbol{X}_2\ (k_2\neq 0)$ 为属于 $\lambda_2=\lambda_3=2$ 的全部特征向量.

【注】 在例1中，对应二重特征值 $\lambda_2=-1$ 有两个线性无关的特征向量；在例2中，对应二重特征值 $\lambda_2=2$ 只有一个线性无关的特征向量.

例 3 对角矩阵 $\boldsymbol{A}=\mathrm{diag}(a_1,a_2,\cdots,a_n)$ 的特征值为矩阵的主对角元素.

解 矩阵的特征方程为

$$|\lambda\boldsymbol{E}-\boldsymbol{A}|=(\lambda-a_1)(\lambda-a_2)\cdots(\lambda-a_n)=0,$$

因此命题显然成立.

例 4 分别在实数域和复数域上求矩阵 $\boldsymbol{A}=\begin{pmatrix} 1 & 1 \\ -1 & 1 \end{pmatrix}$ 的特征值和特征向量.

解 矩阵的特征方程为 $|\lambda\boldsymbol{E}-\boldsymbol{A}|=\begin{vmatrix} \lambda-1 & -1 \\ 1 & \lambda-1 \end{vmatrix}=\lambda^2-2\lambda+2=0$. 显然矩阵 $\boldsymbol{A}$ 在实数域上无特征值，当然也就没有特征向量.

在复数域上，$\boldsymbol{A}$ 的特征值为 $\lambda_1=1+\mathrm{i}$，$\lambda_2=1-\mathrm{i}$.

当 $\lambda_1=1+\mathrm{i}$ 时，解齐次线性方程组 $(\lambda_1\boldsymbol{E}-\boldsymbol{A})\boldsymbol{X}=\boldsymbol{0}$，即

$$\begin{pmatrix} \mathrm{i} & -1 \\ 1 & \mathrm{i} \end{pmatrix}\begin{pmatrix} x_1 \\ x_2 \end{pmatrix}=\begin{pmatrix} 0 \\ 0 \end{pmatrix},$$

求出其基础解系，得到属于 $\lambda_1=1+\mathrm{i}$ 的全部特征向量 $k_1\begin{pmatrix} -\mathrm{i} \\ 1 \end{pmatrix}$（$k_1$ 为非零复数).

当 $\lambda_2=1-\mathrm{i}$ 时，解齐次线性方程组 $(\lambda_2\boldsymbol{E}-\boldsymbol{A})\boldsymbol{X}=\boldsymbol{0}$，即

$$\begin{pmatrix} -\mathrm{i} & -1 \\ 1 & -\mathrm{i} \end{pmatrix}\begin{pmatrix} x_1 \\ x_2 \end{pmatrix}=\begin{pmatrix} 0 \\ 0 \end{pmatrix},$$

求出其基础解系，得到属于 $\lambda_2=1-\mathrm{i}$ 的全部特征向量 $k_2\begin{pmatrix} \mathrm{i} \\ 1 \end{pmatrix}$（$k_2$ 为非零复数).

例 5 设矩阵 $\boldsymbol{A}$ 满足 $|\boldsymbol{A}^2-3\boldsymbol{A}+2\boldsymbol{E}|=0$，证明：1 或 2 至少有一个是 $\boldsymbol{A}$ 的特征值.

证明 由于

$$|\boldsymbol{A}^2-3\boldsymbol{A}+2\boldsymbol{E}|=|\boldsymbol{A}-\boldsymbol{E}||\boldsymbol{A}-2\boldsymbol{E}|=0,$$

因此$|A-E|=0$或$|A-2E|=0$，即$|E-A|=0$或$|2E-A|=0$，也就是说1或2至少有一个是A的特征值.

6.1.3　矩阵特征值与特征向量的性质

定义 6.1.2　方阵$A=(a_{ij})_n$的对角线元素的和称为A的迹，记为$\mathrm{tr}(A)$，即

$$\mathrm{tr}(A)=a_{11}+a_{22}+\cdots+a_{nn}.$$

下列结论成立：

$$\mathrm{tr}(A+B)=\mathrm{tr}(A)+\mathrm{tr}(B)；\quad \mathrm{tr}(kA)=k\,\mathrm{tr}(A)；$$

$$\mathrm{tr}(A^{\mathrm{T}})=\mathrm{tr}(A)；\qquad \mathrm{tr}(AB)=\mathrm{tr}(BA).$$

证明略.

矩阵的特征值与特征向量还有一些好的性质，首先讨论特征值的性质.

性质 1　设n阶矩阵A的n个特征值为$\lambda_1,\lambda_2,\cdots,\lambda_n$，则

(1) $\sum_{i=1}^{n}\lambda_i=\mathrm{tr}(A)$；　　(2) $\prod_{i=1}^{n}\lambda_i=|A|$.

证明　利用特征方程

$$f(\lambda)=|\lambda E-A|=\begin{vmatrix}\lambda-a_{11} & -a_{12} & \cdots & -a_{1n}\\ -a_{21} & \lambda-a_{22} & \cdots & -a_{2n}\\ \vdots & \vdots & & \vdots\\ -a_{n1} & -a_{n2} & \cdots & \lambda-a_{nn}\end{vmatrix}=0$$

的根与系数的关系，比较$n-1$次项和常数项，可得

$$a_{11}+a_{22}+\cdots+a_{nn}=\lambda_1+\lambda_2+\cdots+\lambda_n,$$

$$|A|=\lambda_1\lambda_2\cdots\lambda_n.$$

性质 2　设λ是矩阵A的特征值，X是A的属于λ的特征向量，则

(1) 若$\varphi(A)$是矩阵A的多项式，那么$\varphi(\lambda)$是$\varphi(A)$的特征值;

(2) 若A为可逆矩阵，则λ^{-1}是A^{-1}的特征值;

(3) 矩阵A^{T}和A有完全相同的特征值.

证明　(1) 由X是A的属于λ的特征向量，有$AX=\lambda X$成立，在此式的基础上运算得

$$(kA)X=k(AX)=k(\lambda X)=(k\lambda)X,$$

$$A^2X=A(AX)=A(\lambda X)=\lambda(AX)=\lambda^2X.$$

类似地，$A^mX=\lambda^mX$，设

$$\varphi(\boldsymbol{A})=a_n\boldsymbol{A}^n+a_{n-1}\boldsymbol{A}^{n-1}+\cdots+a_1\boldsymbol{A}+a_0\boldsymbol{E},$$

$$\begin{aligned}\varphi(\boldsymbol{A})\boldsymbol{X}&=(a_n\boldsymbol{A}^n+a_{n-1}\boldsymbol{A}^{n-1}+\cdots+a_1\boldsymbol{A}+a_0\boldsymbol{E})\boldsymbol{X}\\&=a_n\lambda^n\boldsymbol{X}+a_{n-1}\lambda^{n-1}\boldsymbol{X}+\cdots+a_1\lambda\boldsymbol{X}+a_0\boldsymbol{X}\\&=(a_n\lambda^n+a_{n-1}\lambda^{n-1}+\cdots+a_1\lambda+a_0)\boldsymbol{X}\\&=\varphi(\lambda)\boldsymbol{X}.\end{aligned}$$

易见，$k\lambda$ 是 $k\boldsymbol{A}$ 的特征值(k 是任意常数)； λ^m 是 $\boldsymbol{A}^m$ 的特征值(m 是正整数).

(2) 如果 $\boldsymbol{A}$ 为可逆矩阵，则 $\boldsymbol{A}$ 的特征值不为 0，因而 λ^{-1} 有意义. 把 $\boldsymbol{AX}=\lambda\boldsymbol{X}$ 两侧左乘 $\boldsymbol{A}^{-1}$，变形为 $\boldsymbol{A}^{-1}\boldsymbol{X}=\lambda^{-1}\boldsymbol{X}$. 可见 λ^{-1} 是 $\boldsymbol{A}^{-1}$ 的特征值.

(3) 由于 $|\lambda\boldsymbol{E}-\boldsymbol{A}|=|(\lambda\boldsymbol{E}-\boldsymbol{A})^{\mathrm{T}}|=|\lambda\boldsymbol{E}-\boldsymbol{A}^{\mathrm{T}}|=0$，可知矩阵 $\boldsymbol{A}^{\mathrm{T}}$ 和 $\boldsymbol{A}$ 的特征值相同.

【思考】 矩阵 $\boldsymbol{A}^{\mathrm{T}}$ 和 $\boldsymbol{A}$ 的特征值相同，那么相同特征值的特征向量是否也相同呢?

【注】 若 $\boldsymbol{X}$ 是 $\boldsymbol{A}$ 的属于特征值 λ 的特征向量，那么 $\boldsymbol{X}$ 仍是矩阵 $k\boldsymbol{A}, \boldsymbol{A}^m, \varphi(\boldsymbol{A})$，$\boldsymbol{A}^{-1}$ 的分别属于特征值 $k\lambda, \lambda^m, \varphi(\lambda), \lambda^{-1}$ 的特征向量.

例 6 设矩阵 $\boldsymbol{A}$ 的特征值只有 $1,0$，求 $\boldsymbol{B}=\boldsymbol{A}^2+3\boldsymbol{A}-2\boldsymbol{E}$ 的特征值.

解 设 λ 是 $\boldsymbol{A}$ 的任意特征值，由性质 2 知 $\lambda^2+3\lambda-2$ 是 $\boldsymbol{A}^2+3\boldsymbol{A}-2\boldsymbol{E}$ 的特征值，据已知有 $\lambda=1,0$. 相应地，$\lambda^2+3\lambda-2$ 取值为 $2,-2$. 因此 $\boldsymbol{B}$ 的特征值为 $2,-2$.

例 7 设三阶矩阵 $\boldsymbol{A}$ 的特征值为 $1,-1,-2$，求 $|\boldsymbol{A}^*-2\boldsymbol{A}+\boldsymbol{E}|$.

解 由 $|\boldsymbol{A}|=1\cdot(-1)\cdot(-2)=2\neq0$，知 $\boldsymbol{A}$ 可逆，故 $\boldsymbol{A}^*=|\boldsymbol{A}|\boldsymbol{A}^{-1}=2\boldsymbol{A}^{-1}$. 先求 $\boldsymbol{A}^*-2\boldsymbol{A}+\boldsymbol{E}$ 的特征值.

设 λ 是 $\boldsymbol{A}$ 的任意特征值，又 $\boldsymbol{A}^*-2\boldsymbol{A}+\boldsymbol{E}=2\boldsymbol{A}^{-1}-2\boldsymbol{A}+\boldsymbol{E}$，由性质 2 知，$\dfrac{2}{\lambda}-2\lambda+1$ 是 $\boldsymbol{A}^*-2\boldsymbol{A}+\boldsymbol{E}$ 的特征值，由 $\lambda=1,-1,-2$，可知 $\boldsymbol{A}^*-2\boldsymbol{A}+\boldsymbol{E}$ 的特征值为 $1,1,4$. 故 $|\boldsymbol{A}^*-2\boldsymbol{A}+\boldsymbol{E}|=1\times1\times4=4$.

现在讨论特征向量的性质.

性质 3 设 $\lambda_1,\lambda_2,\cdots,\lambda_m$ 为矩阵 $\boldsymbol{A}$ 的互不相同的特征值，$\boldsymbol{X}_1,\boldsymbol{X}_2,\cdots,\boldsymbol{X}_m$ 为 $\boldsymbol{A}$ 的分别属于 $\lambda_1,\lambda_2,\cdots,\lambda_m$ 的特征向量，则 $\boldsymbol{X}_1,\boldsymbol{X}_2,\cdots,\boldsymbol{X}_m$ 线性无关.

证明 用数学归纳法. 设

$$c_1\boldsymbol{X}_1+c_2\boldsymbol{X}_2+\cdots+c_m\boldsymbol{X}_m=\boldsymbol{0}, \tag{6.1.3}$$

当 $m=1$ 时，$\boldsymbol{X}_1\neq\boldsymbol{0}$，线性无关，结论显然成立；假设 $m-1$ 时结论成立，下面证明 m 时结论成立.

在(6.1.3)式两边左乘 $\boldsymbol{A}$，又由 $\boldsymbol{AX}_i=\lambda_i\boldsymbol{X}_i, i=1,\cdots,m$ 得

$$c_1AX_1 + c_2AX_2 + \cdots + c_mAX_m = c_1\lambda_1X_1 + c_2\lambda_2X_2 + \cdots + c_m\lambda_mX_m = \mathbf{0}\ ; \qquad (6.1.4)$$

而(6.1.3)两边乘 λ_m 得

$$c_1\lambda_mX_1 + c_2\lambda_mX_2 + \cdots + c_m\lambda_mX_m = \mathbf{0}. \qquad (6.1.5)$$

(6.1.4)，(6.1.5)两式相减得

$$c_1(\lambda_1-\lambda_m)X_1 + c_2(\lambda_2-\lambda_m)X_2 + \cdots + c_{m-1}(\lambda_{m-1}-\lambda_m)X_{m-1} = \mathbf{0}.$$

由归纳假设 $X_1, X_2, \cdots, X_{m-1}$ 线性无关，故有

$$c_i(\lambda_i-\lambda_m)=0,\quad i=1,\cdots,m-1.$$

由于 $\lambda_1,\lambda_2,\cdots,\lambda_m$ 为矩阵 A 的互不相同的特征值，那么必有 $c_i=0, i=1,\cdots,m-1$，该结果代入(6.1.3)，又由 $X_m\neq\mathbf{0}$ 得 $c_m=0$．也就是说不同特征值的特征向量是线性无关的.

例 8　设 X_1, X_2 为 A 的分别属于 λ_1,λ_2 的特征向量且 λ_1,λ_2 不同，则 X_1+X_2 不是 A 的特征向量.

证明　用反证法.

设 X_1+X_2 是矩阵 A 的某特征值 λ 的特征向量，则 $A(X_1+X_2)=\lambda(X_1+X_2)$，可得 $\lambda_1X_1+\lambda_2X_2=\lambda X_1+\lambda X_2$，整理得 $(\lambda_1-\lambda)X_1+(\lambda_2-\lambda)X_2=\mathbf{0}$，而 X_1, X_2 线性无关，因此 $\lambda_1=\lambda_2=\lambda$，与 λ_1,λ_2 互不相同矛盾. 因而 X_1+X_2 不是 A 的特征向量.

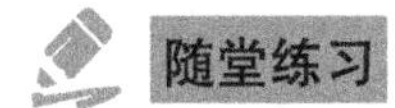

1. 填空题.

(1) 矩阵 A 为 n 阶方阵，若 $AX=\mathbf{0}$ 有非零解，则 n 阶方阵 A 必有一个特征值为________.

(2) 三阶方阵 A 的每行元素之和都是 4，则 A 必有一个特征值为________.

(3) 已知三阶矩阵 A 的特征值为 1, 2, 3，则 $|3A^{-1}|=$________.

(4) 设 λ 是 A 的特征值，那么 $A^2+kA+aE$ 必有一个特征值为________.

2. 求矩阵 $A=\begin{pmatrix}-2&1&1\\0&2&0\\-4&1&3\end{pmatrix}$ 的特征值和特征向量.

6.2　相似矩阵　矩阵可对角化的条件

本节引入矩阵的相似关系，它是矩阵特征值理论的一个应用，同时给出方阵相似于对角矩阵的充要条件，也解决了 6.1 节提到的矩阵的 n 次幂的计算问题.

6.2.1 相似矩阵

定义 6.2.1 对于 n 阶方阵 $\boldsymbol{A}$ 和 $\boldsymbol{B}$, 若存在可逆矩阵 $\boldsymbol{P}$ 使得 $\boldsymbol{P}^{-1}\boldsymbol{AP}=\boldsymbol{B}$, 则称 $\boldsymbol{A}$ 相似于 $\boldsymbol{B}$, 记作 $\boldsymbol{A}\sim\boldsymbol{B}$.

例如，若 $\boldsymbol{A}\sim 3\boldsymbol{E}$, 则根据定义知存在可逆矩阵 $\boldsymbol{P}$ 使得 $\boldsymbol{P}^{-1}\boldsymbol{AP}=3\boldsymbol{E}$, 即 $\boldsymbol{A}=\boldsymbol{P}(3\boldsymbol{E})\boldsymbol{P}^{-1}=3\boldsymbol{E}$, 也就是说与 $3\boldsymbol{E}$ 相似的只能是本身. 类似地，若 $\boldsymbol{A}\sim k\boldsymbol{E}$, 那么 $\boldsymbol{A}=k\boldsymbol{E}$, 这说明与数量矩阵相似的矩阵一定是数量矩阵本身.

矩阵的相似描述了矩阵之间的一种等价关系，此关系有以下三条性质.

(1) 反身性：$\boldsymbol{A}\sim\boldsymbol{A}$.

(2) 对称性：$\boldsymbol{A}\sim\boldsymbol{B}\Rightarrow\boldsymbol{B}\sim\boldsymbol{A}$.

(3) 传递性：$\boldsymbol{A}\sim\boldsymbol{B}$ 且 $\boldsymbol{B}\sim\boldsymbol{C}\Rightarrow\boldsymbol{A}\sim\boldsymbol{C}$.

相似矩阵还有如下性质，一些是显然的.

性质 1 $\boldsymbol{A}\sim\boldsymbol{B}\Rightarrow k\boldsymbol{A}\sim k\boldsymbol{B}$ ； $\boldsymbol{A}^m\sim\boldsymbol{B}^m$ (m 为正整数).

性质 2 $\varphi(t)$ 为多项式， $\boldsymbol{A}\sim\boldsymbol{B}\Rightarrow\varphi(\boldsymbol{A})\sim\varphi(\boldsymbol{B})$.

性质 2 可由性质 1 直接推得.

性质 3 $\boldsymbol{A}\sim\boldsymbol{B}$ 且 $\boldsymbol{A}$ 可逆 $\Rightarrow\boldsymbol{A}^{-1}\sim\boldsymbol{B}^{-1}$.

性质 4 $\boldsymbol{A}\sim\boldsymbol{B}\Rightarrow R(\boldsymbol{A})=R(\boldsymbol{B})$.

性质 5 $\boldsymbol{A}\sim\boldsymbol{B}\Rightarrow|\boldsymbol{A}|=|\boldsymbol{B}|$.

证明 设 $\boldsymbol{P}^{-1}\boldsymbol{AP}=\boldsymbol{B}$ ，因此 $|\boldsymbol{B}|=|\boldsymbol{P}^{-1}\boldsymbol{AP}|=|\boldsymbol{P}^{-1}||\boldsymbol{A}||\boldsymbol{P}|=|\boldsymbol{A}|$.

【注】 性质 5 说明如果 $\boldsymbol{A}\sim\boldsymbol{B}$, 那么 $\boldsymbol{A}$ 与 $\boldsymbol{B}$ 同时可逆或同时不可逆.

性质 6 $\boldsymbol{A}\sim\boldsymbol{B}$, 则 $\boldsymbol{A}$ 与 $\boldsymbol{B}$ 的特征多项式相同，特征值相同，迹也相同.

证明 $\boldsymbol{A}\sim\boldsymbol{B}\Rightarrow\lambda\boldsymbol{E}-\boldsymbol{A}\sim\lambda\boldsymbol{E}-\boldsymbol{B}\Rightarrow|\lambda\boldsymbol{E}-\boldsymbol{A}|=|\lambda\boldsymbol{E}-\boldsymbol{B}|$. 或由 $\boldsymbol{A}\sim\boldsymbol{B}$ ，存在可逆矩阵 $\boldsymbol{P}$ 使得 $\boldsymbol{P}^{-1}\boldsymbol{AP}=\boldsymbol{B}$ ，那么

$$\begin{aligned}|\lambda\boldsymbol{E}-\boldsymbol{B}|&=|\lambda\boldsymbol{E}-\boldsymbol{P}^{-1}\boldsymbol{AP}|=|\boldsymbol{P}^{-1}(\lambda\boldsymbol{E})\boldsymbol{P}-\boldsymbol{P}^{-1}\boldsymbol{AP}|=|\boldsymbol{P}^{-1}(\lambda\boldsymbol{E}-\boldsymbol{A})\boldsymbol{P}|\\&=|\boldsymbol{P}^{-1}||\lambda\boldsymbol{E}-\boldsymbol{A}||\boldsymbol{P}|=|\lambda\boldsymbol{E}-\boldsymbol{A}|.\end{aligned}$$

【注】 性质 6 的逆命题不成立，例如，$3\boldsymbol{E}=\begin{pmatrix}3&0\\0&3\end{pmatrix}$，$\boldsymbol{A}=\begin{pmatrix}3&6\\0&3\end{pmatrix}$ 的特征多项式相同(均为上三角形，主对角元素相同)，而 $3\boldsymbol{E}$ 与 $\boldsymbol{A}$ 不相似.

例 1 已知 $\boldsymbol{A}\sim\boldsymbol{B}$, $\boldsymbol{B}=\begin{pmatrix}1&5&3\\2&-1&0\\2&4&4\end{pmatrix}$，求 $|\boldsymbol{A}-4\boldsymbol{E}|$.

解 因为 $\boldsymbol{A}\sim\boldsymbol{B}$, 由性质 2 可得，$\boldsymbol{A}-4\boldsymbol{E}\sim\boldsymbol{B}-4\boldsymbol{E}$ ，再由性质 5 可得

$$|A-4E|=|B-4E|=\begin{vmatrix}-3 & 5 & 3\\ 2 & -5 & 0\\ 2 & 4 & 0\end{vmatrix}=54.$$

例 2　已知矩阵 A 与 B 相似，其中 $A=\begin{pmatrix}3 & 0 & 0\\ 0 & x & 1\\ 0 & -2 & 1\end{pmatrix}$，$B=\begin{pmatrix}y & 0 & 0\\ 0 & 3 & 0\\ 0 & 0 & 2\end{pmatrix}$，求 x 和 y.

解　由 $A\sim B$，$\operatorname{tr}(A)=\operatorname{tr}(B)$，得 $4+x=5+y$；由 $A\sim B\Rightarrow|A|=|B|$，得 $3x+6=6y$；解得 $x=4, y=3$.

6.2.2　矩阵可对角化的条件

由以上分析可知在矩阵的相似关系中，由于可逆矩阵 P 的任意性，与一个已知矩阵 A 相似的矩阵可能有无穷多个，我们很自然地想找到最简单的矩阵与 A 相似，而与数量矩阵相似的矩阵只能是数量矩阵本身. 进一步我们想到形式比较简单的矩阵——对角矩阵，希望能找到对角矩阵与矩阵 A 相似. 一个矩阵如果能和对角矩阵相似，称它是**可对角化**的.

矩阵对角化需要我们重点讨论以下三个问题.

(1) n 阶方阵可对角化的充分必要条件是什么？

(2) 如果矩阵可对角化，把矩阵与对角矩阵联系起来的可逆矩阵 P 是怎么构成的？

(3) 如果一个矩阵能和对角矩阵相似，那么如何确定主对角元素？

为此，先讨论以下命题.

定理 6.2.1　n 阶方阵 A 可对角化的充要条件是 A 有 n 个线性无关的特征向量.

证明　n 阶方阵 A 可对角化 $\Leftrightarrow$ 存在可逆矩阵 P，使得

$$P^{-1}AP=\begin{pmatrix}\lambda_1 & & & \\ & \lambda_2 & & \\ & & \ddots & \\ & & & \lambda_n\end{pmatrix}=\Lambda\Leftrightarrow AP=P\Lambda.$$

将 P 按列分块为 $P=(X_1,X_2,\cdots,X_n)$，因为 P 为可逆矩阵，所以它的列向量组 $X_1,X_2,\cdots,X_n$ 线性无关.

$$AP=P\Lambda\Leftrightarrow A(X_1,X_2,\cdots,X_n)=(X_1,X_2,\cdots,X_n)\begin{pmatrix}\lambda_1 & & & \\ & \lambda_2 & & \\ & & \ddots & \\ & & & \lambda_n\end{pmatrix}$$

$$\Leftrightarrow (AX_1, AX_2, \cdots, AX_n) = (\lambda_1 X_1, \lambda_2 X_2, \cdots, \lambda_n X_n)$$

$$\Leftrightarrow AX_1 = \lambda_1 X_1, AX_2 = \lambda_2 X_2, \cdots, AX_n = \lambda_n X_n$$

$\Leftrightarrow X_1, X_2, \cdots, X_n$ 是 A 的分别属于特征值 $\lambda_1, \lambda_2, \cdots, \lambda_n$ 的 n 个线性无关的特征向量.

例 3 6.1 节例1说明三阶矩阵 A 有三个线性无关的特征向量，A 可对角化且

$$AX_1 = 5X_1, \quad AX_2 = -X_2, \quad AX_3 = -X_3,$$

令 $P = (X_1, X_2, X_3)$，那么

$$P^{-1}AP = \begin{pmatrix} 5 & & \\ & -1 & \\ & & -1 \end{pmatrix}.$$

若 $Q = (2X_2, 8X_1, 5X_3)$，那么 $Q^{-1}AQ = \begin{pmatrix} -1 & & \\ & 5 & \\ & & -1 \end{pmatrix}$.

而 6.1 节例 2 中，三阶矩阵 A 只有两个线性无关的特征向量，故矩阵 A 不可对角化.

【注】 (1) 若 $A \sim \Lambda$ 且 $P^{-1}AP = \Lambda$，Λ 为对角矩阵，那么 P 的列向量就是 A 的 n 个线性无关的特征向量，Λ 的主对角元素为 A 的 n 个特征值 $\lambda_1, \lambda_2, \cdots, \lambda_n$.

(2) 若 $A \sim \Lambda$ 且 $P^{-1}AP = \Lambda$，Λ 为对角矩阵，那么构成 P 的列向量(A 的 n 个线性无关的特征向量)与 Λ 的主对角元素(A 的 n 个特征值 $\lambda_1, \lambda_2, \cdots, \lambda_n$)相对应.

(3) 若 A 可对角化，使 $P^{-1}AP = \Lambda$ 的可逆矩阵 P 不唯一. 这是由于属于矩阵 A 的某一特征值的特征向量不是唯一决定的.

6.1 节中谈到属于不同特征值的特征向量线性无关，很自然地，如果 n 阶方阵 A 恰有 n 个互不相同的特征值，显然 A 有 n 个线性无关的特征向量，满足可对角化的条件，因此有以下结论.

推论 若 n 阶矩阵 A 有 n 个互不相同的特征值，则矩阵 A 可对角化.

例 4 已知矩阵 $A = \begin{pmatrix} 2 & 0 & -4 \\ 5 & 1 & 8 \\ 0 & 0 & 3 \end{pmatrix}$，问 A 可否对角化?

解 由 $|\lambda E - A| = (\lambda - 3)(\lambda - 2)(\lambda - 1) = 0$，知三阶矩阵 A 有三个互不相同的特征值 $1, 2, 3$. 由推论可知 A 可对角化.

【注】 例 4 如果需要找到可逆矩阵 P，使 $P^{-1}AP$ 为对角矩阵，就需要再进一步计算找到对应的特征向量.

那么，n 阶方阵 A 的互不相同的特征值个数小于 n 时，会有 n 个线性无关的

特征向量吗？可以通过下面几个定理进行判别.

定理 6.2.2　设 $\boldsymbol{A}$ 的互异特征值为 $\lambda_1,\lambda_2,\cdots,\lambda_m$，属于 λ_i 的线性无关的特征向量分别为 $\boldsymbol{X}_{i1},\boldsymbol{X}_{i2},\cdots,\boldsymbol{X}_{ir_i}(i=1,2,\cdots,m)$，则由所有这些向量构成的向量组

$$\boldsymbol{X}_{11},\boldsymbol{X}_{12},\cdots,\boldsymbol{X}_{1r_1},\boldsymbol{X}_{21},\boldsymbol{X}_{22},\cdots,\boldsymbol{X}_{2r_2},\cdots,\boldsymbol{X}_{m1},\boldsymbol{X}_{m2},\cdots,\boldsymbol{X}_{mr_m}$$

线性无关.

证明　对 m 用数学归纳法即可.

我们不加证明地给出如下定理.

定理 6.2.3　设 λ_0 是 n 阶方阵 $\boldsymbol{A}$ 的一个 k 重特征值，则属于 λ_0 的线性无关的特征向量最多有 k 个.

若设 n 阶方阵 $\boldsymbol{A}$ 的互异特征值为 $\lambda_1,\lambda_2,\cdots,\lambda_m$，它们的重数分别为 $n_1,n_2,\cdots,n_m$，对应于 λ_i 的线性无关的特征向量的个数分别为 $r_1,r_2,\cdots,r_m$. 如果 $n_1+n_2+\cdots+n_m=n$ 且 $n_i=r_i,i=1,\cdots,m$，必有 $r_1+r_2+\cdots+r_m=n$，$\boldsymbol{A}$ 可对角化. 反之，若有某个 $r_i<n_i$，$\boldsymbol{A}$ 必不可对角化. 另外，计算 $r_i=n-R(\lambda_i\boldsymbol{E}-\boldsymbol{A})$ 比求出 $(\lambda_i\boldsymbol{E}-\boldsymbol{A})\boldsymbol{X}=\boldsymbol{0}$ 的基础解系的计算量小多了，使判断 n 阶方阵 $\boldsymbol{A}$ 可否对角化变得更加简洁. 如 6.1 节例 1 中，$n_1=r_1,n_2=r_2$，矩阵 $\boldsymbol{A}$ 可对角化. 而 6.1 节例 2 中，$r_2<n_2$，矩阵 $\boldsymbol{A}$ 不可对角化. 但也有 $n_1+n_2+\cdots+n_m\neq n$ 的情况，如 6.1 节例 4.

例 5　已知 n 阶矩阵 $\boldsymbol{A}\neq\boldsymbol{O}\ (n>1)$ 满足 $\boldsymbol{A}^m=\boldsymbol{O}$，证明：矩阵 $\boldsymbol{A}$ 不能对角化.

证明　设矩阵 $\boldsymbol{A}$ 的特征值为 λ，由已知 $\boldsymbol{A}^m=\boldsymbol{O}$，因此 $\lambda^m=0$，从而 $\lambda=0$. 而 $R(0\boldsymbol{E}-\boldsymbol{A})=R(\boldsymbol{A})\geqslant 1$，所以属于特征值 0 的线性无关的特征向量的最大个数 $\leqslant n-1$，因此矩阵 $\boldsymbol{A}$ 不能对角化.

例 6　判断矩阵 $\boldsymbol{A}$ 可否对角化，并计算 $\boldsymbol{A}^n$，其中

$$\boldsymbol{A}=\begin{pmatrix}1&-1&-1&-1\\-1&1&-1&-1\\-1&-1&1&-1\\-1&-1&-1&1\end{pmatrix}.$$

解　矩阵 $\boldsymbol{A}$ 的特征方程为

$$f(\lambda)=\begin{vmatrix}\lambda-1&1&1&1\\1&\lambda-1&1&1\\1&1&\lambda-1&1\\1&1&1&\lambda-1\end{vmatrix}=(\lambda+2)(\lambda-2)^3=0,$$

可知矩阵 $\boldsymbol{A}$ 的特征值为 $\lambda_1=-2,\quad \lambda_2=2$ (三重根).

当 $\lambda_1=-2$ 时，解齐次线性方程组 $(\lambda_1\boldsymbol{E}-\boldsymbol{A})\boldsymbol{X}=\boldsymbol{0}$，即

$$\begin{pmatrix} -3 & 1 & 1 & 1 \\ 1 & -3 & 1 & 1 \\ 1 & 1 & -3 & 1 \\ 1 & 1 & 1 & -3 \end{pmatrix}\begin{pmatrix} x_1 \\ x_2 \\ x_3 \\ x_4 \end{pmatrix}=\begin{pmatrix} 0 \\ 0 \\ 0 \\ 0 \end{pmatrix},$$

其基础解系为 $\boldsymbol{X}_1=\begin{pmatrix} 1 \\ 1 \\ 1 \\ 1 \end{pmatrix}$.

当 $\lambda_2=2$ 时，解齐次线性方程组 $(\lambda_2\boldsymbol{E}-\boldsymbol{A})\boldsymbol{X}=\boldsymbol{0}$, 即

$$\begin{pmatrix} 1 & 1 & 1 & 1 \\ 1 & 1 & 1 & 1 \\ 1 & 1 & 1 & 1 \\ 1 & 1 & 1 & 1 \end{pmatrix}\begin{pmatrix} x_1 \\ x_2 \\ x_3 \\ x_4 \end{pmatrix}=\begin{pmatrix} 0 \\ 0 \\ 0 \\ 0 \end{pmatrix},$$

其基础解系为

$$\boldsymbol{X}_2=\begin{pmatrix} 1 \\ -1 \\ 0 \\ 0 \end{pmatrix},\quad \boldsymbol{X}_3=\begin{pmatrix} 1 \\ 0 \\ -1 \\ 0 \end{pmatrix},\quad \boldsymbol{X}_4=\begin{pmatrix} 1 \\ 0 \\ 0 \\ -1 \end{pmatrix}.$$

因此四阶矩阵 $\boldsymbol{A}$ 有四个线性无关的特征向量，因而 $\boldsymbol{A}$ 可对角化.

令 $\boldsymbol{P}=(\boldsymbol{X}_1,\boldsymbol{X}_2,\boldsymbol{X}_3,\boldsymbol{X}_4)$，则有 $\boldsymbol{P}^{-1}\boldsymbol{A}\boldsymbol{P}=\mathrm{diag}(-2,2,2,2)=\boldsymbol{\Lambda}$. 那么 $\boldsymbol{A}=\boldsymbol{P}\boldsymbol{\Lambda}\boldsymbol{P}^{-1}$,

$$\boldsymbol{A}^n=\boldsymbol{P}\boldsymbol{\Lambda}^n\boldsymbol{P}^{-1}=\boldsymbol{P}\begin{pmatrix} -2 & & & \\ & 2 & & \\ & & 2 & \\ & & & 2 \end{pmatrix}^n\boldsymbol{P}^{-1}=\begin{cases} \boldsymbol{P}(2\boldsymbol{E}_4)^n\boldsymbol{P}^{-1}, & n=2k, \\ \boldsymbol{P}(2\boldsymbol{E}_4)^{n-1}\boldsymbol{\Lambda}\boldsymbol{P}^{-1}, & n=2k+1 \end{cases}$$

$$=\begin{cases} 2^n\boldsymbol{P}\boldsymbol{P}^{-1}, & n=2k, \\ 2^{n-1}\boldsymbol{P}\boldsymbol{\Lambda}\boldsymbol{P}^{-1}, & n=2k+1 \end{cases}$$

$$=\begin{cases} 2^n\boldsymbol{E}_4, & n=2k, \\ 2^{n-1}\boldsymbol{A}, & n=2k+1. \end{cases}$$

随堂练习

1. 判断题.

(1) $\boldsymbol{A},\boldsymbol{B}$ 是 n 阶矩阵且 $\boldsymbol{A}\sim\boldsymbol{B}$，则 $\boldsymbol{A}$ 与 $\boldsymbol{B}$ 的特征矩阵相同.

(2) $\boldsymbol{A},\boldsymbol{B}$ 是 n 阶矩阵且 $\boldsymbol{A}\sim\boldsymbol{B}$，则 $\boldsymbol{A}$ 与 $\boldsymbol{B}$ 的特征方程相同.

(3) $\boldsymbol{A},\boldsymbol{B}$ 是 n 阶矩阵且秩相同，则 $\boldsymbol{A}\sim\boldsymbol{B}$.

(4) $\boldsymbol{A},\boldsymbol{B}$ 是 n 阶矩阵且行列式相同，则 $\boldsymbol{A}\sim\boldsymbol{B}$.

(5) 若矩阵 $\boldsymbol{A}$ 与 $\begin{pmatrix}1 & & \\ & 3 & \\ & & 0\end{pmatrix}$ 相似，则 $|\boldsymbol{A}|=0, |2\boldsymbol{E}-\boldsymbol{A}|\neq 0$.

2. 三阶矩阵 $\boldsymbol{A}\sim\boldsymbol{B}$, $\boldsymbol{A}$ 的特征值为 $1,-1,2$，那么 $\boldsymbol{B}$ 的特征值为__________，$\boldsymbol{B}^{-1}$ 的特征值为__________，$\boldsymbol{B}^*$ 的特征值为__________，$3\boldsymbol{B}^*+\boldsymbol{E}$ 的特征值为__________，$|3\boldsymbol{B}^*+\boldsymbol{E}|=$__________.

3. 已知三阶矩阵 $\boldsymbol{A}$ 的特征值为 $3,3,2$, 且 $\boldsymbol{A}$ 可与对角矩阵 $\text{diag}(3,3,2)$ 相似，则 $R(3\boldsymbol{E}-\boldsymbol{A})=$__________，$R(2\boldsymbol{E}-\boldsymbol{A})=$__________.

4. 已知 $\boldsymbol{A}=\begin{pmatrix}1 & 1 & 1\\ 1 & 1 & 1\\ 1 & 1 & 1\end{pmatrix}$，$\boldsymbol{B}=\begin{pmatrix}3 & 0 & 0\\ 0 & 0 & 0\\ 0 & 0 & 0\end{pmatrix}$，则(　　).

(A) $\boldsymbol{A}$ 与 $\boldsymbol{B}$ 等价，且 $\boldsymbol{A}$ 与 $\boldsymbol{B}$ 相似　(B) $\boldsymbol{A}$ 与 $\boldsymbol{B}$ 等价，但 $\boldsymbol{A}$ 与 $\boldsymbol{B}$ 不相似

(C) $R(\boldsymbol{A})=R(\boldsymbol{B})$，但 $\boldsymbol{A}$ 与 $\boldsymbol{B}$ 不等价　(D) $|\boldsymbol{A}|=|\boldsymbol{B}|$，但 $\boldsymbol{A}$ 与 $\boldsymbol{B}$ 不相似

5. 设矩阵 $\boldsymbol{A}=\begin{pmatrix}1 & & \\ & x & \\ & & -1\end{pmatrix}$ 与 $\boldsymbol{B}=\begin{pmatrix}2 & 0 & 0\\ 0 & 0 & 1\\ 0 & 1 & y\end{pmatrix}$ 相似，求 x, y.

6.3　实对称矩阵一定可对角化

从 6.2 节的讨论我们知道一个 n 阶方阵可对角化的充要条件，也就是说并不是每一个矩阵都可对角化，而且矩阵的特征值也未必是实数. 本节将介绍一种特殊的矩阵——实对称矩阵，它一定相似于对角矩阵，而且还可以找到正交矩阵，使得 $\boldsymbol{Q}^{-1}\boldsymbol{A}\boldsymbol{Q}=\boldsymbol{Q}^{\mathrm{T}}\boldsymbol{A}\boldsymbol{Q}=\boldsymbol{\Lambda}$，其中 $\boldsymbol{\Lambda}$ 为对角矩阵. 基于此，实对称矩阵的对角化还需要我们重点讨论以下两个问题.

(1) 把实对称矩阵与对角矩阵联系起来的正交矩阵 $\boldsymbol{Q}$ 有什么结构?

(2) 和实对称矩阵相似的对角矩阵结构是什么?

为此，先讨论实对称矩阵的特征值和特征向量.

6.3.1　实对称矩阵的特征值与特征向量

定理 6.3.1　实对称矩阵的特征值都是实数.

证明　设 $\boldsymbol{A}$ 是实对称矩阵，$\lambda=a+b\mathrm{i}$ 为 $\boldsymbol{A}$ 的特征值，$\boldsymbol{\alpha}+\boldsymbol{\beta}\mathrm{i}$ 是对应的特征向量(其中 a,b 为实数，$\boldsymbol{\alpha},\boldsymbol{\beta}$ 为实列向量)，则

$$A(\boldsymbol{\alpha}+\boldsymbol{\beta}\mathrm{i})=(a+b\mathrm{i})(\boldsymbol{\alpha}+\boldsymbol{\beta}\mathrm{i}).$$

由两边实部与虚部相等得

$$A\boldsymbol{\alpha}=a\boldsymbol{\alpha}-b\boldsymbol{\beta},\quad A\boldsymbol{\beta}=b\boldsymbol{\alpha}+a\boldsymbol{\beta}.$$

以 $\boldsymbol{\beta}^{\mathrm{T}}$ 左乘第一式，$\boldsymbol{\alpha}^{\mathrm{T}}$ 左乘第二式，得到

$$\boldsymbol{\beta}^{\mathrm{T}}A\boldsymbol{\alpha}=a\boldsymbol{\beta}^{\mathrm{T}}\boldsymbol{\alpha}-b\boldsymbol{\beta}^{\mathrm{T}}\boldsymbol{\beta},$$
$$\boldsymbol{\alpha}^{\mathrm{T}}A\boldsymbol{\beta}=b\boldsymbol{\alpha}^{\mathrm{T}}\boldsymbol{\alpha}+a\boldsymbol{\alpha}^{\mathrm{T}}\boldsymbol{\beta}.$$

因为 A 是实对称矩阵，$\boldsymbol{\beta}^{\mathrm{T}}A\boldsymbol{\alpha}$，$\boldsymbol{\alpha}^{\mathrm{T}}A\boldsymbol{\beta}$ 为数，所以

$$\boldsymbol{\beta}^{\mathrm{T}}A\boldsymbol{\alpha}=\boldsymbol{\alpha}^{\mathrm{T}}A\boldsymbol{\beta},\quad \boldsymbol{\beta}^{\mathrm{T}}\boldsymbol{\alpha}=\boldsymbol{\alpha}^{\mathrm{T}}\boldsymbol{\beta},$$

从而有 $b(\boldsymbol{\alpha}^{\mathrm{T}}\boldsymbol{\alpha}+\boldsymbol{\beta}^{\mathrm{T}}\boldsymbol{\beta})=0$，又 $\boldsymbol{\alpha}^{\mathrm{T}}\boldsymbol{\alpha}+\boldsymbol{\beta}^{\mathrm{T}}\boldsymbol{\beta}\neq 0$，因此得到 $b=0$.

【注】 实对称矩阵的特征值是实数，因此可取到实的特征向量.

定理 6.3.2 实对称矩阵不同特征值的特征向量正交.

证明 设实对称矩阵 A 的特征值 $\lambda_1\neq\lambda_2$，特征向量分别为 X_1,X_2. 即有

$$AX_1=\lambda_1X_1,\quad AX_2=\lambda_2X_2,$$

由于 $\lambda_1(X_1,X_2)=(\lambda_1X_1,X_2)=(AX_1,X_2)=(AX_1)^{\mathrm{T}}X_2=X_1^{\mathrm{T}}A^{\mathrm{T}}X_2=X_1^{\mathrm{T}}AX_2=X_1^{\mathrm{T}}(\lambda_2X_2)=(X_1,\lambda_2X_2)=\lambda_2(X_1,X_2)$, 所以 $(\lambda_1-\lambda_2)(X_1,X_2)=0$. 而 $\lambda_1\neq\lambda_2$，因此 $(X_1,X_2)=0$，即 X_1 和 X_2 正交.

6.3.2 实对称矩阵的对角化

首先不加证明地给出如下定理.

定理 6.3.3 设 A 是 n 阶实对称矩阵，则存在正交矩阵 Q 使得

$$Q^{-1}AQ=Q^{\mathrm{T}}AQ=\mathrm{diag}(\lambda_1,\lambda_2,\cdots,\lambda_n),$$

其中 $\lambda_1,\lambda_2,\cdots,\lambda_n$ 是 A 的特征值，矩阵 Q 的 n 个列向量依次为 A 的属于特征值 $\lambda_1,\lambda_2,\cdots,\lambda_n$ 的特征向量.

【注】 设 λ_0 是实对称矩阵 A 的特征值，其重数为 k，则属于 λ_0 的线性无关的特征向量个数恰好为 k.

上述定理说明了实对称矩阵一定相似于对角矩阵，那么如何找到正交矩阵 Q 使得 $Q^{-1}AQ=\Lambda$ 呢?

设 λ_0 是实对称矩阵 A 的某个特征值，$X_1,X_2,\cdots,X_t$ 是属于 λ_0 的线性无关的实特征向量，对 $X_1,X_2,\cdots,X_t$ 进行施密特正交化，再单位化，得到 $\boldsymbol{\beta}_1,\boldsymbol{\beta}_2,\cdots,\boldsymbol{\beta}_t$，则 $\boldsymbol{\beta}_1,\boldsymbol{\beta}_2,\cdots,\boldsymbol{\beta}_t$ 仍为 λ_0 的特征向量. 而实对称矩阵不同特征值的特征向量是正交的. 由此得到 n 阶实对称矩阵 A 的 n 个特征向量构成的标准正交的向量组.

将具体的求解步骤总结如下.

(1) 求出实对称矩阵的所有互异特征值：$\lambda_1,\lambda_2,\cdots,\lambda_s$，$\lambda_i$ 为 $m_i(i=1,\cdots,s)$ 重特征值.

(2) 对每个特征值 λ_i，求齐次线性方程组 $(\lambda_i \boldsymbol{E}-\boldsymbol{A})\boldsymbol{X}=\boldsymbol{0}$ 的基础解系 $\boldsymbol{\alpha}_{i1},\boldsymbol{\alpha}_{i2},\cdots,\boldsymbol{\alpha}_{im_i}$，并进行施密特正交化，再单位化，得到 $\boldsymbol{\beta}_{i1},\boldsymbol{\beta}_{i2},\cdots,\boldsymbol{\beta}_{im_i}$.

(3) 将施密特正交化得到的向量组按列形成矩阵，即

$$\boldsymbol{Q}=(\boldsymbol{\beta}_{11},\boldsymbol{\beta}_{12},\cdots,\boldsymbol{\beta}_{1m_1},\cdots,\boldsymbol{\beta}_{s1},\boldsymbol{\beta}_{s2},\cdots,\boldsymbol{\beta}_{sm_s}),$$

则 $\boldsymbol{Q}$ 是正交矩阵，且

$$\boldsymbol{Q}^{-1}\boldsymbol{A}\boldsymbol{Q}=\begin{pmatrix}\lambda_1\boldsymbol{E}_{m_1} & & & \\ & \lambda_2\boldsymbol{E}_{m_2} & & \\ & & \ddots & \\ & & & \lambda_s\boldsymbol{E}_{m_s}\end{pmatrix}.$$

【注】　在步骤(2)中，如果不进行施密特正交化，直接令

$$\boldsymbol{P}=(\boldsymbol{\alpha}_{11},\boldsymbol{\alpha}_{12},\cdots,\boldsymbol{\alpha}_{1m_1},\cdots,\boldsymbol{\alpha}_{s1},\boldsymbol{\alpha}_{s2},\cdots,\boldsymbol{\alpha}_{sm_s}),$$

则

$$\boldsymbol{P}^{-1}\boldsymbol{A}\boldsymbol{P}=\begin{pmatrix}\lambda_1\boldsymbol{E}_{m_1} & & & \\ & \lambda_2\boldsymbol{E}_{m_2} & & \\ & & \ddots & \\ & & & \lambda_s\boldsymbol{E}_{m_s}\end{pmatrix},$$

此时 $\boldsymbol{P}$ 只是可逆矩阵，并不一定是正交矩阵.

例 1　设 $\boldsymbol{A}=\begin{pmatrix}1&2&2\\2&1&2\\2&2&1\end{pmatrix}$，求正交矩阵 $\boldsymbol{Q}$ 使得 $\boldsymbol{Q}^{-1}\boldsymbol{A}\boldsymbol{Q}$ 为对角矩阵.

解　由 6.1 节的例1可知 $\boldsymbol{A}$ 的全部特征值为 $\lambda_1=5$，$\lambda_2=\lambda_3=-1$.

当 $\lambda_1=5$ 时，解齐次线性方程组 $(\lambda_1\boldsymbol{E}-\boldsymbol{A})\boldsymbol{X}=\boldsymbol{0}$，其基础解系为 $\boldsymbol{\alpha}_1=(1,1,1)^{\mathrm{T}}$.

当 $\lambda_2=\lambda_3=-1$ 时，解齐次线性方程组 $(\lambda_2\boldsymbol{E}-\boldsymbol{A})\boldsymbol{X}=\boldsymbol{0}$，其基础解系为

$$\boldsymbol{\alpha}_2=(-1,1,0)^{\mathrm{T}},\quad \boldsymbol{\alpha}_3=(-1,0,1)^{\mathrm{T}}.$$

将 $\boldsymbol{\alpha}_2$，$\boldsymbol{\alpha}_3$ 进行施密特正交化：

$$\boldsymbol{\beta}_2=\boldsymbol{\alpha}_2=(-1,1,0)^{\mathrm{T}},$$

$$\boldsymbol{\beta}_3=\boldsymbol{\alpha}_3-\frac{(\boldsymbol{\alpha}_3,\boldsymbol{\beta}_2)}{(\boldsymbol{\beta}_2,\boldsymbol{\beta}_2)}\boldsymbol{\beta}_2=(-1,0,1)^{\mathrm{T}}-\frac{1}{2}(-1,1,0)^{\mathrm{T}}=\left(-\frac{1}{2},-\frac{1}{2},1\right)^{\mathrm{T}}.$$

再将$\boldsymbol{\alpha}_1$, $\boldsymbol{\beta}_2$, $\boldsymbol{\beta}_3$单位化：

$$\boldsymbol{\gamma}_1=\left(\frac{1}{\sqrt{3}},\ \frac{1}{\sqrt{3}},\ \frac{1}{\sqrt{3}}\right)^{\mathrm{T}},\quad \boldsymbol{\gamma}_2=\left(-\frac{1}{\sqrt{2}},\frac{1}{\sqrt{2}},0\right)^{\mathrm{T}},\quad \boldsymbol{\gamma}_3=\left(-\frac{1}{\sqrt{6}},-\frac{1}{\sqrt{6}},\frac{2}{\sqrt{6}}\right)^{\mathrm{T}}.$$

得到的$\boldsymbol{\gamma}_1$, $\boldsymbol{\gamma}_2$, $\boldsymbol{\gamma}_3$为$\mathbb{R}^3$的一组标准正交基，令

$$\boldsymbol{Q}=\begin{pmatrix}\frac{1}{\sqrt{3}} & -\frac{1}{\sqrt{2}} & -\frac{1}{\sqrt{6}}\\ \frac{1}{\sqrt{3}} & \frac{1}{\sqrt{2}} & -\frac{1}{\sqrt{6}}\\ \frac{1}{\sqrt{3}} & 0 & \frac{2}{\sqrt{6}}\end{pmatrix},$$

则$\boldsymbol{Q}$是正交矩阵，且$\boldsymbol{Q}^{-1}\boldsymbol{A}\boldsymbol{Q}=\mathrm{diag}(5,-1,-1)$.

例 2 已知三阶实对称矩阵$\boldsymbol{A}$的特征值为$1,1,-1$，且属于1的特征向量为

$$\boldsymbol{X}_1=(1,1,1)^{\mathrm{T}},\quad \boldsymbol{X}_2=(2,2,1)^{\mathrm{T}},$$

求：(1) $\boldsymbol{A}$的属于特征值-1的全部特征向量；(2) 求矩阵$\boldsymbol{A}$.

解 (1) 设$\boldsymbol{A}$的属于特征值-1的特征向量为$(x_1,x_2,x_3)^{\mathrm{T}}$，由实对称矩阵不同特征值的特征向量正交的性质，得方程组$\begin{cases}x_1+x_2+x_3=0,\\ 2x_1+2x_2+x_3=0.\end{cases}$解得方程组的基础解系为$(1,-1,0)^{\mathrm{T}}$，故$\boldsymbol{A}$的属于特征值$-1$的全部特征向量为$k(1,-1,0)^{\mathrm{T}}, k\neq 0$.

(2) 令$\boldsymbol{X}_3=(1,-1,0)^{\mathrm{T}}$，记$\boldsymbol{P}=(\boldsymbol{X}_1,\boldsymbol{X}_2,\boldsymbol{X}_3)=\begin{pmatrix}1&2&1\\1&2&-1\\1&1&0\end{pmatrix}$，由$\boldsymbol{P}^{-1}\boldsymbol{A}\boldsymbol{P}=\begin{pmatrix}1&0&0\\0&1&0\\0&0&-1\end{pmatrix}$，

得$\boldsymbol{A}=\boldsymbol{P}\begin{pmatrix}1&0&0\\0&1&0\\0&0&-1\end{pmatrix}\boldsymbol{P}^{-1}$，又可计算出$\boldsymbol{P}^{-1}=\frac{1}{2}\begin{pmatrix}-1&-1&4\\1&1&-2\\1&-1&0\end{pmatrix}$，则$\boldsymbol{A}=\begin{pmatrix}0&1&0\\1&0&0\\0&0&1\end{pmatrix}$.

【注】 例2中找到可逆矩阵$\boldsymbol{P}$就可以，不必是正交矩阵.

1. 判断题.

(1) $\boldsymbol{A},\boldsymbol{B}$为$n$阶实对称矩阵，若$\boldsymbol{A}\sim\boldsymbol{B}$，则$\boldsymbol{A},\boldsymbol{B}$有相同的特征多项式；反之也成立.

(2) $\boldsymbol{A},\boldsymbol{B}$是$n$阶实对称矩阵，若$\boldsymbol{A}\sim\boldsymbol{B}$，则$\boldsymbol{A}$与$\boldsymbol{B}$相似于同一个对角矩阵；反之也成立.

(3) 实对称矩阵的同一特征值的特征向量不可能正交.

2. 三阶实对称矩阵$\boldsymbol{A}$的特征值为$3,3,6$，且$(1,0,-1)^{\mathrm{T}}$, $(0,1,-1)^{\mathrm{T}}$为$\boldsymbol{A}$的属于3的特征向量，求特征值6的全部特征向量.

习　题　A

1. 选择题.

(1) 设3是四阶矩阵 $\boldsymbol{A}$ 的特征值，则 $(3\boldsymbol{A}^2)^{-1}$ 有一个特征值为(　　).

(A) 3　(B) $\frac{1}{9}$　(C) $\frac{1}{27}$　(D) $\frac{1}{3}$

(2) 设 $\boldsymbol{A}$ 是三阶矩阵且有特征值 $2,-3,6$，下列矩阵中为满秩矩阵的是(　　).

(A) $2\boldsymbol{E}-\boldsymbol{A}$　(B) $3\boldsymbol{E}+\boldsymbol{A}$　(C) $2\boldsymbol{A}-6\boldsymbol{E}$　(D) $\boldsymbol{A}-6\boldsymbol{E}$

(3) 下列描述正确的是(　　).

(A) $\boldsymbol{A}$ 的属于某一特征值的不同特征向量一定线性相关

(B) 如果五阶矩阵 $\boldsymbol{A}$ 的秩为 4，则 $\boldsymbol{A}$ 有一个特征值为 0

(C) 如果 $\boldsymbol{A}$ 与 $\boldsymbol{B}$ 的迹相同，则 $\boldsymbol{A}$ 与 $\boldsymbol{B}$ 相似

(D) 若 $\boldsymbol{A}$ 与 $\boldsymbol{B}$ 有相同的特征多项式，则 $\boldsymbol{A}$ 与 $\boldsymbol{B}$ 相似

(4) 设 $\boldsymbol{A}$ 为三阶实对称矩阵且 $\boldsymbol{A}^2+3\boldsymbol{A}=\boldsymbol{O}, R(\boldsymbol{A})=2$，那么 $\boldsymbol{A}$ 相似于(　　).

(A) $\begin{pmatrix}-3&&\\&-3&\\&&0\end{pmatrix}$　(B) $\begin{pmatrix}-3&&\\&0&\\&&0\end{pmatrix}$

(C) $\begin{pmatrix}3&&\\&3&\\&&0\end{pmatrix}$　(D) $\begin{pmatrix}3&&\\&-3&\\&&0\end{pmatrix}$

(5) 下面说法不正确的是(　　).

(A) 若 $\boldsymbol{X}$ 为矩阵 $\boldsymbol{A}$ 的属于 λ_1 的特征向量，则 $k\boldsymbol{X}(k\neq 0)$ 也为 $\boldsymbol{A}$ 的属于 λ_1 的特征向量

(B) $\boldsymbol{A}$ 和 $\boldsymbol{A}^{\mathrm{T}}$ 的特征值相同，特征向量一定不相同

(C) 实对称矩阵一定相似于对角矩阵

(D) 如果 $\boldsymbol{A}$ 与 $\boldsymbol{B}$ 相似，那么 $\lambda\boldsymbol{E}-\boldsymbol{A}$ 与 $\lambda\boldsymbol{E}-\boldsymbol{B}$ 相似

(6) 若 $\boldsymbol{A},\boldsymbol{B}$ 为 n 阶矩阵且 $\boldsymbol{A}\sim\boldsymbol{B}$，则下列正确的是(　　).

(A) $\boldsymbol{A},\boldsymbol{B}$ 有相同的特征多项式

(B) $\boldsymbol{A},\boldsymbol{B}$ 相似于同一个对角矩阵

(C) 存在可逆矩阵 $\boldsymbol{P}$，使得 $\boldsymbol{P}^{\mathrm{T}}\boldsymbol{A}\boldsymbol{P}=\boldsymbol{B}$

(D) 存在正交矩阵 $\boldsymbol{P}$，使得 $\boldsymbol{P}^{\mathrm{T}}\boldsymbol{A}\boldsymbol{P}=\boldsymbol{B}$

(7) 已知 $\boldsymbol{A}\sim\boldsymbol{B}$，$\boldsymbol{B}=\begin{pmatrix}4&1&0\\-1&-1&0\\9&-3&4\end{pmatrix}$，那么 $|2\boldsymbol{A}+\boldsymbol{E}|=($　　$)$.

(A) -45　(B) 9　(C) 0　(D) -16

(8) 设 $\boldsymbol{A}=\begin{pmatrix}1&0&0\\0&1&2\\0&2&1\end{pmatrix}$，$\boldsymbol{B}=\begin{pmatrix}1&2&0\\2&1&0\\0&0&2\end{pmatrix}$，$\boldsymbol{C}=\begin{pmatrix}0&0&0\\0&1&2\\0&2&1\end{pmatrix}$，则下述命题正确的是(　　).

(A) $\boldsymbol{A}$ 与 $\boldsymbol{B}$ 等价，且 $\boldsymbol{A}$ 与 $\boldsymbol{B}$ 相似　　(B) $\boldsymbol{B}$ 与 $\boldsymbol{C}$ 相似，$\boldsymbol{B}$ 与 $\boldsymbol{C}$ 等价

(C) $R(\boldsymbol{A})=R(\boldsymbol{B})$，且 $\boldsymbol{A}$ 与 $\boldsymbol{B}$ 等价　　(D) $\boldsymbol{A}$ 与 $\boldsymbol{C}$ 等价，$\boldsymbol{A}$ 与 $\boldsymbol{C}$ 不相似

(9) 下列矩阵中哪一个可以对角化(　　).

(A) $\begin{pmatrix}1&-1&1\\0&0&0\\0&0&0\end{pmatrix}$　(B) $\begin{pmatrix}1&-1&1\\0&0&2\\0&0&0\end{pmatrix}$　(C) $\begin{pmatrix}1&-1&2\\0&0&2\\0&0&0\end{pmatrix}$　(D) $\begin{pmatrix}1&-2&2\\0&0&2\\0&0&0\end{pmatrix}$

(10) 设三阶矩阵 $\boldsymbol{A}$ 的特征值是 $1,1,2$，相应的特征向量分别为 $\boldsymbol{\alpha}_1,\boldsymbol{\alpha}_2,\boldsymbol{\alpha}_3$，则 $\boldsymbol{P}^{-1}\boldsymbol{A}\boldsymbol{P}=\begin{pmatrix}2&&\\&1&\\&&1\end{pmatrix}$ 的可逆矩阵 $\boldsymbol{P}$ 是(　　).

(A) $\boldsymbol{P}=(\boldsymbol{\alpha}_1,\boldsymbol{\alpha}_2,\boldsymbol{\alpha}_3)$　　(B) $\boldsymbol{P}=(\boldsymbol{\alpha}_1,\boldsymbol{\alpha}_3,\boldsymbol{\alpha}_2)$

(C) $\boldsymbol{P}=(\boldsymbol{\alpha}_3,\boldsymbol{\alpha}_1,\boldsymbol{\alpha}_2)$　　(D) $\boldsymbol{P}=(\boldsymbol{\alpha}_2,\boldsymbol{\alpha}_3,\boldsymbol{\alpha}_1)$

2. 填空题.

(1) 若 $\boldsymbol{A}$ 的一个特征值为 1，则 $|\boldsymbol{A}-\boldsymbol{E}|=$__________.

(2) 已知矩阵 $\boldsymbol{A}=\begin{pmatrix}3&2&-1\\t&-2&2\\3&s&-1\end{pmatrix}$ 的一个特征向量为 $(1,-2,3)^{\mathrm{T}}$，则 $s=$__________，$t=$__________.

(3) 三阶矩阵 $\boldsymbol{A}$ 与 $\boldsymbol{B}$ 相似，$\boldsymbol{A}$ 的特征值为 $1,-1,2$，那么 $|2\boldsymbol{B}^{-1}-\boldsymbol{E}|=$__________.

(4) n 阶矩阵 $\boldsymbol{A}$ 的 n 个特征值为 $0,1,2,\cdots,n-1$，那么 $|\boldsymbol{A}+\boldsymbol{E}|=$__________.

(5) 三阶矩阵 $\boldsymbol{A}$ 满足 $|\boldsymbol{A}+\boldsymbol{E}|=0$，$|\boldsymbol{A}|=0$，$|\boldsymbol{A}+2\boldsymbol{E}|=0$，则 $\operatorname{tr}(\boldsymbol{A})=$__________.

(6) 已知矩阵 $\boldsymbol{A}=\begin{pmatrix}0&2\\2&x\end{pmatrix}$ 与 $\boldsymbol{B}=\begin{pmatrix}y&2\\0&-2\end{pmatrix}$ 相似，那么 $x=$______，$y=$_______.

(7) 设矩阵 $\boldsymbol{A}\sim\begin{pmatrix}-3&&\\&3&\\&&-3\end{pmatrix}$，则 $\boldsymbol{A}^2=$__________.

(8) 已知三阶矩阵 $\boldsymbol{A}$ 的特征值为 $-1,5,5$，且 $\boldsymbol{A}$ 不可与对角矩阵相似，则 $R(-\boldsymbol{E}-\boldsymbol{A})=$__________，$R(5\boldsymbol{E}-\boldsymbol{A})=$__________.

(9) 设三阶矩阵 $\boldsymbol{A}$ 的三个特征值是 $-2,1,1$，相应的线性无关的特征向量分别为 $\boldsymbol{\alpha}_1,\boldsymbol{\alpha}_2,\boldsymbol{\alpha}_3$，令 $\boldsymbol{P}=(2\boldsymbol{\alpha}_1,\boldsymbol{\alpha}_2+\boldsymbol{\alpha}_3,\boldsymbol{\alpha}_2)$，则 $\boldsymbol{P}^{-1}\boldsymbol{A}\boldsymbol{P}=$__________.

(10) $\boldsymbol{A}$ 为三阶实对称矩阵，$\boldsymbol{\alpha}_1=(1,-2,6)^{\mathrm{T}},\boldsymbol{\alpha}_2=(2,-2,t)^{\mathrm{T}}$ 分别是 $\boldsymbol{A}$ 的属于特征值 $2,5$ 的特征向量，则 $t=$__________.

3. 判断题.

(1) 若 5 不是 $\boldsymbol{A}$ 的一个特征值，则 $\dfrac{1}{5}\boldsymbol{A}-\boldsymbol{E}$ 为可逆矩阵.

(2) 若 λ_1 和 λ_2 分别是矩阵 $\boldsymbol{A},\boldsymbol{B}$ 的特征值，则 $\lambda_1+\lambda_2$ 是 $\boldsymbol{A}+\boldsymbol{B}$ 的特征值.

(3) $\boldsymbol{A}$ 的属于不同特征值的特征向量也可能线性相关.

(4) 若 $\boldsymbol{X}_1$ 和 $\boldsymbol{X}_2$ 分别是 $\boldsymbol{A}$ 的属于特征值 λ_1 和 λ_2 的特征向量，则 $k_1\boldsymbol{X}_1+k_2\boldsymbol{X}_2$ 也是 $\boldsymbol{A}$ 的特征向量.

(5) $\boldsymbol{A},\boldsymbol{B}$ 是 n 阶矩阵，且 $|\boldsymbol{A}|\neq 0$，则 $\boldsymbol{AB}\sim\boldsymbol{BA}$.

(6) 设 $\boldsymbol{A},\boldsymbol{B}$ 都是 n 阶矩阵，且 $\boldsymbol{A}$ 与 $\boldsymbol{B}$ 相似，则 $\boldsymbol{A}$ 与 $\boldsymbol{B}$ 一定等价.

(7) 若 $\boldsymbol{A},\boldsymbol{B}$ 均为 n 阶方阵，则当 $|\boldsymbol{A}|\neq|\boldsymbol{B}|$ 时，$\boldsymbol{A}$ 与 $\boldsymbol{B}$ 一定不相似.

(8) n 阶矩阵 $\boldsymbol{A}$ 可对角化，那么 $\boldsymbol{A}$ 有 n 个不同的特征值.

4. 求下面矩阵的特征值与特征向量.

(1) $\begin{pmatrix}2&2\\1&3\end{pmatrix}$；　(2) $\begin{pmatrix}1&1&1\\0&0&0\\0&0&0\end{pmatrix}$；　(3) $\begin{pmatrix}1&1&1\\1&1&1\\1&1&1\end{pmatrix}$；　(4) $\begin{pmatrix}-1&3&-1\\-3&5&-1\\-3&3&1\end{pmatrix}$.

5. 设矩阵 $\begin{pmatrix}1&-2&0\\3&x&0\\1&7&2\end{pmatrix}$ 的特征值为 $2,3,4$，求 x 的值.

6. 已知三阶矩阵 $\boldsymbol{A}$ 的特征值为 $1,-1,2$，求 $\boldsymbol{A}^*$ 的特征值及 $|3\boldsymbol{A}^*-2\boldsymbol{A}+\boldsymbol{E}|$.

7. 设 $\boldsymbol{\eta}_1,\boldsymbol{\eta}_2$ 是矩阵 $\boldsymbol{A}$ 的属于不同特征值 λ_1,λ_2 的特征向量，证明：$3\boldsymbol{\eta}_1+5\boldsymbol{\eta}_2$ 不是 $\boldsymbol{A}$ 的特征向量.

8. 已知 $\boldsymbol{\alpha}=(1,1,0)^{\mathrm{T}}$ 是矩阵 $\boldsymbol{A}=\begin{pmatrix}x&1&0\\2&0&1\\6&-6&2\end{pmatrix}$ 的属于特征值 λ 的特征向量，求 x,λ.

9. 已知向量 $\boldsymbol{\alpha}=(1,k,1)^{\mathrm{T}}$ 是矩阵 $\boldsymbol{A}=\begin{pmatrix}2&1&1\\1&2&1\\1&1&2\end{pmatrix}$ 的逆矩阵 $\boldsymbol{A}^{-1}$ 的特征向量，求常数 k 的值.

10. 如果三阶矩阵 $\boldsymbol{A}$ 的特征值为 $2,3,-5$，求 $k\boldsymbol{E}+\boldsymbol{A}$ 为可逆矩阵的充要条件.

11. 已知 n 阶矩阵 $\boldsymbol{A}$ 满足 $|2\boldsymbol{A}+\boldsymbol{E}|=0$，证明：$-\dfrac{1}{2}$ 是矩阵 $\boldsymbol{A}$ 的特征值.

12. 如果三阶矩阵 $\boldsymbol{A}$ 满足 $\boldsymbol{A}^2-4\boldsymbol{A}-5\boldsymbol{E}=\boldsymbol{O}$，求 $\boldsymbol{A}$ 的特征值.

13. 如果三阶矩阵 $\boldsymbol{A}$ 的特征值为 $0,-1,2$，求 $2\boldsymbol{A}^3-\boldsymbol{A}^2+3\boldsymbol{A}+\boldsymbol{E}$ 的特征值和行列式.

14. 已知 $\boldsymbol{A}=\begin{pmatrix}0&0&1\\x&1&3x-4\\1&0&0\end{pmatrix}$，且 $\boldsymbol{A}$ 可对角化，求 x.

15. 判断下面矩阵是否可对角化.

(1) $\begin{pmatrix}1&0&2\\0&-1&0\\3&0&2\end{pmatrix}$；　(2) $\begin{pmatrix}2&0&1\\0&2&0\\0&0&2\end{pmatrix}$；　(3) $\begin{pmatrix}0&-1&0\\0&0&2\\0&0&5\end{pmatrix}$；　(4) $\begin{pmatrix}0&0&2\\0&0&5\\0&0&-1\end{pmatrix}$.

16. 已知矩阵 $\boldsymbol{A}$ 与 $\boldsymbol{B}$ 相似，且 $\boldsymbol{A}=\begin{pmatrix}2&0&0\\0&x&2\\0&2&3\end{pmatrix}$，$\boldsymbol{B}=\begin{pmatrix}1&0&0\\0&y&0\\0&0&2\end{pmatrix}$，求

(1) x,y 的值；

(2) 可逆矩阵 $\boldsymbol{P}$，使 $\boldsymbol{P}^{-1}\boldsymbol{AP}=\boldsymbol{B}$.

17. 设矩阵 $\boldsymbol{A}=\begin{pmatrix}1&1\\1&1\end{pmatrix}$，求 $\boldsymbol{A}^n$.

18. 设矩阵 $\boldsymbol{A}=\begin{pmatrix}1&0&1\\0&1&1\\0&1&1\end{pmatrix}$，求 $\boldsymbol{A}^{101}$.

19. 求正交矩阵使得下列实对称矩阵相似于对角矩阵.

(1) $\begin{pmatrix}1&0&0\\0&1&1\\0&1&1\end{pmatrix}$；　(2) $\begin{pmatrix}2&2&-2\\2&5&-4\\-2&-4&5\end{pmatrix}$；　(3) $\begin{pmatrix}2&1&1\\1&2&1\\1&1&2\end{pmatrix}$.

20. 三阶矩阵 $\boldsymbol{A}$ 的特征值为 $0,1,2$，对应于这三个特征值的特征向量依次为 $\boldsymbol{\alpha}_1=(1,1,0)^{\mathrm{T}}$，$\boldsymbol{\alpha}_2=(0,1,-1)^{\mathrm{T}}$，$\boldsymbol{\alpha}_3=(1,1,-1)^{\mathrm{T}}$，求矩阵 $\boldsymbol{A}$.

21. 设三阶实对称矩阵 $\boldsymbol{A}$ 的特征值为 $\lambda_1=-1,\lambda_2=2,\lambda_3=5$，已知 $\boldsymbol{\alpha}_1=(2,2,1)^{\mathrm{T}}$，$\boldsymbol{\alpha}_2=(-2,1,2)^{\mathrm{T}}$ 分别为 $-1,2$ 的特征向量，求矩阵 $\boldsymbol{A}$.

22. 设三阶实对称矩阵 $\boldsymbol{A}$ 的特征值为 $\lambda_1=8,\lambda_2=\lambda_3=-1$，$\boldsymbol{\alpha}_1=(1,1,1)^{\mathrm{T}}$ 为 $\lambda_1=8$ 的特征向量，求矩阵 $\boldsymbol{A}$.

23. 设 $\boldsymbol{A}$ 为 n 阶实对称矩阵，且满足 $\boldsymbol{A}^3+3\boldsymbol{A}^2+3\boldsymbol{A}+2\boldsymbol{E}=\boldsymbol{O}$，证明：$\boldsymbol{A}=-2\boldsymbol{E}$.

习 题 B

1. 证明：若 n 阶矩阵 $\boldsymbol{A}$ 为正交矩阵，λ 为矩阵 $\boldsymbol{A}$ 的任意特征值，则 λ^{-1} 也是矩阵 $\boldsymbol{A}$ 的特征值.

2. 如果 $\boldsymbol{A}_1$ 与 $\boldsymbol{B}_1$ 相似，$\boldsymbol{A}_2$ 与 $\boldsymbol{B}_2$ 相似. 证明：$\begin{pmatrix}\boldsymbol{A}_1&\boldsymbol{O}\\\boldsymbol{O}&\boldsymbol{A}_2\end{pmatrix}$ 与 $\begin{pmatrix}\boldsymbol{B}_1&\boldsymbol{O}\\\boldsymbol{O}&\boldsymbol{B}_2\end{pmatrix}$ 相似.

3. 求矩阵 $\begin{pmatrix}1&a&1\\a&b&a\\1&a&1\end{pmatrix}$ 与 $\begin{pmatrix}2&0&0\\0&b&0\\0&0&0\end{pmatrix}$ 相似的充要条件.

4. 设矩阵 $\boldsymbol{A}=\begin{pmatrix}0&0&1\\x&2&y\\4&0&0\end{pmatrix}$ 有三个线性无关的特征向量，求 x 与 y 需要满足的条件.

5. 设 n 阶矩阵 $\boldsymbol{A}=\begin{pmatrix}k&a_{12}&a_{13}&\cdots&a_{1n}\\0&k&a_{23}&\cdots&a_{2n}\\0&0&k&\cdots&a_{3n}\\\vdots&\vdots&\vdots&&\vdots\\0&0&0&0&k\end{pmatrix}$，判断矩阵 $\boldsymbol{A}$ 是否可对角化，并说明理由.

6. 设 $\boldsymbol{A}$ 为 5 阶实对称幂等矩阵，即 $\boldsymbol{A}^2=\boldsymbol{A}$ 且 $R(\boldsymbol{A})=3$.

(1) 试证存在正交矩阵 $\boldsymbol{Q}$，使得 $\boldsymbol{Q}^{-1}\boldsymbol{A}\boldsymbol{Q}=\operatorname{diag}(1,1,1,0,0)$；

(2) 求 $|5\boldsymbol{A}+\boldsymbol{E}|$.

7. 设三阶实对称矩阵 $\boldsymbol{A}$ 的特征值为 $\lambda_1=-1, \lambda_2=0, \lambda_3=1$, 已知 $(x,x+1,1)^{\mathrm{T}}$, $(1,x,1)^{\mathrm{T}}$ 分别为 $\boldsymbol{A}$ 的属于 $\lambda_1=0, \lambda_2=1$ 的特征向量，求矩阵 $\boldsymbol{A}$.

8. 求 x, y 的值和正交矩阵 $\boldsymbol{Q}$，使得 $\boldsymbol{Q}^{-1}\boldsymbol{A}\boldsymbol{Q}=\boldsymbol{\Lambda}$，其中

$$\boldsymbol{A}=\begin{pmatrix}1 & y & 1\\ y & x & 1\\ 1 & 1 & 1\end{pmatrix}, \quad \boldsymbol{\Lambda}=\begin{pmatrix}0 & 0 & 0\\ 0 & 1 & 0\\ 0 & 0 & 4\end{pmatrix}.$$

第6章测试题

第 7 章　二　次　型

二次型的研究起源于解析几何中化简二次曲线和二次曲面的方程的问题. 平面上，一曲线的方程为 $2x^2+2xy+2y^2=1$，由该方程不容易判断曲线的形状，如果作线性替换(7.2 节例 1)

$$\begin{cases} x=\dfrac{\sqrt{2}}{2}x'-\dfrac{\sqrt{2}}{2}y', \\ y=\dfrac{\sqrt{2}}{2}x'+\dfrac{\sqrt{2}}{2}y', \end{cases}$$

可得曲线的新方程为 $3x'^2+y'^2=1$，知曲线是椭圆；再如，另一曲线方程为 $xy=1$，如果也作上述线性替换，可得曲线的新方程为 $\dfrac{x'^2}{2}-\dfrac{y'^2}{2}=1$，知曲线为双曲线. 这是二次型在解析几何中的应用实例. 几何上，有心二次曲线当中心与原点重合时，它的一般方程是

$$ax^2+2bxy+cy^2=f\ .$$

方程的左边为 x,y 的二次齐次多项式，作适当的坐标变换：

$$\begin{cases} x=\cos\theta x'-\sin\theta y', \\ y=\sin\theta x'+\cos\theta y', \end{cases}$$

可将方程化为不含交叉项，只含平方项的标准形式

$$dx'^2+hy'^2=f\ .$$

称二次齐次多项式为二次型. 本章要处理如何将二次型通过可逆线性替换化为只含平方项的标准形的问题. 除此之外，本章还要讨论一种重要的实二次型——正定二次型以及与该二次型对应的正定矩阵.

7.1　二次型的定义和矩阵

7.1.1　基本概念

定义 7.1.1　如下形式的二次齐次多项式，称为数域 F 上的 n 元**二次型**:

$$\begin{aligned}f(x_1,x_2,\cdots,x_n)=&a_{11}x_1^2+a_{12}x_1x_2+a_{13}x_1x_3+\cdots+a_{1n}x_1x_n\\&+a_{21}x_2x_1+a_{22}x_2^2+a_{23}x_2x_3+\cdots+a_{2n}x_2x_n\\&+\cdots\\&+a_{n1}x_nx_1+a_{n2}x_nx_2+a_{n3}x_nx_3+\cdots+a_{nn}x_n^2,\end{aligned}\tag{7.1.1}$$

其中 a_{ij} 是数域 F 上的数. 本章以实数域和复数域上的二次型为重点讨论对象，分别简称为**实二次型**和**复二次型**.

【注】 可见 $a_{ij}+a_{ji}$ 是 x_ix_j 的系数，a_{ii} 是 x_i^2 的系数.

为了能借助矩阵这一工具来解决二次型的问题，对此将建立二次型与矩阵之间的关系. 在正式引出二次型的矩阵之前，先来看下面的例子：

$$2x^2+6xy+y^2=(x,y)\begin{pmatrix}2&1\\5&1\end{pmatrix}\begin{pmatrix}x\\y\end{pmatrix},$$

$$2x^2+6xy+y^2=(x,y)\begin{pmatrix}2&0\\6&1\end{pmatrix}\begin{pmatrix}x\\y\end{pmatrix},$$

$$2x^2+6xy+y^2=(x,y)\begin{pmatrix}2&3\\3&1\end{pmatrix}\begin{pmatrix}x\\y\end{pmatrix}$$

均成立. 当然，还有其他可能. 用哪一个“好”呢?

由第 6 章实对称矩阵的对角化，我们知道实对称矩阵具有更好的性质，因此选择第三个. 下面给出二次型的矩阵.

类似上例，将式(7.1.1)写成矩阵的乘积，即

$$\begin{aligned}f(x_1,x_2,\cdots,x_n)&=(x_1,x_2,\cdots,x_n)\begin{pmatrix}a_{11}x_1+a_{12}x_2+\cdots+a_{1n}x_n\\a_{21}x_1+a_{22}x_2+\cdots+a_{2n}x_n\\\vdots\\a_{n1}x_1+a_{n2}x_2+\cdots+a_{nn}x_n\end{pmatrix}\\&=(x_1,x_2,\cdots,x_n)\begin{pmatrix}a_{11}&a_{12}&\cdots&a_{1n}\\a_{21}&a_{22}&\cdots&a_{2n}\\\vdots&\vdots&&\vdots\\a_{n1}&a_{n2}&\cdots&a_{nn}\end{pmatrix}\begin{pmatrix}x_1\\x_2\\\vdots\\x_n\end{pmatrix}\\&=\boldsymbol{X}^{\mathrm{T}}\boldsymbol{A}\boldsymbol{X},\end{aligned}\tag{7.1.2}$$

其中

$$\boldsymbol{A}=\begin{pmatrix}a_{11}&a_{12}&\cdots&a_{1n}\\a_{21}&a_{22}&\cdots&a_{2n}\\\vdots&\vdots&&\vdots\\a_{n1}&a_{n2}&\cdots&a_{nn}\end{pmatrix},\quad \boldsymbol{X}=\begin{pmatrix}x_1\\x_2\\\vdots\\x_n\end{pmatrix}.$$

例 1　写出二次型 $\boldsymbol{X}^{\mathrm{T}}\boldsymbol{A}\boldsymbol{X}$，其中

(1) $\boldsymbol{A}=\begin{pmatrix}2&0&5\\4&1&6\\3&-2&-1\end{pmatrix}$；(2) $\boldsymbol{A}=\begin{pmatrix}2&2&4\\2&1&2\\4&2&-1\end{pmatrix}$；(3) $\boldsymbol{A}=\begin{pmatrix}3&0&0\\0&1&0\\0&0&0\end{pmatrix}$.

解　(1) $\boldsymbol{X}^{\mathrm{T}}\boldsymbol{A}\boldsymbol{X}=2x_1^2+x_2^2-x_3^2+4x_1x_2+8x_1x_3+4x_2x_3$；

(2) $\boldsymbol{X}^{\mathrm{T}}\boldsymbol{A}\boldsymbol{X}=2x_1^2+x_2^2-x_3^2+4x_1x_2+8x_1x_3+4x_2x_3$；

(3) $\boldsymbol{X}^{\mathrm{T}}\boldsymbol{A}\boldsymbol{X}=3x_1^2+x_2^2+0x_3^2=3x_1^2+x_2^2$.

定义 7.1.2　若式(7.1.2)中的 $\boldsymbol{A}=\begin{pmatrix}a_{11}&a_{12}&\cdots&a_{1n}\\a_{21}&a_{22}&\cdots&a_{2n}\\\vdots&\vdots&&\vdots\\a_{n1}&a_{n2}&\cdots&a_{nn}\end{pmatrix}$ 为对称矩阵，称 $\boldsymbol{A}$ 为二次型(7.1.1)的**矩阵**，矩阵 $\boldsymbol{A}$ 的秩称为二次型的**秩**.

【注】 (1) 任意二次型的矩阵为对称矩阵.

(2) 二次型的矩阵与二次型之间是一一对应的(图 7.1.1).

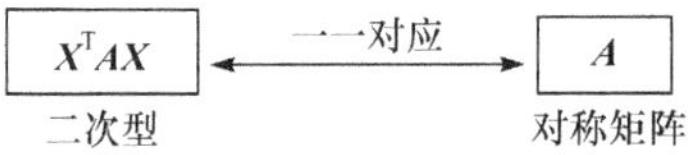

图 7.1.1

(3) 矩阵的阶数与二次型的变元个数相同.

例 2　写出下面二次型的矩阵

$$f(x_1,x_2,x_3)=6x_1x_2-10x_1x_3+4x_2x_3.$$

解　根据二次型矩阵的定义直接将矩阵写出

$$\boldsymbol{A}=\begin{pmatrix}0&3&-5\\3&0&2\\-5&2&0\end{pmatrix}.$$

7.1.2　线性替换

就像引言中对 $2x^2+2xy+2y^2=1$ 所作的线性替换，给出一般情况的线性替换.

定义 7.1.3　设 $x_1,x_2,\cdots,x_n$ 和 $y_1,y_2,\cdots,y_n$ 是两组变量，如下表达式

$$\begin{cases}x_1=c_{11}y_1+c_{12}y_2+\cdots+c_{1n}y_n,\\x_2=c_{21}y_1+c_{22}y_2+\cdots+c_{2n}y_n,\\\qquad\cdots\cdots\\x_n=c_{n1}y_1+c_{n2}y_2+\cdots+c_{nn}y_n\end{cases}\tag{7.1.3}$$

称为由变量 $x_1,x_2,\cdots,x_n$ 到变量 $y_1,y_2,\cdots,y_n$ 的**线性替换**.

类似于线性方程组的矩阵表达式，(7.1.3)可用 $\boldsymbol{X}=\boldsymbol{C}\boldsymbol{Y}$ 来表达，其中

$$C=\begin{pmatrix} c_{11} & c_{12} & \cdots & c_{1n} \\ c_{21} & c_{22} & \cdots & c_{2n} \\ \vdots & \vdots & & \vdots \\ c_{n1} & c_{n2} & \cdots & c_{nn} \end{pmatrix},\quad X=\begin{pmatrix} x_1 \\ x_2 \\ \vdots \\ x_n \end{pmatrix},\quad Y=\begin{pmatrix} y_1 \\ y_2 \\ \vdots \\ y_n \end{pmatrix}.$$

如果$\boldsymbol{C}$为可逆矩阵，称上述线性替换为**可逆线性替换**；如果$\boldsymbol{C}$为正交矩阵，称上述线性替换为**正交替换**.

如果$X=C_1Y$, $Y=C_2Z$均为可逆线性替换，则得到由变量$x_1,\cdots,x_n$到变量$z_1,\cdots,z_n$的可逆线性替换$X=C_1C_2Z$.

【注】 本章要求所作的线性替换均为可逆线性替换.

称没有进行可逆线性替换之前的二次型为旧二次型，经可逆线性替换之后得到的二次型为新二次型. 接下来讨论旧二次型与新二次型的矩阵之间的关系，为此首先引入矩阵合同的概念.

定义 7.1.4 对于同阶方阵A,B，若存在可逆矩阵C使得$C^{\mathrm{T}}AC=B$，则称A与B**合同**，记为$A\simeq B$.

显然合同的矩阵有同秩性：若$A\simeq B$，则$R(A)=R(B)$.

类似于相似矩阵，合同矩阵也有如下性质，读者可自行推导.

(1) 自反性：$A\simeq A$；

(2) 对称性：若$A\simeq B$，则$B\simeq A$；

(3) 传递性：若$A\simeq B$，$B\simeq C$，则$A\simeq C$.

【思考】 矩阵的相似关系与矩阵的合同关系有何异同？两者是否在某种情形下是一致的？

7.1.3 新旧二次型的矩阵关系

上面将二次型及线性替换均表示为矩阵形式，下面要讨论新旧二次型的矩阵关系.

定理 7.1.1 经过可逆线性替换，新二次型与旧二次型的矩阵是合同的. 反之，若两个对称矩阵合同，则以它们为矩阵的二次型可以经过可逆线性替换互化.

证明 设$f(X)=X^{\mathrm{T}}AX$为旧二次型，A为它的矩阵，故$A^{\mathrm{T}}=A$. 又设可逆线性替换为$X=CY$, 其中C为可逆矩阵.

将$X=CY$代入旧二次型$f(X)=X^{\mathrm{T}}AX$中，得

$$X^{\mathrm{T}}AX=(CY)^{\mathrm{T}}A(CY)=Y^{\mathrm{T}}C^{\mathrm{T}}ACY=Y^{\mathrm{T}}(C^{\mathrm{T}}AC)Y.$$

令$B=C^{\mathrm{T}}AC$, 有$X^{\mathrm{T}}AX=Y^{\mathrm{T}}BY$. 因为

$$B^{\mathrm{T}}=(C^{\mathrm{T}}AC)^{\mathrm{T}}=C^{\mathrm{T}}A^{\mathrm{T}}(C^{\mathrm{T}})^{\mathrm{T}}=C^{\mathrm{T}}AC=B,$$

所以$\boldsymbol{B}=\boldsymbol{C}^{\mathrm{T}}\boldsymbol{A}\boldsymbol{C}$为新二次型$\boldsymbol{Y}^{\mathrm{T}}\boldsymbol{B}\boldsymbol{Y}$的矩阵. 由于$\boldsymbol{C}$为可逆矩阵且$\boldsymbol{B}=\boldsymbol{C}^{\mathrm{T}}\boldsymbol{A}\boldsymbol{C}$，因此$\boldsymbol{A}\simeq\boldsymbol{B}$.

反之，若$\boldsymbol{A}\simeq\boldsymbol{B}$，即存在可逆矩阵$\boldsymbol{C}$使得$\boldsymbol{C}^{\mathrm{T}}\boldsymbol{A}\boldsymbol{C}=\boldsymbol{B}$. 此时只需把$\boldsymbol{B}=\boldsymbol{C}^{\mathrm{T}}\boldsymbol{A}\boldsymbol{C}$代入二次型$\boldsymbol{Y}^{\mathrm{T}}\boldsymbol{B}\boldsymbol{Y}$便有

$$g(\boldsymbol{Y})=\boldsymbol{Y}^{\mathrm{T}}\boldsymbol{B}\boldsymbol{Y}=\boldsymbol{Y}^{\mathrm{T}}(\boldsymbol{C}^{\mathrm{T}}\boldsymbol{A}\boldsymbol{C})\boldsymbol{Y}=(\boldsymbol{C}\boldsymbol{Y})^{\mathrm{T}}\boldsymbol{A}(\boldsymbol{C}\boldsymbol{Y}).$$

令$\boldsymbol{X}=\boldsymbol{C}\boldsymbol{Y}$，则$\boldsymbol{Y}^{\mathrm{T}}\boldsymbol{B}\boldsymbol{Y}=\boldsymbol{X}^{\mathrm{T}}\boldsymbol{A}\boldsymbol{X}$.

即若两个对称矩阵合同，则以它们为矩阵的二次型可以经过可逆线性替换互化.

【注】 (1) 定理7.1.1可以用图7.1.2来表达.

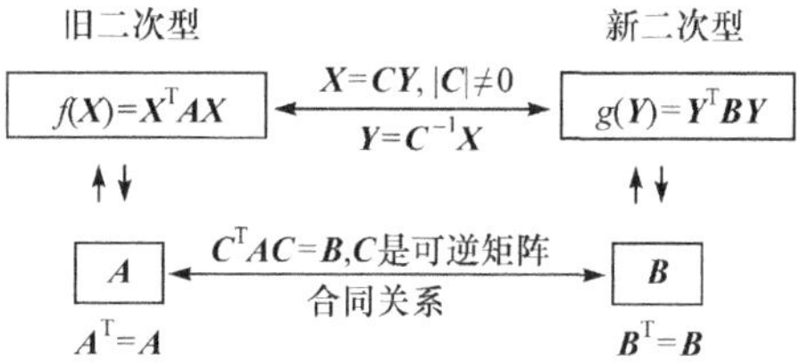

旧二次型　　　　新二次型

$f(\boldsymbol{X})=\boldsymbol{X}^{\mathrm{T}}\boldsymbol{A}\boldsymbol{X}$ ⟷ $\boldsymbol{X}=\boldsymbol{C}\boldsymbol{Y},\ |\boldsymbol{C}|\neq 0$；$\boldsymbol{Y}=\boldsymbol{C}^{-1}\boldsymbol{X}$ ⟷ $g(\boldsymbol{Y})=\boldsymbol{Y}^{\mathrm{T}}\boldsymbol{B}\boldsymbol{Y}$

↑↓　　　　↑↓

$\boldsymbol{A}$ ⟷ $\boldsymbol{C}^{\mathrm{T}}\boldsymbol{A}\boldsymbol{C}=\boldsymbol{B}$，$\boldsymbol{C}$是可逆矩阵；合同关系 ⟷ $\boldsymbol{B}$

$\boldsymbol{A}^{\mathrm{T}}=\boldsymbol{A}$　　　　$\boldsymbol{B}^{\mathrm{T}}=\boldsymbol{B}$

图 7.1.2

(2) 二次型的互化问题可以通过对称矩阵的合同关系来解决；反之，对称矩阵的合同问题可以利用二次型的互化解决.

(3) 图7.1.2中可逆替换$\boldsymbol{X}=\boldsymbol{C}\boldsymbol{Y}$的可逆矩阵$\boldsymbol{C}$与$\boldsymbol{C}^{\mathrm{T}}\boldsymbol{A}\boldsymbol{C}=\boldsymbol{B}$中的可逆矩阵$\boldsymbol{C}$是同一个矩阵.

例 3 已知二次型$f(x_1,x_2,x_3)=x_1^2-x_2^2+2x_1x_2-2x_2x_3$，试求经过下面的可逆线性替换后的二次型：

$$\begin{cases}x_1=y_1+y_2+y_3,\\x_2=y_2+y_3,\\x_3=y_3.\end{cases}$$

解 如果把可逆线性替换直接代入旧二次型，经过化简整理可以计算出新二次型. 但我们想利用一下图7.1.2，借助矩阵把新二次型求出来.

首先，旧二次型$x_1^2-x_2^2+2x_1x_2-2x_2x_3$的矩阵为

$$\boldsymbol{A}=\begin{pmatrix}1&1&0\\1&-1&-1\\0&-1&0\end{pmatrix},$$

所给线性替换的矩阵为

$$C=\begin{pmatrix}1&1&1\\0&1&1\\0&0&1\end{pmatrix}.$$

易见$|C|\neq 0$. 由定理7.1.1知，只需计算出$C^{\mathrm{T}}AC$，即可写出替换后的二次型.

$$C^{\mathrm{T}}AC=\begin{pmatrix}1&0&0\\1&1&0\\1&1&1\end{pmatrix}\begin{pmatrix}1&1&0\\1&-1&-1\\0&-1&0\end{pmatrix}\begin{pmatrix}1&1&1\\0&1&1\\0&0&1\end{pmatrix}=\begin{pmatrix}1&2&2\\2&2&1\\2&1&0\end{pmatrix},$$

因此，替换后的二次型为

$$y_1^2+2y_2^2+4y_1y_2+4y_1y_3+2y_2y_3.$$

例 4 证明：矩阵$\begin{pmatrix}a_1&0&0\\0&a_2&0\\0&0&a_3\end{pmatrix}\simeq\begin{pmatrix}a_3&0&0\\0&a_1&0\\0&0&a_2\end{pmatrix}$.

证明 设

$$f(X)=X^{\mathrm{T}}\begin{pmatrix}a_1&0&0\\0&a_2&0\\0&0&a_3\end{pmatrix}X=a_1x_1^2+a_2x_2^2+a_3x_3^2,$$

$$g(Y)=Y^{\mathrm{T}}\begin{pmatrix}a_3&0&0\\0&a_1&0\\0&0&a_2\end{pmatrix}Y=a_3y_1^2+a_1y_2^2+a_2y_3^2.$$

显然，若令$\begin{cases}x_1=y_2,\\x_2=y_3,\\x_3=y_1,\end{cases}$即$X=CY$，其中$C=\begin{pmatrix}0&1&0\\0&0&1\\1&0&0\end{pmatrix}$，$|C|\neq 0$，可将$f(X)$化为$g(Y)$.

因此有

$$\begin{pmatrix}0&1&0\\0&0&1\\1&0&0\end{pmatrix}^{\mathrm{T}}\begin{pmatrix}a_1&0&0\\0&a_2&0\\0&0&a_3\end{pmatrix}\begin{pmatrix}0&1&0\\0&0&1\\1&0&0\end{pmatrix}=\begin{pmatrix}a_3&0&0\\0&a_1&0\\0&0&a_2\end{pmatrix},$$

即

$$\begin{pmatrix}a_1&0&0\\0&a_2&0\\0&0&a_3\end{pmatrix}\simeq\begin{pmatrix}a_3&0&0\\0&a_1&0\\0&0&a_2\end{pmatrix}.$$

【思考】 本题还有其他的可逆线性替换进行二次型转化吗？

 **随堂练习**

1. 二次型 $f(x_1,x_2,x_3)=x_1^2-4x_1x_2+2x_1x_3+x_2^2+2x_2x_3-2x_3^2$ 的矩阵为________，该二次型的秩为________.

2. 二次型 $f(x_1,x_2,x_3)=(x_1,x_2,x_3)\begin{pmatrix}1&7&2\\-3&-2&2\\4&0&3\end{pmatrix}\begin{pmatrix}x_1\\x_2\\x_3\end{pmatrix}$ 的矩阵为________，该二次型的秩为________.

3. 对称矩阵 $\begin{pmatrix}-1&2&3\\2&2&0\\3&0&4\end{pmatrix}$ 所对应的二次型为________.

4. 证明：矩阵 $\begin{pmatrix}1&0&0\\0&2&0\\0&0&3\end{pmatrix}\simeq\begin{pmatrix}3&0&0\\0&2&0\\0&0&4\end{pmatrix}$.

5. 合同矩阵必相似，这一论断是否正确？其逆命题呢？

7.2 化二次型为标准形

本节讨论如何化二次型为标准形的问题，7.1 节例 1 中的(3)对应的二次型就是标准形.

本章引言中，由于所给曲线的方程不是标准方程，不易直接识别曲线形状. 因此找到合适的坐标变换进行旋转，使得曲线在新坐标系下的方程为只含平方项而不含交叉项的标准方程的形式，从而判断出曲线的形状. 现在对于任意二次型，也希望寻找适当的线性替换，将其变换为只含平方项而不含交叉项的二次型，称之为旧二次型的标准形.

定义 7.2.1 如果一个二次型只含变量的平方项，称这个二次型为**标准形**，即标准形是如下形式：

$$d_1x_1^2+d_2x_2^2+\cdots+d_nx_n^2.$$

可见，标准形的矩阵是对角矩阵 $\begin{pmatrix}d_1&&&\\&d_2&&\\&&\ddots&\\&&&d_n\end{pmatrix}$. 由于对二次型进行可逆线性替换就相当于讨论对称矩阵的合同问题，这样求可逆线性替换化二次型为标准形的问题，即求可逆矩阵 $\boldsymbol{C}$ 使得对称矩阵合同于对角矩阵的问题.

7.2.1　正交替换法化实二次型为标准形

由第6章关于实对称矩阵的理论可知，任意一个实对称矩阵都可以找到一个正交矩阵使得它相似于对角矩阵. 联系二次型的内容，可以得到下面的定理.

定理 7.2.1　任意一个实二次型可经过正交替换化为标准形，标准形的系数由实二次型的矩阵的特征值来决定.

在证明定理之前先看一下第6章的一个例子：设 $\boldsymbol{A}=\begin{pmatrix}1&2&2\\2&1&2\\2&2&1\end{pmatrix}$，求正交矩阵 $\boldsymbol{Q}$ 使得 $\boldsymbol{Q}^{-1}\boldsymbol{A}\boldsymbol{Q}$ 为对角矩阵. 若该矩阵 $\boldsymbol{A}$ 为二次型 $f(x_1,x_2,x_3)$ 的矩阵，可以把题目改写为：已知二次型 $f(x_1,x_2,x_3)=x_1^2+x_2^2+x_3^2+4x_1x_2+4x_1x_3+4x_2x_3$，求正交替换 $\boldsymbol{X}=\boldsymbol{Q}\boldsymbol{Y}$，将该二次型化为标准形.

我们发现其实这两种说法实际上是指同一个问题(图 7.2.1)，它其实就是利用了图 7.1.2 的变形.

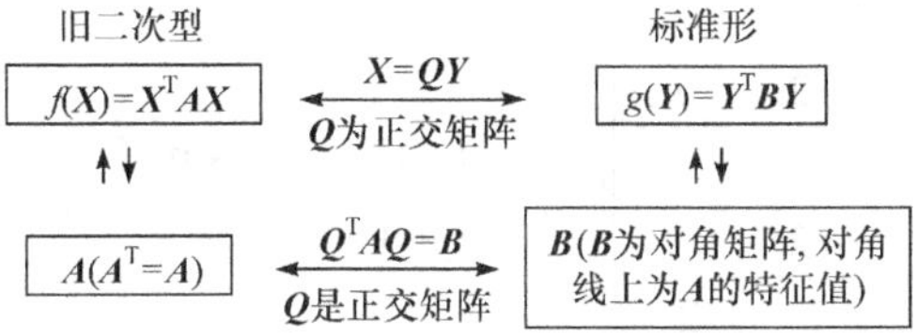

旧二次型　　标准形

$f(\boldsymbol{X})=\boldsymbol{X}^{\mathrm{T}}\boldsymbol{A}\boldsymbol{X}$ ⟷ ($\boldsymbol{X}=\boldsymbol{Q}\boldsymbol{Y}$，$\boldsymbol{Q}$为正交矩阵) ⟷ $g(\boldsymbol{Y})=\boldsymbol{Y}^{\mathrm{T}}\boldsymbol{B}\boldsymbol{Y}$

↑↓　　↑↓

$\boldsymbol{A}(\boldsymbol{A}^{\mathrm{T}}=\boldsymbol{A})$ ⟷ ($\boldsymbol{Q}^{\mathrm{T}}\boldsymbol{A}\boldsymbol{Q}=\boldsymbol{B}$，$\boldsymbol{Q}$是正交矩阵) ⟷ $\boldsymbol{B}$($\boldsymbol{B}$为对角矩阵，对角线上为$\boldsymbol{A}$的特征值)

图 7.2.1

证明　由于实二次型的矩阵 $\boldsymbol{A}$ 为实对称矩阵，根据第6章可找到一个正交矩阵 $\boldsymbol{Q}$，使得实对称矩阵 $\boldsymbol{A}$ 相似于对角矩阵，且对角线元素为矩阵的特征值，即

$$\boldsymbol{Q}^{-1}\boldsymbol{A}\boldsymbol{Q}=\boldsymbol{Q}^{\mathrm{T}}\boldsymbol{A}\boldsymbol{Q}=\begin{pmatrix}\lambda_1&&&\\&\lambda_2&&\\&&\ddots&\\&&&\lambda_n\end{pmatrix}.$$

这样令 $\boldsymbol{X}=\boldsymbol{Q}\boldsymbol{Y}$，即可得到二次型的标准形为 $\lambda_1y_1^2+\lambda_2y_2^2+\cdots+\lambda_ny_n^2$.

【注】　图 7.2.1 是图 7.1.2 的变形，此时新二次型为标准形，可逆矩阵 $\boldsymbol{C}$ 变成了正交矩阵 $\boldsymbol{Q}$，标准形的矩阵是以旧二次型的矩阵 $\boldsymbol{A}$ 的特征值为元素的对角矩阵.

由定理 7.2.1 得到正交替换法化实二次型为标准形的一般步骤：

(1) 首先写出二次型的矩阵 $\boldsymbol{A}$；

(2) 参照 6.3 节得到正交矩阵 $\boldsymbol{Q}$；

(3) 令 $\boldsymbol{X}=\boldsymbol{QY}$，得到二次型的标准形 $\lambda_1 y_1^2+\lambda_2 y_2^2+\cdots+\lambda_n y_n^2$.

例 1 试判断平面上二次曲线 $2x^2+2xy+2y^2=1$ 的形状.

解 由于方程的左边是一个二元二次型，如果通过正交替换化为标准形，便可看出它的几何形状且知道它的对称轴.

首先，二次型 $2x^2+2xy+2y^2$ 的矩阵为 $\boldsymbol{A}=\begin{pmatrix}2&1\\1&2\end{pmatrix}$，可求出它的特征值为 $\lambda_1=3,\lambda_2=1$，对应的特征向量分别为 $\boldsymbol{X}_1=\begin{pmatrix}1\\1\end{pmatrix},\boldsymbol{X}_2=\begin{pmatrix}-1\\1\end{pmatrix}$，它们正交，单位化得到正交矩阵

$$\begin{pmatrix}\frac{\sqrt{2}}{2}&-\frac{\sqrt{2}}{2}\\\frac{\sqrt{2}}{2}&\frac{\sqrt{2}}{2}\end{pmatrix},$$

作正交替换

$$\begin{pmatrix}x\\y\end{pmatrix}=\begin{pmatrix}\frac{\sqrt{2}}{2}&-\frac{\sqrt{2}}{2}\\\frac{\sqrt{2}}{2}&\frac{\sqrt{2}}{2}\end{pmatrix}\begin{pmatrix}x'\\y'\end{pmatrix}=\begin{pmatrix}\cos45^\circ&-\sin45^\circ\\\sin45^\circ&\cos45^\circ\end{pmatrix}\begin{pmatrix}x'\\y'\end{pmatrix},$$

得到二次曲线的标准方程 $3x'^2+y'^2=1$. 这说明它是以 45° 对应方向为轴的椭圆，也就是本章引文中说的以坐标原点为中心的二次有心曲线经过适当坐标变换化为标准形的例子.

7.2.2 配方法化二次型为标准形

我们在中学时熟知配方法，逐次消去交叉项，最后只剩下平方项，以此得到标准形.

定理 7.2.2 数域 F 上的任一个二次型都可以经过可逆线性替换化为标准形.

证明略.

用矩阵的语言来描述定理 7.2.2 即任意对称矩阵一定合同于对角矩阵，如图 7.2.2 所示.

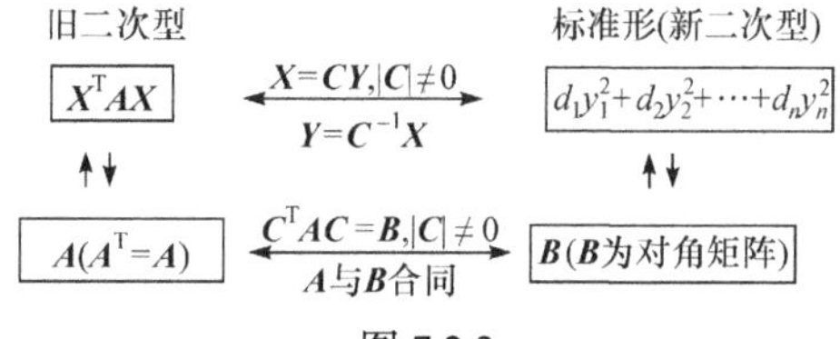

图 7.2.2

【注】 其中$\boldsymbol{B}=\begin{pmatrix} d_1 & & & \\ & d_2 & & \\ & & \ddots & \\ & & & d_n \end{pmatrix}$为对角矩阵，但对角线上的元素不一定为$\boldsymbol{A}$的特征值.

例2 用配方法将二次型$f(x_1,x_2,x_3)=x_1^2-x_2^2+2x_1x_2+2x_1x_3-2x_2x_3$化为标准形.

解 二次型有平方项，选变元x_1进行配方

$$\begin{aligned} & x_1^2-x_2^2+2x_1x_2+2x_1x_3-2x_2x_3 \\ &=(x_1^2+2x_1x_2+2x_1x_3)-x_2^2-2x_2x_3 && (\text{把含 } x_1 \text{ 的项选出}) \\ &=[x_1^2+2x_1(x_2+x_3)]-x_2^2-2x_2x_3 && (\text{找出要配方的平方项和交叉项}) \\ &=(x_1+x_2+x_3)^2-(x_2+x_3)^2-x_2^2-2x_2x_3 && (\text{减去多加的平方项}) \\ &=(x_1+x_2+x_3)^2-2x_2^2-4x_2x_3-x_3^2 && (\text{把 } x_1 \text{ 之外的项合并同类项}), \end{aligned}$$

对变元x_2重复上面的过程

$$\begin{aligned} \text{上式} &=(x_1+x_2+x_3)^2-2(x_2^2+2x_2x_3)-x_3^2 && (\text{把含 } x_2 \text{ 的项选出}) \\ &=(x_1+x_2+x_3)^2-2(x_2+x_3)^2+2x_3^2-x_3^2 && (\text{加上多减的平方项}) \\ &=(x_1+x_2+x_3)^2-2(x_2+x_3)^2+x_3^2 && (\text{把 } x_1,\ x_2 \text{ 之外的项合并同类项}). \end{aligned}$$

令$\begin{cases} y_1=x_1+x_2+x_3, \\ y_2=\sqrt{2}(x_2+x_3), \\ y_3=x_3 \end{cases}$（注意$y_3=x_3$不可少），即$\boldsymbol{Y}=\begin{pmatrix} 1 & 1 & 1 \\ 0 & \sqrt{2} & \sqrt{2} \\ 0 & 0 & 1 \end{pmatrix}\boldsymbol{X}$且$\begin{vmatrix} 1 & 1 & 1 \\ 0 & \sqrt{2} & \sqrt{2} \\ 0 & 0 & 1 \end{vmatrix}\neq 0$，计算可得$\boldsymbol{X}=\dfrac{\sqrt{2}}{2}\begin{pmatrix} \sqrt{2} & -1 & 0 \\ 0 & 1 & -\sqrt{2} \\ 0 & 0 & \sqrt{2} \end{pmatrix}\boldsymbol{Y}$，即二次型$x_1^2-x_2^2+2x_1x_2+2x_1x_3-2x_2x_3$经过可逆线性替换$\boldsymbol{X}=\dfrac{\sqrt{2}}{2}\begin{pmatrix} \sqrt{2} & -1 & 0 \\ 0 & 1 & -\sqrt{2} \\ 0 & 0 & \sqrt{2} \end{pmatrix}\boldsymbol{Y}$，得到标准形$y_1^2-y_2^2+y_3^2$.

【思考】 本例可以通过不同的方法进行配方，结果会不同，读者可尝试一下.

例3 用配方法化二次型$f(x_1,x_2,x_3)=2x_1x_2+2x_1x_3$为标准形.

解 由于该二次型无平方项，因此首先令

$$\begin{cases} x_1=y_1+y_2, \\ x_2=y_1-y_2, & (\text{构造平方项}), \\ x_3=y_3 \end{cases}$$

即

$$X=\begin{pmatrix}1&1&0\\1&-1&0\\0&0&1\end{pmatrix}Y,\quad \begin{vmatrix}1&1&0\\1&-1&0\\0&0&1\end{vmatrix}\neq 0.$$

$$\begin{aligned}原式&=2y_1^2-2y_2^2+2y_1y_3+2y_2y_3\\&=2(y_1^2+y_1y_3)-2y_2^2+2y_2y_3 &&(先对 y_1 进行配方)\\&=2\left(y_1+\frac{1}{2}y_3\right)^2-\frac{1}{2}y_3^2-2y_2^2+2y_2y_3\\&=2\left(y_1+\frac{1}{2}y_3\right)^2-2(y_2^2-y_2y_3)-\frac{1}{2}y_3^2 &&(余下的部分对 y_2 进行配方)\\&=2\left(y_1+\frac{1}{2}y_3\right)^2-2\left(y_2-\frac{1}{2}y_3\right)^2.\end{aligned}$$

令 $\begin{cases}z_1=y_1+\dfrac{1}{2}y_3,\\z_2=y_2-\dfrac{1}{2}y_3,\\z_3=y_3\end{cases}$（注意 $z_3=y_3$ 不可少），即 $Z=\begin{pmatrix}1&0&\frac{1}{2}\\0&1&-\frac{1}{2}\\0&0&1\end{pmatrix}Y$，又因为 $\begin{vmatrix}1&0&\frac{1}{2}\\0&1&-\frac{1}{2}\\0&0&1\end{vmatrix}\neq 0$，计算可得 $Y=\begin{pmatrix}1&0&-\frac{1}{2}\\0&1&\frac{1}{2}\\0&0&1\end{pmatrix}Z$，由两次可逆线性替换，得到由 x_1,x_2,x_3 到 z_1,z_2,z_3 的可逆线性替换 $X=\begin{pmatrix}1&1&0\\1&-1&-1\\0&0&1\end{pmatrix}Z$，其中 $\begin{vmatrix}1&1&0\\1&-1&-1\\0&0&1\end{vmatrix}\neq 0$，故 $f(x_1,x_2,x_3)=2x_1x_2+2x_1x_3$ 的标准形为 $2z_1^2-2z_2^2$.

【思考】 在例3第一步中所作的可逆线性替换唯一吗？还有其他方法吗？

7.2.3 初等变换法化二次型为标准形

初等变换是线性代数的有力工具，前面已经利用初等变换求行列式、矩阵的秩、可逆矩阵的逆矩阵、化简线性方程组的增广矩阵，而本节要用它来化简二次型为标准形. 用矩阵的语言描述:用初等变换解决矩阵的合同问题. 那么什么样的初等变换保持矩阵的合同关系呢？这要从初等变换在矩阵乘积中的作用寻找答案.

为了便于描述，首先定义合同变换.

定义 7.2.2 称下列初等变换为矩阵的**合同变换**，若

(1) 交换矩阵的第 i, j 行，再交换矩阵的第 i, j 列；

(2) 用非零数 c 乘以矩阵的第 i 行，再用非零数 c 乘以矩阵的第 i 列；

(3) 将矩阵的第 i 行的 k 倍加到第 j 行，再将矩阵的第 i 列的 k 倍加到第 j 列.

对矩阵进行合同变换保持矩阵的合同关系. 这样，就得到了初等变换法.

(1) 写出二次型的矩阵.

(2) 构造一个 $n\times 2n$ 的矩阵 $(\boldsymbol{A}\ \ \boldsymbol{E})$，并对该矩阵进行初等变换，其中对 $\boldsymbol{A}$ 作合同变换，而对 $\boldsymbol{E}$ 只作对应的初等行变换. 当 $\boldsymbol{A}$ 变为对角矩阵 $\boldsymbol{\Lambda}$ 时，$\boldsymbol{E}$ 变为矩阵 $\boldsymbol{P}^{\mathrm{T}}$，此时有 $\boldsymbol{P}^{\mathrm{T}}\boldsymbol{AP}=\boldsymbol{\Lambda}$ 成立，即

$$(\boldsymbol{A}\ \ \boldsymbol{E})\xrightarrow[\text{对}\boldsymbol{E}\text{只作对应的初等行变换}]{\text{对}\boldsymbol{A}\text{作合同变换}}(\boldsymbol{P}^{\mathrm{T}}\boldsymbol{AP}\ \ \boldsymbol{P}^{\mathrm{T}})=(\boldsymbol{\Lambda}\ \ \boldsymbol{P}^{\mathrm{T}}).$$

(3) 令 $\boldsymbol{X}=\boldsymbol{PY}$，写出矩阵 $\boldsymbol{\Lambda}$ 相应的标准形.

【注】 特别要注意利用初等变换求逆矩阵与化二次型为标准形的区别.

例 4 利用初等变换法将二次型 $f(x_1,x_2,x_3)=x_1^2-x_2^2+2x_1x_2+2x_1x_3-2x_2x_3$ 化为标准形.

解

$$(\boldsymbol{A}\ \ \boldsymbol{E})=\begin{pmatrix}1&1&1&1&0&0\\1&-1&-1&0&1&0\\1&-1&0&0&0&1\end{pmatrix}$$

$$\xrightarrow[\text{再对}\boldsymbol{A}\ \ c_2-c_1]{\text{对}\boldsymbol{A},\boldsymbol{E}\ \ r_2-r_1}\begin{pmatrix}1&0&1&1&0&0\\0&-2&-2&-1&1&0\\1&-2&0&0&0&1\end{pmatrix}$$

$$\xrightarrow[\text{再对}\boldsymbol{A}\ \ c_3-c_1]{\text{对}\boldsymbol{A},\boldsymbol{E}\ \ r_3-r_1}\begin{pmatrix}1&0&0&1&0&0\\0&-2&-2&-1&1&0\\0&-2&-1&-1&0&1\end{pmatrix}$$

$$\xrightarrow[\text{再对}\boldsymbol{A}\ \ c_3-c_2]{\text{对}\boldsymbol{A},\boldsymbol{E}\ \ r_3-r_2}\begin{pmatrix}1&0&0&1&0&0\\0&-2&0&-1&1&0\\0&0&1&0&-1&1\end{pmatrix}$$

$$=(\boldsymbol{P}^{\mathrm{T}}\boldsymbol{AP}\ \ \boldsymbol{P}^{\mathrm{T}})=(\boldsymbol{\Lambda}\ \ \boldsymbol{P}^{\mathrm{T}}),$$

即 $\boldsymbol{P}=\begin{pmatrix}1&-1&0\\0&1&-1\\0&0&1\end{pmatrix}$，易知 $|\boldsymbol{P}|\neq 0$. 令 $\boldsymbol{X}=\boldsymbol{PY}$，则原二次型经过可逆线性替换 $\boldsymbol{X}=\boldsymbol{PY}$ 化为标准形 $y_1^2-2y_2^2+y_3^2$.

【注】 (1) 为了把 $\boldsymbol{A}$ 化为对角形，先对 $\boldsymbol{A},\boldsymbol{E}$ 进行相同的初等行变换，再对 $\boldsymbol{A}$

进行相应的初等列变换.

(2) 本例中为了保证计算准确性, 可验证得到的 $\boldsymbol{P},\boldsymbol{\Lambda}$ 应使 $\boldsymbol{P}^{\mathrm{T}}\boldsymbol{A}\boldsymbol{P}=\boldsymbol{\Lambda}$ 成立; 例4是例2的又一解法.

事实上，上述过程可以简化为

$$(\boldsymbol{A}\quad \boldsymbol{E})=\begin{pmatrix}1&1&1&1&0&0\\1&-1&-1&0&1&0\\1&-1&0&0&0&1\end{pmatrix}\xrightarrow[\substack{r_2-r_1\\ r_3-r_1}]{\text{对}\boldsymbol{A},\boldsymbol{E}}\begin{pmatrix}1&1&1&1&0&0\\0&-2&-2&-1&1&0\\0&-2&-1&-1&0&1\end{pmatrix}$$

$$\xrightarrow[r_3-r_2]{\text{对}\boldsymbol{A},\boldsymbol{E}}\begin{pmatrix}1&1&1&1&0&0\\0&-2&-2&-1&1&0\\0&0&1&0&-1&1\end{pmatrix}=(\boldsymbol{P}^{\mathrm{T}}\boldsymbol{A}\qquad \boldsymbol{P}^{\mathrm{T}}),$$

上三角矩阵 $\boldsymbol{P}^{\mathrm{T}}\boldsymbol{A}$ 的对角线元素即标准形的系数.

例 5 用初等变换法将二次型 $f(x_1,x_2,x_3)=2x_1x_2+2x_1x_3$ 化为标准形.

解 $(\boldsymbol{A}\quad \boldsymbol{E})=\begin{pmatrix}0&1&1&1&0&0\\1&0&0&0&1&0\\1&0&0&0&0&1\end{pmatrix}$

$$\xrightarrow[\text{再对}\boldsymbol{A}\quad c_1+c_2]{\text{对}\boldsymbol{A},\boldsymbol{E}\quad r_1+r_2}\begin{pmatrix}2&1&1&1&1&0\\1&0&0&0&1&0\\1&0&0&0&0&1\end{pmatrix}$$

$$\xrightarrow[\text{再对}\boldsymbol{A}\quad c_2-\frac{1}{2}c_1]{\text{对}\boldsymbol{A},\boldsymbol{E}\quad r_2-\frac{1}{2}r_1}\begin{pmatrix}2&0&1&1&1&0\\0&-\frac{1}{2}&-\frac{1}{2}&-\frac{1}{2}&\frac{1}{2}&0\\1&-\frac{1}{2}&0&0&0&1\end{pmatrix}$$

$$\xrightarrow[\text{再对}\boldsymbol{A}\quad c_3-\frac{1}{2}c_1]{\text{对}\boldsymbol{A},\boldsymbol{E}\quad r_3-\frac{1}{2}r_1}\begin{pmatrix}2&0&0&1&1&0\\0&-\frac{1}{2}&-\frac{1}{2}&-\frac{1}{2}&\frac{1}{2}&0\\0&-\frac{1}{2}&-\frac{1}{2}&-\frac{1}{2}&-\frac{1}{2}&1\end{pmatrix}$$

$$\xrightarrow[\text{再对}\boldsymbol{A}\quad c_3-c_2]{\text{对}\boldsymbol{A},\boldsymbol{E}\quad r_3-r_2}\begin{pmatrix}2&0&0&1&1&0\\0&-\frac{1}{2}&0&-\frac{1}{2}&\frac{1}{2}&0\\0&0&0&0&-1&1\end{pmatrix}$$

$$=(\boldsymbol{P}^{\mathrm{T}}\boldsymbol{A}\boldsymbol{P}\quad \boldsymbol{P}^{\mathrm{T}})=(\boldsymbol{\Lambda}\quad \boldsymbol{P}^{\mathrm{T}}),$$

即 $\boldsymbol{P}=\frac{1}{2}\begin{pmatrix}2&-1&0\\2&1&-2\\0&0&2\end{pmatrix}$，易知 $|\boldsymbol{P}|\neq 0$. 令 $\boldsymbol{X}=\boldsymbol{PY}$，则二次型 $2x_1x_2+2x_1x_3$ 经过可逆线性替换 $\boldsymbol{X}=\boldsymbol{PY}$ 化为标准形 $2y_1^2-\frac{1}{2}y_2^2$.

【注】 (1) 此例中 $\boldsymbol{A}$ 的主对角元素均为零，为了把 $\boldsymbol{A}$ 化为对角形，先对 $\boldsymbol{A},\boldsymbol{E}$ 进行相同的初等行变换，使 $\boldsymbol{A}$ 的第一行、第一列元素不为零，再只对 $\boldsymbol{A}$ 进行相应的初等列变换；但是交换两行，倍乘不行.

(2) 从上面的四个例子看出二次型的标准形不是唯一的.

(3) 标准形的非零项的个数是一致的，这是由于合同保持矩阵的秩不变.

(4) 旧二次型 $\boldsymbol{X}^{\mathrm{T}}\boldsymbol{AX}$ 经过可逆线性替换(设为 $\boldsymbol{X}=\boldsymbol{PY}$)得到新二次型 $\boldsymbol{Y}^{\mathrm{T}}\boldsymbol{BY}$，而 $\boldsymbol{B}$ 不唯一，可利用 $\boldsymbol{B}=\boldsymbol{P}^{\mathrm{T}}\boldsymbol{AP}$ 来判断正确与否.

【思考】 由例2与例4分别得到的二次型的标准形矩阵有什么关系？例3与例5呢？

随堂练习

1. 下面的配方过程是否正确？若不正确，说明理由.

$f(x_1,x_2,x_3)=(2x_1+x_2+x_3)^2+(-x_1+2x_2+x_3)^2+(x_1+3x_2+2x_3)^2$，令

$$\begin{cases}y_1=2x_1+x_2+x_3,\\y_2=-x_1+2x_2+x_3,\\y_3=x_1+3x_2+2x_3,\end{cases}$$

从而化为标准形 $y_1^2+y_2^2+y_3^2$.

2. 下面的配方过程是否正确？若不正确，说明理由.

$f(x_1,x_2,x_3)=2x_1x_2=(x_1+x_2)^2-x_1^2-x_2^2$, 令

$$\begin{cases}y_1=x_1+x_2,\\y_2=x_1,\\y_3=x_2,\end{cases}$$

从而化为标准形 $y_1^2-y_2^2-y_3^2$.

3. 下面的配方过程是否正确？若不正确，说明理由.

$f(x_1,x_2,x_3)=4x_2x_3=(x_2+x_3)^2-(x_2-x_3)^2$, 令

$$\begin{cases}y_1=x_2+x_3,\\y_2=x_2-x_3,\end{cases}$$

从而化为标准形 $y_1^2-y_2^2$.

4. 若用配方法或初等变换法将旧二次型化为标准形 $b_1y_1^2+b_2y_2^2+\cdots+b_ny_n^2$，其中 $b_1,b_2,\cdots,b_n$ 为旧二次型的矩阵的特征值吗？

5. 用配方法和初等变换法将二次型 $f(x_1,x_2,x_3)=x_1^2+8x_2^2-x_3^2+6x_1x_2-2x_2x_3$ 化为标准形.

7.3 二次型的规范形

从 7.2 节的例 2 和例 4、例 3 和例 5 中不难发现，实二次型的标准形并不是唯一的. 尽管标准形不唯一，但我们发现同一个二次型的不同标准形中非零项的个数、正负项的个数却完全一致. 为了深入讨论此问题，下面引出二次型的规范形的定义.

定义 7.3.1 将形如

$$y_1^2+y_2^2+\cdots+y_p^2-y_{p+1}^2-\cdots-y_r^2 \quad (p\leqslant r\leqslant n)$$

的二次型称为**实二次型的规范形**，形如

$$y_1^2+y_2^2+\cdots+y_r^2$$

的二次型称为**复二次型的规范形**.

定理 7.3.1 任一复二次型可经过可逆线性替换化为规范形，且规范形是唯一的.

证明 据定理 7.2.2 知复数域上任一个二次型可经过可逆线性替换化为标准形 $d_1y_1^2+d_2y_2^2+\cdots+d_ry_r^2$，$d_1,d_2,\cdots,d_r$ 均为非零复数，其中 r 为二次型的秩.

在复数域上，令

$$\begin{cases} y_1=\dfrac{1}{\sqrt{d_1}}z_1, \\ \quad\cdots\cdots \\ y_r=\dfrac{1}{\sqrt{d_r}}z_r, \\ y_{r+1}=z_{r+1}, \\ \quad\cdots\cdots \\ y_n=z_n, \end{cases}$$

显然这是个可逆线性替换，原二次型经过该可逆线性替换化为规范形

$$z_1^2+z_2^2+\cdots+z_r^2.$$

显然复二次型的规范形取决于原二次型的标准形的非零项的个数，即由二次型的秩唯一决定.

【思考】 为什么复二次型的规范形的系数均为 1 或 0，而没有 -1？

定理 7.3.2 任一实二次型可经过可逆线性替换化为规范形，且规范形由原二次型唯一确定.

证明 据定理 7.2.2 知实数域上的任一个二次型都可经过可逆线性替换化为

标准形 $b_1x_1^2+b_2x_2^2+\cdots+b_nx_n^2$，$b_1,b_2,\cdots,b_n$ 为实数. 进一步可经过可逆线性替换化为标准形

$$d_1y_1^2+d_2y_2^2+\cdots+d_py_p^2-d_{p+1}y_{p+1}^2-\cdots-d_ry_r^2,$$

其中 $d_1,d_2,\cdots,d_r$ 均为实数且 $d_1,d_2,\cdots,d_p,d_{p+1},\cdots,d_r>0$，$r$ 为二次型的秩. 令

$$\begin{cases} y_1=\dfrac{1}{\sqrt{d_1}}z_1, \\ \cdots\cdots \\ y_r=\dfrac{1}{\sqrt{d_r}}z_r, \\ y_{r+1}=z_{r+1}, \\ \cdots\cdots \\ y_n=z_n, \end{cases}$$

则二次型的规范形为 $z_1^2+z_2^2+\cdots+z_p^2-z_{p+1}^2-\cdots-z_r^2$.

实二次型的规范形的唯一性(即 r,p 由原二次型唯一确定)，证明略.

【思考】 为什么实二次型的规范形的系数有 1 或 0，也可能有 -1？

定义 7.3.2 将实二次型 $f(\boldsymbol{X})=\boldsymbol{X}^{\mathrm{T}}\boldsymbol{A}\boldsymbol{X}$ 的规范形的正平方项个数 p 称为二次型(矩阵 $\boldsymbol{A}$)的**正惯性指数**，负平方项个数 q 称为**负惯性指数**；正、负惯性指数之差 $p-q$ 称为二次型的**符号差**. 很明显，$p+q=r\leqslant n$.

在 7.2 节例 2 中，二次型 $x_1^2-x_2^2+2x_1x_2+2x_1x_3-2x_2x_3$ 经过可逆线性替换，得到标准形 $y_1^2-y_2^2+y_3^2$. 在复数域上，对标准形作可逆线性替换 $\begin{cases} z_1=y_1, \\ z_2=\mathrm{i}y_2, \\ z_3=y_3, \end{cases}$ 得到该二次型在复数域上的规范形 $z_1^2+z_2^2+z_3^2$. 在实数域上，对标准形作可逆线性替换 $\begin{cases} z_1=y_1, \\ z_2=y_3, \\ z_3=y_2, \end{cases}$ 得到该二次型在实数域上的规范形 $z_1^2+z_2^2-z_3^2$.

对同一个二次型 $x_1^2-x_2^2+2x_1x_2+2x_1x_3-2x_2x_3$，7.2 节例 4 经过可逆线性替换得到了另一标准形 $y_1^2-2y_2^2+y_3^2$. 在实数域上，继续作可逆线性替换 $\begin{cases} z_1=y_1, \\ z_2=y_3, \\ z_3=\sqrt{2}y_2, \end{cases}$ 可得该二次型的规范形 $z_1^2+z_2^2-z_3^2$. 这说明同一个二次型在实数域上的标准形不唯一，但规范形唯一且 $p=2,q=1\,(p+q=r=3=n)$. 进行类似计算，可知在复数

域上，该二次型的规范形也为 $z_1^2+z_2^2+z_3^2$. 读者尝试做一下.

我们可类似地分析一下 7.2 节的例 3 和例 5，知 $2x_1x_2+2x_1x_3$ 的标准形不唯一，但在实数域上其规范形均为 $w_1^2-w_2^2$ 且 $p=1, q=1\,(p+q=r=2<n)$，在复数域上其规范形均为 $w_1^2+w_2^2$.

如果把求二次型的标准形和规范形的过程做个总结，可得到一个图，如图 7.3.1 所示.

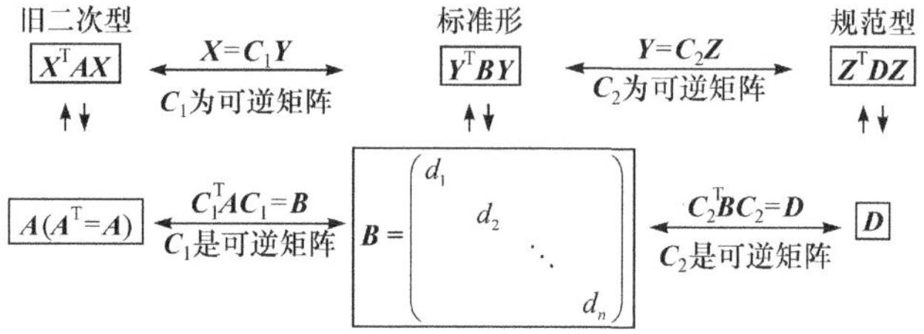

旧二次型 $\boxed{X^{\mathrm T}AX}$ $\xleftrightarrow[C_1\text{为可逆矩阵}]{X=C_1Y}$ 标准形 $\boxed{Y^{\mathrm T}BY}$ $\xleftrightarrow[C_2\text{为可逆矩阵}]{Y=C_2Z}$ 规范型 $\boxed{Z^{\mathrm T}DZ}$

$\updownarrow$　　　　$\updownarrow$　　　　$\updownarrow$

$\boxed{A(A^{\mathrm T}=A)}$ $\xleftrightarrow[C_1\text{是可逆矩阵}]{C_1^{\mathrm T}AC_1=B}$ $\boxed{B=\begin{pmatrix} d_1 & & & \\ & d_2 & & \\ & & \ddots & \\ & & & d_n \end{pmatrix}}$ $\xleftrightarrow[C_2\text{是可逆矩阵}]{C_2^{\mathrm T}BC_2=D}$ $\boxed{D}$

图 7.3.1

下面分析一下 $\boldsymbol{D}$ 在复数域和实数域上的情况.

在复数域上，$\boldsymbol{D}=\begin{pmatrix} \boldsymbol{E}_r & \boldsymbol{O} \\ \boldsymbol{O} & \boldsymbol{O}_{n-r} \end{pmatrix}$，其中 1 的个数为二次型的秩 r .

在实数域上，$\boldsymbol{D}=\begin{pmatrix} \boldsymbol{E}_p & & \\ & -\boldsymbol{E}_q & \\ & & \boldsymbol{O}_{n-r} \end{pmatrix}$，其中 1 的个数为 p，-1 的个数为 q 且 $p+q=r$，r 为二次型的秩.

用矩阵的语言，上述两个定理可描述为：复对称矩阵一定合同于 $\begin{pmatrix} \boldsymbol{E}_r & \boldsymbol{O} \\ \boldsymbol{O} & \boldsymbol{O}_{n-r} \end{pmatrix}$，实对称矩阵一定合同于 $\begin{pmatrix} \boldsymbol{E}_p & & \\ & -\boldsymbol{E}_q & \\ & & \boldsymbol{O}_{n-r} \end{pmatrix}$.

推论　n 阶复对称矩阵合同的充要条件是矩阵的秩相同，n 阶实对称矩阵合同的充要条件是矩阵的秩及正惯性指数相同.

【思考】　复对称矩阵按矩阵的合同关系可分为多少类？实对称矩阵呢？

随堂练习

1. 下面的理解是否正确？

(1) n 阶实对称矩阵的正惯性指数是矩阵的特征值中正数的个数.

(2) 两个 n 阶实对称矩阵合同的充要条件是矩阵的秩及负惯性指数相同.

(3) 两个 n 阶实对称矩阵合同的充要条件是矩阵的正惯性指数和负惯性指数相同.

(4) 三阶复对称矩阵 $\boldsymbol{A}$ 与四阶复对称矩阵 $\boldsymbol{B}$ 秩相同，则 $\boldsymbol{A}$ 与 $\boldsymbol{B}$ 合同.

(5) n 元实二次型的符号差为 n 的充要条件是二次型的矩阵的特征值都是正数.

2. 下面矩阵中与实矩阵 $\boldsymbol{P}=\begin{pmatrix}1&0&0\\0&0&0\\0&0&-3\end{pmatrix}$ 合同的矩阵有哪些，并说明理由.

(A) $\begin{pmatrix}0&0&0\\0&2&0\\0&0&-1\end{pmatrix}$　(B) $\begin{pmatrix}-3&0&0\\0&2&0\\0&0&-1\end{pmatrix}$　(C) $\begin{pmatrix}-3&0&0\\0&2&0\\0&0&0\end{pmatrix}$　(D) $\begin{pmatrix}3&0&0\\0&1&0\\0&0&0\end{pmatrix}$

若此问题限定在复数域上，情形如何?

3. 下面矩阵中与复矩阵 $\boldsymbol{M}=\begin{pmatrix}0&0&0\\0&0&0\\0&0&-3\end{pmatrix}$ 合同的矩阵有哪些，并说明理由.

(A) $\begin{pmatrix}0&0&0\\0&2&0\\0&0&0\end{pmatrix}$　(B) $\begin{pmatrix}-2&0&0\\0&0&0\\0&0&0\end{pmatrix}$　(C) $\begin{pmatrix}-3&0&0\\0&2&0\\0&0&0\end{pmatrix}$　(D) $\begin{pmatrix}0&0&0\\0&0&0\\0&0&3\end{pmatrix}$

若此问题限定在实数域上，情形如何?

4. 设实二次型的秩为 5，正惯性指数为 2，此二次型的规范形为__________.

5. 设复二次型的秩为 3，此二次型的规范形为__________.

7.4　正定二次型和正定矩阵

本节考虑实二次型当变元取实数时函数值的特点. 显然对于任意的二次型，当变元均取零时，函数值都为零，这就很自然地促使我们考虑变元取值不全为零时，二次型函数值的取值特点，从而定义一些特殊的二次型. 而正定二次型，在最优化和工程技术等问题中都有广泛的应用. 下面首先给出正定二次型的定义.

7.4.1　正定二次型和正定矩阵的定义

定义 7.4.1　给定实二次型 $f(\boldsymbol{X})=\boldsymbol{X}^{\mathrm{T}}\boldsymbol{A}\boldsymbol{X}$，若对于任意非零实向量 $\boldsymbol{X}$ 必有 $f(\boldsymbol{X})=\boldsymbol{X}^{\mathrm{T}}\boldsymbol{A}\boldsymbol{X}>0$，称实二次型 $f(\boldsymbol{X})=\boldsymbol{X}^{\mathrm{T}}\boldsymbol{A}\boldsymbol{X}$ 为**正定二次型**，称它的矩阵 $\boldsymbol{A}$ 为**正定矩阵**.

【注】　由定义可知正定矩阵一定是实对称矩阵. 正定二次型和正定矩阵是一一对应的.

首先考虑的问题是什么形式的二次型容易判断其是否为正定二次型呢?

例 1　判断下列三元二次型是否为正定二次型?

(1) $f(x_1,x_2,x_3)=x_1^2+5x_2^2+3x_3^2$;

(2) $f(x_1,x_2,x_3)=x_2^2+4x_3^2$;

(3) $f(x_1,x_2,x_3)=-x_1^2+x_2^2+x_3^2$.

据正定二次型的定义容易判断：(1)是正定二次型；(2)不是正定二次型，因为在 $\boldsymbol{X}=(1,0,0)^{\mathrm{T}}\neq 0$ 处函数值为 0；(3)显然不是正定二次型.

下面我们讨论正定二次型的判别方法.

7.4.2 正定二次型和正定矩阵的判别方法

引理 7.4.1 n 元二次型的标准形是正定二次型的充要条件是 n 个系数均大于零.

换句话说：对角矩阵为正定矩阵的充要条件为主对角元素均大于零.

证明 充分性显然.

必要性：若二次型 $f(\boldsymbol{X})=d_1x_1^2+d_2x_2^2+\cdots+d_nx_n^2$ 为正定二次型，按定义对于任意 $\boldsymbol{X}\neq\boldsymbol{0}$，必有 $f(\boldsymbol{X})=\boldsymbol{X}^{\mathrm{T}}\boldsymbol{A}\boldsymbol{X}>0$，则当 $\boldsymbol{X}=\boldsymbol{X}_1=(1,0,\cdots,0)^{\mathrm{T}}$ 时，有 $f(\boldsymbol{X}_1)=d_1>0$. 类似地，令 $\boldsymbol{X}=\boldsymbol{X}_i=(0,\cdots,0,1,0,\cdots,0)^{\mathrm{T}}$，有 $f(\boldsymbol{X}_i)=d_i>0, i=2,\cdots,n$.

由此看出，若 n 元二次型是标准形，利用它的 n 个平方项系数就可以判断该二次型是否为正定二次型. 而任意一个实二次型都可经过实可逆线性替换化为标准形. 如果这个过程保持了二次型的正定性，则实二次型是否为正定二次型的问题便转化为其标准形是否正定的问题了.

定理 7.4.1 设二次型 $f(\boldsymbol{X})=\boldsymbol{X}^{\mathrm{T}}\boldsymbol{A}\boldsymbol{X}$ 为正定二次型，经过可逆线性替换 $\boldsymbol{X}=\boldsymbol{C}\boldsymbol{Y}$，新二次型为 $g(\boldsymbol{Y})=\boldsymbol{Y}^{\mathrm{T}}\boldsymbol{B}\boldsymbol{Y}=\boldsymbol{Y}^{\mathrm{T}}\boldsymbol{C}^{\mathrm{T}}\boldsymbol{A}\boldsymbol{C}\boldsymbol{Y}$，则新二次型也是正定二次型.

证明 只要证对任意 $\boldsymbol{Y}\neq\boldsymbol{0}$, 有 $\boldsymbol{g}(\boldsymbol{Y})>0$ 就可以了.

由二次型 $f(\boldsymbol{X})=\boldsymbol{X}^{\mathrm{T}}\boldsymbol{A}\boldsymbol{X}$ 为正定二次型，$\boldsymbol{X}=\boldsymbol{C}\boldsymbol{Y}$ 是可逆线性替换，

$$f(\boldsymbol{X})=\boldsymbol{X}^{\mathrm{T}}\boldsymbol{A}\boldsymbol{X}=(\boldsymbol{C}\boldsymbol{Y})^{\mathrm{T}}\boldsymbol{A}(\boldsymbol{C}\boldsymbol{Y})=\boldsymbol{Y}^{\mathrm{T}}\boldsymbol{C}^{\mathrm{T}}\boldsymbol{A}\boldsymbol{C}\boldsymbol{Y}=\boldsymbol{Y}^{\mathrm{T}}\boldsymbol{B}\boldsymbol{Y}=g(\boldsymbol{Y}),$$

对任意 $\boldsymbol{Y}\neq\boldsymbol{0}$，由于 $\boldsymbol{C}$ 为可逆矩阵，所以 $R(\boldsymbol{X})=R(\boldsymbol{Y})=1$，因此 $\boldsymbol{X}\neq\boldsymbol{0}$. 又因为 $f(\boldsymbol{X})=\boldsymbol{X}^{\mathrm{T}}\boldsymbol{A}\boldsymbol{X}$ 为正定二次型，当 $\boldsymbol{X}\neq\boldsymbol{0}$ 时必有 $f(\boldsymbol{X})=\boldsymbol{X}^{\mathrm{T}}\boldsymbol{A}\boldsymbol{X}>0$，也就是说

$$g(\boldsymbol{Y})=\boldsymbol{Y}^{\mathrm{T}}\boldsymbol{B}\boldsymbol{Y}>0.$$

这个定理也可以用图 7.1.2 的变形来理解(图 7.4.1)，可逆线性替换不改变实二次型的正定性.

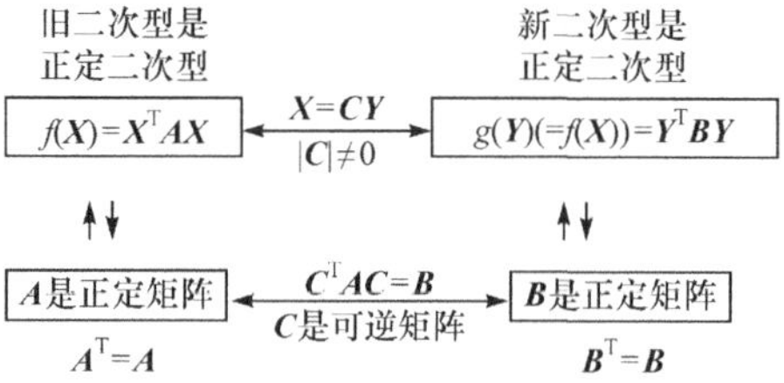

旧二次型是正定二次型 | 新二次型是正定二次型

$f(\boldsymbol{X})=\boldsymbol{X}^{\mathrm{T}}\boldsymbol{A}\boldsymbol{X}$ ⟷ ($\boldsymbol{X}=\boldsymbol{C}\boldsymbol{Y}$, $|\boldsymbol{C}|\neq 0$) ⟷ $g(\boldsymbol{Y})(=f(\boldsymbol{X}))=\boldsymbol{Y}^{\mathrm{T}}\boldsymbol{B}\boldsymbol{Y}$

$\boldsymbol{A}$是正定矩阵 ⟷ ($\boldsymbol{C}^{\mathrm{T}}\boldsymbol{A}\boldsymbol{C}=\boldsymbol{B}$, $\boldsymbol{C}$是可逆矩阵) ⟷ $\boldsymbol{B}$是正定矩阵

$\boldsymbol{A}^{\mathrm{T}}=\boldsymbol{A}$ | $\boldsymbol{B}^{\mathrm{T}}=\boldsymbol{B}$

图 7.4.1

矩阵语言：若 $\boldsymbol{A}$ 为正定矩阵且 $\boldsymbol{B} \simeq \boldsymbol{A}$，则 $\boldsymbol{B}$ 也是正定矩阵.

推论 1　n 元正定二次型的标准形为

$$d_1y_1^2+\cdots+d_iy_i^2+\cdots+d_ny_n^2,\quad d_i>0,\quad i=1,\cdots,n.$$

推论 2　n 元正定二次型的规范形为 $z_1^2+\cdots+z_i^2+\cdots+z_n^2$.

综合前面章节，我们做一个总结.

定理 7.4.2　若 $\boldsymbol{A}$ 是 n 阶实对称矩阵，则下列命题等价：

(1) $\boldsymbol{A}$ 为正定矩阵；

(2) $\boldsymbol{A}$ 的特征值均为正数；

(3) $\boldsymbol{A}$ 的正惯性指数为 n；

(4) $\boldsymbol{A}$ 合同于单位矩阵(存在实可逆矩阵 $\boldsymbol{P}$，使得 $\boldsymbol{A}=\boldsymbol{P}^{\mathrm{T}}\boldsymbol{P}$).

证明　由化二次型为标准形的方法可知它们的等价性.

也就是说图 7.4.1 中的矩阵 $\boldsymbol{B}$ 如果是对角矩阵，它的对角线元素一定都大于零.

例 2　试判断下面的实二次型是否为正定二次型

$$f(\boldsymbol{X})=x_1^2+2x_2^2-3x_3^2+4x_1x_2.$$

解法一　任何二次型都可用配方法化为标准形，请读者自行计算.

解法二　二次型的矩阵为 $\begin{pmatrix}1&2&0\\2&2&0\\0&0&-3\end{pmatrix}$，它的特征方程为

$$\begin{vmatrix}\lambda-1&-2&0\\-2&\lambda-2&0\\0&0&\lambda+3\end{vmatrix}=(\lambda+3)(\lambda^2-3\lambda-2)=0,$$

可得特征值分别为 $-3,\dfrac{3\pm\sqrt{17}}{2}$，不都大于零，因此二次型不是正定二次型.

【注】 求二次型的矩阵的特征值涉及解高次方程，并不容易求解，所以求特征值并不是最优方法，理论上用得较多.

解法三　可利用初等变换法化为标准形，看得到的对角矩阵的对角线元素是否均大于零. 读者请自行计算.

下面介绍另外一种判别方法：顺序主子式法.

定义 7.4.2　k 阶**主子式**是指行的取法与列的取法相同的 k 阶子式. k 阶**顺序主子式**是指取矩阵前 k 行、前 k 列交叉处的元素按原来的次序构成的 k 阶子式.

例 3　矩阵 $\begin{pmatrix}1&-1&0\\-1&3&0\\0&0&4\end{pmatrix}$ 的顺序主子式有 3 个：一阶顺序主子式为 $|1|$，二阶顺

序主子式为$\begin{vmatrix} 1 & -1 \\ -1 & 3 \end{vmatrix}$，三阶顺序主子式为$\begin{vmatrix} 1 & -1 & 0 \\ -1 & 3 & 0 \\ 0 & 0 & 4 \end{vmatrix}$.

接下来看顺序主子式与正定矩阵的关系.

定理 7.4.3　n 阶实对称矩阵 $\boldsymbol{A}$ 为正定矩阵的充要条件为 $\boldsymbol{A}$ 的顺序主子式的值都大于零.

证明略.

例 4　试判断二次型 $2x_1^2+3x_2^2+x_3^2+4x_1x_2-4x_1x_3$ 是否正定?

解　二次型的矩阵为$\begin{pmatrix} 2 & 2 & -2 \\ 2 & 3 & 0 \\ -2 & 0 & 1 \end{pmatrix}$. 用顺序主子式法进行判别：一阶顺序主子式为$|2|>0$，二阶顺序主子式为$\begin{vmatrix} 2 & 2 \\ 2 & 3 \end{vmatrix}>0$，三阶顺序主子式为$\begin{vmatrix} 2 & 2 & -2 \\ 2 & 3 & 0 \\ -2 & 0 & 1 \end{vmatrix}=-10<0$，因此矩阵不是正定矩阵，该二次型不是正定二次型.

类似于本例，例 2 就有了解法四，读者自行做一下，并比较一下这四种做法哪种更便捷.

例 5　试求 t 取何值时，下列二次型为正定二次型.

$$f(\boldsymbol{X})=x_1^2+x_2^2+5x_3^2+2tx_1x_2-2x_1x_3+4x_2x_3.$$

解　即求 t 为何值时$\begin{pmatrix} 1 & t & -1 \\ t & 1 & 2 \\ -1 & 2 & 5 \end{pmatrix}$为正定矩阵. 该矩阵是正定矩阵需 3 个顺序主子式都大于零. 一阶顺序主子式为$|1|$，二阶顺序主子式为$\begin{vmatrix} 1 & t \\ t & 1 \end{vmatrix}=1-t^2$，三阶顺序主子式为$\begin{vmatrix} 1 & t & -1 \\ t & 1 & 2 \\ -1 & 2 & 5 \end{vmatrix}=-5t^2-4t$，得不等式方程组$\begin{cases} 1>0, \\ 1-t^2>0, \\ -5t^2-4t>0, \end{cases}$　得$-\dfrac{4}{5}<t<0$.

7.4.3　正定矩阵的性质

类似于其他特殊矩阵，正定矩阵有一些特殊的性质.

性质 1　正定矩阵的行列式大于零.

证明　正定矩阵的特征值均大于零，而矩阵的行列式等于它的特征值的积，即正定矩阵的行列式大于零.

性质 2　正定矩阵 $\boldsymbol{A}=(a_{ij})_n$ 的主对角元素 $a_{ii}>0,\quad i=1,2,\cdots,n$.

证明　$f(\boldsymbol{X})=\boldsymbol{X}^{\mathrm{T}}\boldsymbol{A}\boldsymbol{X}$ 为正定二次型，因此

$$f(\boldsymbol{\varepsilon}_i)=\boldsymbol{\varepsilon}_i^{\mathrm{T}}\boldsymbol{A}\boldsymbol{\varepsilon}_i=a_{ii}>0,\quad i=1,2,\cdots,n.$$

【注】　这说明如果实对称矩阵的主对角元素至少有一个小于等于零，则矩阵不是正定矩阵. 本节例 2 利用此性质可直接判断其不是正定二次型.

【思考】　主对角元素都大于零的实对称矩阵一定是正定矩阵吗?

性质 3　正定矩阵的逆矩阵仍为正定矩阵.

证明　设 $\boldsymbol{A}$ 为正定矩阵，首先 $(\boldsymbol{A}^{-1})^{\mathrm{T}}=(\boldsymbol{A}^{\mathrm{T}})^{-1}=\boldsymbol{A}^{-1}$，因此 $\boldsymbol{A}^{-1}$ 为实对称矩阵.

矩阵 $\boldsymbol{A}$ 为正定矩阵，设全部特征值为 $\lambda_1,\lambda_2,\cdots,\lambda_n$，故 $\lambda_1,\lambda_2,\cdots,\lambda_n$ 都大于零，则 $\boldsymbol{A}^{-1}$ 的全部特征值 $\lambda_1^{-1},\lambda_2^{-1},\cdots,\lambda_n^{-1}$ 也都大于零，因此 $\boldsymbol{A}^{-1}$ 为正定矩阵.

性质 4　若 $\boldsymbol{A}$ 是 n 阶正定矩阵，则 $\boldsymbol{A}$ 的幂也是正定矩阵.

证明与性质 3 类似.

性质 5　正定矩阵的和仍为正定矩阵.

证明　设 $\boldsymbol{A},\boldsymbol{B}$ 是正定矩阵，由定义当 $\boldsymbol{X}\neq\boldsymbol{0}$ 时，$\boldsymbol{X}^{\mathrm{T}}\boldsymbol{A}\boldsymbol{X}>0,\ \boldsymbol{X}^{\mathrm{T}}\boldsymbol{B}\boldsymbol{X}>0$，则 $\boldsymbol{X}^{\mathrm{T}}(\boldsymbol{A}+\boldsymbol{B})\boldsymbol{X}>0$，也就是说 $\boldsymbol{A}+\boldsymbol{B}$ 为正定矩阵.

性质 6　若 $\boldsymbol{A}$ 是 n 阶正定矩阵，则 $k\boldsymbol{A}$ 是正定矩阵的充要条件是 $k>0$.

证明与性质 5 类似.

性质 7　若 $\boldsymbol{P}$ 为 $n\times m$ 实矩阵，则 $\boldsymbol{A}=\boldsymbol{P}^{\mathrm{T}}\boldsymbol{P}$ 为正定矩阵的充要条件为 $R(\boldsymbol{P})=m$.

证明　先证充分性. 显然 $\boldsymbol{A}=\boldsymbol{P}^{\mathrm{T}}\boldsymbol{P}$ 仍为实对称矩阵.

其次证明对任意 $\boldsymbol{Y}\neq\boldsymbol{0}$，$f(\boldsymbol{Y})=\boldsymbol{Y}^{\mathrm{T}}\boldsymbol{P}^{\mathrm{T}}\boldsymbol{P}\boldsymbol{Y}=(\boldsymbol{P}\boldsymbol{Y})^{\mathrm{T}}(\boldsymbol{P}\boldsymbol{Y})>0$ 即可.

对任意 $\boldsymbol{Y}\neq\boldsymbol{0}$，令 $\boldsymbol{X}=\boldsymbol{P}\boldsymbol{Y}$，则 $f(\boldsymbol{Y})=\boldsymbol{X}^{\mathrm{T}}\boldsymbol{X}$. 令 $\boldsymbol{P}=(\boldsymbol{P}_1,\boldsymbol{P}_2,\cdots,\boldsymbol{P}_m)$，其中 $\boldsymbol{P}_1,\boldsymbol{P}_2,\cdots,\boldsymbol{P}_m$ 为 $\boldsymbol{P}$ 的列向量，由于 $R(\boldsymbol{P})=m$，$\boldsymbol{P}$ 为列满秩矩阵，$\boldsymbol{P}_1,\boldsymbol{P}_2,\cdots,\boldsymbol{P}_m$ 线性无关. 因此只要 $\boldsymbol{Y}\neq\boldsymbol{0}$ 就有 $\boldsymbol{X}=\boldsymbol{P}\boldsymbol{Y}\neq\boldsymbol{0}$ 成立. 又因为 $\boldsymbol{E}$ 是正定矩阵，所以当 $\boldsymbol{X}\neq\boldsymbol{0}$ 时，$\boldsymbol{X}^{\mathrm{T}}\boldsymbol{X}=\boldsymbol{X}^{\mathrm{T}}\boldsymbol{E}\boldsymbol{X}>0$，即 $f(\boldsymbol{Y})=\boldsymbol{X}^{\mathrm{T}}\boldsymbol{X}>0$，综上 $\boldsymbol{P}^{\mathrm{T}}\boldsymbol{P}$ 为正定矩阵.

必要性的证明请读者自己完成.

例 6　已知实对称矩阵 $\boldsymbol{A}$ 满足 $\boldsymbol{A}^2-3\boldsymbol{A}+2\boldsymbol{E}=\boldsymbol{O}$，证明：$\boldsymbol{A}$ 为正定矩阵.

证明　设 λ 为 $\boldsymbol{A}$ 的任意一个特征值，则 $\lambda^2-3\lambda+2$ 为矩阵 $\boldsymbol{A}^2-3\boldsymbol{A}+2\boldsymbol{E}$ 的特征值，从而

$$\lambda^2-3\lambda+2=0,$$

由此可得 λ 只能为 1 或 2. 因此矩阵 $\boldsymbol{A}$ 的特征值均大于零，故 $\boldsymbol{A}$ 为正定矩阵.

1. 下列描述是否正确?

(1) 已知矩阵 $\boldsymbol{A}$ 为正定矩阵，则 $\boldsymbol{A}^{\mathrm{T}}$ 也是正定矩阵.

(2) n 阶实对称矩阵 $\boldsymbol{A}$ 为正定矩阵的充要条件是对应实二次型的符号差为 n .

(3) 实对称矩阵 $\boldsymbol{A}$ 为正定矩阵的充要条件是对应二次型的负惯性指数为 0 .

(4) 实对称矩阵 $\boldsymbol{A}$ 为正定矩阵的充要条件是其逆矩阵 $\boldsymbol{A}^{-1}$ 为正定矩阵.

(5) 实对称矩阵 $\begin{pmatrix} 2 & 1 & 2 \\ 1 & 1 & -2 \\ 2 & -2 & 0 \end{pmatrix}$ 是正定矩阵.

(6) 设 $\boldsymbol{A}$ 为正定矩阵，那么 $\boldsymbol{A}+\boldsymbol{E}$ 一定为正定矩阵.

(7) 设矩阵 $\boldsymbol{A}$ 与 $\boldsymbol{B}$ 合同且 $\boldsymbol{A}$ 是正定矩阵，则 $\boldsymbol{B}$ 也是正定矩阵.

2. 二次型 $x_1^2+2\lambda x_1x_2+2x_1x_3+2x_2^2+3x_3^2$ 为正定二次型，求 λ 的取值范围.

7.5 其他有定二次型

在实二次型中，除了正定二次型外，还有一些其他的特殊二次型.

7.5.1 负定二次型

定义 7.5.1 对于实二次型 $f(\boldsymbol{X})=\boldsymbol{X}^{\mathrm{T}}\boldsymbol{A}\boldsymbol{X}$, 若对于任意非零实向量 $\boldsymbol{X}$, 必有 $f(\boldsymbol{X})=\boldsymbol{X}^{\mathrm{T}}\boldsymbol{A}\boldsymbol{X}<0$ ，称实二次型 $f(\boldsymbol{X})=\boldsymbol{X}^{\mathrm{T}}\boldsymbol{A}\boldsymbol{X}$ 为**负定二次型**，称它的矩阵 $\boldsymbol{A}$ 为**负定矩阵**.

可见如果 $\boldsymbol{X}\neq\boldsymbol{0}$ ，对于负定二次型 $f(\boldsymbol{X})$ 有 $-f(\boldsymbol{X})>0$. 即负定二次型的判断可转化为正定二次型的判断，结合正定二次型的判别准则及正定二次型与负定二次型之间的关系，可知实对称矩阵 $\boldsymbol{A}$ 为负定矩阵的充要条件为 $-\boldsymbol{A}$ 为正定矩阵，进而得到以下等价条件:

(1) $\boldsymbol{A}$ 为负定矩阵;

(2) $\boldsymbol{A}$ 的特征值都小于零;

(3) $\boldsymbol{A}$ 合同于 $-\boldsymbol{E}$;

(4) 对应二次型的负惯性指数为 n ;

(5) $\boldsymbol{A}$ 的偶数阶顺序主子式的值大于零，奇数阶顺序主子式的值小于零.

7.5.2 半正定(半负定)二次型

定义 7.5.2 $f(\boldsymbol{X})=\boldsymbol{X}^{\mathrm{T}}\boldsymbol{A}\boldsymbol{X}$ 是实二次型,如果对任意非零实向量 $\boldsymbol{X}$, $f(\boldsymbol{X})\geqslant 0$ ，则称 $f(\boldsymbol{X})=\boldsymbol{X}^{\mathrm{T}}\boldsymbol{A}\boldsymbol{X}$ 为**半正定二次型**; 如果 $-f(\boldsymbol{X})$ 为半正定二次型，则称 $f(\boldsymbol{X})$ 为

半负定二次型.

定理 7.5.1　n 元二次型 $f(\boldsymbol{X})=d_1y_1^2+d_2y_2^2+\cdots+d_ny_n^2$ 是半正定二次型的充要条件是 $d_i\geqslant 0$, $i=1,2,\cdots,n$.

定理 7.5.2　n 元二次型 $f(\boldsymbol{X})=\boldsymbol{X}^{\mathrm{T}}\boldsymbol{A}\boldsymbol{X}$ 是半正定二次型的充要条件是

(1) $\boldsymbol{A}$ 的特征值大于等于零；

(2) 二次型的正惯性指数为矩阵 $\boldsymbol{A}$ 的秩；

(3) 存在实可逆矩阵 $\boldsymbol{C}$，使 $\boldsymbol{C}^{\mathrm{T}}\boldsymbol{A}\boldsymbol{C}=\begin{pmatrix} d_1 & & & \\ & d_2 & & \\ & & \ddots & \\ & & & d_n \end{pmatrix}, d_i\geqslant 0, i=1,2,\cdots,n$；

(4) 存在实矩阵 $\boldsymbol{C}$，使 $\boldsymbol{A}=\boldsymbol{C}^{\mathrm{T}}\boldsymbol{C}$.

读者可根据 7.4 节的内容进行类似的证明.

随堂练习

1. 对任意 $a>0,b>0$，试证：

(1) 当 $\boldsymbol{A},\boldsymbol{B}$ 均为半正定矩阵时，$a\boldsymbol{A}+b\boldsymbol{B}$ 也是半正定矩阵；

(2) 如果 $\boldsymbol{A}$ 为正定矩阵，$\boldsymbol{B}$ 为半正定矩阵，则 $a\boldsymbol{A}+b\boldsymbol{B}$ 为正定矩阵.

2. 证明：负定矩阵 $\boldsymbol{A}=(a_{ij})_n$ 的主对角元素 $a_{ii}<0, i=1,2,\cdots,n$.

习　题　A

1. 选择题.

(1) 在实数域上，任一个 n 阶对称的可逆矩阵必与 n 阶单位矩阵(　　).

(A) 合同　(B) 相似　(C) 等价　(D) 以上都不对

(2) 设 $\boldsymbol{A}=\begin{pmatrix} 1 & 2 & 0 \\ 2 & 2 & 0 \\ 0 & 0 & -1 \end{pmatrix}$，则下列矩阵中与 $\boldsymbol{A}$ 在实数域上合同的是(　　).

(A) $\begin{pmatrix} 1 & 0 & 0 \\ 0 & 1 & 0 \\ 0 & 0 & 1 \end{pmatrix}$　(B) $\begin{pmatrix} 1 & 0 & 0 \\ 0 & 1 & 0 \\ 0 & 0 & -1 \end{pmatrix}$　(C) $\begin{pmatrix} 1 & 0 & 0 \\ 0 & -1 & 0 \\ 0 & 0 & -1 \end{pmatrix}$　(D) $\begin{pmatrix} -1 & 0 & 0 \\ 0 & -1 & 0 \\ 0 & 0 & -1 \end{pmatrix}$

(3) 设 $\boldsymbol{A}$, $\boldsymbol{B}$ 均为 n 阶矩阵，$\boldsymbol{P}$ 是正交矩阵且 $\boldsymbol{B}=\boldsymbol{P}^{-1}\boldsymbol{A}\boldsymbol{P}$，则(　　).

(A) $\boldsymbol{A}$ 与 $\boldsymbol{B}$ 相似，但不合同　(B) $\boldsymbol{A}$ 与 $\boldsymbol{B}$ 既相似又合同

(C) $\boldsymbol{A}$ 与 $\boldsymbol{B}$ 合同，但不等价　(D) $\boldsymbol{A}$ 与 $\boldsymbol{B}$ 等价，但不相似

(4) 设 $\boldsymbol{A}$, $\boldsymbol{B}$ 均为 n 阶矩阵，则下列正确的是(　　).

(A) 若 $\boldsymbol{A}$ 与 $\boldsymbol{B}$ 等价，则 $\boldsymbol{A}$ 与 $\boldsymbol{B}$ 相似

(B) 若 $\boldsymbol{A}$ 与 $\boldsymbol{B}$ 相似，则 $\boldsymbol{A}$ 与 $\boldsymbol{B}$ 合同

(C) 若 $\boldsymbol{A}$ 与 $\boldsymbol{B}$ 合同，则 $\boldsymbol{A}$ 与 $\boldsymbol{B}$ 相似

(D) 若 $\boldsymbol{A}$ 与 $\boldsymbol{B}$ 合同，则 $\boldsymbol{A}$ 与 $\boldsymbol{B}$ 等价

(5) 设三元实二次型 $f(x_1,x_2,x_3)=\boldsymbol{X}^{\mathrm{T}}\boldsymbol{AX}$ 的矩阵 $\boldsymbol{A}$ 的特征多项式为 $|\lambda\boldsymbol{E}-\boldsymbol{A}|=(\lambda-1)(\lambda+2)^2$，则二次型经过正交替换得到的标准形为(　　).

(A) $f=y_1^2+2y_2^2+2y_3^2$　　(B) $f=y_1^2-2y_2^2-2y_3^2$

(C) $f=-y_1^2+2y_2^2+2y_3^2$　　(D) $f=y_1^2-2y_2^2$

(6) 若实对称矩阵 $\boldsymbol{A}$ 与矩阵 $\boldsymbol{B}=\begin{pmatrix}1&0&0\\0&0&2\\0&2&0\end{pmatrix}$ 合同，那么 $f(x_1,x_2,x_3)=\boldsymbol{X}^{\mathrm{T}}\boldsymbol{AX}$ 的规范形为(　　).

(A) $y_1^2+y_2^2-y_3^2$　　(B) $y_1^2+y_2^2+y_3^2$

(C) $y_1^2+2y_2^2-2y_3^2$　　(D) $y_1^2+y_2^2-2y_3^2$

(7) n 元实二次型 $\boldsymbol{X}^{\mathrm{T}}\boldsymbol{AX}$ 正定的充分必要条件是(　　).

(A) $\boldsymbol{A}$ 的所有特征值全为正数

(B) $\boldsymbol{A}$ 的负惯性指数为零

(C) $\boldsymbol{A}$ 的对角元素均大于零

(D) 存在实矩阵 $\boldsymbol{P}$，使得 $\boldsymbol{A}=\boldsymbol{P}^{\mathrm{T}}\boldsymbol{P}$

(8) 设 $\boldsymbol{A},\boldsymbol{B}$ 都是 n 阶正定矩阵，则下列矩阵不一定是正定矩阵的是(　　).

(A) $|\boldsymbol{B}|\boldsymbol{A}$　　(B) $\boldsymbol{A}^{\mathrm{T}}$　　(C) $\boldsymbol{A}+\boldsymbol{B}$　　(D) $\boldsymbol{AB}$

(9) 如果任意 $x_1\neq0,x_2\neq0,\cdots,x_n\neq0$ 代入实二次型 $f(x_1,x_2,\cdots,x_n)$ 中都有 $f<0$，则 $f(x_1,x_2\cdots x_n)$ 是(　　).

(A) 正定　　(B) 负定　　(C) 不一定负定　　(D) 不一定正定

(10) 四元正定二次型的正惯性指数为(　　).

(A) 1　　(B) 2　　(C) 3　　(D) 4

2. 填空题.

(1) 二次型 $f(x_1,x_2,x_3)=-4x_1x_2+2x_1x_3+3x_2x_3$ 的矩阵为__________，该二次型的秩为__________.

(2) 若二次型的矩阵为 $\begin{pmatrix}0&1&0\\1&0&1\\0&1&0\end{pmatrix}$，则二次型为__________.

(3) 二次型 $f(x_1,x_2,x_3)=(x_1+x_2)(x_2+x_3)$ 的秩为__________.

(4) 已知实二次型 $f(x_1,x_2,x_3)=x_1^2+x_2^2+x_3^2-4x_1x_2-4x_1x_3+2ax_2x_3$ 经过正交替换化为标准形 $f=3y_1^2+3y_2^2+by_3^2$，则 $a=$__________，$b=$__________. 此二次型矩阵的特征值之和为__________，特征值之积为__________.

(5) 设 $\boldsymbol{A}$ 为三阶实对称矩阵，$2,-3$ 是 $\boldsymbol{A}$ 的特征值且 $|\boldsymbol{A}|=-12$，则实二次型 $f(\boldsymbol{X})=\boldsymbol{X}^{\mathrm{T}}\boldsymbol{AX}$ 经过正交替换得到的标准形为__________.

(6) 实二次型 $f(x_1,x_2)=x_1{}^2+x_2{}^2+4x_1x_2$ 的标准形是__________，规范形是__________.

(7) 若三阶实对称矩阵 $\boldsymbol{A}$ 的特征值为 $-5,-3,2$ ，则实二次型 $f(\boldsymbol{X})=\boldsymbol{X}^{\mathrm{T}}\boldsymbol{A}\boldsymbol{X}$ 的规范形为__________，正惯性指数为__________.

(8) 设 $\boldsymbol{A}$ 是三阶实对称矩阵，且满足 $\boldsymbol{A}^2-3\boldsymbol{A}=\boldsymbol{O}$ ，若 $k\boldsymbol{A}+2\boldsymbol{E}$ 是正定矩阵，则 k 的取值范围是__________.

(9) 设实二次型 $f(x_1,x_2,x_3)=(\lambda-1)x_1^2+\lambda x_2^2+(9-\lambda^2)x_3^2$ 为正定二次型,则参数 λ 的取值范围为__________.

(10) 若 $\boldsymbol{A}=\begin{pmatrix}1 & k & 1\\ k & 2 & 0\\ 1 & 0 & 1-k\end{pmatrix}$ 是正定矩阵，则 k 的取值范围是__________.

3. 判断题.

(1) 二次型的矩阵一定是对称矩阵.

(2) 反对称矩阵对应的二次型为 $f=0$.

(3) 设 $\boldsymbol{A},\boldsymbol{B}$ 都是 n 阶矩阵，且存在 n 阶矩阵 $\boldsymbol{C}$ ，使得 $\boldsymbol{C}^{\mathrm{T}}\boldsymbol{A}\boldsymbol{C}=\boldsymbol{B}$ ，则 $\boldsymbol{A}$ 与 $\boldsymbol{B}$ 合同.

(4) 等价的两个矩阵不一定合同.

(5) 合同的两个矩阵具有相同的秩.

(6) 两个 n 阶实对称矩阵合同的充分必要条件是它们具有相同的特征值.

(7) 若实对称矩阵 $\boldsymbol{A}$ 满足 $|\boldsymbol{A}|>0$ ，则矩阵 $\boldsymbol{A}$ 为正定矩阵.

(8) n 阶实对称矩阵 $\boldsymbol{A}$ 为正定矩阵的充要条件是 $\boldsymbol{A}$ 的顺序主子式的值都大于零.

4. 证明：可逆实对称矩阵 $\boldsymbol{A}$ 与 $\boldsymbol{A}^{-1}$ 是合同矩阵.

5. 讨论对角矩阵 $\begin{pmatrix}3 & & \\ & -5 & \\ & & -7\end{pmatrix}$ 与 $\begin{pmatrix}-2 & & \\ & 5 & \\ & & 4\end{pmatrix}$ 在实数域和复数域上的合同性.

6. 设实二次型 $f(x_1,x_2,x_3)=x_1^2+2ax_1x_2+2x_1x_3+x_2^2+x_3^2$ 经过正交替换化为标准形 $f=y_1^2+2y_3^2$ ，求 a 及正交替换 $\boldsymbol{X}=\boldsymbol{Q}\boldsymbol{Y}$.

7. 用正交替换将下列二次型化为标准形.

(1) $f(x_1,x_2,x_3)=2x_1^2+x_2^2+x_3^2-2x_2x_3$ ；

(2) $f(x_1,x_2,x_3)=3x_1^2+2x_1x_2+2x_1x_3+3x_2^2+2x_2x_3+3x_3^2$ ；

(3) $f(x_1,x_2,x_3)=2x_1^2+3x_2^2+3x_3^2+4x_2x_3$.

8. 用配方法将下列二次型化为标准形，并写出所用可逆线性替换.

(1) $f(x_1,x_2,x_3)=x_1^2+2x_3^2+2x_1x_3+2x_2x_3$ ；

(2) $f(x_1,x_2,x_3)=x_1^2+5x_2^2+5x_3^2+2x_1x_2-4x_1x_3$ ；

(3) $f(x_1,x_2,x_3)=x_1{}^2+2x_1x_2+2x_1x_3$ ；

(4) $f(x_1,x_2,x_3)=x_1x_2+x_1x_3+x_2x_3$.

9. 用初等变换法将下列二次型化为标准形，并写出所用可逆线性替换.

(1) $f(x_1,x_2,x_3)=2x_1^2+3x_2^2+x_3^2+4x_1x_2-4x_1x_3$ ；

(2) $f(x_1,x_2,x_3)=x_1^2+5x_2^2+5x_3^2+2x_1x_2-4x_1x_3$ ；

(3) $f(x_1,x_2,x_3)=x_1x_2-x_1x_3$ ；

(4) $f(x_1,x_2,x_3)=x_1x_2+x_1x_3+x_2x_3$.

10. 将 9 题中的所有二次型，按实数域和复数域两种情形化为规范形，指出其秩，对实二次型指出它的正惯性指数、负惯性指数及符号差.

11. 设 $\boldsymbol{A}$ 为三阶实对称矩阵，且满足 $\boldsymbol{A}^3-\boldsymbol{A}^2-\boldsymbol{A}=2\boldsymbol{E}$，二次型 $\boldsymbol{X}^{\mathrm{T}}\boldsymbol{A}\boldsymbol{X}$ 经过正交替换可化为标准形，求此标准形的表达式.

12. 设实矩阵 $\boldsymbol{A}=\begin{pmatrix}1&1&1\\1&1&1\\1&1&1\end{pmatrix}$，$\boldsymbol{B}=\begin{pmatrix}3&0&0\\0&0&0\\0&0&0\end{pmatrix}$，$\boldsymbol{C}=\begin{pmatrix}1&0&0\\0&0&0\\0&0&0\end{pmatrix}$.

(1) $\boldsymbol{A},\boldsymbol{B},\boldsymbol{C}$ 是否等价，为什么？

(2) $\boldsymbol{A},\boldsymbol{B},\boldsymbol{C}$ 是否相似，为什么？

(3) $\boldsymbol{A},\boldsymbol{B},\boldsymbol{C}$ 是否合同，为什么？

13. 设 $\boldsymbol{C}$ 为可逆矩阵且 $\boldsymbol{C}^{\mathrm{T}}\boldsymbol{A}\boldsymbol{C}=\operatorname{diag}(l_1,l_2,\cdots,l_n)$，问：对角矩阵的主对角元素是否都是矩阵 $\boldsymbol{A}$ 的特征值？如果 $\boldsymbol{C}$ 为正交矩阵呢？

14. 判断下列二次型的正定(或负定)性.

(1) $f(x_1,x_2,x_3)=2x_1^2+5x_2^2+5x_3^2+4x_1x_2-4x_1x_3-8x_2x_3$；

(2) $f(x_1,x_2,x_3)=x_1^2+x_2^2+2x_3^2+2x_1x_3+2x_2x_3$；

(3) $f(x_1,x_2,x_3)=2x_1^2+x_2^2+x_3^2+2x_1x_2+6x_2x_3$.

15. 判断下列矩阵的正定性.

(1) $\boldsymbol{A}=\begin{pmatrix}1&-1&-1\\-1&4&2\\-1&2&4\end{pmatrix}$；　(2) $\boldsymbol{A}=\begin{pmatrix}1&1&0\\1&4&0\\0&0&-3\end{pmatrix}$；　(3) $\boldsymbol{A}=\begin{pmatrix}1&0&-1\\0&4&2\\-1&2&4\end{pmatrix}$.

16. 试确定 λ 的范围，使下面的二次型

$$f(x_1,x_2,x_3)=x_1^2+2\lambda x_1x_2+2x_1x_3+4x_2^2+4x_2x_3+4x_3^2$$

为正定二次型.

17. $\boldsymbol{A}$ 是 n 阶正定矩阵，证明：$\boldsymbol{A}^*$ 是正定矩阵.

18. 设 $\boldsymbol{A},\boldsymbol{B}$ 为 n 阶正定矩阵，若 $\boldsymbol{AB}$ 为正定矩阵，证明：$\boldsymbol{AB}=\boldsymbol{BA}$.

19. 设 $\boldsymbol{A}$ 为 n 阶正定矩阵，证明：$|\boldsymbol{A}+\boldsymbol{E}|>1$.

20. 设 $\boldsymbol{A}$ 为 n 阶实对称矩阵，且满足 $\boldsymbol{A}^3-4\boldsymbol{A}^2+6\boldsymbol{A}-3\boldsymbol{E}=\boldsymbol{O}$，试判断它是否为正定矩阵.

21. 设 $\boldsymbol{A}$ 是三阶实对称矩阵，$R(A)=2$，且满足条件 $\boldsymbol{A}^3+3\boldsymbol{A}^2=\boldsymbol{O}$，

(1) 求 $\boldsymbol{A}$ 的所有特征值；

(2) 当 k 为何值时，$\boldsymbol{A}+k\boldsymbol{E}$ 为正定矩阵？

习　题　B

1. $\boldsymbol{A}$ 为 n 阶实对称矩阵，且对于任意 n 维向量 $\boldsymbol{X}$，都有 $\boldsymbol{X}^{\mathrm{T}}\boldsymbol{A}\boldsymbol{X}=0$，证明：$\boldsymbol{A}=\boldsymbol{O}$.

2. $\boldsymbol{A},\boldsymbol{B}$ 为 n 阶实对称矩阵，且对于任意 n 维向量 $\boldsymbol{X}$，都有 $\boldsymbol{X}^{\mathrm{T}}\boldsymbol{A}\boldsymbol{X}=\boldsymbol{X}^{\mathrm{T}}\boldsymbol{B}\boldsymbol{X}$，证明：$\boldsymbol{A}=\boldsymbol{B}$.

3. 如果 $\boldsymbol{A}$ 与 $\boldsymbol{B}$ 合同，$\boldsymbol{C}$ 与 $\boldsymbol{D}$ 合同，证明：$\begin{pmatrix}\boldsymbol{A}&\boldsymbol{O}\\\boldsymbol{O}&\boldsymbol{C}\end{pmatrix}$ 与 $\begin{pmatrix}\boldsymbol{B}&\boldsymbol{O}\\\boldsymbol{O}&\boldsymbol{D}\end{pmatrix}$ 合同.

4. 四阶复对称矩阵按矩阵的合同分类(即矩阵合同的都归为一类)，共分几类？四阶实对称

矩阵按矩阵的合同分类呢?

5. 求二次型 $f(x_1,x_2,x_3)=(x_1+x_2)^2+(x_2-x_3)^2+(x_1+x_3)^2$ 的正、负惯性指数，指出方程 $(x_1+x_2)^2+(x_2-x_3)^2+(x_1+x_3)^2=1$ 表示何种二次曲面.

6. 如果 $\boldsymbol{A}$ 与 $\boldsymbol{B}$ 为正定矩阵，证明：$\begin{pmatrix}\boldsymbol{A} & \boldsymbol{O}\\ \boldsymbol{O} & \boldsymbol{B}\end{pmatrix}$ 也是正定矩阵.

7. $\boldsymbol{A}$ 为 n 阶实对称矩阵，证明：存在实数 t 使得 $t\boldsymbol{E}+\boldsymbol{A}$ 为正定矩阵.

8. $\boldsymbol{A}$ 是 m 阶正定矩阵，$\boldsymbol{C}$ 为 $m\times n$ 矩阵，则 $\boldsymbol{C}^{\mathrm{T}}\boldsymbol{A}\boldsymbol{C}$ 为正定矩阵的充要条件是 $\boldsymbol{C}$ 为列满秩矩阵.

9. 证明：若 $\boldsymbol{A}$ 为 n 阶正定矩阵则必存在正定矩阵 $\boldsymbol{B}$ 使得 $\boldsymbol{A}=\boldsymbol{B}^2$.

10. 设 $\boldsymbol{A}$ 为 n 阶实对称矩阵且 $|\boldsymbol{A}|<0$ ，证明：必存在 n 维列向量 $\boldsymbol{x}\in\mathbb{R}^n$ ，使得 $\boldsymbol{X}^{\mathrm{T}}\boldsymbol{A}\boldsymbol{X}<0$.

第7章测试题

习题参考答案

第1章

习 题 A

1. (1) 无穷多解，两方程表示了同一平面，方程的解就是该平面上所有点的坐标；
   (2) 无解，两方程表示的平面是平行的，没有公共点；
   (3) 唯一解，三个方程所表示的平面相交于一点.

2. (1) 令 $\overline{A}=\begin{pmatrix}3&9&4&1\\1&3&2&1\end{pmatrix}$. 对 $\overline{A}$ 进行初等行变换，

$$\overline{A}\to\begin{pmatrix}1&3&2&1\\3&9&4&1\end{pmatrix}\to\begin{pmatrix}1&3&2&1\\0&0&-2&-2\end{pmatrix}\to\begin{pmatrix}1&3&2&1\\0&0&1&1\end{pmatrix}\to\begin{pmatrix}1&3&0&-1\\0&0&1&1\end{pmatrix},$$

得解 $\begin{cases}x_1=-3k-1,\\x_2=k,\\x_3=1.\end{cases}$

(2) 令 $A=\begin{pmatrix}1&2&2&1\\2&3&4&4\end{pmatrix}$. 对 A 进行初等行变换，

$$A\to\begin{pmatrix}1&2&2&1\\0&-1&0&2\end{pmatrix}\to\begin{pmatrix}1&2&2&1\\0&1&0&-2\end{pmatrix}\to\begin{pmatrix}1&0&2&5\\0&1&0&-2\end{pmatrix},$$

得解 $\begin{cases}x_1=-2k_1-5k_2,\\x_2=2k_2,\\x_3=k_1,\\x_4=k_2.\end{cases}$

3. $\boldsymbol{\alpha}_1,\boldsymbol{\alpha}_2,\boldsymbol{\beta}$ 线性相关；$\boldsymbol{\gamma}_1,\boldsymbol{\gamma}_2$ 线性无关.

4. 向量形式 $x_1\boldsymbol{\alpha}_1+x_2\boldsymbol{\alpha}_2+x_3\boldsymbol{\alpha}_3=\mathbf{0}$，其中 $\boldsymbol{\alpha}_1=\begin{pmatrix}1\\4\\7\end{pmatrix},\boldsymbol{\alpha}_2=\begin{pmatrix}2\\5\\8\end{pmatrix},\boldsymbol{\alpha}_3=\begin{pmatrix}3\\6\\9\end{pmatrix}$.

矩阵形式 $\boldsymbol{AX}=\mathbf{0}$，其中 $\boldsymbol{A}=\begin{pmatrix}1&2&3\\4&5&6\\7&8&9\end{pmatrix},\boldsymbol{X}=\begin{pmatrix}x_1\\x_2\\x_3\end{pmatrix}$.

(1) 解为$\begin{cases}x_1=k,\\x_2=-2k,\\x_3=k;\end{cases}$ (2) 令$\boldsymbol{\alpha}_1,\boldsymbol{\alpha}_2,\boldsymbol{\alpha}_3$为线性方程组的列向量组，由第(1)题知方程组有解$x_1=1,x_2=-2,x_3=1$，即$\boldsymbol{\alpha}_1-2\boldsymbol{\alpha}_2+\boldsymbol{\alpha}_3=\mathbf{0}$. 于是，$\boldsymbol{\alpha}_1=2\boldsymbol{\alpha}_2-\boldsymbol{\alpha}_3$，故向量组$\boldsymbol{\alpha}_1,\boldsymbol{\alpha}_2,\boldsymbol{\alpha}_3$线性相关.

5. $\boldsymbol{A}$为逆时针旋转α角度，$\boldsymbol{B}$为逆时针旋转θ角度，$\boldsymbol{C}$为顺时针旋转α角度，从而$\boldsymbol{ABC}=\boldsymbol{B}$.

6. 证明：计算得$\boldsymbol{\beta}_1=\begin{pmatrix}a_{11}\\a_{21}\end{pmatrix},\boldsymbol{\beta}_2=\begin{pmatrix}a_{12}\\a_{22}\end{pmatrix}$. 由$\boldsymbol{\beta}_1,\boldsymbol{\beta}_2$线性相关得$\boldsymbol{\beta}_1$可由$\boldsymbol{\beta}_2$线性表示，或者$\boldsymbol{\beta}_2$可由$\boldsymbol{\beta}_1$线性表示. 如果是前者，则存在$k$，使得$a_{11}=ka_{12},a_{21}=ka_{22}$. 从而$a_{11}a_{22}=a_{12}a_{21}$，$\boldsymbol{A}$的第一行元素与第二行元素成比例. 如果是后者，类似地可以得到证明.

习 题 B

1. 证明：$x_1\boldsymbol{\alpha}_1+\cdots+x_m\boldsymbol{\alpha}_m=\mathbf{0}$必有解$x_1=x_2=\cdots=x_m=0$.

(1)若$x_1\boldsymbol{\alpha}_1+\cdots+x_m\boldsymbol{\alpha}_m=\boldsymbol{\beta}$有两个不同的解$x_1=k_1,x_2=k_2,\cdots,x_m=k_m$和$x_1=l_1,x_2=l_2,\cdots,x_m=l_m$，则$x_1=k_1-l_1,x_2=k_2-l_2,\cdots,x_m=k_m-l_m$和$x_1=x_2=\cdots=x_m=0$是$x_1\boldsymbol{\alpha}_1+\cdots+x_m\boldsymbol{\alpha}_m=\mathbf{0}$的两个不同的解. 因此由$x_1\boldsymbol{\alpha}_1+\cdots+x_m\boldsymbol{\alpha}_m=\mathbf{0}$有唯一解可得$x_1\boldsymbol{\alpha}_1+\cdots+x_m\boldsymbol{\alpha}_m=\boldsymbol{\beta}$有唯一解.

(2) 由题设，$x_1\boldsymbol{\alpha}_1+\cdots+x_m\boldsymbol{\alpha}_m=\boldsymbol{\beta}$有解，设$x_1=t_1,x_2=t_2,\cdots,x_m=t_m$是其解.

若$x_1\boldsymbol{\alpha}_1+\cdots+x_m\boldsymbol{\alpha}_m=\mathbf{0}$有两个不同的解$x_1=k_1,x_2=k_2,\cdots,x_m=k_m$和$x_1=l_1$，$x_2=l_2,\cdots,x_m=l_m$，则$x_1=t_1+l_1,x_2=t_2+l_2,\cdots,x_m=t_m+l_m$和$x_1=t_1+k_1,x_2=t_2+k_2,\cdots,x_m=t_m+k_m$是$x_1\boldsymbol{\alpha}_1+\cdots+x_m\boldsymbol{\alpha}_m=\boldsymbol{\beta}$的两个不同的解. 因此由$x_1\boldsymbol{\alpha}_1+\cdots+x_m\boldsymbol{\alpha}_m=\boldsymbol{\beta}$有唯一解可得$x_1\boldsymbol{\alpha}_1+\cdots+x_m\boldsymbol{\alpha}_m=\mathbf{0}$有唯一解.

2. (1) 不一定有解，因为由$\boldsymbol{\alpha}_1,\cdots,\boldsymbol{\alpha}_m,\boldsymbol{\beta}$线性相关只能得到其中存在某向量可由其余向量线性表示，而并不意味着$\boldsymbol{\beta}$一定可由$\boldsymbol{\alpha}_1,\cdots,\boldsymbol{\alpha}_m$线性表示.

(2) 一定无解，因为由$\boldsymbol{\alpha}_1,\boldsymbol{\alpha}_2,\cdots,\boldsymbol{\alpha}_m,\boldsymbol{\beta}$线性无关可得其中任意向量不能由其余向量线性表示，特别地，$\boldsymbol{\beta}$一定不能由$\boldsymbol{\alpha}_1,\boldsymbol{\alpha}_2,\cdots,\boldsymbol{\alpha}_m$线性表示.

3. 若旋转变换$\boldsymbol{A}=\begin{pmatrix}\cos\theta & -\sin\theta\\ \sin\theta & \cos\theta\end{pmatrix}$中$\theta=\dfrac{\pi}{4}$. 则

(1) $\begin{cases}x'=\dfrac{\sqrt{2}}{2}x-\dfrac{\sqrt{2}}{2}y,\\ y'=\dfrac{\sqrt{2}}{2}x+\dfrac{\sqrt{2}}{2}y;\end{cases}$

(2) $\begin{cases}x=\dfrac{\sqrt{2}}{2}x'+\dfrac{\sqrt{2}}{2}y',\\ y=-\dfrac{\sqrt{2}}{2}x'+\dfrac{\sqrt{2}}{2}y';\end{cases}$

(3) $\dfrac{y'^2}{2}-\dfrac{x'^2}{2}=1$. 因为这是等轴双曲线的标准方程，而旋转并不改变图形的形状，说明方程$xy=1$的图形也是等轴双曲线.

第2章

习 题 A

1. (1) C; (2) D; (3) B; (4) B; (5) A;
   (6) A; (7) D; (8) D; (9) A; (10) C.
2. (1) 2, 5; (2) 5, 偶; (3) 720, 正号; (4) 11; (5) 0;
   (6) 2; (7) $-2D, 2D$; (8) 6; (9) $1, -5$; (10) $a+b+c=0$.
3. (1) 错; (2) 错; (3) 对; (4) 错; (5) 对;
   (6) 错; (7) 错; (8) 错; (9) 错; (10) 错.
4. (1) -79; (2) $3abc-a^3-b^3-c^3$.
5. (1) 120; (2) $-a_1a_2a_3a_4$; (3) 0; (4) 240.
6. $V=40$.
7. (1) 4; (2) $-4(b-a)(c-a)(c-b)$; (3) 0; (4) 18401000;
   (5) $1+a+b+c$; (6) -9; (7) 57; (8) -270.
8. (1) 32; (2) -1; (3) $-(x^2-y^2)^2$.
9. (1) -14; (2) -8.
10. (1) x^4; (2) a^2b^2.
11. (1) $x=0$ 或 $x=\pm4$; (2) $x=\pm1$ 或 $x=\pm2$.
12. (1) $(b^2-c^2)(m^2-n^2)$; (2) 10500.
13. $x=0$ 或 $x=1$.
14. (1) $(-1)^{n-1}m^{n-1}\left(\sum\limits_{i=1}^{n}x_i-m\right)$; (2) $[x+(n-2)a](x-2a)^{n-1}$; (3) $a(a+x)^{n-1}$;
    (4) x^n; (5) $a^n+(-1)^{n+1}b^n$; (6) $(a_1a_2\cdots a_{n-1})\left(a_0-\sum\limits_{i=1}^{n-1}\frac{1}{a_i}\right)$.
15. $D_{2n}=(ad-bc)^n$.
16—17. 证明略.
18. (1) $x_1=3, x_2=4, x_3=5$; (2) $x_1=0, x_2=\frac{4}{5}, x_3=\frac{3}{5}, x_4=-\frac{7}{5}$.
19. $f(x)=1+x^2-x^3$.
20. (1) $D=-30\neq0$，只有零解; (2) $D=0$，有非零解.
21. 只有当 $\lambda=1$ 或者 $\mu=0$ 时, 方程组才有非零解.
22. 证明略.

习 题 B

1. $(-1)^{n-1}\frac{n!}{i}$.

2. $(-1)^{n-1}(n-1)2^{n-2}$.

3. $(-1)^{\frac{n(n-1)}{2}}\dfrac{n^n+n^{n-1}}{2}$.

4. $a_0+a_1x+a_2x^2+\cdots+a_{n-1}x^{n-1}+x^n$.

5. $(n+1)a^n$

6—8. 证明略.

9. 0.

10—11. 证明略.

第3章

习 题 A

1. (1) C; (2) CEHI; (3) CFGHI; (4) C; (5) B;
   (6) B; (7) A; (8) D; (9) C; (10) A;
   (11) C; (12) A; (13) C; (14) C; (15) D;
   (16) D; (17) D; (18) A; (19) A; (20) D;
   (21) B; (22) D; (23) C.

2. (1) 3; (2) -1; (3) $a=2b$; (4) 3; (5) 2;
   (6) $p\leqslant m$; (7) $k\leqslant m$; (8) 0; (9) $|\boldsymbol{A}|=0$; (10) $(0,1,0)^{\mathrm{T}}$.

3. (1) 错; (2) 错; (3) 对; (4) 错; (5) 错;
   (6) 对; (7) 错; (8) 错; (9) 对; (10) 错.

4. $\begin{cases} x_1=\dfrac{1}{2}(3-c_1+c_2), \\ x_2=\dfrac{1}{2}(3-c_1-3c_2), \\ x_3=c_1, \\ x_4=c_2, \end{cases}$ c_1,c_2 为任意常数.

5. (1) $\boldsymbol{\beta}$ 能由向量组 $\boldsymbol{\alpha}_1,\boldsymbol{\alpha}_2,\boldsymbol{\alpha}_3$ 线性表示，表示方法唯一， $\boldsymbol{\beta}=-\boldsymbol{\alpha}_1+3\boldsymbol{\alpha}_2+2\boldsymbol{\alpha}_3$;
   (2) $\boldsymbol{\beta}$ 不能由向量组 $\boldsymbol{\alpha}_1,\boldsymbol{\alpha}_2,\boldsymbol{\alpha}_3$ 线性表示；
   (3) $\boldsymbol{\beta}$ 能由向量组 $\boldsymbol{\alpha}_1,\boldsymbol{\alpha}_2,\boldsymbol{\alpha}_3$ 线性表示，有无穷多种表示方法:

$$\boldsymbol{\beta}=(4-2c)\boldsymbol{\alpha}_1+(-1+c)\boldsymbol{\alpha}_2+c\boldsymbol{\alpha}_3,\quad c \text{ 为任意常数.}$$

6. $\boldsymbol{\alpha}_4$ 能由 $\boldsymbol{\alpha}_1,\boldsymbol{\alpha}_2,\boldsymbol{\alpha}_3$ 线性表示， $\boldsymbol{\beta}=\boldsymbol{\alpha}_1-\boldsymbol{\alpha}_2+2\boldsymbol{\alpha}_3$.

7. 证明略.

8. (1) 线性相关； (2) 线性无关； (3) 线性相关.

9. (1) $k=2$; (2) $k=\pm1$.

10—13. 证明略.

14. 提示：利用范德蒙德行列式证明.

15. 证明略.

16. (1) $\boldsymbol{\alpha}_1$ 能由 $\boldsymbol{\alpha}_2,\boldsymbol{\alpha}_3,\cdots,\boldsymbol{\alpha}_{m-1}$ 线性表示；

(2) $\boldsymbol{\alpha}_m$ 不能由 $\boldsymbol{\alpha}_1,\boldsymbol{\alpha}_2,\cdots,\boldsymbol{\alpha}_{m-1}$ 线性表示.

17—18. 证明略.

19. 提示：利用等价向量组有相同的秩证明.

20. (1) $R(\boldsymbol{A})=3$； (2) $R(\boldsymbol{B})=3$.

21. $t=3$.

22. (1) $R\{\boldsymbol{\alpha}_1,\boldsymbol{\alpha}_2,\boldsymbol{\alpha}_3,\boldsymbol{\alpha}_4,\boldsymbol{\alpha}_5\}=4$，$\boldsymbol{\alpha}_1,\boldsymbol{\alpha}_2,\boldsymbol{\alpha}_4,\boldsymbol{\alpha}_5$ 为一个极大无关组，$\boldsymbol{\alpha}_3=\boldsymbol{\alpha}_1+\boldsymbol{\alpha}_2+0\boldsymbol{\alpha}_4+0\boldsymbol{\alpha}_5$；

(2) $R\{\boldsymbol{\alpha}_1,\boldsymbol{\alpha}_2,\boldsymbol{\alpha}_3,\boldsymbol{\alpha}_4\}=2$，$\boldsymbol{\alpha}_1,\boldsymbol{\alpha}_2$ 为一个极大无关组，$\boldsymbol{\alpha}_3=\boldsymbol{\alpha}_1+\boldsymbol{\alpha}_2,\boldsymbol{\alpha}_4=2\boldsymbol{\alpha}_1+\boldsymbol{\alpha}_2$；

23. (1) 线性相关； (2) $\boldsymbol{\alpha}_1,\boldsymbol{\alpha}_2,\boldsymbol{\alpha}_4$ 为一个极大无关组，$\boldsymbol{\alpha}_3=\boldsymbol{\alpha}_1+2\boldsymbol{\alpha}_2$.

24. (1) $(-1,1,1,0)^{\mathrm{T}},(0,-1,0,1)^{\mathrm{T}}$ 为方程组的一个基础解系(基础解系不唯一)；

(2) $(-5,7,3)^{\mathrm{T}}$ 为方程组的一个基础解系.

25. (1) $(-5,3,0)^{\mathrm{T}}+c(7,-5,1)^{\mathrm{T}}$，$c$ 为任意常数；

(2) $\left(\frac{2}{3},\frac{1}{3},0,0\right)^{\mathrm{T}}+c_1(-1,0,1,0)^{\mathrm{T}}+c_2(0,-1,0,1)^{\mathrm{T}}$，$c_1,c_2$ 为任意常数；

(3) $(3,-8,0,6)^{\mathrm{T}}+c(-1,2,1,0)^{\mathrm{T}}$，$c$ 为任意常数；

(4) $(-17,0,14,0)^{\mathrm{T}}+c_1(-9,1,7,0)^{\mathrm{T}}+c_2(-8,0,7,2)^{\mathrm{T}}$，$c_1,c_2$ 为任意常数.

26. 当 $a=0,b=2$ 时，方程组有解，全部解为

$(-2,3,0,0,0)^{\mathrm{T}}+c_1(1,-2,1,0,0)^{\mathrm{T}}+c_2(1,-2,0,1,0)^{\mathrm{T}}+c_3(5,-6,0,0,1)^{\mathrm{T}}$，$c_1,c_2,c_3$ 为任意常数.

27. 当 $\lambda=-2$ 或 $\lambda=1$ 时，方程组有解；

当 $\lambda=-2$ 时，全部解为 $(2,2,0)^{\mathrm{T}}+c(1,1,1)^{\mathrm{T}}$，$c$ 为任意常数；

当 $\lambda=1$ 时，全部解为 $(1,0,0)^{\mathrm{T}}+c(1,1,1)^{\mathrm{T}}$，$c$ 为任意常数.

28. 证明略.

习 题 B

1. (1) 当 $\lambda\neq-3$ 且 $\lambda\neq0$ 时，$\boldsymbol{\beta}$ 可以由 $\boldsymbol{\alpha}_1,\boldsymbol{\alpha}_2,\boldsymbol{\alpha}_3$ 线性表示，表达式唯一：

$$\boldsymbol{\beta}=\frac{-\lambda-1}{\lambda+3}\boldsymbol{\alpha}_1+\frac{2}{\lambda+3}\boldsymbol{\alpha}_2+\frac{\lambda^2+2\lambda-1}{\lambda+3}\boldsymbol{\alpha}_3\ ;$$

(2) 当 $\lambda=0$ 时，$\boldsymbol{\beta}$ 可以由 $\boldsymbol{\alpha}_1,\boldsymbol{\alpha}_2,\boldsymbol{\alpha}_3$ 线性表示，表达式不唯一；

(3) 当 $\lambda=-3$ 时，$\boldsymbol{\beta}$ 不能由 $\boldsymbol{\alpha}_1,\boldsymbol{\alpha}_2,\boldsymbol{\alpha}_3$ 线性表示.

2. (1) 当 $a+b+1\neq0$ 时，$\boldsymbol{\beta}$ 不能由 $\boldsymbol{\alpha}_1,\boldsymbol{\alpha}_2,\boldsymbol{\alpha}_3$ 线性表示；

(2) 当 $a+b+1=0$ 时，$\boldsymbol{\beta}$ 能由 $\boldsymbol{\alpha}_1,\boldsymbol{\alpha}_2,\boldsymbol{\alpha}_3$ 线性表示；若 $a\neq-1$ 时，$\boldsymbol{\beta}=2\boldsymbol{\alpha}_1-\boldsymbol{\alpha}_2+0\boldsymbol{\alpha}_3$；若 $a=-1,b=0$ 时，有无穷多种表示法，$\boldsymbol{\beta}=(2-3c)\boldsymbol{\alpha}_1+(-1+2c)\boldsymbol{\alpha}_2+c\boldsymbol{\alpha}_3$，$c$ 为任意常数.

3. 证明略.

4. m 为奇数时，$\boldsymbol{\beta}_1,\boldsymbol{\beta}_2,\cdots,\boldsymbol{\beta}_m$ 线性无关；m 为偶数时，$\boldsymbol{\beta}_1,\boldsymbol{\beta}_2,\cdots,\boldsymbol{\beta}_m$ 线性相关.

5. 证明略.

6. (1) 几何解释：由 $\boldsymbol{\alpha}_1,\boldsymbol{\alpha}_2$ 确定的平面和由 $\boldsymbol{\beta}_1,\boldsymbol{\beta}_2$ 确定的平面的交线上的向量，既可以由 $\boldsymbol{\alpha}_1,\boldsymbol{\alpha}_2$ 线性表示，也可以由 $\boldsymbol{\beta}_1,\boldsymbol{\beta}_2$ 线性表示；

(2) $\boldsymbol{\gamma}=c(-1,-5,2)^{\mathrm{T}}$，$c$ 为任意常数.

7. 当 $k_1=2, k_2\neq 1$ 时，方程组无解；当 $k_1\neq 2$ 时，方程组有唯一解；当 $k_1=2,\ k_2=1$ 时，方程组有无穷多解；$(-8,3,0,2)^{\mathrm{T}}+c(0,-2,1,0)^{\mathrm{T}}$，$c$ 为任意常数.

8. (1) 当 $a\neq 1$ 且 $b\neq 0$ 时，有唯一解，$x_1=\dfrac{2b-1}{(a-1)b}, x_2=\dfrac{1}{b}, x_3=\dfrac{1-4b+2ab}{(a-1)b}$；

(2) 当 $a=1,\ b=\dfrac{1}{2}$ 时，方程组有无穷多解，$(2,2,0)^{\mathrm{T}}+c(-1,0,1)^{\mathrm{T}}$，$c$ 为任意常数；

(3) 当 $a=1,\ b\neq\dfrac{1}{2}$ 时，方程组无解；

(4) 当 $b=0$ 时，方程组也无解.

9. (1) 证明略.

(2) $(-1,1,1)^{\mathrm{T}}+c(-1,0,1)^{\mathrm{T}}$，$c$ 为任意常数.

10. 证明略.

11. $(5,-1,10,3)^{\mathrm{T}}+c(6,-1,12,2)^{\mathrm{T}}$，$c$ 为任意常数.

第 4 章

习 题 A

1. (1) B；(2) D；(3) B；(4) B；(5) D；(6) B；(7) B；(8) B；
(9) A；(10) A；(11) D；(12) A；(13) B；(14) D；(15) C；(16) C.

2. (1) $\boldsymbol{O}$；(2) 3；(3) a^{n+1}；(4) 2；(5) $-\dfrac{1}{2}$；(6) $\boldsymbol{\xi}_1+k(\boldsymbol{\xi}_1-\boldsymbol{\xi}_2)$，$k$ 为任意常数；(7) $\dfrac{1}{6}\boldsymbol{A}$；

(8) $\begin{pmatrix}2&0&1\\0&3&0\\-1&0&2\end{pmatrix}$；(9) 4；(10) $\begin{pmatrix}\boldsymbol{A}^{-1}&\boldsymbol{O}&\boldsymbol{O}\\\boldsymbol{O}&\boldsymbol{B}^{-1}&\boldsymbol{O}\\\boldsymbol{O}&\boldsymbol{O}&\boldsymbol{C}^{-1}\end{pmatrix},\begin{pmatrix}\boldsymbol{O}&\boldsymbol{O}&\boldsymbol{C}^{-1}\\\boldsymbol{O}&\boldsymbol{B}^{-1}&\boldsymbol{O}\\\boldsymbol{A}^{-1}&\boldsymbol{O}&\boldsymbol{O}\end{pmatrix}$；(11) $x\neq 6$.

3. (1) 错；(2) 对；(3) 错；(4) 对；(5) 错；(6) 错；(7) 对；(8) 对；(9) 对；(10) 错.

4. (1) $\boldsymbol{A}=\begin{pmatrix}0&\cdots&0&1\\0&\cdots&0&0\\\vdots&&\vdots&\vdots\\0&\cdots&0&0\end{pmatrix}$；(2) $\boldsymbol{A}=\begin{pmatrix}1&&&\\&0&&\\&&\ddots&\\&&&0\end{pmatrix}$；(3) $\boldsymbol{A}=\begin{pmatrix}1&&&\\&0&&\\&&\ddots&\\&&&0\end{pmatrix}$，

$\boldsymbol{X}=\mathrm{diag}(0,1,0,\cdots,0), \boldsymbol{Y}=\boldsymbol{O}$.

5. (1) $\sum_{k=1}^{n}a_{ik}a_{jk}$；(2) $\sum_{k=1}^{n}a_{ki}a_{kj}$.

6. (1) $\begin{pmatrix}10&4&-1\\4&-3&-1\end{pmatrix}$；(2) $\begin{pmatrix}35\\6\\49\end{pmatrix}$.

7. (1) $a+2b+3c$；(2) $a+2b+3c$；(3) $\begin{pmatrix}a&b&c\\2a&2b&2c\\3a&3b&3c\end{pmatrix}$；(4) $\begin{pmatrix}a&2a&3a\\b&2b&3b\\c&2c&3c\end{pmatrix}$.

8. (1) 1;　　(2) $30\boldsymbol{\alpha}$;　　(3) $30^{n-1}\boldsymbol{A}$.

9. $\begin{pmatrix} a & 2b \\ b & a-2b \end{pmatrix}$.

10. 若 $n=2k$，则 $\boldsymbol{A}^n=4^k\boldsymbol{E}$；若 $n=2k-1$，则 $\boldsymbol{A}^n=4^{k-1}\boldsymbol{A}$.

11. $\begin{pmatrix} 4 & 7 \\ 0 & 4 \end{pmatrix}$.

12. 证明略.

13. (1) $\frac{1}{4}\begin{pmatrix} 0 & -4 & 0 \\ 0 & 0 & 2 \\ -1 & 0 & 0 \end{pmatrix}$；(2) $\begin{pmatrix} 1 & -1 & 0 & 0 \\ 0 & 1 & -1 & 0 \\ 0 & 0 & 1 & -1 \\ 0 & 0 & 0 & 1 \end{pmatrix}$；(3) $\begin{pmatrix} -\frac{5}{2} & 1 & -\frac{1}{2} \\ 5 & -1 & 1 \\ \frac{7}{2} & -1 & \frac{1}{2} \end{pmatrix}$；(4) $\begin{pmatrix} 8 & 3 & 1 \\ 10 & 4 & 1 \\ \frac{7}{2} & \frac{3}{2} & \frac{1}{2} \end{pmatrix}$.

14. x 可取任何值.

15. (1) 满足 $b \neq 2a$ 的 a, b, c;

(2) 满足 $a-4b+c \neq 0$ 的 a, b, c.

16. $(\boldsymbol{A}^{-1}+\boldsymbol{B}^{-1})^{-1}=\boldsymbol{B}(\boldsymbol{A}+\boldsymbol{B})^{-1}\boldsymbol{A}$.

17. 证明略.

18. $\boldsymbol{A}^{-1}=\begin{pmatrix} -2 & 1 & 1 \\ -6 & 1 & 4 \\ 5 & -1 & -3 \end{pmatrix}$，$\boldsymbol{X}=\begin{pmatrix} -1 & -2 & 0 \\ -2 & -13 & -1 \\ 2 & 10 & 1 \end{pmatrix}$.

19. $\boldsymbol{A}^{-1}=\frac{1}{6}\begin{pmatrix} 2 & 1 & 1 \\ 2 & 1 & -2 \\ -2 & 2 & 2 \end{pmatrix}$，$\boldsymbol{X}=\frac{1}{6}\begin{pmatrix} -2 & 2 & 8 \\ 4 & 2 & 2 \\ 4 & 5 & 8 \end{pmatrix}$.

20. $\boldsymbol{X}=\begin{pmatrix} 1 & 2 \\ 3 & 4 \end{pmatrix}$.

21—22. 证明略.

23. (1) $\frac{1}{6}(\boldsymbol{A}-\boldsymbol{E})$；(2) $-\frac{1}{14}(\boldsymbol{A}-5\boldsymbol{E})$；(3) $\frac{1}{6}\boldsymbol{A}$.

24. $\boldsymbol{A}^{-1}=\frac{1}{3}\begin{pmatrix} 1 & 1 & 1 \\ 1 & -(\omega+1) & \omega \\ 1 & \omega & -(\omega+1) \end{pmatrix}$.

25. $\boldsymbol{P}^{-1}=\begin{pmatrix} -2 & 1 & & \\ 3/2 & -1/2 & & \\ & & -5/2 & 3/2 \\ & & 2 & -1 \end{pmatrix}$.

26. $\boldsymbol{P}^{-1}=\begin{pmatrix} -\boldsymbol{B}^{-1}\boldsymbol{C}\boldsymbol{A}^{-1} & \boldsymbol{B}^{-1} \\ \boldsymbol{A}^{-1} & \boldsymbol{O} \end{pmatrix}$.

27. $\boldsymbol{A}^{\mathrm{T}}\boldsymbol{A}=(\boldsymbol{\alpha}_i^{\mathrm{T}}\boldsymbol{\alpha}_j)_n$.

28. $\boldsymbol{A}(\boldsymbol{\xi}_1,\boldsymbol{\xi}_2,\cdots,\boldsymbol{\xi}_n)=(\boldsymbol{\xi}_1,\boldsymbol{\xi}_2,\cdots,\boldsymbol{\xi}_n)\mathrm{diag}(\lambda_1,\lambda_2,\cdots,\lambda_n)$.

29. $\boldsymbol{P}(3,1(5))\boldsymbol{P}(2,3)\boldsymbol{AP}(3(2))\boldsymbol{P}(2,3)=\boldsymbol{B}$.

30. (1) 因为 $\boldsymbol{B}=\boldsymbol{P}(2,4(4))\boldsymbol{P}(4,1(5))\boldsymbol{P}(1,3)\boldsymbol{A}$ ，所以 $\boldsymbol{B}$ 可逆；

(2) $\boldsymbol{AB}^{-1}=\begin{pmatrix}0&0&1&0\\0&1&0&-4\\1&0&0&0\\-5&0&0&1\end{pmatrix}$ ； (3) $\boldsymbol{BA}^{-1}=\begin{pmatrix}0&0&1&0\\0&1&20&4\\1&0&0&0\\0&0&5&1\end{pmatrix}$.

习　题　B

1. (1) C； (2) C； (3) D； (4) D.

2. 令 $\boldsymbol{A}=\begin{pmatrix}a&b\\c&d\end{pmatrix}$，则 $a^2+b^2=1,c^2+d^2=1,ac+bd=0$ 当且仅当 $\boldsymbol{AA}^{\mathrm{T}}=\boldsymbol{E},a^2+c^2=1,b^2+d^2=1,ab+cd=0$ 当且仅当 $\boldsymbol{A}^{\mathrm{T}}\boldsymbol{A}=\boldsymbol{E}$.

3. 证明略.

4. $(\boldsymbol{A}^*)^{-1}=\dfrac{1}{|\boldsymbol{A}|}\boldsymbol{A}=\dfrac{1}{2}\boldsymbol{A}$.

5. 证明略.

6. $\boldsymbol{B}=4(\boldsymbol{E}+\boldsymbol{A})^{-1}=\begin{pmatrix}2&4&-6\\0&-4&8\\0&0&2\end{pmatrix}$.

7. $\boldsymbol{X}=[(\boldsymbol{A}-\boldsymbol{B})^{-1}]^2=\begin{pmatrix}1&2&5\\0&1&2\\0&0&1\end{pmatrix}$.

第5章

习　题　A

1. (1) D； (2) B； (3) D； (4) B； (5) D； (6) B； (7) C； (8) D； (9) D； (10) B； (11) B.

2. (1) 2；任一非零复数；(2) $\boldsymbol{\alpha}_1=(0,1,0),\boldsymbol{\alpha}_2=(0,0,1)$ ；(3) 1 或 5；(4) $\boldsymbol{X}=\boldsymbol{PY}$ ；

(5) $\begin{pmatrix}-7&7\\3&-2\end{pmatrix}$ ；(6) $\begin{pmatrix}1&0&1\\1&1&1\\0&1&1\end{pmatrix}$ ；(7) $\boldsymbol{0}$ ；(8) $\begin{pmatrix}0\\0\\\pm1\end{pmatrix}$ ；(9) $\dfrac{\pi}{3}$ ；(10) $\sqrt{30}$.

3. (1) $(1,1,2),(1,-1,3)$ ；(2) $\begin{pmatrix}1&0\\0&0\end{pmatrix},\begin{pmatrix}0&1\\0&0\end{pmatrix},\begin{pmatrix}0&0\\1&0\end{pmatrix}$ ；(3) $(-2,1,1,0),(0,0,0,1)$.

4. 维数为 3，一组基为 $(0,1,1,0,0),(-1,1,0,1,0),(6,-9,0,0,1)$.

5. (1) 证明略； (2) $-\frac{1}{15}\begin{pmatrix}2\\-6\\1\end{pmatrix}$.

6. (1) $(1,2,3)$； (2) $(1,-2,1)$.

7. (1) $\begin{pmatrix}0&0&0&1\\0&0&1&0\\0&1&0&0\\1&0&0&0\end{pmatrix}$； (2) $\begin{pmatrix}0&0&1&0\\1&0&0&0\\0&0&0&1\\0&1&0&0\end{pmatrix}$.

8. 可验证 $\boldsymbol{\beta}_1,\boldsymbol{\beta}_2,\boldsymbol{\beta}_3$ 和 $\boldsymbol{\gamma}_1,\boldsymbol{\gamma}_2,\boldsymbol{\gamma}_3$ 都是 V 的基，由基 $\boldsymbol{\beta}_1,\boldsymbol{\beta}_2,\boldsymbol{\beta}_3$ 到 $\boldsymbol{\gamma}_1,\boldsymbol{\gamma}_2,\boldsymbol{\gamma}_3$ 的过渡矩阵为 $\begin{pmatrix}2&3&4\\0&-1&0\\-1&0&-1\end{pmatrix}$.

9. (1) $\begin{pmatrix}0&-1&1\\-1&1&0\\1&0&0\end{pmatrix}$； (2) $\begin{pmatrix}0&0&1\\0&1&1\\1&1&1\end{pmatrix}$.

10. (1) $\begin{pmatrix}1&2&1\\2&1&1\\1&1&2\end{pmatrix}$； (2) $\begin{pmatrix}1&2&1\\2&1&0\\0&1&-1\end{pmatrix}$.

11. (1) $\begin{pmatrix}1&-1&0&1\\0&1&-1&0\\0&0&1&-1\\0&0&0&1\end{pmatrix}$； (2) $(a,0,0,0)^{\mathrm{T}}$.

12. $\begin{pmatrix}1&0&-2\\-3&1&4\\2&-3&4\end{pmatrix}$.

13. $\boldsymbol{\alpha}_1=(2,3,-4)^{\mathrm{T}},\boldsymbol{\alpha}_2=(-1,-2,3)^{\mathrm{T}},\boldsymbol{\alpha}_3=\left(\frac{5}{2},5,0\right)^{\mathrm{T}}$.

14. $\frac{1}{31}(2,5,21)^{\mathrm{T}}$.

15. (1) $\begin{pmatrix}0&-1&-2\\1&2&2\\0&1&1\end{pmatrix}$, (2) $\begin{pmatrix}0&1&-2\\1&0&2\\-1&0&-1\end{pmatrix}$.

16. $\boldsymbol{\gamma}_1=(0,0,1,0)^{\mathrm{T}},\boldsymbol{\gamma}_2=(0,0,0,1)^{\mathrm{T}},\boldsymbol{\gamma}_3=\left(\frac{1}{\sqrt{5}},\frac{2}{\sqrt{5}},0,0\right)^{\mathrm{T}}$, $\boldsymbol{\gamma}_4=\left(-\frac{2}{\sqrt{5}},\frac{1}{\sqrt{5}},0,0\right)^{\mathrm{T}}$.

17. 证明略.

18. (1) $\boldsymbol{\gamma}_1=\frac{1}{\sqrt{3}}(1,1,1)^{\mathrm{T}},\boldsymbol{\gamma}_2=\frac{1}{\sqrt{6}}(-2,1,1)^{\mathrm{T}},\boldsymbol{\gamma}_3=\frac{1}{\sqrt{2}}(0,-1,1)^{\mathrm{T}}$；

(2) $\boldsymbol{\gamma}_1=\frac{1}{\sqrt{2}}(1,1,0,0)^{\mathrm{T}},\boldsymbol{\gamma}_2=\frac{1}{\sqrt{6}}(-1,1,2,0)^{\mathrm{T}},\boldsymbol{\gamma}_3=\frac{1}{\sqrt{21}}(2,-2,2,3)^{\mathrm{T}}$.

19. 基础解系为 $\boldsymbol{\alpha}_1=(-1,1,0,0),\boldsymbol{\alpha}_2=(-1,0,1,0),\boldsymbol{\alpha}_3=(0,0,0,1)$，正交化并单位化得 $\boldsymbol{\gamma}_1=\left(-\frac{1}{\sqrt{2}},\frac{1}{\sqrt{2}},0,0\right),\boldsymbol{\gamma}_2=\left(-\frac{1}{\sqrt{6}},-\frac{1}{\sqrt{6}},\frac{2}{\sqrt{6}},0\right),\boldsymbol{\gamma}_3=(0,0,0,1)$.

20. 计算得 $\boldsymbol{\alpha}_1,\boldsymbol{\alpha}_2$ 是向量组 $\boldsymbol{\alpha}_1,\boldsymbol{\alpha}_2,\boldsymbol{\alpha}_3$ 的一个极大无关组，从而 V 的维数为 2，对 $\boldsymbol{\alpha}_1,\boldsymbol{\alpha}_2$ 进行施密特正交化得 V 的标准正交基 $\boldsymbol{\gamma}_1=\left(\frac{\sqrt{15}}{15},\frac{\sqrt{15}}{15},\frac{2\sqrt{15}}{15},\frac{\sqrt{15}}{5}\right)^{\mathrm{T}}$， $\boldsymbol{\gamma}_2=\left(\frac{-2\sqrt{39}}{39},\frac{\sqrt{39}}{39},\frac{5\sqrt{39}}{39},\frac{-3\sqrt{39}}{39}\right)^{\mathrm{T}}$.

21. $\boldsymbol{A}\boldsymbol{\alpha}_4=\pm\left(-\frac{1}{2},\frac{1}{2},0,\frac{1}{\sqrt{2}}\right)$.

22. 证明略.

23. $\boldsymbol{\alpha}_2=(-1,1,0),\boldsymbol{\alpha}_3=\left(-\frac{1}{2},-\frac{1}{2},1\right)$.

24. 证明略.

25. $\frac{\pm 1}{\sqrt{26}}(-4,0,-1,3)$.

26. $\boldsymbol{A}$ 不是正交矩阵，$\boldsymbol{B}$ 是正交矩阵且 $\boldsymbol{B}^{-1}=\boldsymbol{B}^{\mathrm{T}}$.

27. 证明略.

习　题　B

1. 个数为 $n+1$.

2. $\begin{pmatrix}0&1&0\\-1&0&0\\0&0&0\end{pmatrix},\begin{pmatrix}0&0&1\\0&0&0\\-1&0&0\end{pmatrix},\begin{pmatrix}0&0&0\\0&0&1\\0&-1&0\end{pmatrix}$ 是 V 的一组基.

3. $\begin{pmatrix}0&\frac{1}{4}\\\frac{1}{5}&-\frac{1}{2}\end{pmatrix}$.

4. $\frac{1}{2}\begin{pmatrix}-1\\1\end{pmatrix}$.

5. $a=\frac{1}{2},b=-\frac{\sqrt{3}}{2},c=\frac{\sqrt{3}}{2}$ 或 $a=-\frac{1}{2},b=\frac{\sqrt{3}}{2},c=\frac{\sqrt{3}}{2}$ 或 $a=\frac{1}{2},b=\frac{\sqrt{3}}{2},c=-\frac{\sqrt{3}}{2}$ 或 $a=-\frac{1}{2},b=-\frac{\sqrt{3}}{2},c=-\frac{\sqrt{3}}{2}$.

6. 证明略.

第6章

习 题 A

1. (1) C; (2) C; (3) B; (4) A; (5) B; (6) A; (7) A; (8) C; (9) A; (10) C.

2. (1) 0 ; (2) $6,-2$; (3) 0 ; (4) $n!$; (5) -3 ; (6) $x=0,y=2$; (7) $9\boldsymbol{E}$;

(8) $2,2$; (9) $\begin{pmatrix} -2 & & \\ & 1 & \\ & & 1 \end{pmatrix}$; (10) -1 .

3. (1) 对; (2) 错; (3) 错; (4) 错; (5) 对; (6) 对; (7) 对; (8) 错.

4. (1) $\lambda_1=1,\lambda_2=4$ ，属于1的全部特征向量为$k_1(-2,1)^{\mathrm{T}}$， $k_1\neq 0$ ，属于4的全部特征向量为$k_2(1,1)^{\mathrm{T}},k_2\neq 0$ ；

(2) $\lambda_1=\lambda_2=0,\lambda_3=1$ ，属于0的全部特征向量为$k_1(-1,1,0)^{\mathrm{T}}+k_2(-1,0,1)^{\mathrm{T}}$ ， k_1,k_2不全为零，属于1的全部特征向量为$k_3(1,0,0)^{\mathrm{T}},k_3\neq 0$ ；

(3) $\lambda_1=\lambda_2=0,\lambda_3=3$ ，属于0的全部特征向量为$k_1(-1,1,0)^{\mathrm{T}}+k_2(-1,0,1)^{\mathrm{T}}$， k_1,k_2不全为零，属于3的全部特征向量为$k_3(1,1,1)^{\mathrm{T}},k_3\neq 0$ ；

(4) $\lambda_1=\lambda_2=2,\lambda_3=1$ ，属于2的全部特征向量为$k_1(1,1,0)^{\mathrm{T}}+k_2(1,0,-3)^{\mathrm{T}}$ ， k_1,k_2不全为零，属于1的全部特征向量为$k_3(1,1,1)^{\mathrm{T}},k_3\neq 0$.

5. $x=6$.

6. $\boldsymbol{A}^*$的特征值为$-2,2,-1$ ， $\left|3\boldsymbol{A}^*-2\boldsymbol{A}+\boldsymbol{E}\right|=378$.

7. 证明略.

8. $x=1,\lambda=2$.

9. 把$\boldsymbol{A}^{-1}\boldsymbol{\alpha}=\lambda\boldsymbol{\alpha}$ ，变形为$\boldsymbol{\alpha}=\lambda\boldsymbol{A}\boldsymbol{\alpha}$ ，列方程得$k=1,-2$ $\left(相应地\lambda=\dfrac{1}{4},1\right)$.

10. $k\neq -2,-3,5$.

11. 证明略.

12. $-1,5$.

13. $2\boldsymbol{A}^3-\boldsymbol{A}^2+3\boldsymbol{A}+\boldsymbol{E}$ 的特征值为$1,-5,19$ ， $\left|2\boldsymbol{A}^3-\boldsymbol{A}^2+3\boldsymbol{A}+\boldsymbol{E}\right|=-95$.

14. $x=1$ (可通过计算得到$\boldsymbol{A}$的特征值$\lambda_1=\lambda_2=1,\lambda_3=-1$,二重特征值1需有两个线性无关的特征向量，即必有$R(\boldsymbol{E}-\boldsymbol{A})=1$ ，得$x=4-3x$).

15. (1) 可对角化；(2) 不可对角化；(3) 不可对角化；(4) 可对角化.

16. (1) $x=3,y=5$; (2) $\boldsymbol{P}=\begin{pmatrix} 0 & 0 & 1 \\ 1 & 1 & 0 \\ -1 & 1 & 0 \end{pmatrix}$.

17. $2^{n-1}\boldsymbol{A}$.

18. $\begin{pmatrix} 1 & 2^{100}-1 & 2^{100} \\ 0 & 2^{100} & 2^{100} \\ 0 & 2^{100} & 2^{100} \end{pmatrix}$.

19. (1) $\boldsymbol{P}=\dfrac{\sqrt{2}}{2}\begin{pmatrix} 0 & \sqrt{2} & 0 \\ -1 & 0 & 1 \\ 1 & 0 & 1 \end{pmatrix}$, $\boldsymbol{P}^{-1}\boldsymbol{AP}=\begin{pmatrix} 0 & & \\ & 1 & \\ & & 2 \end{pmatrix}$;

(2) $\boldsymbol{P}=\dfrac{1}{3\sqrt{5}}\begin{pmatrix} -6 & 2 & -\sqrt{5} \\ 3 & 4 & -2\sqrt{5} \\ 0 & 5 & 2\sqrt{5} \end{pmatrix}$, $\boldsymbol{P}^{-1}\boldsymbol{AP}=\begin{pmatrix} 1 & & \\ & 1 & \\ & & 10 \end{pmatrix}$;

(3) $\boldsymbol{P}=\dfrac{\sqrt{6}}{6}\begin{pmatrix} \sqrt{2} & -\sqrt{3} & -1 \\ \sqrt{2} & \sqrt{3} & -1 \\ \sqrt{2} & 0 & 2 \end{pmatrix}$, $\boldsymbol{P}^{-1}\boldsymbol{AP}=\begin{pmatrix} 4 & & \\ & 1 & \\ & & 1 \end{pmatrix}$.

20. $\boldsymbol{A}=\begin{pmatrix} 2 & -2 & -2 \\ 1 & -1 & -2 \\ -1 & 1 & 2 \end{pmatrix}$.

21. $\boldsymbol{A}=\begin{pmatrix} 1 & -2 & 0 \\ -2 & 2 & -2 \\ 0 & -2 & 3 \end{pmatrix}$.

22. $\boldsymbol{A}=\begin{pmatrix} 2 & 3 & 3 \\ 3 & 2 & 3 \\ 3 & 3 & 2 \end{pmatrix}$.

23. 证明 $\boldsymbol{A}$ 的特征值只能是-2，即 $\boldsymbol{P}^{-1}\boldsymbol{AP}=2\boldsymbol{E}$，那么 $\boldsymbol{A}=2\boldsymbol{E}$.

习 题 B

1. 若 $\boldsymbol{\alpha}$ 为正交矩阵 $\boldsymbol{A}$ 的属于特征值 λ 的特征向量，即 $\boldsymbol{A\alpha}=\lambda\boldsymbol{\alpha}$. 两边左乘 $\boldsymbol{A}^{\mathrm{T}}$ ，有 $\boldsymbol{A}^{\mathrm{T}}\boldsymbol{A\alpha}=\lambda\boldsymbol{A}^{\mathrm{T}}\boldsymbol{\alpha}$ ，即 $\boldsymbol{E\alpha}=\lambda\boldsymbol{A}^{\mathrm{T}}\boldsymbol{\alpha}$. 由 $\boldsymbol{A}$ 为正交矩阵，$\lambda\neq 0$ ，得 $\lambda^{-1}\boldsymbol{\alpha}=\boldsymbol{A}^{\mathrm{T}}\boldsymbol{\alpha}$ ，即 λ^{-1} 是矩阵 $\boldsymbol{A}^{\mathrm{T}}$ 的特征值. 则 λ^{-1} 也是矩阵 $\boldsymbol{A}$ 的特征值.

2. 设使 $\boldsymbol{A}_1$ 与 $\boldsymbol{B}_1$ 相似，$\boldsymbol{A}_2$ 与 $\boldsymbol{B}_2$ 相似的可逆矩阵分别为 $\boldsymbol{P}$，$\boldsymbol{Q}$，令 $\boldsymbol{D}=\begin{pmatrix} \boldsymbol{P} & \boldsymbol{O} \\ \boldsymbol{O} & \boldsymbol{Q} \end{pmatrix}$ 即可.

3. $a=0, b$ 任意.

4. $x+2y=0$ (可通过计算得到 $\boldsymbol{A}$ 的特征值 $\lambda_1=\lambda_2=2, \lambda_3=-2$，二重特征值 2 需有两个线性无关的特征向量，即必有 $R(2\boldsymbol{E}-\boldsymbol{A})=1$ ，得 $-x=2y$).

5. 如果 a_{ij} 均为零，$\boldsymbol{A}$ 可对角化，此时 $\boldsymbol{A}$ 为对角矩阵；如果 a_{ij} 至少有一个不为零，$\boldsymbol{A}$ 不可对角化，因为此时特征值 k 至多有 $n-1$ 个线性无关的特征向量.

6. 由 $\boldsymbol{A}$ 为五阶实对称矩阵，$\boldsymbol{A}^2=\boldsymbol{A}$ 且 $R(\boldsymbol{A})=3$. 知 $\boldsymbol{A}$ 有三个特征值为 1，两个特征值为

0 ，$|5\boldsymbol{A}+\boldsymbol{E}|=216$.

7. 利用实对称矩阵不同特征值的特征向量正交，可求得 $x=-1$，矩阵 $\boldsymbol{A}$ 的属于特征值 $\lambda_1=-1$ 的特征向量为 $(1,2,1)$. 由 $\boldsymbol{P}^{-1}\boldsymbol{A}\boldsymbol{P}=\begin{pmatrix}-1 & & \\ & 0 & \\ & & 1\end{pmatrix}$ 得 $\boldsymbol{A}=\frac{1}{6}\begin{pmatrix}1 & -4 & 1\\ -4 & -2 & -4\\ 1 & -4 & 1\end{pmatrix}$.

8. 利用 $\mathrm{tr}(\boldsymbol{A})=\mathrm{tr}(\boldsymbol{\Lambda}),|\boldsymbol{A}|=|\boldsymbol{\Lambda}|$，得 $x=3, y=1$ ，则 $\boldsymbol{Q}=\frac{\sqrt{6}}{6}\begin{pmatrix}\sqrt{3} & \sqrt{2} & 1\\ 0 & -\sqrt{2} & 2\\ -\sqrt{3} & \sqrt{2} & 1\end{pmatrix}$.

第 7 章

习 题 A

1. (1) C；(2) C；(3) B；(4) D；(5) B；(6) A；(7) A；(8) D；(9) C；(10) D.

2. (1) $\begin{pmatrix}0 & -2 & 1\\ -2 & 0 & \frac{3}{2}\\ 1 & \frac{3}{2} & 0\end{pmatrix}$，3； (2) $f(x_1,x_2,x_3)=2x_1x_2+2x_2x_3$ ； (3) 2 ；

(4) $-2\,(a=10$舍去$),-3,3,-27$ ； (5) $f=2y_1^2-3y_2^2+2y_3^2$ ；

(6) $f=y_1^2-3y_2^2$ ，$f=z_1^2-z_2^2$ ； (7) $f=z_1^2-z_2^2-z_3^2$ ，1； (8) $k>-\frac{2}{3}$ ；

(9) $1<\lambda<3$ ； (10) $-1<k<0$.

3. (1) 对；(2) 对；(3) 错；(4) 对；(5) 对；(6) 错；(7) 错；(8) 对.

4. 取可逆矩阵 $\boldsymbol{C}=\boldsymbol{A}$.

5. 在实数域上，两矩阵的正惯性指数不相同，因此不合同；在复数域上，两矩阵的秩均为 3 ，故合同.

6. 由题意可知 $\boldsymbol{A}=\begin{pmatrix}1 & a & 1\\ a & 1 & 0\\ 1 & 0 & 1\end{pmatrix}$ 的特征值为 $1,0,2$ ，由 $|\boldsymbol{A}|=1\times0\times2=0$ 得 $a=0$.

$$\boldsymbol{X}=\boldsymbol{Q}\boldsymbol{Y}，\ 其中\ \boldsymbol{Q}=\frac{1}{\sqrt{2}}\begin{pmatrix}0 & 1 & -1\\ \sqrt{2} & 0 & 0\\ 0 & 1 & 1\end{pmatrix}.$$

7. (1) $2y_2^2+2y_3^2$，$\boldsymbol{X}=\boldsymbol{Q}\boldsymbol{Y}$, 其中 $\boldsymbol{Q}=\frac{1}{\sqrt{2}}\begin{pmatrix}0 & \sqrt{2} & 0\\ 1 & 0 & -1\\ 1 & 0 & 1\end{pmatrix}$；

(2) $5y_1^2+2y_2^2+2y_3^2$, $\boldsymbol{X}=\boldsymbol{QY}$, 其中 $\boldsymbol{Q}=\dfrac{\sqrt{6}}{6}\begin{pmatrix}\sqrt{2} & -\sqrt{3} & -1\\ \sqrt{2} & \sqrt{3} & -1\\ \sqrt{2} & 0 & 2\end{pmatrix}$;

(3) $2y_1^2+y_2^2+5y_3^2$, $\boldsymbol{X}=\boldsymbol{QY}$, 其中 $\boldsymbol{Q}=\dfrac{\sqrt{2}}{2}\begin{pmatrix}\sqrt{2} & 0 & 0\\ 0 & -1 & 1\\ 0 & 1 & 1\end{pmatrix}$.

8. (1) $y_1^2+y_2^2-y_3^2$, $\boldsymbol{X}=\boldsymbol{CY}$, 其中 $\boldsymbol{C}=\begin{pmatrix}1 & -1 & 1\\ 0 & 0 & 1\\ 0 & 1 & -1\end{pmatrix}$, $|\boldsymbol{C}|\neq 0$;

(2) $y_1^2+4y_2^2$, $\boldsymbol{X}=\boldsymbol{CY}$, 其中 $\boldsymbol{C}=\dfrac{1}{2}\begin{pmatrix}2 & -2 & 5\\ 0 & 2 & -1\\ 0 & 0 & 2\end{pmatrix}$, $|\boldsymbol{C}|\neq 0$;

(3) $y_1^2-y_2^2$, $\boldsymbol{X}=\boldsymbol{CY}$, 其中 $\boldsymbol{C}=\begin{pmatrix}1 & -1 & 0\\ 0 & 1 & -1\\ 0 & 0 & 1\end{pmatrix}$, $|\boldsymbol{C}|\neq 0$;

(4) $y_1^2-y_2^2-y_3^2$, $\boldsymbol{X}=\boldsymbol{CZ}$, 其中 $\boldsymbol{C}=\begin{pmatrix}1 & 1 & -1\\ 1 & -1 & -1\\ 0 & 0 & 1\end{pmatrix}$, $|\boldsymbol{C}|\neq 0$.

9. (1) $2y_1^2+y_2^2-5y_3^2$, $\boldsymbol{X}=\boldsymbol{CY}$, 其中 $\boldsymbol{C}=\begin{pmatrix}1 & -1 & 3\\ 0 & 1 & -2\\ 0 & 0 & 1\end{pmatrix}$, $|\boldsymbol{C}|\neq 0$;

(2) $y_1^2+y_2^2$, $\boldsymbol{X}=\boldsymbol{CY}$, 其中 $\boldsymbol{C}=\dfrac{1}{2}\begin{pmatrix}2 & -1 & 5\\ 0 & 1 & -1\\ 0 & 0 & 2\end{pmatrix}$, $|\boldsymbol{C}|\neq 0$;

(3) $y_1^2-\dfrac{1}{4}y_2^2$, $\boldsymbol{X}=\boldsymbol{CY}$, 其中 $\boldsymbol{C}=\dfrac{1}{2}\begin{pmatrix}2 & -1 & 0\\ 2 & 1 & 2\\ 0 & 0 & 2\end{pmatrix}$, $|\boldsymbol{C}|\neq 0$;

(4) $y_1^2-\dfrac{1}{4}y_2^2-y_3^2$, $\boldsymbol{X}=\boldsymbol{CY}$, 其中 $\boldsymbol{C}=\dfrac{1}{2}\begin{pmatrix}2 & -1 & -2\\ 2 & 1 & -2\\ 0 & 0 & 2\end{pmatrix}$, $|\boldsymbol{C}|\neq 0$.

10. (1) $r=3$, 实数域上的标准形：$z_1^2+z_2^2-z_3^2, p=2, q=1, p-q=1$; 复数域上的标准形：$z_1^2+z_2^2+z_3^2$;

(2) $r=2$, 实数域上的标准形：$z_1^2+z_2^2, p=2, q=0, p-q=2$; 复数域上的标准形：$z_1^2+z_2^2$;

(3) $r=2$, 实数域上的标准形：$z_1^2-z_2^2, p=1, q=1, p-q=0$; 复数域上的标准形：$z_1^2+z_2^2$;

(4) $r=3$, 实数域上的标准形：$z_1^2-z_2^2-z_3^2, p=1, q=2, p-q=-1$; 复数域上的标准形：$z_1^2+z_2^2+z_3^2$.

11. 设 λ 为三阶实对称矩阵 $\boldsymbol{A}$ 的特征值，又 $\boldsymbol{A}^3-\boldsymbol{A}^2-\boldsymbol{A}=2\boldsymbol{E}$，则 $\lambda^3-\lambda^2-\lambda-2=0$，实特

征值 $\lambda=2$，二次型 $\boldsymbol{X}^{\mathrm{T}}\boldsymbol{A}\boldsymbol{X}$ 经过正交替换可化为标准形 $2y_1^2+2y_2^2+2y_3^2$.

12. 由 $R(\boldsymbol{A})=R(\boldsymbol{B})=R(\boldsymbol{C})$，故 $\boldsymbol{A},\boldsymbol{B},\boldsymbol{C}$ 等价，由 $|\lambda\boldsymbol{E}-\boldsymbol{A}|=0$ 得 $\boldsymbol{A}$ 的特征值为 $3,0,0$；类似地，$\boldsymbol{B}$ 的特征值为 $3,0,0$，$\boldsymbol{C}$ 的特征值为 $1,0,0$.

$\boldsymbol{A}$ 为实对称矩阵，一定可对角化，且存在正交矩阵 $\boldsymbol{Q}$，$\boldsymbol{Q}^{-1}\boldsymbol{A}\boldsymbol{Q}=\boldsymbol{B}$，即 $\boldsymbol{A},\boldsymbol{B}$ 相似且合同，$\boldsymbol{A},\boldsymbol{C}$ 不相似，$\boldsymbol{B},\boldsymbol{C}$ 不相似.

由 $R(\boldsymbol{A})=R(\boldsymbol{B})=R(\boldsymbol{C})$，$\boldsymbol{A},\boldsymbol{B},\boldsymbol{C}$ 在复数域上一定合同；在实数域上，$\boldsymbol{A},\boldsymbol{B},\boldsymbol{C}$ 的正惯性指数和秩均为 1，故 $\boldsymbol{A},\boldsymbol{B},\boldsymbol{C}$ 合同.

13. 若 $\boldsymbol{C}$ 为可逆矩阵，对角矩阵的主对角元素不一定是矩阵 $\boldsymbol{A}$ 的特征值；如果 $\boldsymbol{C}$ 为正交矩阵，对角矩阵的主对角元素一定是矩阵 $\boldsymbol{A}$ 的特征值.

14. (1)是； (2) 否； (3) 否.

15. (1) 是；(2) 否； (3) 是.

16. $-1<\lambda<2$.

17. 先证明 $\boldsymbol{A}^*$ 为对称矩阵，再证明 $\boldsymbol{A}^*$ 的特征值大于零.

18. 利用正定矩阵的对称性.

19. 利用 $\boldsymbol{A}+\boldsymbol{E}$ 与 $\boldsymbol{A}$ 的特征值的关系，给出 $|\boldsymbol{A}+\boldsymbol{E}|$ 的值.

20. 设 $\boldsymbol{A}$ 的特征值为 λ，由 $\boldsymbol{A}^3-4\boldsymbol{A}^2+6\boldsymbol{A}-3\boldsymbol{E}=\boldsymbol{O}$，得 $\lambda^3-4\lambda^2+6\lambda-3=0$ 即 $(\lambda-1)\cdot(\lambda^2-3\lambda+3)=0$，由 $\boldsymbol{A}$ 为实对称矩阵，$\boldsymbol{A}$ 只有实根 1. 因此 $\boldsymbol{A}$ 为正定矩阵.

21. (1) $-3,-3,0$; (2) $k>3$.

提示：(1) $\boldsymbol{A}$ 的特征值只可能是 -3 和 0，由 $\boldsymbol{A}$ 是三阶实对称矩阵，$R(\boldsymbol{A})=2$，必相似于对角矩阵 $\boldsymbol{B}$，且 $\boldsymbol{B}$ 主对角元素恰好有两个 -3，由此 $\boldsymbol{A}$ 的特征值为 $\lambda_1=\lambda_2=-3,\lambda_3=0$. (2) $\boldsymbol{A}+k\boldsymbol{E}$ 为实对称矩阵，$\boldsymbol{A}+k\boldsymbol{E}$ 的特征值为 $-3+k$，$-3+k,k$，只需它们都大于零即可.

习 题 B

1. 取 $\boldsymbol{X}=\boldsymbol{X}_i=(0,\cdots,0,1,0,\cdots,0)^{\mathrm{T}}$，有 $\boldsymbol{X}_i^{\mathrm{T}}\boldsymbol{A}\boldsymbol{X}_i=a_{ii}=0,i=1,2,\cdots,n$；再取 $\boldsymbol{X}=\boldsymbol{X}_{ij}=(0,\cdots,0,1,0,\cdots,0,1,0,\cdots,0)^{\mathrm{T}}$，有 $\boldsymbol{X}_{ij}^{\mathrm{T}}\boldsymbol{A}\boldsymbol{X}_{ij}=a_{ij}=0,i,j=1,2,\cdots,n,i\neq j$. 因此 $\boldsymbol{A}=(a_{ij})_n=\boldsymbol{O}$.

2. 利用本习题 B 的第 1 题.

3. 类似于第 6 章习题 B 的第 2 题.

4. 复对称矩阵的合同只与矩阵的秩有关，由于四阶复对称矩阵的秩只有 $0,1,2,3,4$ 五种可能，四阶复对称矩阵按合同分为 5 类；实对称矩阵的情况复杂一些，实对称矩阵的合同不仅与秩有关，还与矩阵的正惯性指数 p 有关，例如，若实对称矩阵 $\boldsymbol{A}$ 的秩为 3，它的正惯性指数 p 有四种可能 $0,1,2,3$，故四阶实对称矩阵的合同类共 $0+1+2+3+4+5=15$ 类.

5. 二次型的标准形为 $2y_1^2+\dfrac{3}{2}y_2^2, p=2,q=0$，椭圆柱面.

6. 类似于本章习题 B 的第 3 题.

7. 利用 $t\boldsymbol{E}+\boldsymbol{A}$ 的特征值均为正数.

8—10. 证明略.

参 考 文 献

白瑞蒲, 等, 2010. 线性代数. 北京: 科学出版社.

北京大学数学系前代数小组, 2013. 高等代数. 王萼芳, 石生明, 修订. 4 版. 北京: 高等教育出版社.

居余马, 等, 2002. 线性代数. 2 版. 北京: 清华大学出版社.

龚德恩, 2016. 经济数学基础(第二分册: 线性代数). 5 版. 成都: 四川人民出版社.

同济大学数学系, 2014. 工程数学 线性代数. 6 版. 北京: 高等教育出版社.

吴赣昌, 2017. 线性代数(理工类). 5 版. 北京: 中国人民大学出版社.